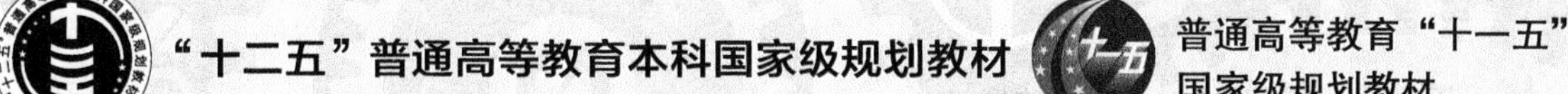

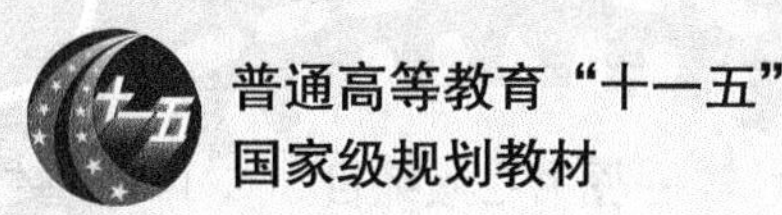

现代工程设计制图（第5版）

◆ 王启美 吕强 主编

◆ 丁杰雄 主审

人 民 邮 电 出 版 社

北 京

图书在版编目（CIP）数据

现代工程设计制图 / 王启美，吕强主编. -- 5版
. -- 北京 : 人民邮电出版社，2016.1
21世纪高等学校机电类规划教材
ISBN 978-7-115-39695-2

Ⅰ. ①现… Ⅱ. ①王… ②吕… Ⅲ. ①工程制图－高等学校－教材 Ⅳ. ①TB23

中国版本图书馆CIP数据核字(2015)第182924号

内容提要

本书是“十二五”普通高等教育本科国家级规划教材，是在第4版基础上，根据工程图学教学改革的需要，在总结了多年教学经验和成果的基础上修订而成。全书共13章，主要介绍制图的基本知识、正投影法基础、立体的投影、立体表面的交线、轴测图、组合体、机件的常用表达方法、标准件和常用件、零件图、装配图、展开图、电气制图、计算机绘图（AutoCAD）和附录等内容。本书以培养学生绘制和阅读工程图样的能力为重点，将学生的徒手绘图、尺规绘图和计算机绘图能力的培养有机地结合起来。本书在编写时考虑到学科的系统性及参考方便，所涉及的内容丰富，适应面广，教学中可根据不同专业和不同学时数进行适当的内容取舍。

本书既可作为高等工科院校各专业的教材，也可作为成人高校、高等职业院校教材及相关工程技术人员的参考用书。

◆ 主　　编　王启美　吕　强
　主　　审　丁杰雄
　责任编辑　李育民
　责任印制　张佳莹　杨林杰

◆ 人民邮电出版社出版发行　　北京市丰台区成寿寺路11号
　邮编　100164　　电子邮件　315@ptpress.com.cn
　网址　http://www.ptpress.com.cn
　北京九州迅驰传媒文化有限公司印刷

◆ 开本：787×1092　1/16
　印张：20.25　　　　2016年1月第5版
　字数：506千字　　　2024年9月北京第23次印刷

定价：42.00元

读者服务热线：(010)81055256　印装质量热线：(010)81055316
反盗版热线：(010)81055315

第5版 前言

本书是“十二五”普通高等教育本科国家级规划教材，是在2010年第4版基础上，结合教育部工程图学教学指导委员会制定的《普通高等院校工程图学课程教学基本要求》修订而成。

本书自出版以来，被多所高等院校使用，受到专家和读者的好评，为了适应当前科学技术的发展，以及我国工程图学课程教学的现状和教学改革的趋势，本次修订除保留第4版的特点外，将内容重新进行了组织和充实。书中相关内容采用最新颁布的《技术制图》《机械制图》及《电气制图》国家标准，在写作方法上力求以图形分解、图示对比及文字注释的方式来说明读图和绘图的方法和步骤，增加了部分与三维模型图和二维视图相对照的例题，详细演绎空间分析及投影分析的原理和方法，在每一章后增加了思考题和学习方法指导，既便于教师教学，也便于学生自学和复习，同时删除了教材中相关标题的英文，增加了“附录7 工程制图中常用的英汉专业术语及词组”，删除了原教材“第13章 焊接图”一章。

本着加强基础理论、基本技能，培养创造型人才的需要，构建了一个宽口径的图形表达和图形思维的平台，其内容更突出实用性、先进性。修订教材具有以下特点。

1．本书在内容及例题选择上力求做到少而精，使之符合学生的认知规律，将基础理论与应用密切结合，突出讲解分析问题和解决问题的方法。

2．以培养学生读图和绘图能力为重点，加强学生的工程素质教育，将学生的尺规绘图、徒手绘图和计算机绘图能力的培养有机结合起来，以适应社会对人才的多种需求。

3．由于本书面向的专业较多，在编写时考虑到学科的系统性及参考方便，内容有适当的裕量，教学中可根据不同专业，不同学时数对教学内容进行适当的取舍。

4．增加了各种典型图例和详细分析，重点突出了投影的基本理论和形体的表达方法。

5．电气制图部分介绍了相关的基本知识和几种电气图的读图与绘制方法，拓宽了图样的范围。

6．为便于教师和学生查阅，计算机绘图部分内容以单独章节编写，介绍了当今最为流行的AutoCAD 2016绘图软件，帮助学生学会用计算机绘制各类工程图样，为今后的学习打下基础。

7．与本书配套的课件也进行了部分修订，该课件采用了大量的动画演示，形象生动，符合教学规律，为教师采用现代教育方法提供方便，为培养学生获取知识的能力，巩固和加深对教学内容的理解发挥作用。为了方便教师教学和与作者交流，本书作者可向使用该教材的教学单位免费提供教学课件、习题解答软件及相关的教学资料，联系方式为qimei_wang@163.com。

8．与本书配套使用的《现代工程设计制图习题集（第5版）》（书号：978-1-115-40283-7）

也进行了全面修订，并由人民邮电出版社出版，可供选用。

本书由王启美、吕强主编，丁杰雄教授主审。具体编写人员及分工如下：第1章、第3章、第5章、第6章由陈永忠编写；前言、绪论、第2章、第4章、第7章、第8章、附录1～附录5由王启美编写；第9章、第11章由秦光旭编写；第10章、附录7由蒋丹编写；第12章、第13章、附录6由吕强编写。本书在编写过程中，得到了张军、徐俊的支持和帮助，在此表示衷心的感谢，另外，本书在编写和修订过程中参考了一些同类著作，编者在此向有关作者致谢。

由于编者水平有限，虽几经修订，书中错误和缺点依然在所难免，敬请读者批评指正。

编　者

2016年1月

目　录

绪　论

1．本课程的研究对象

本课程的主要内容是研究用投影法绘制和阅读工程图样的基本理论和方法。

图形和文字一样，是承载信息、进行交流的重要媒介。以图形为主的工程图样是产品信息的定义、表达和传递的主要媒介，是工程设计、制造、使用和维修时的重要技术文件，在工程上得到了广泛的应用，因此工程图样被称为“工程界的共同语言”，是用来表达设计思想，进行技术交流的重要工具，广泛用于机械、电气、化工和建筑等领域。

2．本课程的性质和任务

本课程是工科院校学生的一门技术基础课，通过学习，培养学生的形象思维能力，空间想象能力，绘制和阅读工程图样的能力，为后继课程的学习打下良好的基础，也是工程技术人员所应具备的基本素质。

本课程的主要任务如下。

（1）掌握正投影法的基本理论、方法及其应用，培养空间的想象能力及构型能力。

（2）学习和遵守《技术制图》《机械制图》及《电气制图》国家标准的相关规定，培养绘制和阅读工程图样的基本能力。

（3）掌握计算机绘图的基本知识和技能，培养计算机绘图、仪器绘图、徒手绘图的能力。

（4）培养严谨细致的工作作风和认真负责的工作态度。

3．本课程学习方法

（1）理论联系实践，掌握正确的方法和技能。本课程是一门既有系统理论又有很强实践性的基础课，在掌握基本概念和理论的基础上，由浅入深地进行绘图和读图的实践，掌握正确的读图、绘图的方法和步骤，提高绘图技能，独立地思考和完成一定数量的习题练习是巩固基本理论和培养绘制和阅读工程图样能力的基本保证。

（2）树立标准化意识，学习和遵守有关制图的国家标准。每个学习者在开始学习本课程时就必须认识国家标准的权威性、法制性，认真学习并遵守有关制图的国家标准，保证自己所绘图样的正确性和规范化。

（3）培养空间想象能力。在学习过程中注意分析和想象空间形体与图样之间的对应关系，将投影分析和作图过程紧密结合，注意抽象概念的形象化，不断地由“物画图”，由“图想物”，随时进行“物体”与“图形”的相互转化训练，以利于提高空间思维能力和空间想象能力。

（4）绘图方法与绘图理论紧密结合。将尺规绘图、计算机绘图、徒手绘图等各种技能与投影理论、图样绘制密切结合，培养创新能力。

（5）培养和提高工程人员应必备的基本素质。由于图样是进行设计、制造和技术交流的重要工具，图纸上任何细小的错误都会给生产带来损失，因此在学习过程中应注意培养认真、负责的工作态度和严谨细致的工作作风。制图作业应该做到：表达完整，投影正确，视图选择与配置恰当，图线分明，尺寸齐全，图面整洁，符合制图国家标准规定。

第 1 章 制图的基本知识

工程图样是工程技术人员表达设计思想、进行技术交流的工具，是设计和制造过程中的重要技术文件，掌握制图的基本知识是培养看图和画图能力的基础。本章介绍了国家制图标准的一些基本规定，对绘图的方法与技能、几何作图、平面图形等进行了简要介绍。

1.1 国家标准《技术制图》和《机械制图》的基本规定

国家标准《技术制图》是一项基础技术标准，对各类技术图样和有关技术文件等都有统一规定，国家标准《机械制图》是机械专业制图的标准，他们是绘制与使用图样的准绳，必须严格遵守有关规定。国家标准简称“国标”，用代号“GB”表示，如 GB/T 14689—2008，其中“T”为推荐性标准，后跟一串数字，如“14689”为该标准的编号，“2008”是标准批准年份。

1.1.1 图纸幅面和标题栏

1. 图纸幅面（GB/T 13361—2012、GB/T 14689—2008）

绘制图样时，应优先采用规定的 5 种基本幅面，如表 1-1 所示，必要时，可按国家标准规定加长幅面，加长幅面的尺寸是由基本幅面的短边以整数倍增加后得出的。

表 1-1 图纸幅面及边框尺寸 单位：mm

幅面代号	A0	A1	A2	A3	A4
$B \times L$	841×1 189	594×841	420×594	297×420	210×297
a	25				
c	10			5	
e	20		10		

2. 图框格式（GB/T 14689—2008）

在图纸上必须用粗实线画出图框，其格式分为不留装订边和留有装订边两种，但同一产品的图样只能采用一种格式。留有装订边的图纸，其图框格式如图 1-1 所示；不留装订边的图纸，其图框格式如图 1-2 所示。为了在图样复制和缩微摄影时定位方便，可采用对中符号，对中符号用粗实线绘制，线宽不小于 0.5mm，长度从纸边界开始至伸入图框内约 5mm，如

图 1-2（a）所示。

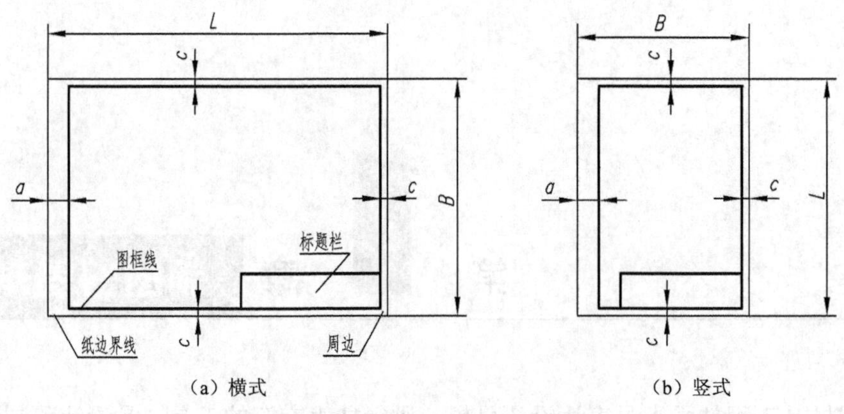

图 1-1　留有装订边图样的图框格式

3．标题栏（GB/T 10609.1—2008）

每张图纸的右下角必须画出标题栏，标题栏的格式规定，一般位于图纸的右下角，如图 1-1 和图 1-2 所示，具体画法查看国家标准相关规定。在学校的制图作业中，标题栏可以简化，学校用零件图的标题栏建议采用图 1-3 所示的格式。

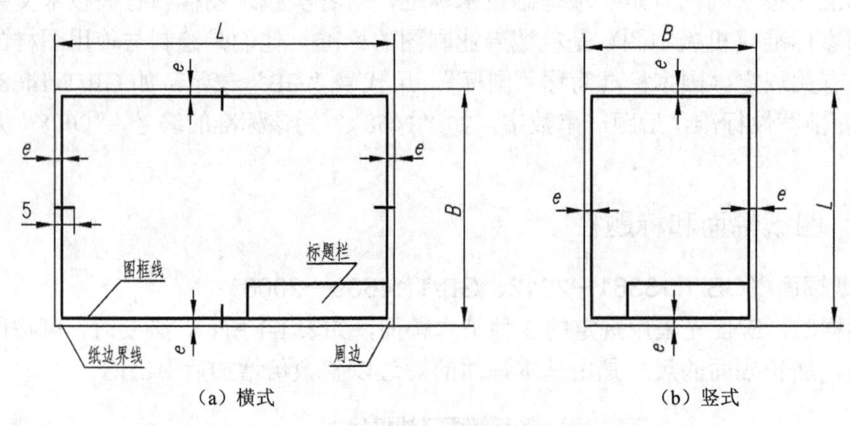

图 1-2　不留装订边图样的图框格式

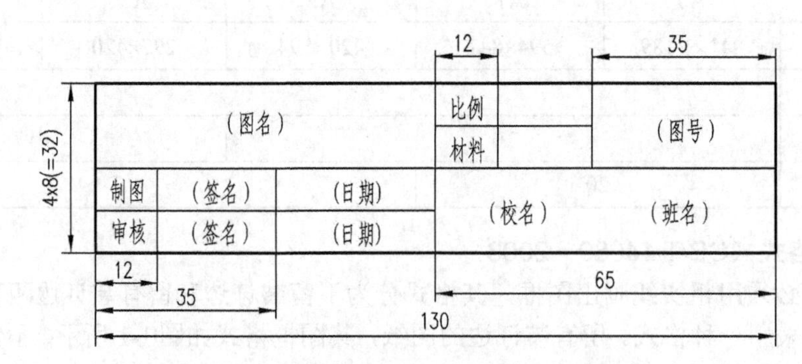

图 1-3　学校用零件图标题栏格式

1.1.2　比例

比例是指图样上图形与其实物相应要素的线性尺寸之比。

国家标准（GB/T 13361—2012、GB/T 14690—1993）规定绘制图样时可从表 1-2 中所规定的第一系列比例中选取，必要时也可从第二系列比例中选取。比值为 1 的比例称原值比例，比值大于 1 的比例称放大比例，比值小于 1 的比例称缩小比例。

表 1-2　　规定的比例

种类	第一系列	第二系列
原值比例	1∶1	
放大比例	2∶1　5∶1　1×10^n∶1　2×10^n∶1　5×10^n∶1	2.5∶1　4∶1　2.5×10^n∶1　4×10^n∶1
缩小比例	1∶2　1∶5　1∶10　1∶1×10^n　1∶2×10^n 1∶5×10^n	1∶1.5　1∶2.5　1∶3　1∶4　1∶6　1∶1.5×10^n 1∶2.5×10^n　1∶3×10^n　1∶4×10^n　1∶6×10^n

绘制图样时，应尽可能按机件的实际大小（1∶1）画出，以便直观估计机件的大小。绘制同一机件的各个视图时应尽量采用相同的比例，当某个视图需要采用不同比例时，必须另外标注。

1.1.3　字体

技术制图国家标准（GB/T 14691—1993）规定图样中书写的字体必须做到：字体工整、笔画清楚、间隔均匀、排列整齐。字体的号数，即字体的高度 h（单位：mm）分为 20、14、10、7、5、3.5、2.5 和 1.8 共 8 种。

1．汉字

图样上的汉字应写成长仿宋体，并采用国家正式公布推行的简化汉字。汉字的高度不应小于 3.5mm，其字宽一般为 $h/\sqrt{2}$。图 1-4 所示为汉字示例。

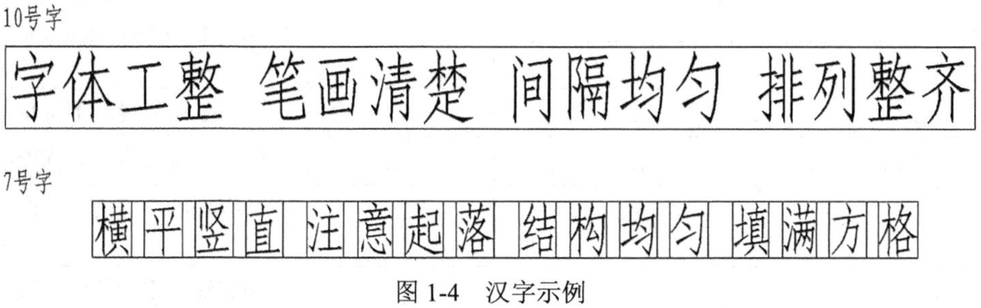

10号字

字体工整　笔画清楚　间隔均匀　排列整齐

7号字

横平竖直　注意起落　结构均匀　填满方格

图 1-4　汉字示例

2．字母和数字

字母和数字分 A 型和 B 型。A 型字体的笔画宽度（d）为字高（h）的 1/14，B 型字体的笔画宽度（d）为字高（h）的 1/10。在同一张图样上，只允许选用一种形式的字体。

字母和数字可写成直体或斜体。斜体字字头向右倾斜，与水平基准线成 75°。图 1-5 所示为字母和数字斜体应用示例。

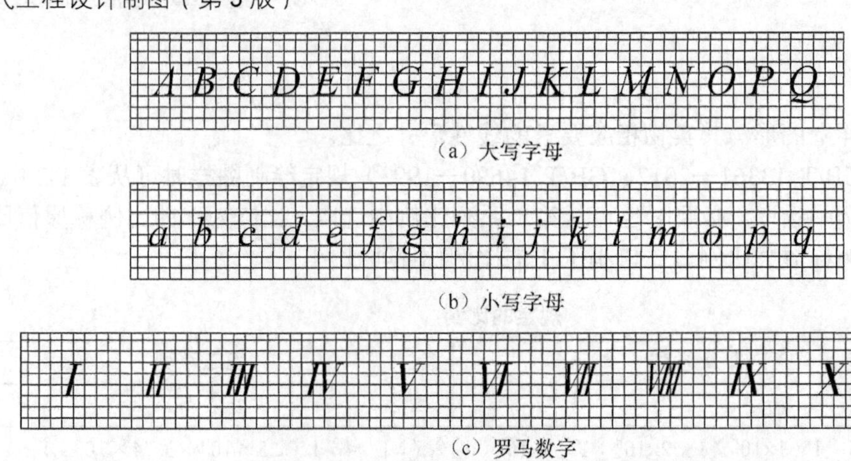

（a）大写字母

（b）小写字母

（c）罗马数字

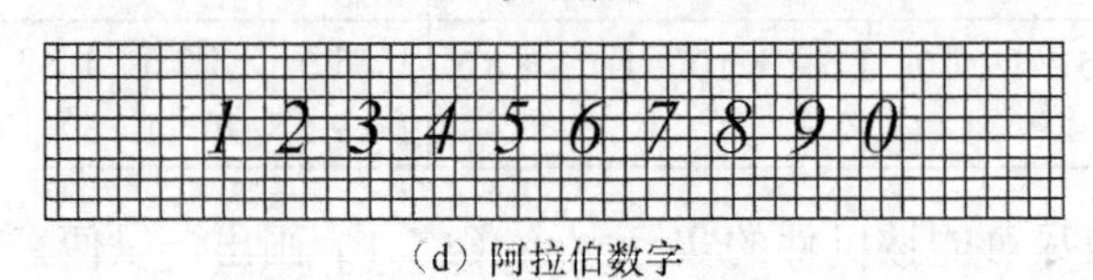

（d）阿拉伯数字

图 1-5　字母和数字应用示例

1.1.4　图线

1．图线的形式及应用

《技术制图》和《机械制图》相关标准（GB/T 17450—1998、GB/T 4457.4—2002）规定了图样中常用的图线名称、线型、宽度及其应用，如表 1-3 所示。

表 1-3　图线

图线名称	图线线型	图线宽度	应用举例
粗实线		*d* （0.5～2mm）	可见轮廓线、可见棱边线
细实线		*d*/2	尺寸线、尺寸界线、剖面线、重合断面轮廓线、过渡线、引出线和基准线
虚线		*d*/2	不可见轮廓线、不可见棱边线
细点画线		*d*/2	轴线、轨迹线、对称中心线
波浪线		*d*/2	断裂处的边界线、视图与剖视图的分界线
双点画线		*d*/2	相邻辅助零件的轮廓线、极限位置的轮廓线
粗点画线		*d*	限定范围表示线
双折线		*d*/2	断裂处的边界线

2．线宽

机械图样中的图线分粗线和细线两种。粗线宽度（*d*）应根据图形的大小和复杂程度在 0.5～2mm 内选择，细线的宽度约为 *d*/2。图线宽度的推荐系列为 0.13mm、0.18mm、

0.25mm、0.35mm、0.5mm、0.7mm、1mm、1.4mm 和 2mm。应用中一般粗线取 0.5mm，细线取 0.25mm。

图 1-6 所示为各种图线的应用示例。

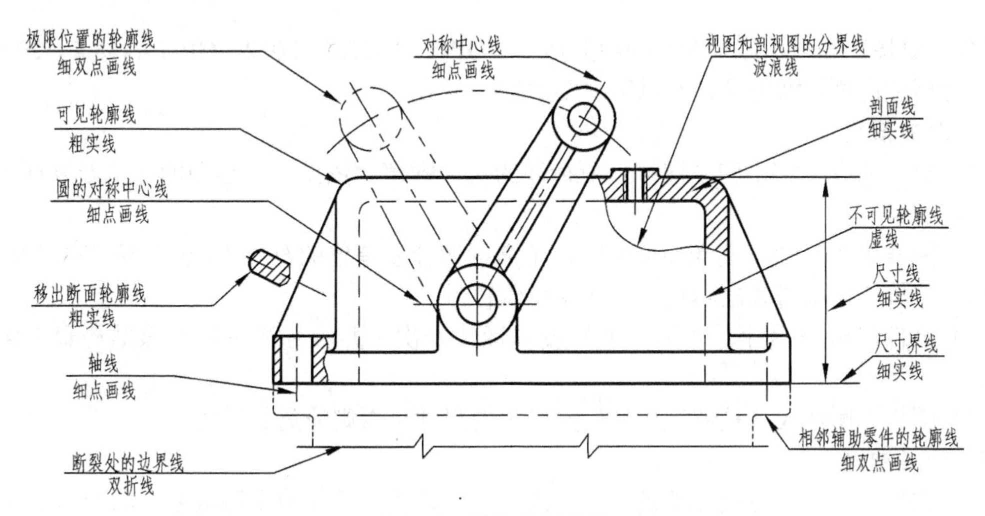

图 1-6　图线应用示例

3．图线画法注意要点

（1）同一图样中，同类图线的宽度应基本一致。

（2）虚线、点画线及双点画线的线段长度和间隔应各自大小相等。

（3）两条平行线（包括剖面线）之间的距离应不小于粗实线宽度的两倍，其最小距离不得小于 0.7mm。

（4）绘制圆的中心线时，圆心应为长画的交点，且中心线应超出圆周 2～5mm，点画线和双点画线的首末两端应是线段而不是短画。当图形较小，绘制点画线或双点画线有困难时，可用细实线代替，如图 1-7 所示。

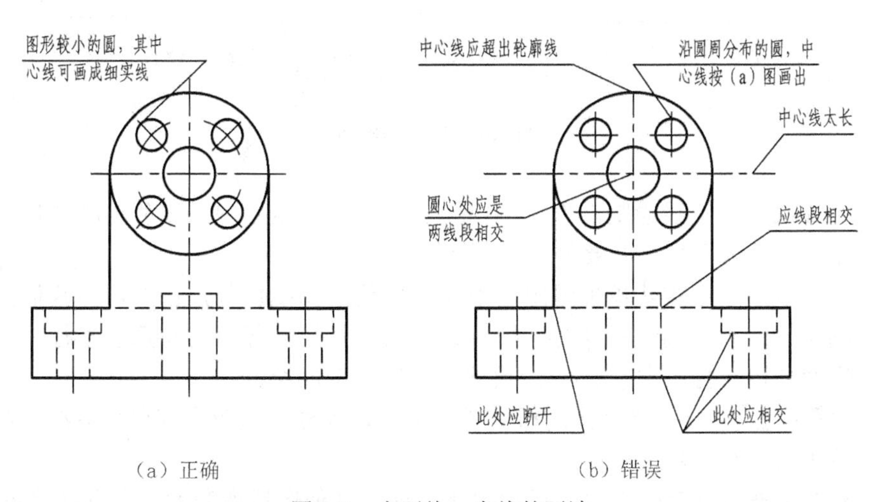

图 1-7　点画线、虚线的画法

（5）虚线、点画线、双点画线与其他的图线相交，其交点不宜在线段的间隔处，但当虚线处于粗实线的延长线时，粗实线应画到位，而虚线相连接的地方应留有空隙，如图 1-7 所示。

1.1.5　尺寸注法

《技术制图》和《机械制图》的相关标准（GB/T 16675.2—2012、GB/T 4458.4—2003）规定了尺寸标注的规则和方法，有以下主要内容。

1．基本规定

（1）机件的真实大小应以图样上所标注的尺寸数值为依据，与绘图的比例及绘图的准确度无关。

（2）图样中的尺寸以毫米为单位时，不需标明计量单位的符号“mm”或名称“毫米”，如采用其他单位，则必须注明相应的计量单位符号。

（3）机件的每一尺寸，在图样上一般只标注一次，并应标注在反映该结构最清晰的图形上。

（4）图样上所注尺寸是该机件最后完工时的尺寸，否则应另加说明。

2．尺寸要素

一个完整的尺寸应由尺寸界线、尺寸线、尺寸箭头及尺寸数字所组成，如图 1-8 所示。

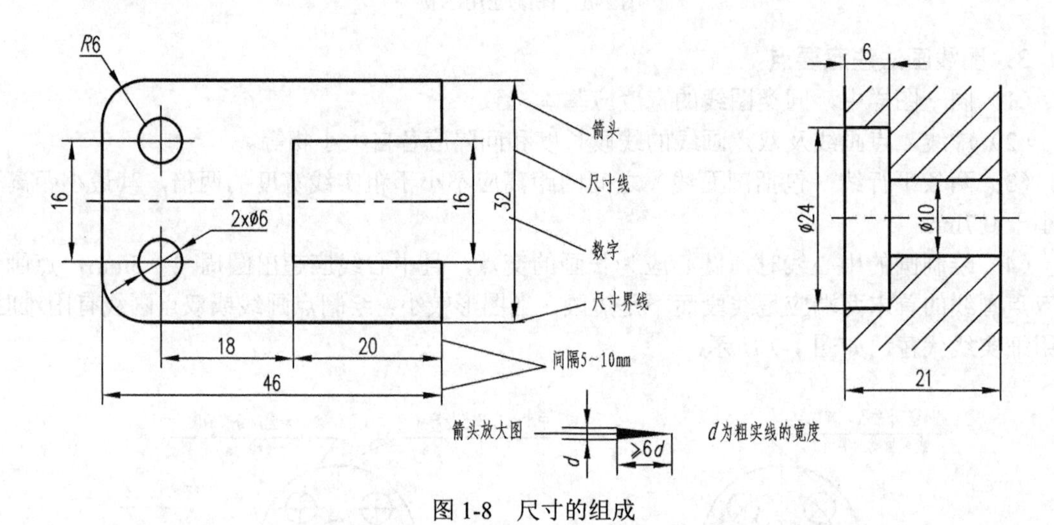

图 1-8　尺寸的组成

（1）尺寸界线用细实线绘制，也可利用图上已有的轴线、中心线和轮廓线作尺寸界线。尺寸界线一般与尺寸线垂直，必要时允许倾斜。

（2）尺寸线必须用细实线单独画出，不能用其他的图线代替，也不得与其他图线重合或画在其他线的延长线上。标注尺寸时，尺寸线与所标注尺寸部位的轮廓线平行，相同方向的各尺寸线的间距要均匀且应大于 5mm。尺寸线之间不应相交。

（3）尺寸箭头宽度（b）就是图形粗实线的宽度，尺寸箭头应指到尺寸界线，在同一图纸上所有尺寸箭头的大小应基本相同。

（4）尺寸数字按标准字体书写。尺寸数字不能被任何图线所通过，否则需将图线断开。

表 1-4 列出了国家标准（GB/T 4458.4—2003）所规定的一些常用的尺寸标注法。

表 1-4 常用的尺寸标注法

标注内容	图例	说明
线性尺寸的数字方向	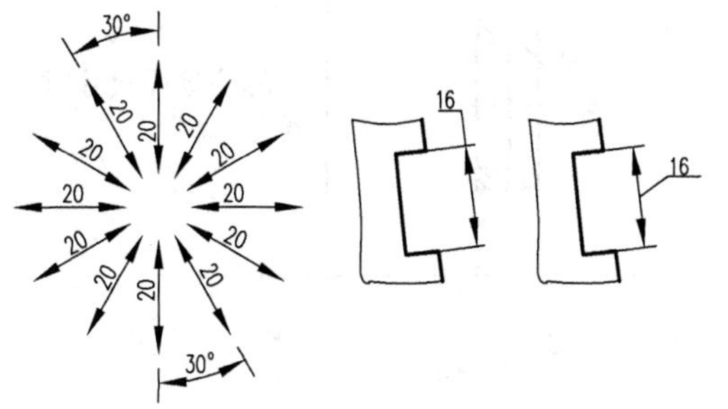	尺寸数字应按左图中的方向填写，并尽量避免在 30°范围内标注尺寸；当无法避免时，可按右图所示的方法标注
角度	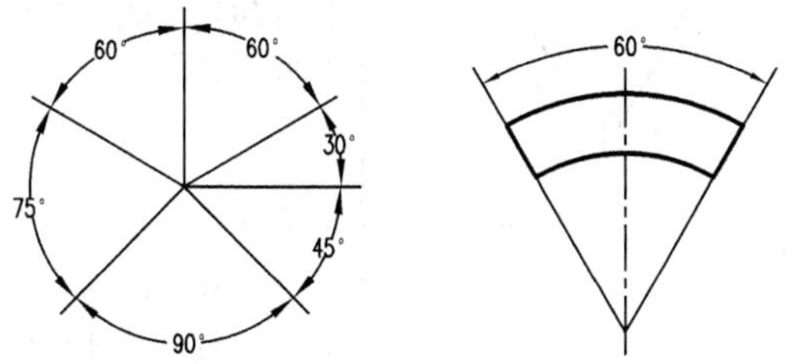	尺寸界线应沿径向引出，尺寸线应画成圆弧，圆心是角的顶点，尺寸数字一般应水平写在尺寸线的中断处，必要时也可写在上方或外面，或引出标注
圆和圆弧	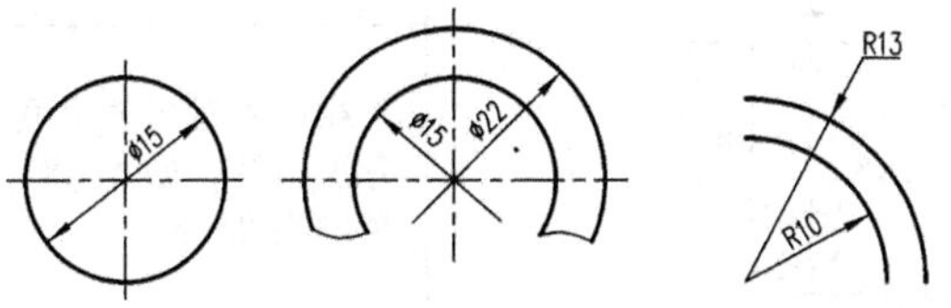	在标注整圆或大于半圆的圆弧时，在直径的尺寸数字前，应加符号“ϕ”；在标注半圆或小于半圆的圆弧时，半径的尺寸数字前，应加符号“R”；尺寸线按图例绘制
大圆弧	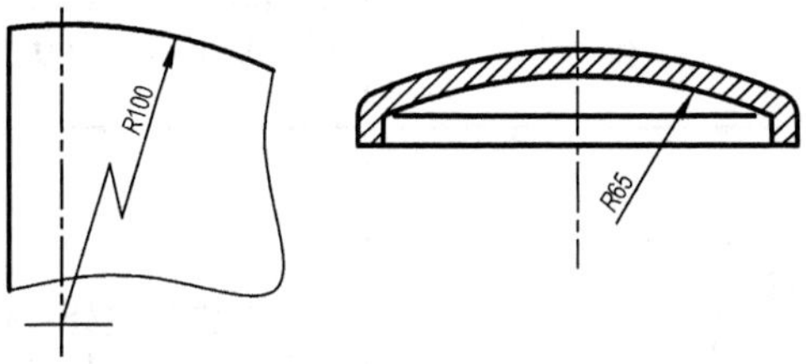	无法标出圆心位置时，可按左图标注；不需标出圆心位置时，可按右图标注
小尺寸和小圆弧	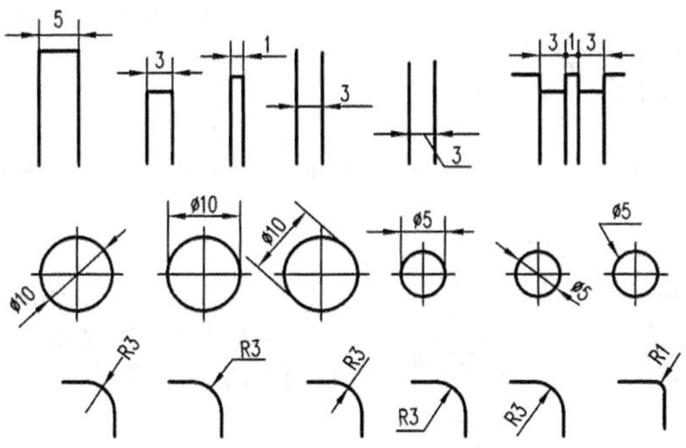	当尺寸标注没有足够位置时，箭头可画在外面，或用小圆点代替两个箭头；尺寸数字也可写在外面或引出标注

续表

标注内容	图例	说明
球面	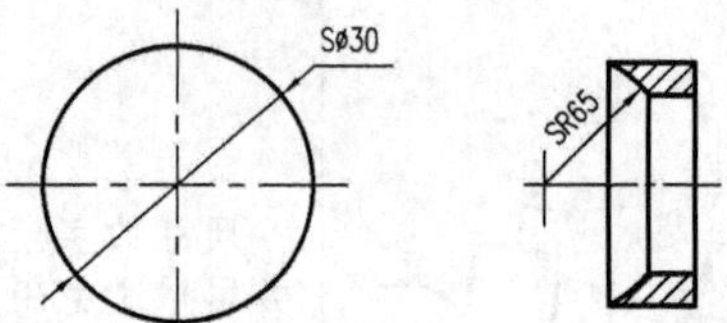	标注球面尺寸时，在ϕ 或 R 前加注符号“S”
弦长和弧长	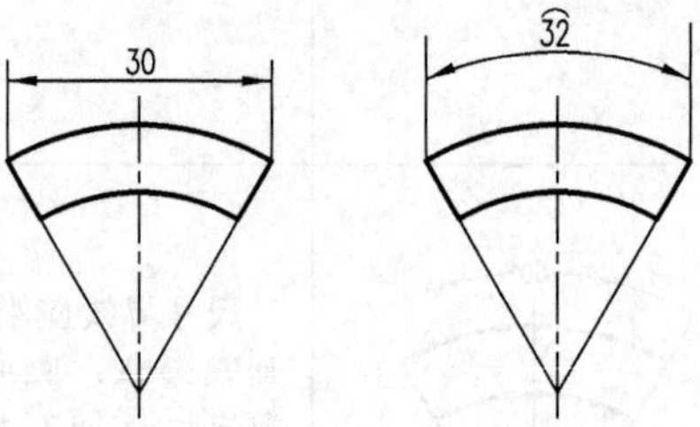	标注弦长尺寸时，尺寸界线应平行于弦的垂直平分线；标注弧长尺寸时，尺寸线用圆弧，尺寸数字上方应标注符号“⌒”
对称机件只画出一半或大于一半时	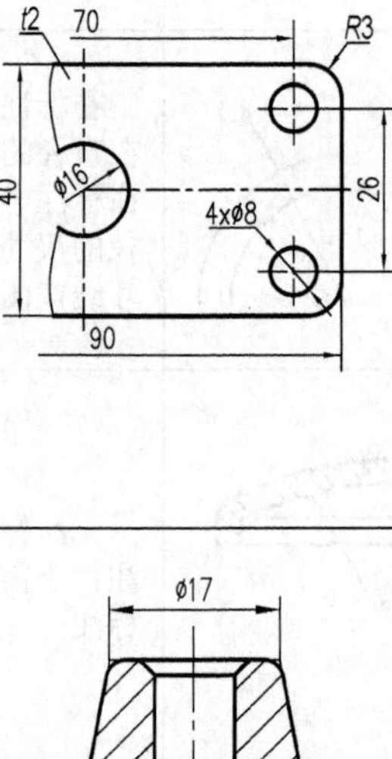	尺寸线应略超过对称中心线或断裂线，且只在尺寸界线一端画出箭头，如尺寸 90、70 相同直径的圆孔可用如左图所示的方法标注，如 4×ϕ8，表示 4 个孔的直径均为 8mm
当零件为薄板时		当零件为薄板时，可在表示厚度的尺寸数字前加符号“t”，如板厚 t2
光滑过渡处	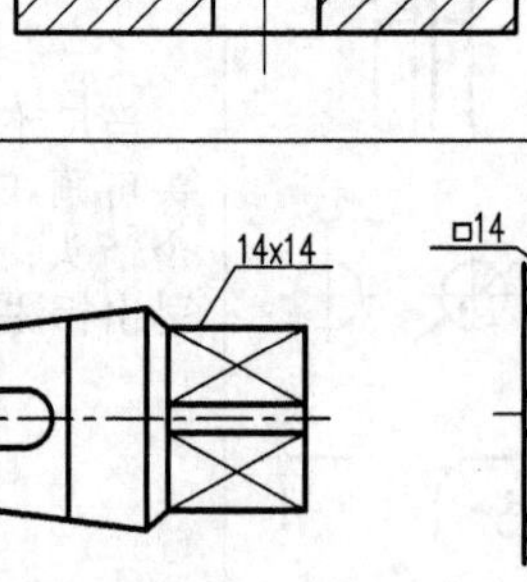	在光滑过渡处，必须用细实线将轮廓线延长，并从它们的交点处引出尺寸界线，尺寸界线一般应垂直于尺寸线，必要时允许倾斜
正方形断面的结构		对断面为正方形的结构，可在正方形边长尺寸数字前加注符号“□”，或用 14×14 表示

1.2 制图方法与技能

绘制图样有3种方法，即尺规绘图、徒手绘图和计算机绘图（计算机绘图见第13章）。

1.2.1 尺规绘图

尺规绘图是借助丁字尺、三角板、圆规和分规等绘图工具和仪器进行手工操作的一种绘图方法。正确使用绘图工具和仪器，不仅是保证绘图质量和效率的一个重要方面，还能为各类图样画法奠定基础。为此，必须养成正确使用绘图工具和仪器的良好习惯。

1．常用的绘图工具及仪器的使用方法

（1）铅笔。铅笔根据铅芯的软硬程度可分为多种，分别用B和H表示其软、硬程度，绘图时具体使用哪种，建议如下。

① 用B或2B型铅笔画粗实线。

② 用HB或H型铅笔画虚线、写字和画箭头。

③ 用H型铅笔画细线、底稿线。

铅笔的铅芯削法有锥形和楔形两种，如图1-9所示。楔形适用于加深粗实线。

（2）图板、丁字尺和三角板。

① 图板用来固定图纸。图纸一般用胶带纸固定在图板的左下部，如图1-10所示。

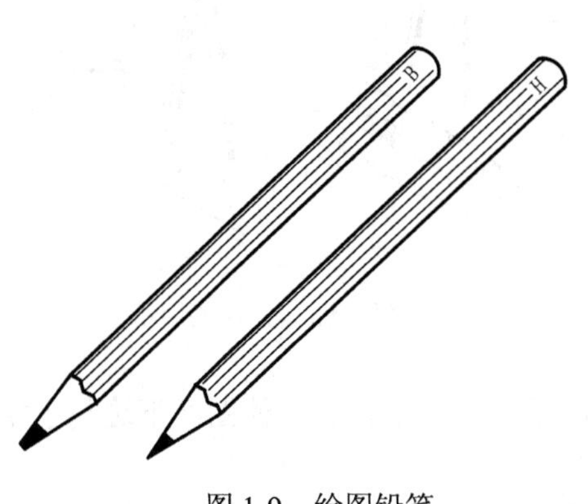

图1-9　绘图铅笔

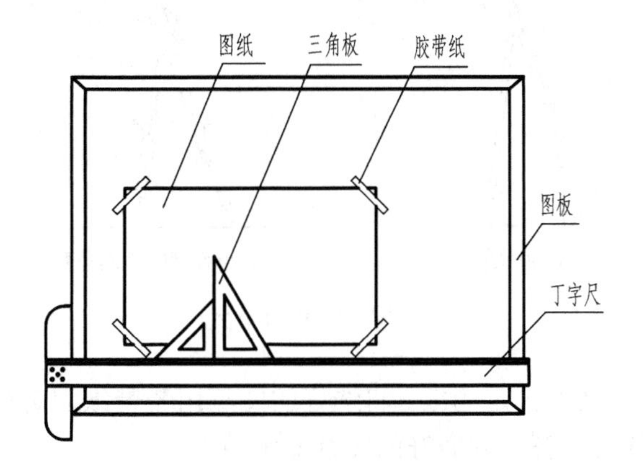

图1-10　图板、丁字尺和三角板

② 丁字尺由相互垂直的尺头和尺身组成，主要用来与图板配合画水平线，与三角板配合画垂直线及倾斜线。

③ 一副三角板由45°和30°（60°）各一块板组成。三角板与丁字尺配合使用，可画垂直线和n×15°的各种倾斜线，如图1-11所示。

（3）圆规和分规。

① 圆规是画圆的基本仪器，使用前应削磨好铅芯，并调整针脚比铅芯稍长，如图1-12所示，画圆时应使圆规顺时针旋转并稍向前倾斜。

② 分规是用来量取线段或分割线段的，分规的两针尖调整平齐，其用法如图1-13所示。

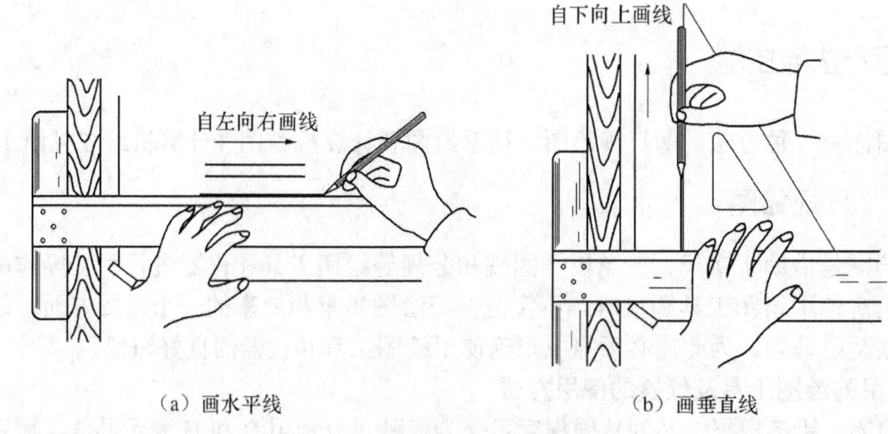

（a）画水平线　　（b）画垂直线

图 1-11　三角板与丁字尺的配合使用

2．尺规绘图步骤及方法

（1）绘图前的准备工作。

① 准备工具。准备好所用的绘图工具和仪器，削好铅笔和圆规上的笔芯。

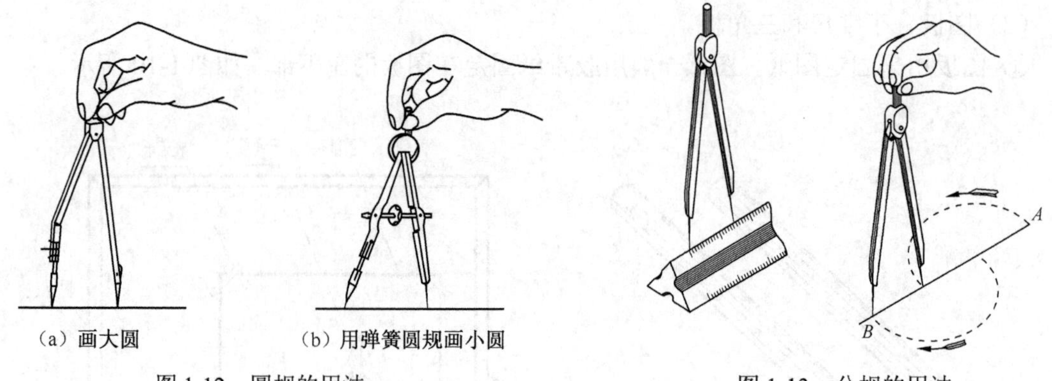

（a）画大圆　　（b）用弹簧圆规画小圆

图 1-12　圆规的用法

图 1-13　分规的用法

② 固定图纸。将选好的图纸用胶带纸固定在图板偏左下方的位置，使图纸下边与丁字尺的边平齐，固定好的图纸要平整。

（2）画图框及标题栏。按国家标准规定的幅面尺寸和标题栏位置，用细实线绘制图框和标题栏，待图纸完工后再对图框线加深、加粗。

（3）布置图形。根据机件预先选好的表达方案，按照国家标准规定的各视图的投影关系配置，留有标注尺寸、注写技术要求的余地，定出各个视图在图纸上的位置，使绘出的各个图形均匀地分布在图纸平面内。

（4）画底稿。用 H（或 2H）型铅笔轻画底稿，其绘制顺序如下。

① 按布置图确定各图形的位置，先画轴线或对称中心线，再画主要轮廓线，然后画细节。

② 若图形是剖视图或断面图时，应在图形完成后，再画剖面符号及其他符号，底稿完成后，经校核，擦去多余的作图线。

（5）标注尺寸。标注尺寸时，先画出尺寸界限、尺寸线和尺寸箭头，再注写尺寸数字和其他文字说明。

（6）图线加深。用B（或2B）型铅笔加深粗实线，用HB或H型铅笔加深虚线、细实线、细点画线等各类细线。画圆时圆规的铅芯应比画相应直线的铅芯软一号。按先曲线后直线的顺序加深。

（7）填写标题栏。经仔细检查图纸后，填写标题栏中的各项内容，完成全部绘图工作。

1.2.2 徒手绘图

1．概述

徒手绘图是不借助仪器，仅用铅笔以徒手、目测的方法手工绘制，徒手绘制的图样称为草图。草图绘制迅速、简便，常用于创意设计、设计方案讨论、测绘机件、技术交流及现场参观时，受条件和时间的限制，需要绘制草图。徒手绘图是工程技术人员必须具备的一项基本技能。

徒手绘制草图仍应基本做到：图形正确、线型分明、比例均匀、字体工整和图面整洁。画草图一般用HB铅笔，常在网格纸上画图，网格纸不要求固定在图板上，为了作图方便可任意转动或移动。

2．草图的绘图方法

一个物体的图形无论怎样复杂，总是由直线、圆、圆弧和曲线所组成，因此，要画好草图必须掌握徒手画各种线条的方法，并经过反复训练，才能提高画图能力。

（1）直线。画直线时，眼睛看着图线的终点，画短线常用手腕运笔，画长线则以手臂动作，且肘部不宜接触纸面，否则不易画直。画较长的线时，也可以用目测在直线中间定出几个点，然后分段画。水平直线应自左向右画，铅垂线由上向下画，如图1-14所示。

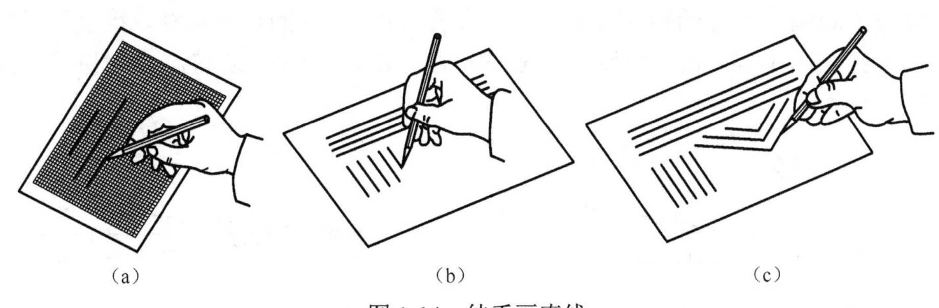

图1-14 徒手画直线

（2）圆。画圆时，先徒手作两条互相垂直的中心线，定出圆心，再根据圆的大小，用目测估计半径大小，在中心线上截得4点，然后徒手将各点连接成圆，如图1-15（a）所示。当所画的圆较大时，可过圆心多作几条不同方向的直径线，在中心线和这些直径线上按目测定出若干点后，再徒手连成圆，如图1-15（b）所示。

（3）椭圆。根据椭圆的长短轴，目测定出其端点位置，过4个端点画一矩形，徒手作椭圆与此矩形相切，如图1-16（a）所示；也可利用外接菱形画4段圆弧构成椭圆，如图1-16（b）所示。

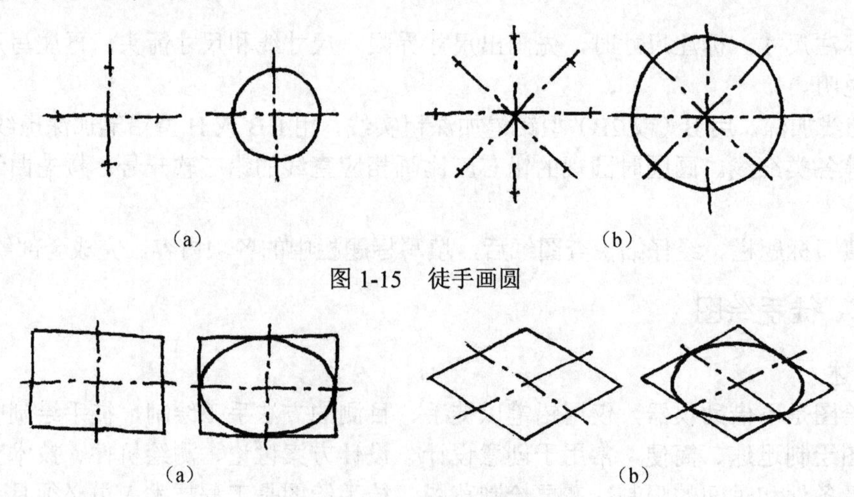

图 1-15　徒手画圆

图 1-16　徒手画椭圆

1.3　几何作图

在制图中，经常会遇到各种几何图形的作图问题，下面介绍几种最基本的几何作图方法。

1.3.1　斜度和锥度

1．斜度

斜度是指一直线对另一直线或一平面对另一平面的倾斜程度，在图样中以 1∶*n* 的形式标注，斜度符号应与图样的斜度方向一致。图 1-17 所示为斜度 1∶6 的作图方法，图中线段 *AB* 为一个单位长度。

2．锥度

正圆锥体的底圆直径与圆锥高度之比，在图样中以 1∶*n* 的形式标注，锥度符号应与图样的锥度方向一致。图 1-18 所示为锥度 1∶6 的作图方法，图中点 *A* 和点 *B* 对圆锥轴线的距离为 0.5 个单位长度。

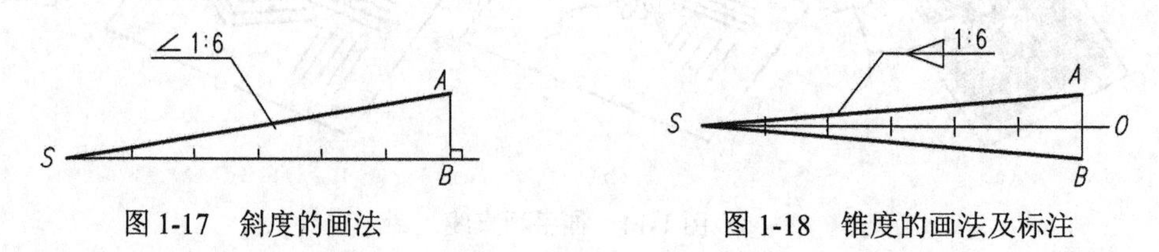

图 1-17　斜度的画法　　　　图 1-18　锥度的画法及标注

1.3.2　等分直线段

在作图过程中，经常需要将一条线段等分为几等份。如图 1-19 所示，将一线段 *AB* 五等分，可由 *A* 点作一斜线，并在这条斜线上取 5 个已知单位长度得 *C* 点，连接 *B* 点和 *C* 点。通过斜线上 5 个已知的点分别作线段 *BC* 的平行线，在线段 *AB* 上得到的 5 个点即为线段 *AB* 的五等分点。

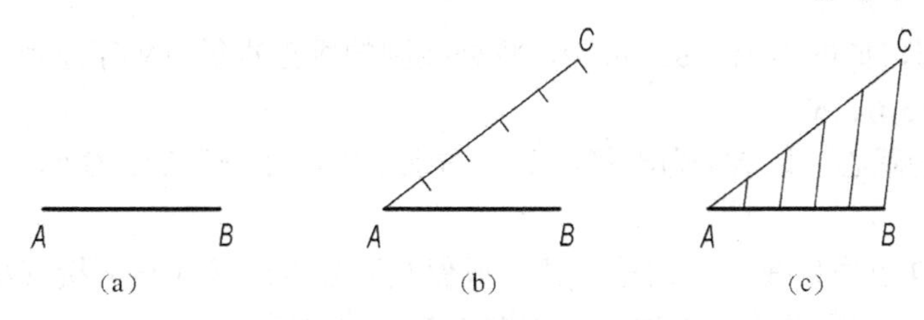

图 1-19　等分直线段的画法

1.3.3　正多边形

利用正多边形的外接圆，配合圆规和三角板的使用，可以将圆周进行等分，下面介绍常用正多边形和正 *n* 边形的作图方法。

1．正三角形、正方形、正五边形和正六边形

利用正多边形的外接圆，配合圆规和三角板的使用，可以作出正三角形、正方形、正五边形和正六边形等，如图 1-20 所示。

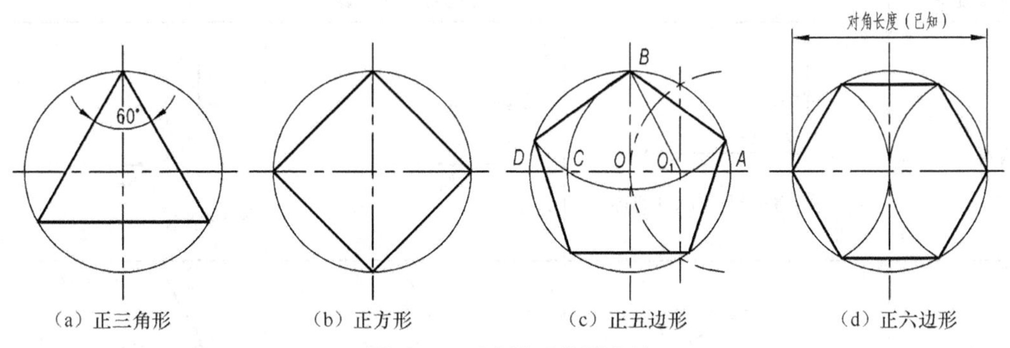

图 1-20　正多边形作图方法

正五边形和正六边形的画法简述如下。

（1）内接正五边形。先在半径 OA 上作出中点 O_1，以 O_1 为圆心，O_1B 为半径作弧交中心线于 C 点，以 BC 为弦长将圆周分成 5 份，连接各端点即成正五边形，如图 1-20（c）所示。

（2）内接正六边形。先以已知对角长度为直径作圆，再以半径为弦长等分圆周 6 份，连接各端点即成正六边形，如图 1-20（d）所示。

2．其他正多边形

其他正多边形（大于或等于七边形）的作图方法可参照图 1-21 所示。正七边形的作图方法、步骤如下。

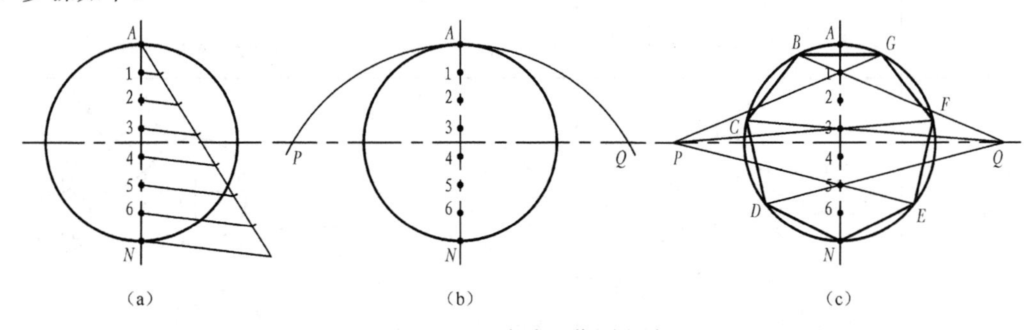

图 1-21　正多边形作图方法

（1）画外接圆，如图1-21（a）所示，将外接圆的垂直直径*AN*等分为7等份，并标出序号1、2、3、4、5、6、*N*。

（2）以*N*点为圆心，以*NA*为半径画弧，与水平中心线交于*P*、*Q*两点，如图1-21（b）所示。

（3）由*P*和*Q*点作直线，分别与奇数（或偶数）分点连线并与外接圆相交，依次连接各顶点*BCDNEFGB*即为所求的正七边形，如图1-21（c）所示。

1.3.4 圆弧连接

画机件的轮廓形状时，常遇到用一已知半径的圆弧（称连接弧），光滑连接（即相切）已知直线或圆弧。为了保证相切，必须准确地作出连接弧的圆心和切点，常见的圆弧连接画法如表1-5所示。

表1-5　　常见的圆弧连接画法

连接要求	作图方法和步骤		
连接垂直相交的两直线	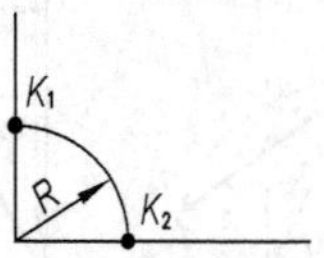 连接圆弧半径*R*长度已知，求切点K_1、K_2	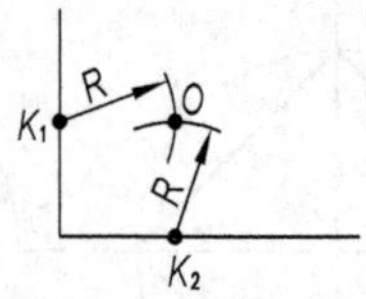 求圆心*O*	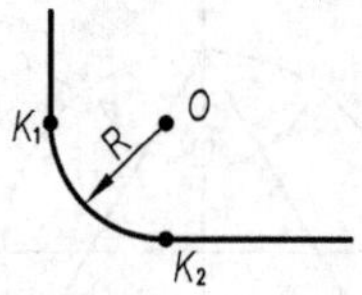 画连接圆弧
连接相交的两直线	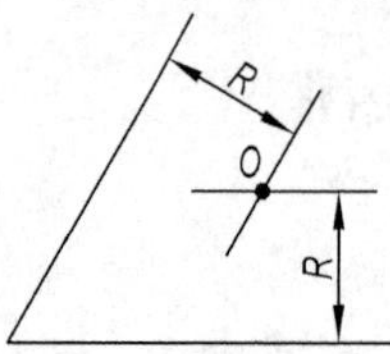 连接圆弧半径*R*长度已知，求圆心*O*	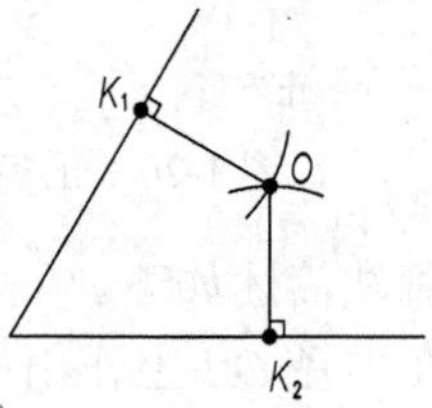 求切点K_1、K_2	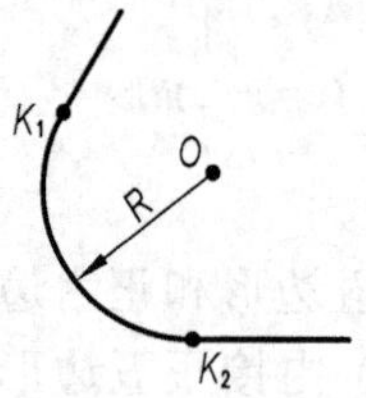 画连接圆弧
连接一直线和一圆弧	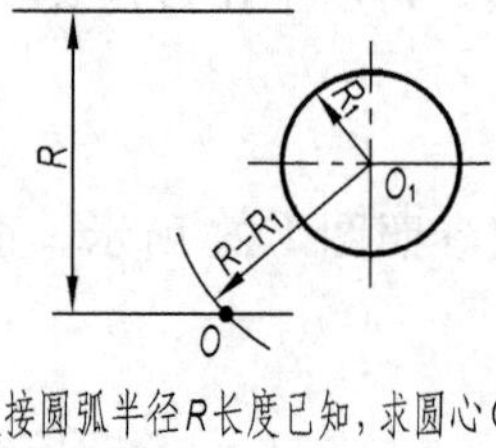 连接圆弧半径*R*长度已知，求圆心*O*	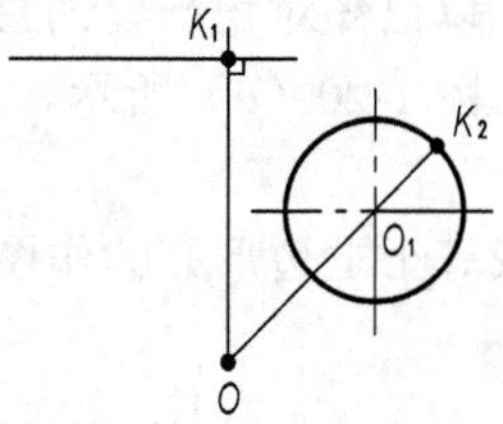 求切点K_1、K_2	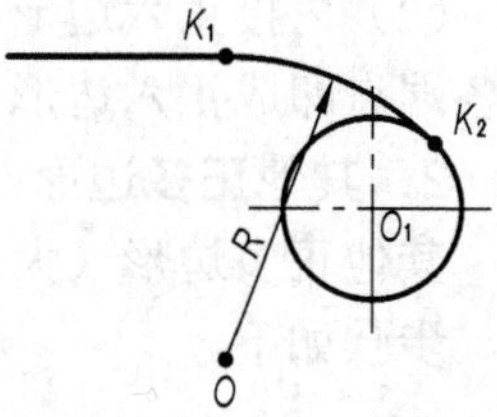 画连接圆弧
外切两圆弧	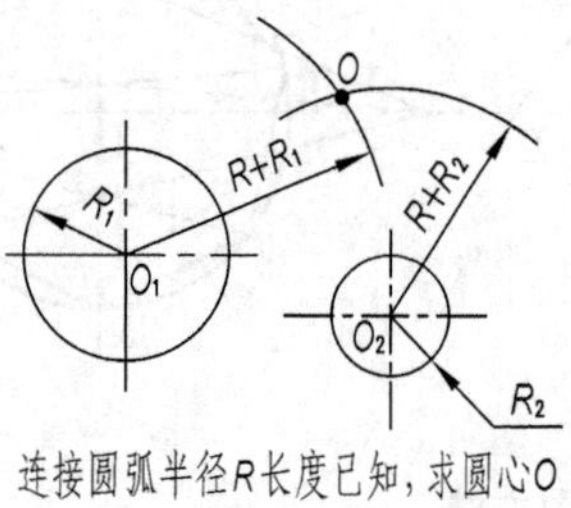 连接圆弧半径*R*长度已知，求圆心*O*	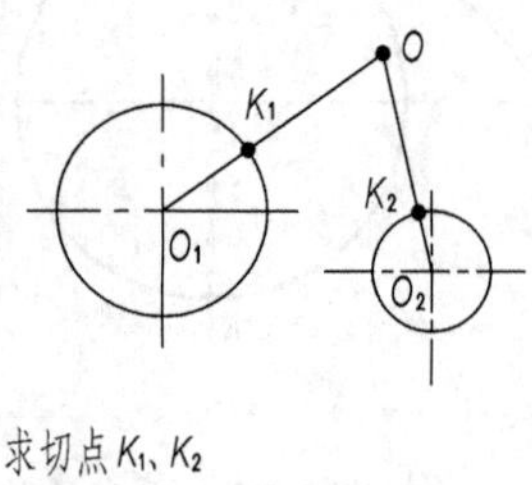 求切点K_1、K_2	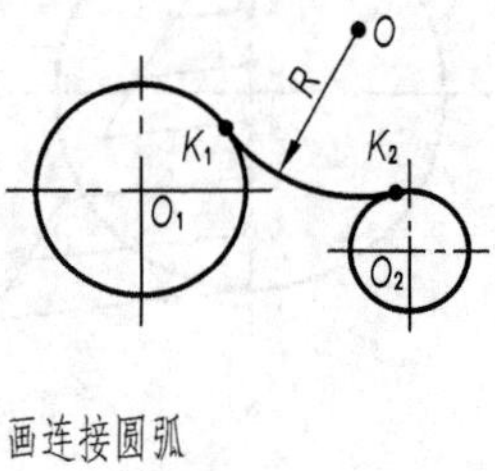 画连接圆弧

续表

连接要求	作图方法和步骤		
内切两圆弧	连接圆弧半径 R 长度已知，求圆心 O	求切点 K_1、K_2	画连接圆弧
外切圆弧和内切圆弧	连接圆弧半径 R 长度已知，求圆心 O	求切点 K_1、K_2	画连接圆弧

1.4　平面图形分析及尺寸标注

平面图形常由许多线段连接而成，这些线段之间的相对位置和连接关系，按给定的尺寸来确定，画图时，只有通过分析尺寸和线段间的关系，才能确定画图的步骤。

1.4.1　平面图形的尺寸分析

尺寸按其在平面图形中所起的作用，可分为定形尺寸和定位尺寸两类。

1．定形尺寸

用以确定平面图形上各个几何图形的形状和大小的尺寸称为定形尺寸，如直线的长度、圆及圆弧的直径或半径以及角度大小等。图 1-22 所示的平面图形ϕ19、ϕ11、R5.5、R30、14 和 6 都是定形尺寸。

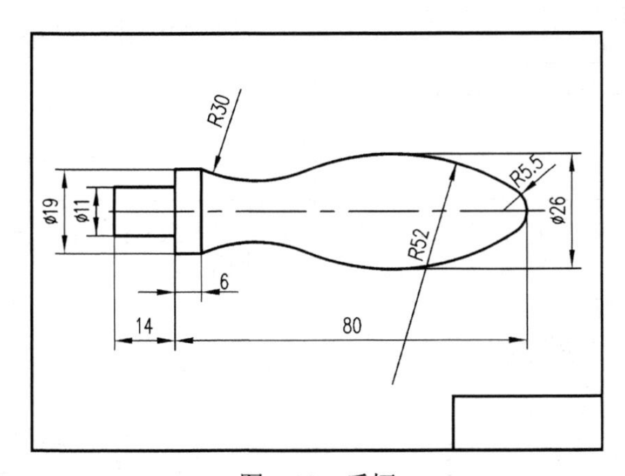

图 1-22　手柄

2．定位尺寸

用以确定平面图形上各个几何图形的相对位置的尺寸称为定位尺寸，图 1-22 确定 R52 圆

弧位置的尺寸 $\phi 26$ 和确定 $R5.5$ 位置的尺寸 80 均为定位尺寸。

3．尺寸基准

确定尺寸位置的点或线称为尺寸基准。

一般平面图形中常用做尺寸基准的有：①对称图形的对称线；②较大圆的中心线；③较长的直线。

图 1-22 所示的手柄是以水平对称轴线和较长的铅垂线作为尺寸基准的。

1.4.2　平面图形的线段分析

根据标注的尺寸是否齐全，平面图形中的线段（直线或圆弧）可分为以下 3 类。

1．已知线段

图中定形尺寸和定位尺寸都齐全的线段，称为已知线段，图 1-22 中的 $\phi 11$、$\phi 19$、$R5.5$、14 和 6 等都是已知线段。

2．中间线段

在平面图形中，具有定形尺寸而定位尺寸不全的线段称为中间线段，如图 1-22 的 $R52$，画图时应根据与相邻的圆弧 $R5.5$ 的连接关系画出。

3．连接线段

在平面图形中，一般是只有定形尺寸，而无定位尺寸的线段，称为连接线段，如图 1-22 的 $R30$，画图时需根据它与相邻的两条线段的连接关系最后画出。

1.4.3　平面图形的作图步骤

下面以手柄为例，说明平面图形的作图步骤，如表 1-6 所示。

表 1-6　　手柄的作图步骤

<table>
<tr>
<td>① 画出已知线段以及相距为 $\phi 26$ 的范围线
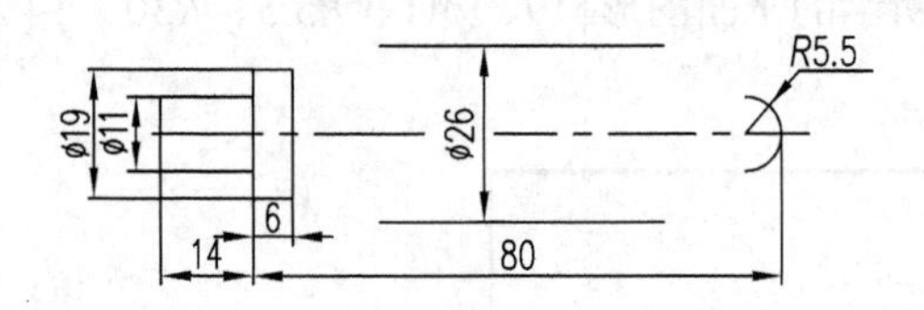
</td>
<td>② 画出中间圆弧 $R52$，使其与相距为 $\phi 26$ 的两根范围线相切，并和 $R5.5$ 的圆弧内切
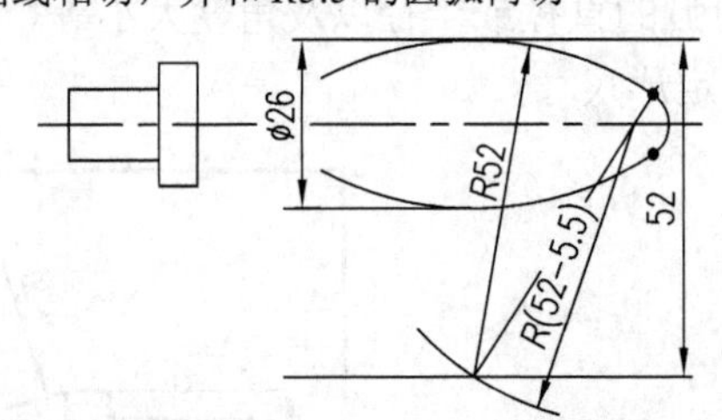
</td>
</tr>
<tr>
<td>③ 画出连接圆弧 $R30$，使其过 a，并和 $R52$ 的圆弧外切
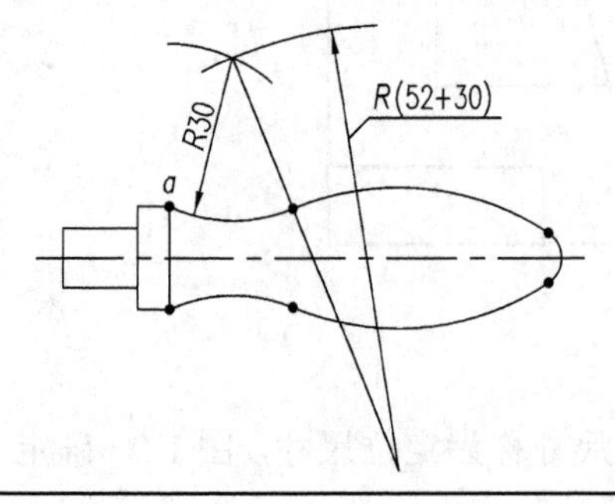
</td>
<td>④ 擦去多余的作图线，按线型要求加深图线，完成全图
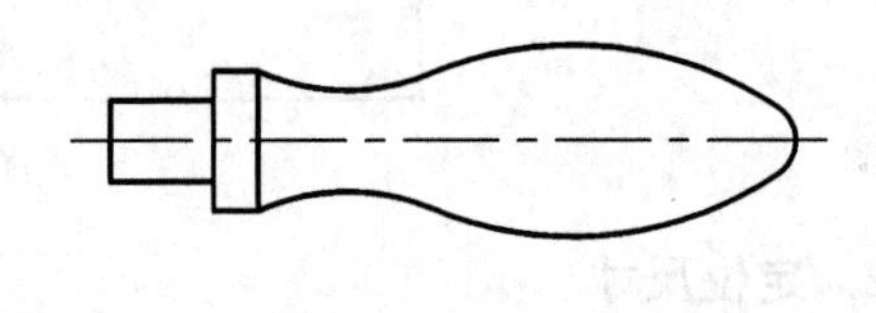</td>
</tr>
</table>

思考题

1．图纸幅面的代号有哪几种？有几种图框格式？
2．在图样中书写的字体必须注意哪些要求？
3．各种线型的主要用途是什么？在图样中如何画图线，应注意哪几点？
4．一个完整的尺寸由哪几个要素组成，各有哪些基本规定？
5．如何区分已知线段、中间线段、连接线段？绘制时应按怎样的顺序画出？
6．简述制图的一般方法和步骤。

学习方法指导

1．制图国家标准作为技术法规，每个工程技术人员在绘制工程图样时，必须严格遵守，并在画图过程中正确使用。

2．掌握有关几何作图的作图方法，在图样画法中正确使用各类图线。

3．掌握平面图形的尺寸分析和线段分析方法，掌握圆弧连接的作图关键在圆心、半径和切点的确定；分清已知线段，中间线段和连接线段，按正确的顺序画图。

4．要准备适当的绘图用具。

第2章 正投影法基础

2.1 投影法的基本概念

2.1.1 投影概念

物体在光线的照射下，会在墙面或地面上产生影子，这种现象叫做投影。投影法就是根据这种自然现象，经过科学的抽象而产生的。

如图 2-1 所示，点 S 称为投射中心，所设的平面 P 叫做投影面，点 S 与物体上任一点之间的连线（如 SA、SB、SC）称为投射线，延长 SA、SB、SC 与投影面 P 相交于 a、b、c 3 点，这 3 点分别称为空间点 A、B、C 在投影面 P 上的投影或投影图，$\triangle ABC$ 的投影即为$\triangle abc$。投射线通过物体，向指定的平面进行投影，并在该面上得到图形的方法称为投影法。

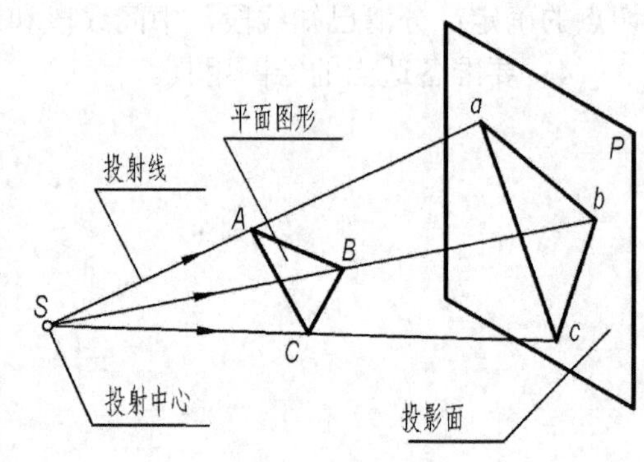

图 2-1　中心投影法

2.1.2 投影法种类

常用的投影法有两大类，即中心投影法和平行投影法。

1．中心投影法

如图 2-1 所示，投射线都从投射中心出发，在投影面上作出物体投影的方法，称为中心投影法。工程上常用中心投影法绘制建筑物的透视图，以及产品的效果图。

2．平行投影法

如图 2-2 所示，投射线互相平行的投影方法，称为平行投影法。用平行投影法得到的投影，称为平行投影。

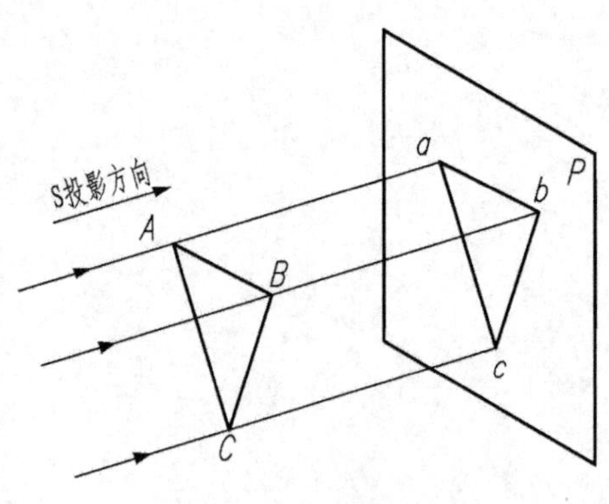

图 2-2　平行投影法

在平行投影法中又分为以下两种。

（1）正投影法：投射线垂直于投影面的投影法，如图 2-3 所示，所得投影称为正投影。

（2）斜投影法：投射线倾斜于投影面的投影法，如图 2-4 所示，所得投影称为斜投影。

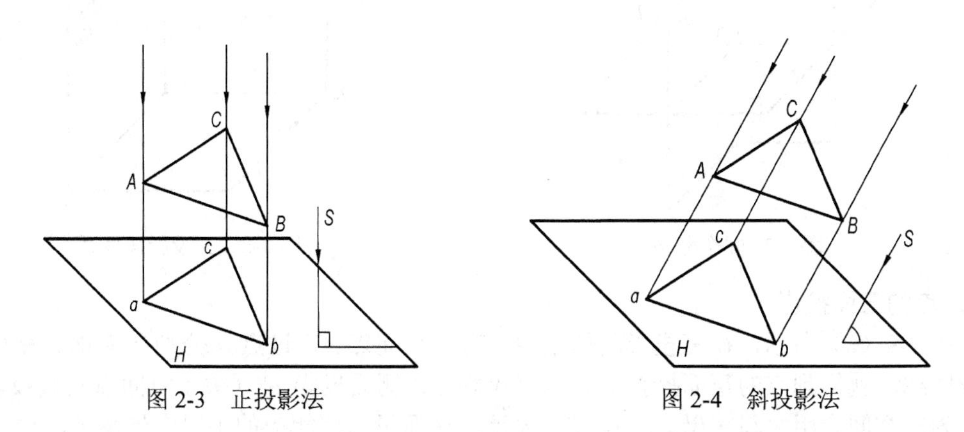

图 2-3　正投影法　　　　图 2-4　斜投影法

投影法主要研究的就是空间物体与投影的关系，工程图样通常采用正投影法绘制。

2.2　点的投影

点的投影仍然是点，而且是唯一的。图 2-5 中的点 A 在 H 平面上的投影为 a，但根据点的一个投影是不能确定其空间位置的，图 2-6 中的投影 b 不能唯一确定空间一点 B 与其对应，所以，要确定空间点的位置，就应增加投影面，故需建立如下所述的三投影面体系。

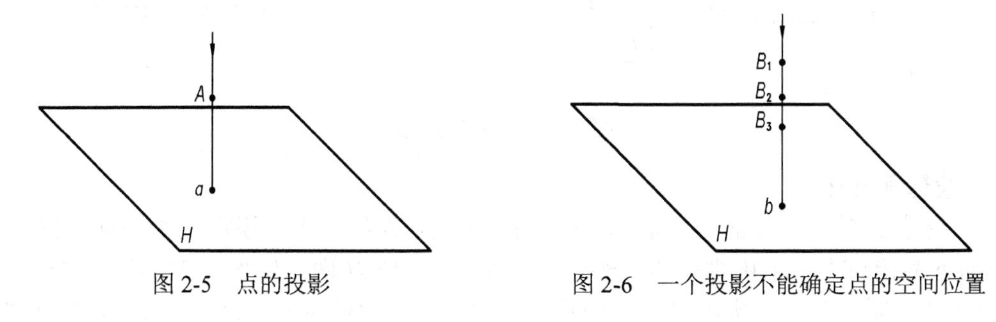

图 2-5　点的投影　　　　图 2-6　一个投影不能确定点的空间位置

2.2.1　点在三投影面体系中的投影

1. 三投影面体系

如图 2-7 所示，相互垂直的 3 个投影面将空间分成 8 个分角，根据国家标准《技术制图》规定，机械图样是按正投影法将物体放在第一分角进行投影所画的图形。

如图 2-8 所示，三投影面体系由互相垂直的 3 个投影面，即正立投影面 V、水平投影面 H 和侧立投影面 W 组成。相互垂直的投影面的交线称为投影轴，V 面与 H 面的交线为 OX 轴，H 面与 W 面的交线为 OY 轴，W 面与 V 面的交线为 OZ 轴。三投影轴的交点为原点 O，因此该三投影面体系可看作空间直角坐标系。

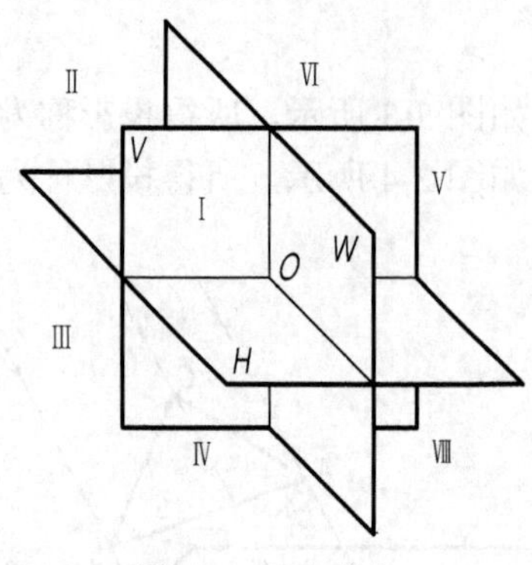

图 2-7 8个分角

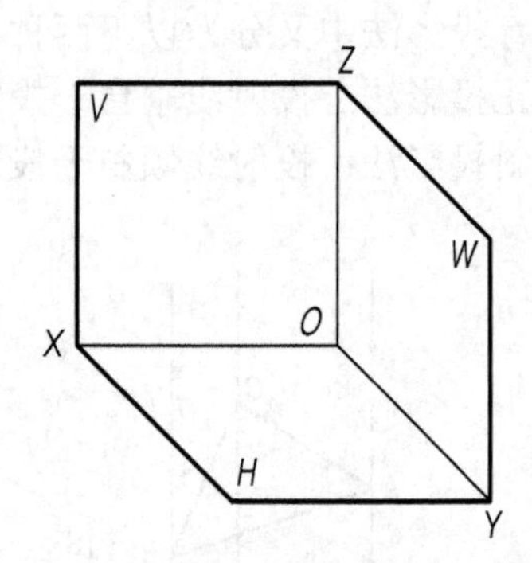

图 2-8 三投影面体系

2．点的三面投影

如图 2-9（a）所示，在三投影面体系中，有一空间点 *A*，过点 *A* 分别向 *V* 面、*H* 面和 *W* 面作投射线，就得到点的正面投影 *a*′、水平投影 *a*、侧面投影 *a*″（关于空间点及其投影的标记规定为：空间点用大写字母 *A*、*B*、*C*…表示；*H* 面投影用相应的小写字母表示，如 *a*、*b*、*c*…；*V* 面投影用相应的小写字母加一撇表示，如 *a*′、*b*′、*c*′…；*W* 面投影用相应的小写字母加两撇表示，如 *a*″、*b*″、*c*″…）。

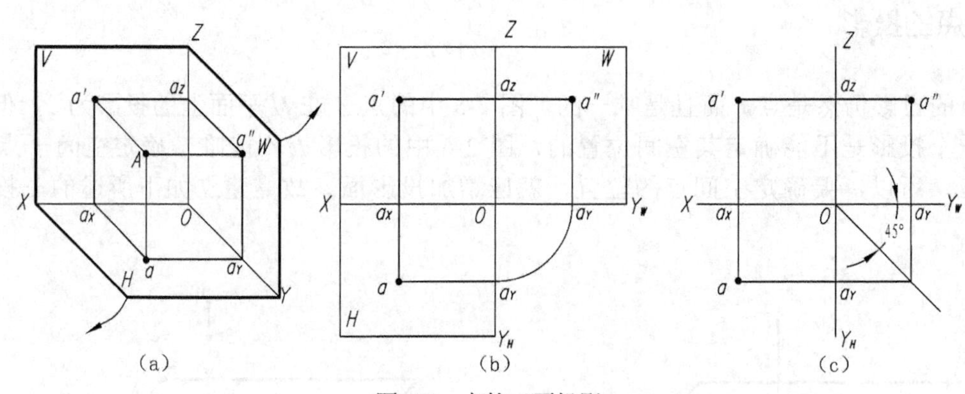

图 2-9 点的三面投影

3．投影面展开

为了使点 *A* 的 3 个投影 *a*′、*a*、*a*″画在同一平面（图纸）上，规定 *V* 面不动，将 *H* 面绕 *OX* 轴向下旋转 90°，将 *W* 面绕 *OZ* 轴向右旋转 90°，使 *H* 面、*W* 面与 *V* 面展成同一平面，这样就得到如图 2-9（b）所示的点 *A* 的正投影图。由于投影面可以无限扩展，投影面的边框线则不必画出，如图 2-9（c）所示。应注意的是：投影面展开后 *Y* 轴有两个位置，随 *H* 面旋转的记做 Y_H，随 *W* 面旋转的记做 Y_W，Y_H、Y_W 都代表 *Y* 轴。

2.2.2 点的直角坐标和投影规律

由图 2-10 可以看出，点 *A* 的 3 个直角坐标（X_A、Y_A、Z_A），即为点 *A* 到 3 个投影面的距离，它们与点 *A* 的投影 *a*′、*a*、*a*″的关系如下。

点 *A* 到 *W* 面距离 $=Aa''=aa_Y=a'a_Z=Oa_X=X_A$（点 *A* 的 *X* 坐标）

点 *A* 到 *V* 面距离 $=Aa'=aa_X=a''a_Z=Oa_Y=Y_A$（点 *A* 的 *Y* 坐标）

点 *A* 到 *H* 面距离 $=Aa=a'a_X=a''a_Y=Oa_Z=Z_A$（点 *A* 的 *Z* 坐标）

由图 2-10（a）可知 $Aa' \perp V$ 面，$Aa \perp H$ 面，所以投射线 Aa' 和 Aa 构成的平面同时垂直 V 面和 H 面，也必然垂直于它们的交线 OX 轴，因此该平面与 V 面的交线 $a'a_X$ 及与 H 面的交线 aa_X 都分别垂直 OX 轴，所以展开后的投影图上的 a'、a_X、a 这 3 点必在垂直于 OX 轴的同一直线上，即 $a'a \perp OX$ 轴，同理也可证明 $a'a'' \perp OZ$ 轴。

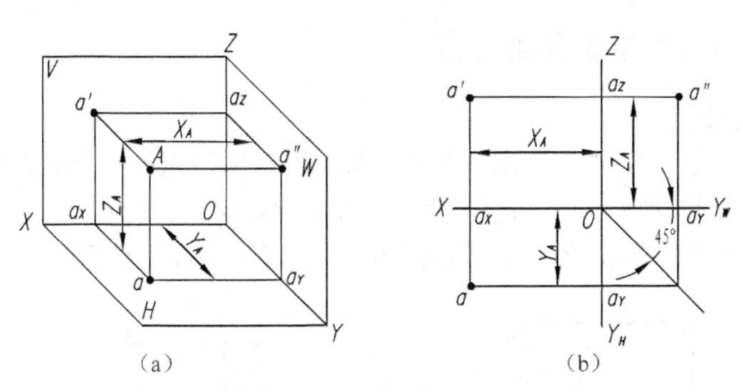

图 2-10　点的投影和坐标关系

综上所述，点在三投影面体系的投影规律如下。

（1）$a'a \perp OX$，即点的正面投影和水平投影的连线垂直于 OX 轴。

（2）$a'a'' \perp OZ$，即点的正面投影和侧面投影的连线垂直于 OZ 轴。

（3）$aa_X = a''a_Z = Y_A$，即点的水平投影 a 到 OX 轴的距离等于侧面投影 a'' 到 OZ 轴的距离。为了表示这种关系，作图时可用圆规直接量取长度，也可以自点 O 作 45°辅助线，以实现二者相等的关系，如图 2-10（b）所示。

【例 2-1】　如图 2-11 所示，已知点 A（12、15、18），求作它的三面投影图。

作图：

（1）画投影轴，在 OX 轴上量取 $oa_X=12$ 得 a_X;

（2）过 a_X 作 OX 轴的垂线，在此垂线上量取 $a'a_X=18$，得点 a'，量取 $aa_X=15$，得 a;

（3）过 a' 作 OZ 轴垂线，并使 $a''a_Z = aa_X$ 得 a''，即得点 A 的三面投影 a'、a、a''。

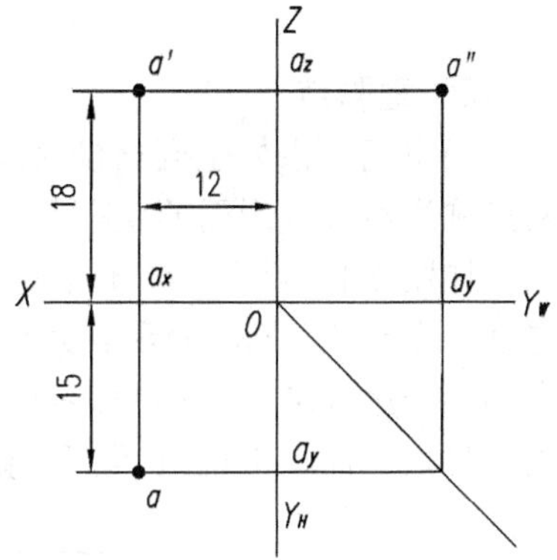

图 2-11　根据点的坐标作三面投影

【例 2-2】　如图 2-12（a）所示，已知点 A 的 V 面投影 a' 和 W 面投影 a''，求作点 A 的 H 面投影 a。

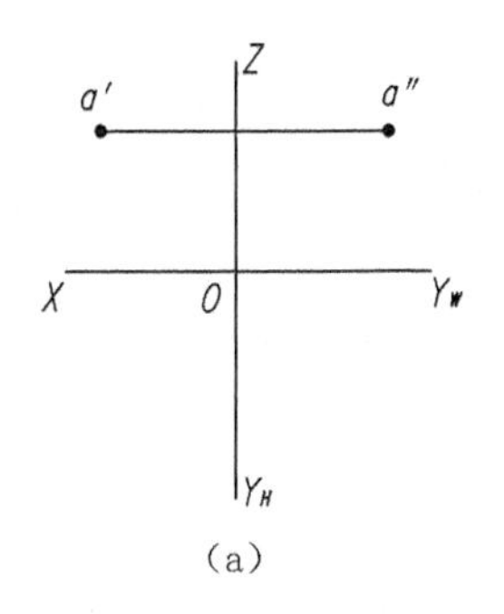

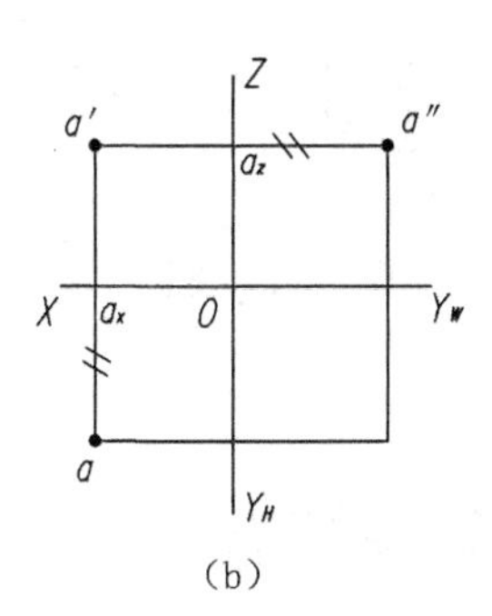

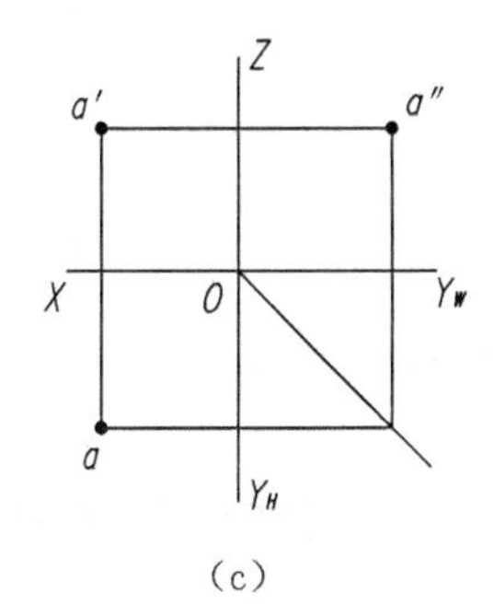

图 2-12　已知点的两个投影求第三投影

作图：

（1）如图 2-12（b）所示，过 a' 作直线垂直 OX 轴，交 OX 轴于 a_X；

（2）作 $aa_X=a''a_Z$，即得点 A 的水平投影 a。

该题也可采用如图 2-12（c）所示的作 45° 辅助线的方法画出。

2.2.3 两点的相对位置和重影点

1．两点的相对位置

两点间上、下、左、右和前、后的位置关系，可以用两点的同面投影的相对位置和坐标大小来判断。如图 2-13 所示，已知空间点 A（X_A、Y_A、Z_A）和 B（X_B、Y_B、Z_B），可以看出 $X_B<X_A$ 表示点 B 在点 A 的右边，$Z_B>Z_A$ 表示点 B 在点 A 的上方，$Y_B<Y_A$ 表示点 B 在点 A 的后面。

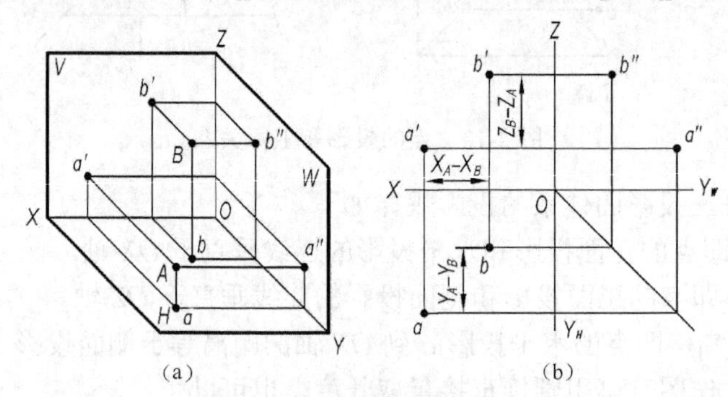

图 2-13 两点的相对位置

2．重影点

当空间两点处于同一投射线上时，则这两点在该投射线垂直的投影面上的投影重合，这两点称为对该投影面的重影点。

如图 2-14 所示，点 A 与点 B 在同一垂直于 V 面的投射线上，所以它们的正面投影 a'、b' 重合，由于 $Y_A>Y_B$，表示点 A 位于点 B 的前方，故点 B 被点 A 遮挡，因此 b' 不可见，不可见点加括号用（b'）表示，以示区别。同理若在 H 面上重影，则 Z 坐标值大的点，其 H 面投影为可见点；而在 W 面上重影，则 X 坐标值大的点，其 W 面投影为可见点。

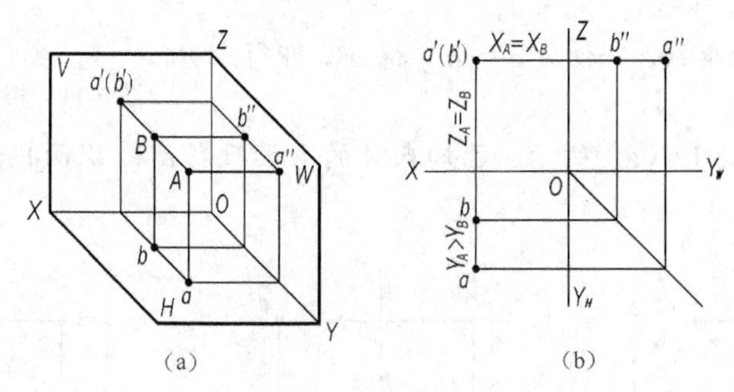

图 2-14 重影点

2.3 直线的投影

2.3.1 直线对单一投影面的投影特性

直线相对单一投影面的投影特性取决于直线与投影面的相对位置，如图 2-15 所示。

（1）类似性。当直线倾斜于投影面时，它在该投影面的投影是一个比实长小的直线，如图 2-15（a）所示，$ab=AB \cdot \cos\alpha$。

（2）实长性。当直线平行于投影面时，它在该投影面的投影反映实长，如图 2-15（b）所示。

（3）积聚性。当直线垂直于投影面时，它在该投影面的投影积聚成一点，如图 2-15（c）所示。

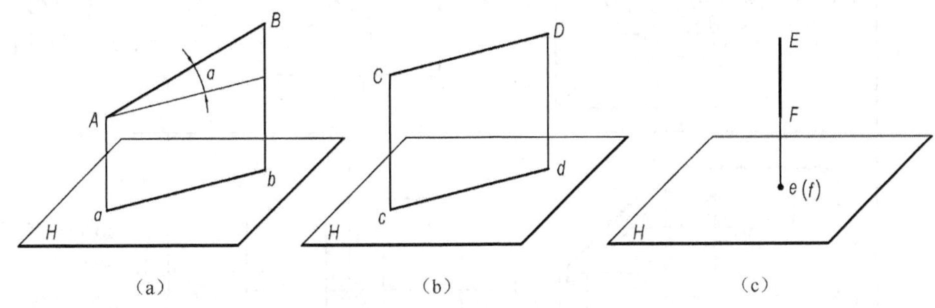

（a）　（b）　（c）

图 2-15　直线投影的基本特性

2.3.2　直线在三投影面体系中的投影特性

直线在三投影面体系中的投影特性取决于直线与 3 个投影面之间的相对位置。根据直线对三投影面所处的不同位置，可将直线分为 3 类，即一般位置直线、投影面平行线和投影面垂直线，后两类直线又称为特殊位置直线。

1．一般位置直线

与 3 个投影面都倾斜的直线，称为一般位置直线。如图 2-16 所示，直线 AB 与 H、V、W 这 3 个投影面的倾角分别用α、β、γ表示，则：

$ab=AB \cdot \cos\alpha$　　$a'b'=AB \cdot \cos\beta$　　$a''b''=AB \cdot \cos\gamma$

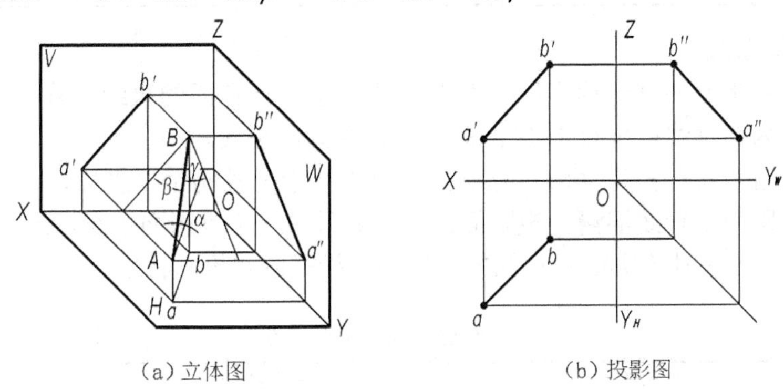

（a）立体图　（b）投影图

图 2-16　一般位置直线的投影

因此一般位置直线的三面投影长度均小于实长，3 个投影均呈倾斜位置，与投影轴的夹角也不反映该直线对投影面倾角的真实大小。

2．投影面平行线

平行于一个投影面，且倾斜于另外两个投影面的直线，称为投影面平行线。平行于 V 面的直线，称为正平线；平行于 H 面的直线，称为水平线；平行于 W 面的直线，称为侧平线。

表 2-1 列出了这 3 种投影面平行线的立体图、投影图和投影特性。

表 2-1　　投影面平行线的投影特性

名称	立体图	投影图	投影特性
正平线	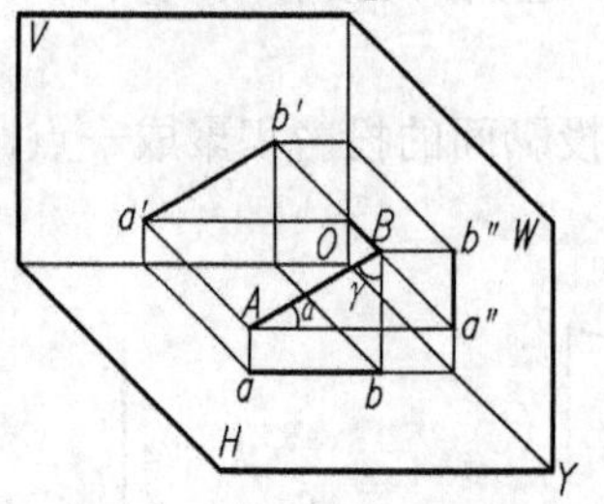	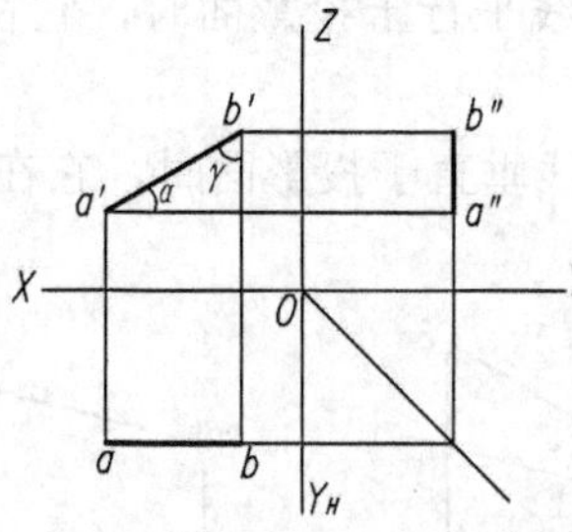	1．$a'b'$反映实长 2．ab // OX $a''b''$ // OZ 3．α、γ反映真实倾角
水平线	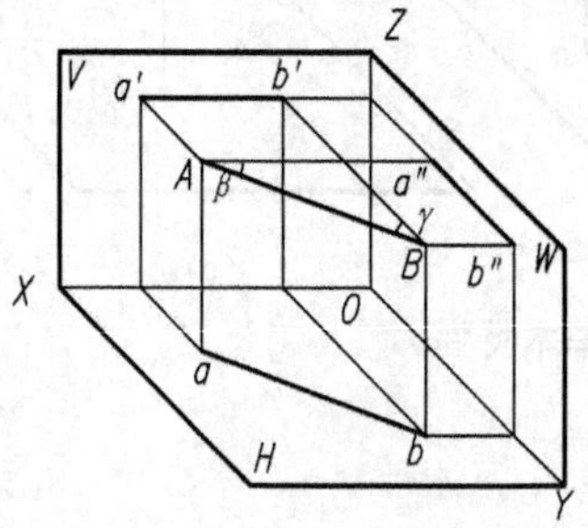	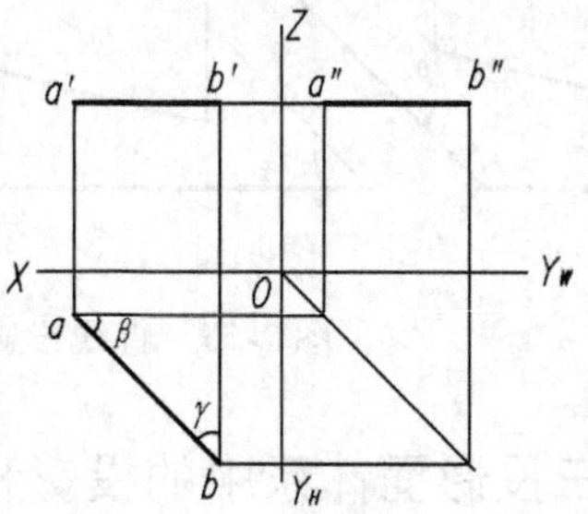	1．ab反映实长 2．$a'b'$ // OX $a''b''$ // OY_W 3．β、γ反映真实倾角
侧平线	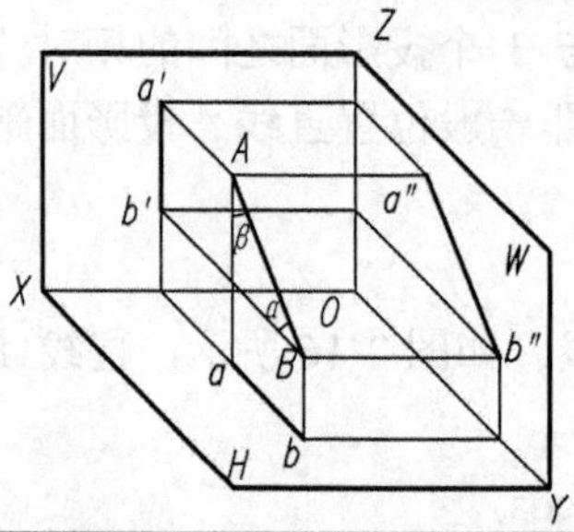	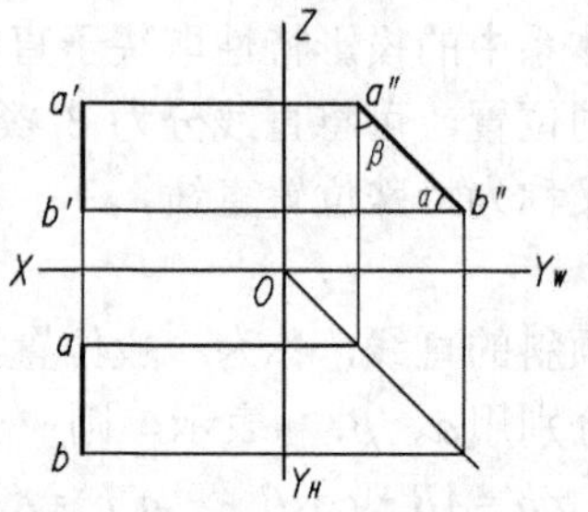	1．$a''b''$反映实长 2．$a'b'$ // OZ ab // OY_H 3．α、β反映真实倾角

3．投影面垂直线

垂直于一个投影面的直线称为投影面垂直线。垂直于 V 面的直线，称为正垂线；垂直于 H 面的直线，称为铅垂线；垂直于 W 面的直线，称为侧垂线。

当一直线垂直于某一投影面时，它必然同时平行于另外两个投影面，但不应因此而将投影面垂直线与投影面平行线混淆，投影面的平行线只与一个投影面平行。

表 2-2 列出了这 3 种投影面垂直线的立体图、投影图和投影特性。

表 2-2　　投影面垂直线的投影特性

名称	立体图	投影图	投影特性
正垂线	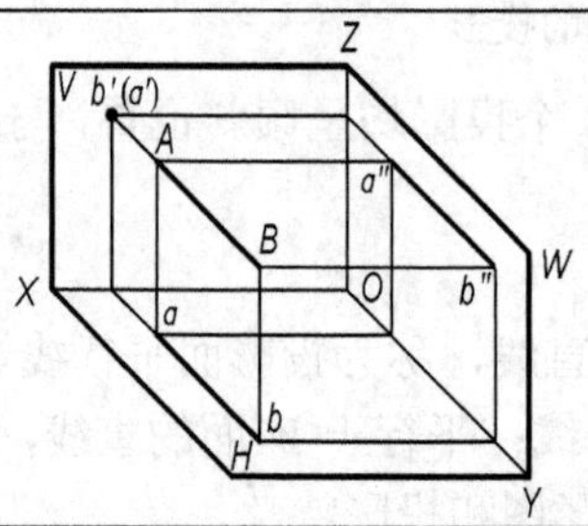	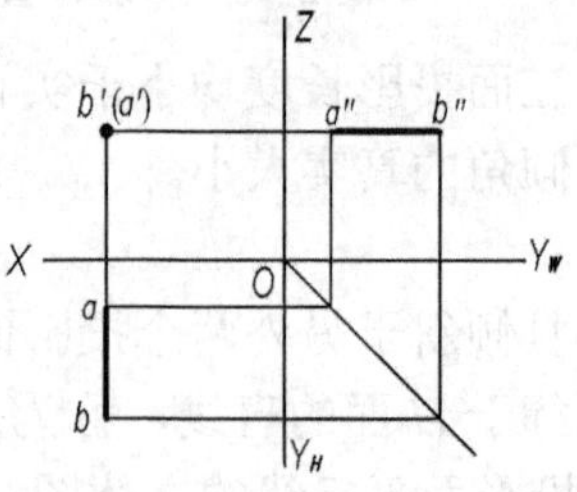	1．$a'b'$积聚为一点 2．$ab \perp OX$ $a''b'' \perp OZ$ 3．ab、$a''b''$反映实长

续表

名称	立体图	投影图	投影特性
铅垂线			1．ab 积聚为一点 2．$a'b' \perp OX$ $a''b'' \perp OY_W$ 3．$a'b'$、$a''b''$反映实长
侧垂线			1．$a''b''$积聚为一点 2．$ab \perp OY_H$ $a'b' \perp OZ$ 3．ab、$a'b'$反映实长

2.3.3 直线与点的相对位置

直线与点的相对位置有两种情况：点在直线上或点不在直线上。直线上的点满足从属性和定比性，即点的投影必定在该直线的同面投影上，如图 2-17 所示的直线 AB 上有一点 C，则 C 点的三面投影 c'、c、c''必定分别在直线 $a'b'$、ab、$a''b''$上；且直线上的点分割线段之比等于点的投影分割各线段的投影之比，如图 2-17 所示，点 C 把线段 AB 分成 AC、CB 两段，根据投影的基本特性，线段及其投影的关系是 $AC：CB=a'c'：c'b'=ac：cb=a''c''：c''b''$。从属性和定比性是点在直线上的充分必要条件。

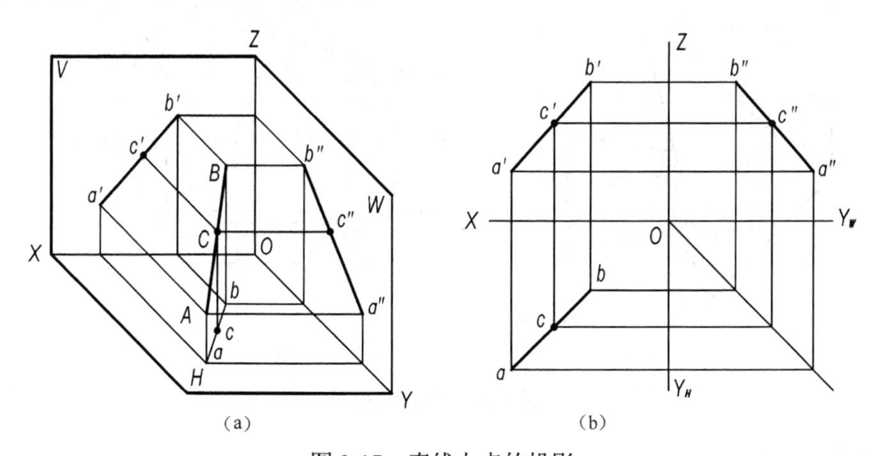

图 2-17 直线上点的投影

2.3.4 两直线的相对位置

空间两直线之间的相对位置有 3 种情况，即平行、相交和交叉。下面分别讨论它们的投影特性。

1．两直线平行

若空间两直线相互平行，则此两直线的同面投影一定平行。

如图2-18所示，若$AB // CD$，则$a'b' // c'd'$，$ab // cd$，求出它们的侧面投影，也必然相互平行，即$a''b'' // c''d''$。

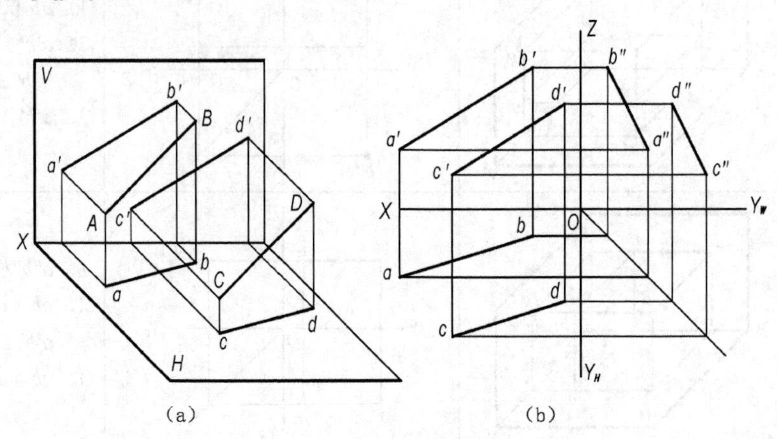

图2-18　两直线平行

2．两直线相交

若空间两直线相交，则它们的同面投影必然相交，且交点符合点的投影规律，反之亦然。

如图2-19所示，AB和CD为相交两直线，其交点K为两直线的共有点，则$a'b'$与$c'd'$，ab与cd的交点分别是k'、k，且$k'k \perp OX$轴，同理，$k'k'' \perp OZ$轴。

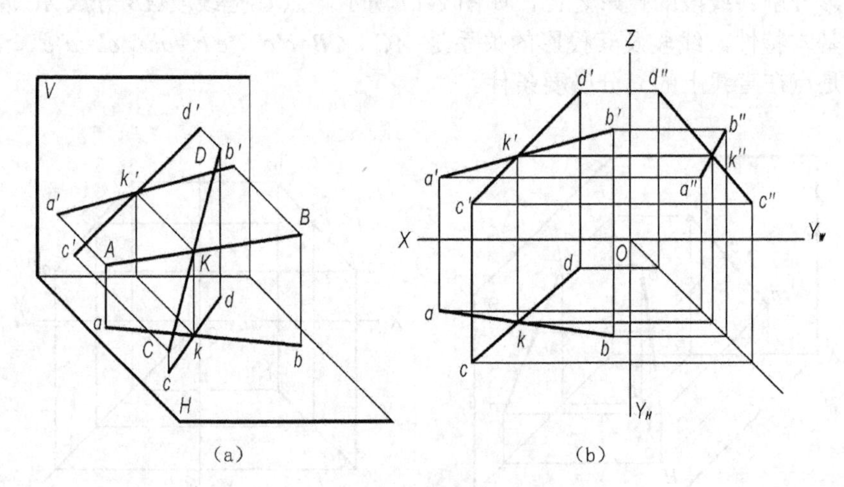

图2-19　两直线相交

3．两直线交叉

在空间既不平行又不相交的两直线为交叉两直线。

如图2-20所示，两直线的同面投影相交，但投影交点的连线不垂直于投影轴，所以AB与CD既不相交，也不平行，而是交叉。两直线的正面投影$a'b'$与$c'd'$的交点（1′）2′是AB线上点Ⅰ和CD线上点Ⅱ在V面上的重合投影，点Ⅰ、Ⅱ是V面的重影点。对V面而言，点Ⅰ在点Ⅱ之后，点Ⅰ不可见，点Ⅱ可见。对于水平面的重影点Ⅲ、Ⅳ读者可自己分析。

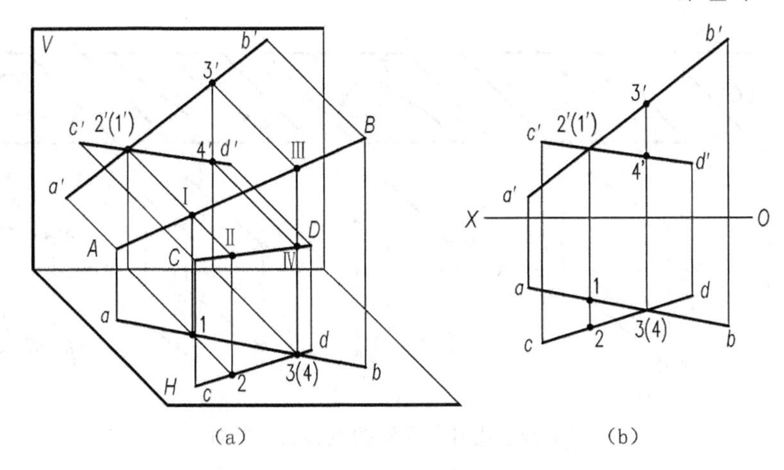

（a）　　　　　　　　　　（b）

图 2-20　两直线交叉

【例 2-3】　如图 2-21（a）所示，已知点 *A* 的 *V* 面投影 *a*′和 *H* 面投影 *a*，作正平线 *AB* 的投影图，使 *AB*=30mm，*AB* 与 *H* 面的倾角 α=30°。

作图：

（1）如图 2-20（b）所示，过 *a*′作直线 *a*′*b*′使之与 *OX* 轴的角度成 30°，且 *a*′*b*′=30mm;

（2）过 *a* 作直线平行 *OX* 轴，由 *b*′求出 *b* 的投影;

（3）根据 *a*′*b*′和 *ab* 作出侧面投影 *a*″*b*″。

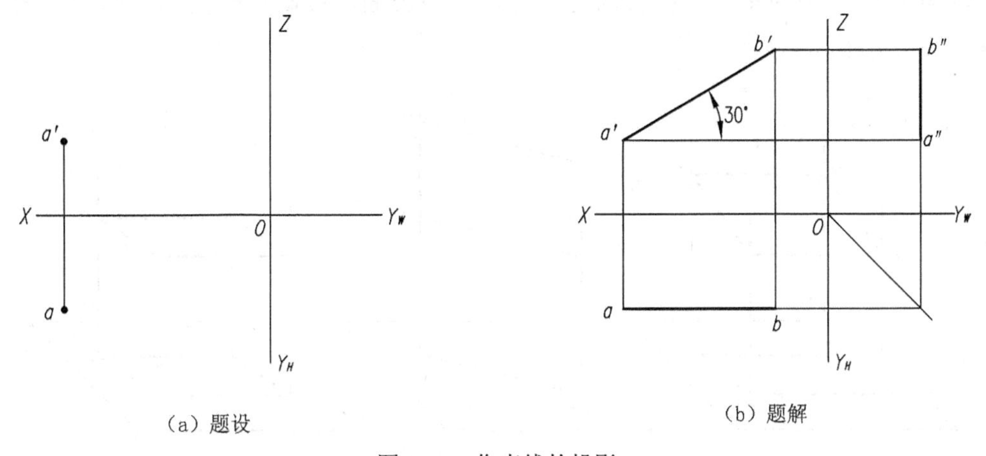

（a）题设　　　　　　　　（b）题解

图 2-21　作直线的投影

2.4　平面的投影

2.4.1　平面的表示法

由几何学可知，平面的空间位置可由几何元素确定：不在同一直线上的 3 个点；一直线和直线外一点；两相交直线；两平行直线；任意的平面图形，如三角形、圆等。图 2-22 所示为用上述各几何元素所表示的平面及投影图。

下面的 5 种平面表示法是可以相互转化的，其中以平面图形表示平面最为常用。

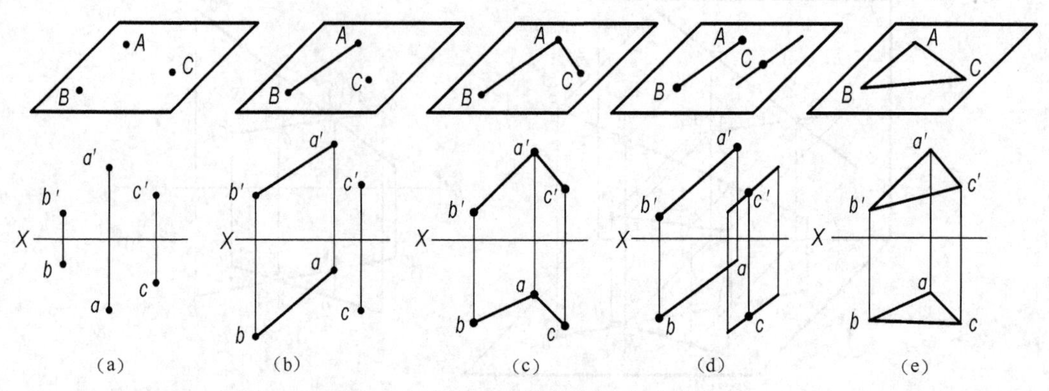

图 2-22 用几何元素的投影表示平面

2.4.2 平面对单一投影面的投影特性

平面相对单一投影面的投影特性取决于平面与投影面的相对位置。

（1）类似性。平面倾斜于投影面时，它在该投影面的投影是一个比实形小的类似图形，如图 2-23（a）所示。

（2）积聚性。平面垂直于投影面时，它在该投影面的投影积聚成一直线，如图 2-23（b）所示。

（3）实形性。平面平行于投影面时，它在该投影面的投影反映实形，如图 2-23（c）所示。

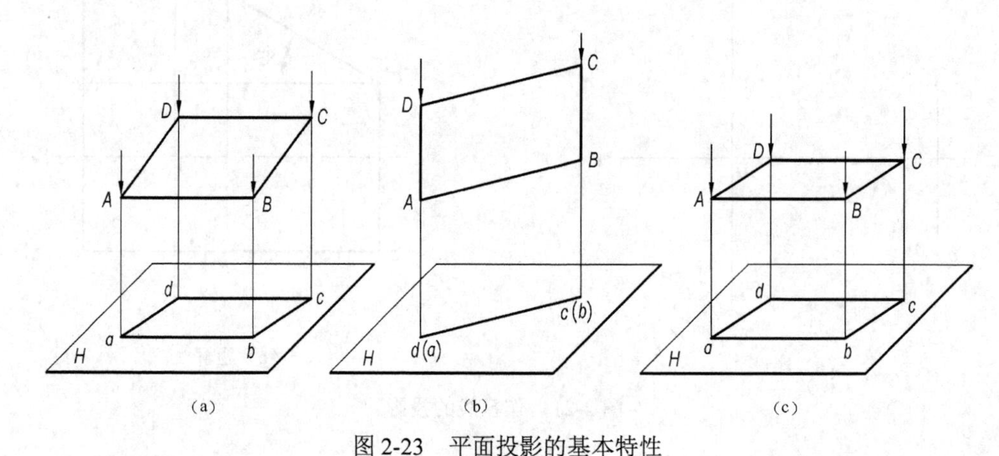

图 2-23 平面投影的基本特性

2.4.3 平面在三投影面体系中的投影特性

在三投影面体系中，根据平面所处的不同位置，可将平面分为 3 类，即一般位置平面、投影面垂直面和投影面平行面。后两类平面又称为特殊位置平面。

1．一般位置平面

一般位置平面对 3 个投影面都倾斜，因此它的三面投影均为小于实形的类似图形，如图 2-24 所示。

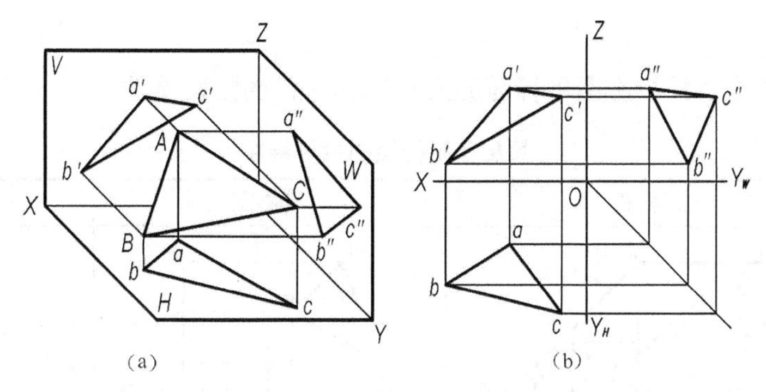

图 2-24　一般位置平面的投影

2. 投影面垂直面

垂直于一个投影面，且倾斜于另两个投影面的平面称为投影面垂直面；当平面垂直于 *V* 面时，称为正垂面；平面垂直于 *H* 面时，称为铅垂面；平面垂直于 *W* 面时，称为侧垂面。

表 2-3 列出了这 3 种投影面垂直面的立体图、投影图和它们的投影特性。

表 2-3　　投影面垂直面的投影特性

名称	立体图	投影图	投影特性
正垂面			1．正面投影积聚为一直线，它与 *OX*、*OZ* 轴的夹角分别反映平面对 *H* 面、*W* 面的夹角 α、γ 2．水平投影及侧面投影均为类似形
铅垂面			1．水平投影积聚为一直线，它与 *OX*、*OZ* 轴的夹角分别反映平面对 *V* 面、*W* 面的夹角 β、γ 2．正面投影及侧面投影均为类似形
侧垂面			1．侧面投影积聚为一直线，它与 *OY*、*OZ* 轴的夹角分别反映平面对 *H* 面、*V* 面的夹角 α、β 2．正面投影及水平投影均为类似形

3. 投影面平行面

平行于一个投影面（必垂直于另外两个投影面）的平面称为投影面平行面；当其平行于 *V* 面时，称为正平面；平面平行于 *H* 面时，称为水平面；平面平行于 *W* 面时，称为侧平面。

表 2-4 列出了这 3 种投影面平行面的投影图和它们的投影特性。

表 2-4　　投影面平行面的投影特性

名称	立体图	投影图	投影特性
正平面	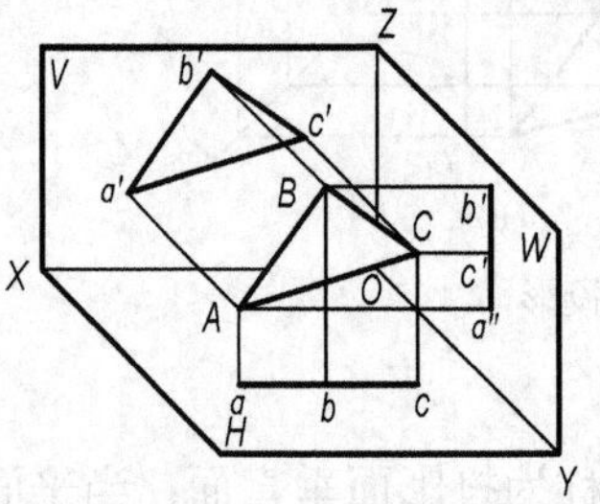	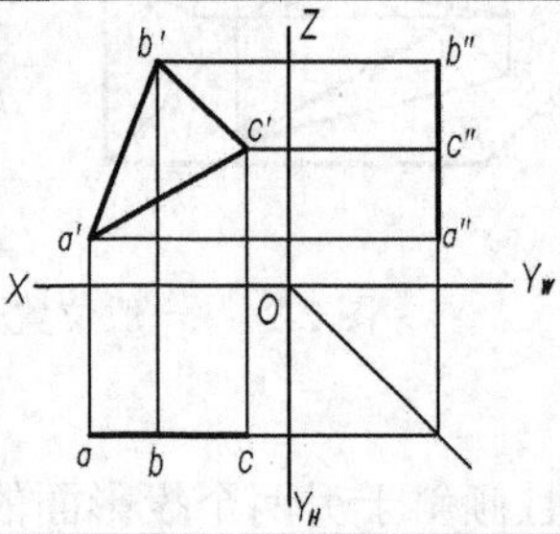	1．正面投影反映实形 2．水平投影及侧面投影积聚为直线，并分别平行于 OX 及 OZ 轴
水平面	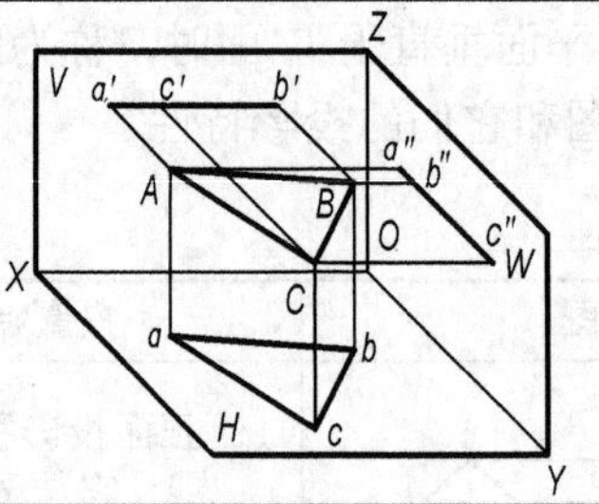	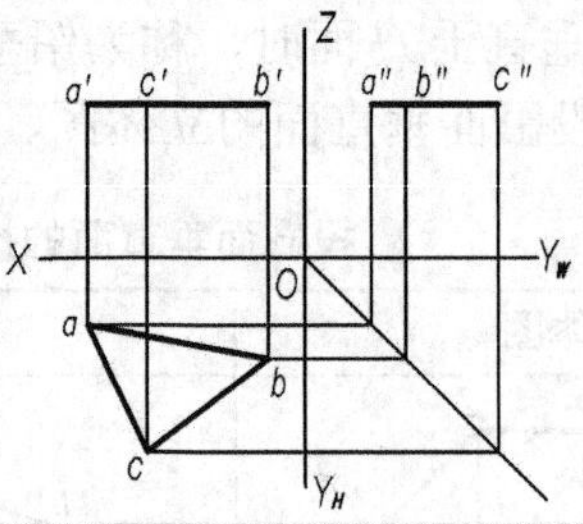	1．水平投影反映实形 2．正面投影及侧面投影积聚为直线并分别平行于 OX 及 OY_W 轴
侧平面	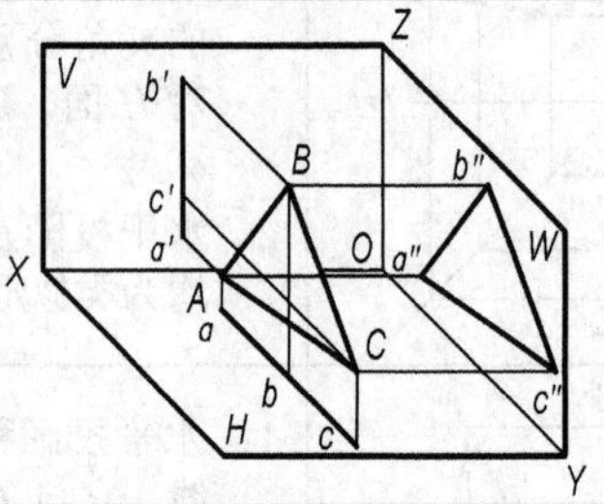	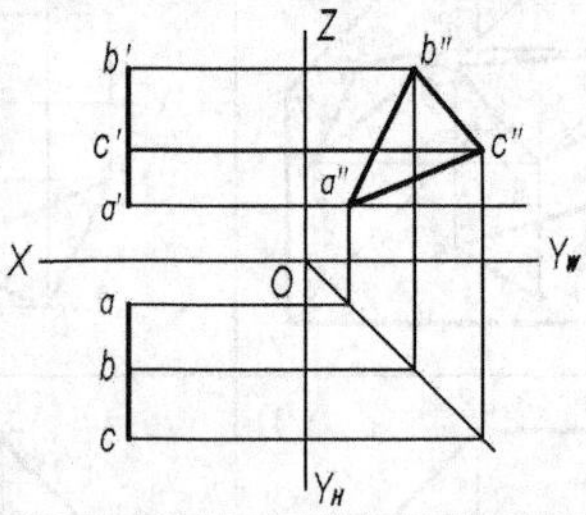	1．侧面投影反映实形 2．正面投影及水平投影积聚为直线，并分别平行于 OZ 及 OY_H 轴

【例 2-4】　如图 2-25（a）所示，已知平面图形 V、H 面投影，求该平面图形的 W 面投影。

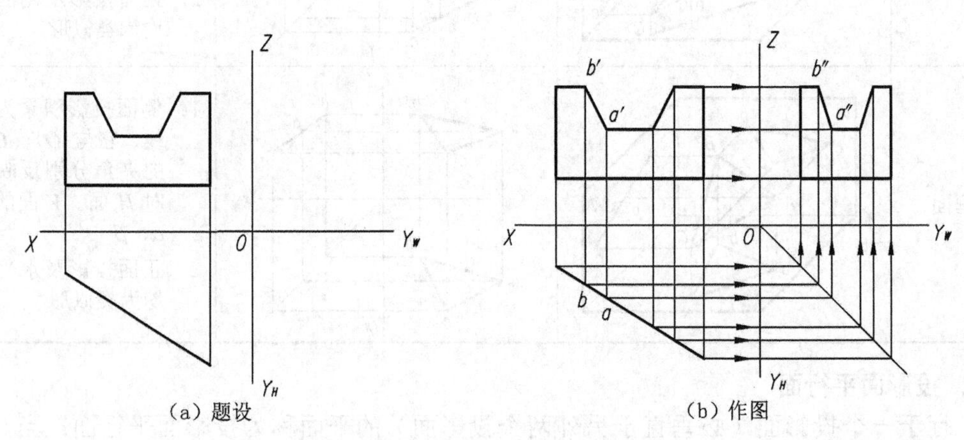

（a）题设　　（b）作图

图 2-25　作平面图形投影

分析：该平面图形为铅垂面，因此在水平面的投影积聚为一直线，作图方法如图 2-25（b）所示，根据点的 *V*、*H* 面投影，用三等投影规律即可求出 *W* 面投影，再顺序连接各点即为所求。

2.4.4　平面内的点和直线

在平面内取点和直线，可根据点和直线在平面内的几何条件作出其投影。

1．在平面内取点

如果一点位于平面内的一条直线上，则此点必定在该平面内。

如图 2-26 所示，*D*、*E* 点分别在属于 *P* 平面的直线 *AB*、*BC* 上，则 *D*、*E* 两点在 *P* 平面内。

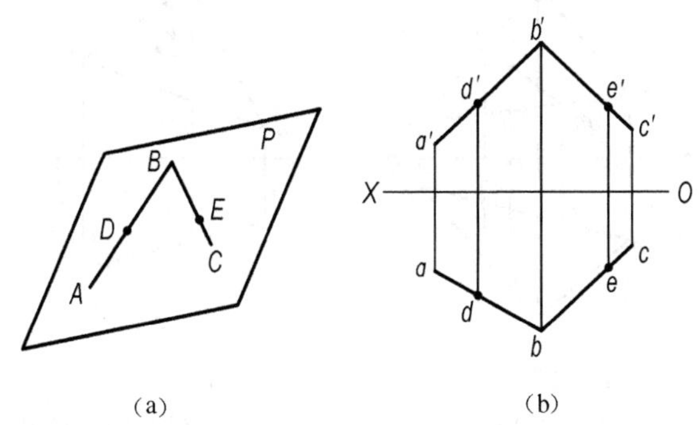

（a）　　（b）

图 2-26　取属于平面内的点

2．在平面内取直线

（1）若一直线通过平面内的两个点，则此直线必定在该平面内，如图 2-27（a）所示。

（2）若一直线通过平面内的一个点，且平行于平面内的另一直线，则此直线必定在该平面内，如图 2-27（b）所示。

【例 2-5】　已知相交两直线 *AB*、*BC* 所确定的平面，试作属于该平面的任意两直线，如图 2-28 所示。

可以用两种不同的方法来作平面内的直线。

方法 1：取该平面内的任意两个已知点 *D*（*d*′，*d*）和 *E*（*e*′，*e*），过 *D*、*E* 两点的直线 *DE*（*d*′*e*′，*de*）必属于该平面内的直线。

方法 2：过该平面内的已知点 *C*（*c*′，*c*）作直线 *CF*（*c*′*f*′，*cf*）平行于已知直线 *AB*（*a*′*b*′，*ab*），则直线 *CF* 一定是属于该平面内的直线。

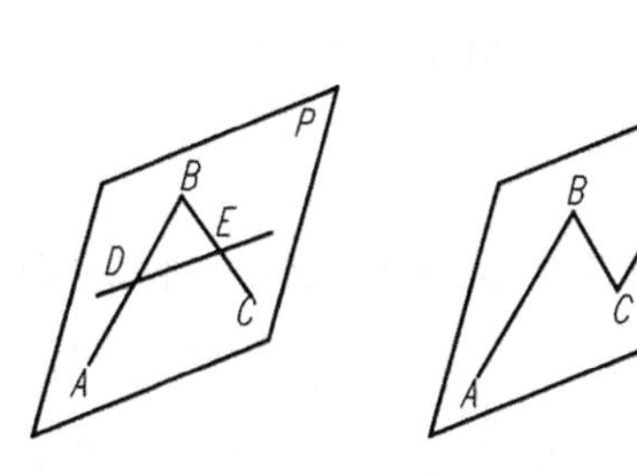

（a）经过两点　　（b）经过一点且平行一直线

图 2-27　取属于平面的直线示意图

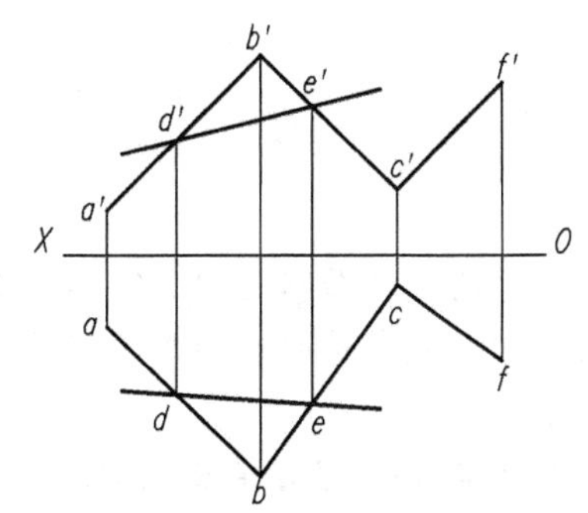

图 2-28　取属于平面的直线

【例2-6】 如图2-29（a）所示，已知△*ABC*平面内有一点*K*的水平投影*k*，试求出点*K*的正面投影*k'*。

分析：△*ABC*为一般位置的平面，点*K*为平面内的点，可过*k*作一条任意直线*mn*使之在△*ABC*平面内，求出*MN*直线的正面投影*m'n'*，根据平面内取点的方法，即可求出*k'*，作图方法如图2-29（b）所示。

若点所在的平面为特殊位置的平面，可利用积聚性直接求出，如图2-30所示，△*DEF*为铅垂面，其水平投影有积聚性，所以平面内点*K*的水平投影必在*def*直线上，根据投影关系，由*k'*直接可求出点*K*的水平投影*k*。

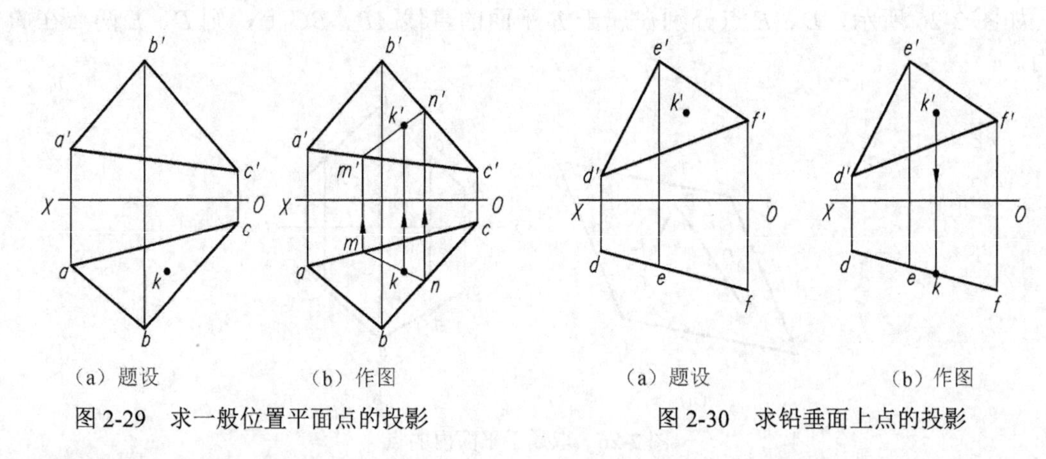

（a）题设　（b）作图

图2-29　求一般位置平面点的投影

（a）题设　（b）作图

图2-30　求铅垂面上点的投影

【例2-7】 试完成图2-31（a）所示平面四边形*ABCD*的水平投影。

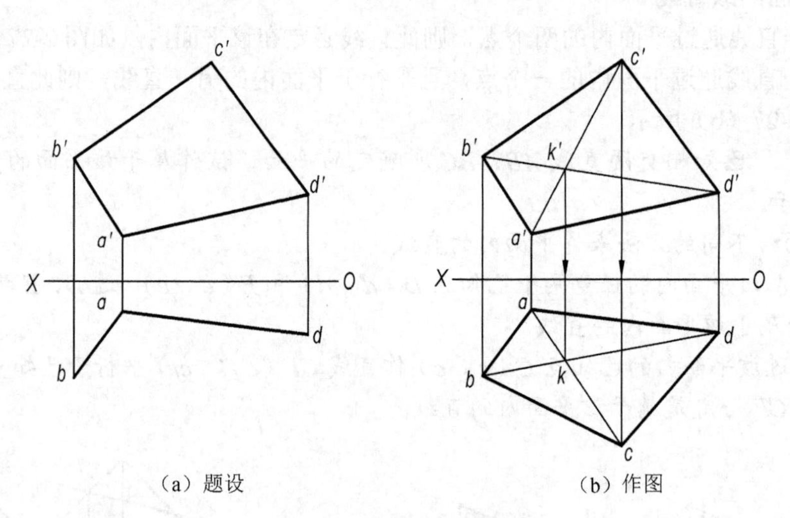

（a）题设　（b）作图

图2-31　作平面图形投影

分析：已知平面四边形*ABCD*中的3点*A*、*B*、*D*的*V*面和*H*面投影，利用平面上取点的方法，即可完成平面四边形的水平投影。

作图：

（1）连接*a'c'*、*b'd'*得交点*k'*；

（2）连接*bd*，在*bd*上求出*k*，连接*ak*并延长；

（3）因为 c 在 ak 上，过 c' 作 OX 轴的垂线交于 ak 的延长线可求出 c，再连接 bc、dc 即为所求。

思考题

1．正投影法的基本特性是什么？
2．试述点的三面投影规律。
3．已知点的两面投影，如何求第三投影？
4．以正平线为例，说明投影面平行线的投影特性。
5．以铅垂线为例，说明投影面垂直线的投影特性。
6．投影面平行面、投影面垂直面及一般位置平行面各有哪些投影特性？

学习方法指导

1．掌握正投影法的原理及特性，建立初步的空间投影概念。

2．点的投影是研究直线、平面和立体投影的基础，要熟练掌握点的投影规律及由空间点绘制投影图的方法，难点是对投影规律中的“宽相等”的理解，一定不要量错。

3．熟练掌握各种位置直线的投影特性和作图方法，分清投影面的平行线和投影面的垂直线的区别。

4．熟练掌握各种位置平面的投影特性和作图方法，分清投影面的平行面和投影面的垂直面的区别。

5．掌握在平面内取点和直线的方法，在特殊位置的平面内取点和直线，可利用积聚直接求出，而一般位置平面需要用辅助直线法求作点和直线的投影。

第3章 立体的投影

本章主要介绍棱柱、棱锥、圆柱体、圆锥体和圆球等基本立体的三视图的画法及其在表面上取点、取线的方法，掌握由基本形体所构成的简单组合体的三视图的画法。

3.1 三视图的形成及其投影规律

3.1.1 三视图的形成

立体的投影实质上是构成该立体的所有面的投影的总和，如图 3-1（a）所示。国家标准规定，用正投影法所绘制立体的投影图称为视图，因此立体的投影与视图在本质上是相同的，立体的三面投影又叫三视图，其中：

① 主视图——由前向后投射，在 V 面上所得的视图；

② 俯视图——由上向下投射，在 H 面上所得的视图；

③ 左视图——由左向右投射，在 W 面上所得的视图。

三投影面展开后，立体的三视图如图 3-1（b）所示，投影轴由于只反映立体相对投影面的距离，对各视图的形成并无影响，故省略不画，如图 3-1（c）所示。

3.1.2 三视图的投影规律

如图 3-1（d）和图 3-1（e）所示，根据已掌握的投影规律，我们知道：

主视图反映了立体上、下、左、右的位置关系，反映了立体的高度和长度；

俯视图反映了立体前、后、左、右的位置关系，反映了立体的宽度和长度；

左视图反映了立体的上、下、前、后的位置关系，反映了立体的高度和宽度。

因此可以形象地概括三视图的投影规律是：

① 主视图和俯视图，长对正；

② 主视图和左视图，高平齐；

③ 俯视图和左视图，宽相等。

这就是三视图在度量对应上的“三等”关系，对这 3 条投影规律，必须在理解的基础上，经过画图和看图的反复实践，逐步达到熟练和融会贯通的程度，特别要提醒注意的是，画俯视图和左视图时宽相等的对应关系不能搞错。

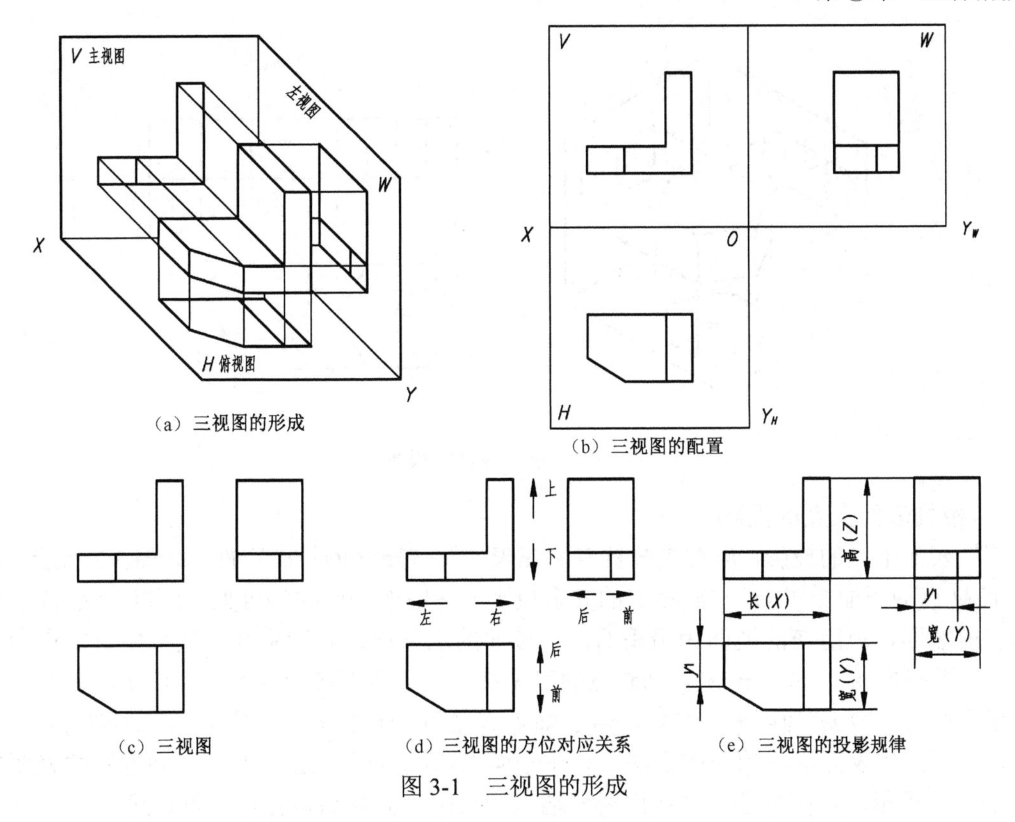

（a）三视图的形成　（b）三视图的配置

（c）三视图　（d）三视图的方位对应关系　（e）三视图的投影规律

图 3-1　三视图的形成

3.2　平面基本体

平面基本体是由若干个平面所围成的立体。画平面立体的投影图时，只要画出组成平面立体的平面和棱线的投影，然后判别可见性，将可见的棱线投影画成粗实线，不可见的棱线投影画成虚线。

3.2.1　棱柱

棱柱由两个底面和几个侧棱面组成。侧棱面与侧棱面的交线称为棱线，棱柱的棱线互相平行，棱线与底面垂直的棱柱称为正棱柱，本小节只讨论正棱柱。

1．投影分析及画法

图 3-2（a）所示为一正六棱柱，顶面和底面都是水平面，因此顶面和底面的水平投影重合，并反映正六边形实形；正面投影和侧面投影分别积聚成平行于 X 轴和 Y 轴的直线。六棱柱有 6 个侧棱面，前后 2 个侧棱面为正平面，它们的正面投影重合并反映实形，水平投影和侧面投影分别积聚成直线，其余 4 个侧棱面均为铅垂面，其水平投影分别积聚成倾斜直线，正面投影和侧面投影都是缩小的类似形。

画该正六棱柱的三视图时，应从反映正六边形的俯视图入手，再根据尺寸和投影规律画出其他两个视图，其他正棱柱的三视图画法也与正六棱柱类似，都应先从投影成正多边形的那个视图开始画。当视图图形对称时，应画出对称中心线，中心线用细点画线表示，如图 3-2（b）所示。

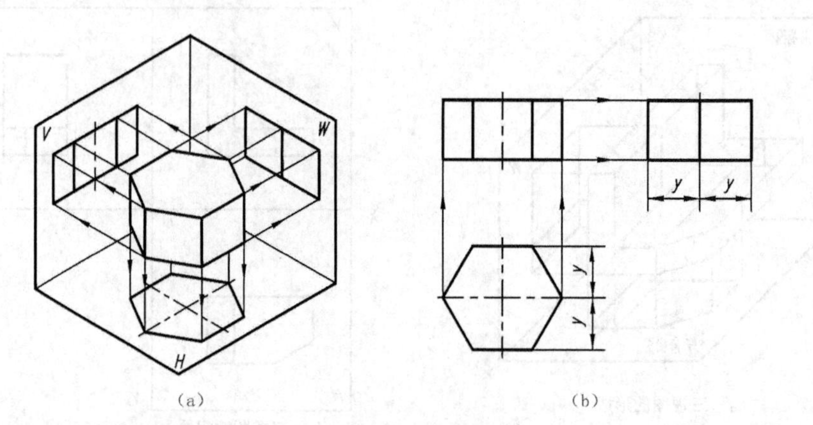

图 3-2　正六棱柱的投影

2．棱柱表面上点的投影

棱柱表面上点的投影，应首先分析点所在表面及该表面的投影特性。如图 3-3 所示，已知棱面上 M 点的正面投影 m'，求 M 点的其余投影 m 和 m''。因 m'为可见，所以 M 点位于六棱柱的左前棱面，点所在的棱面为铅垂面，该棱面的水平投影有积聚性，故可先求出点的水平投影 m，再根据 m'、m 求出 m''。判断点的可见性，由点所在棱面的可见性而定，在左视图中左前棱面可见，故 m''为可见。同理，若已知点 N 的水平投影 n，可求得 n'、n''投影。

在平面立体表面取线的作图方法，与在平面上取线相同，图 3-4 所示为五棱柱表面折线 ABC 的三面投影的作图方法，先找出线段端点的投影，并判断可见性，再连线。

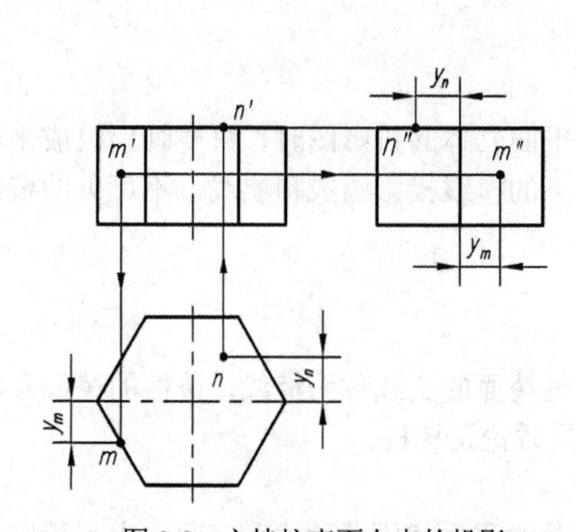

图 3-3　六棱柱表面上点的投影

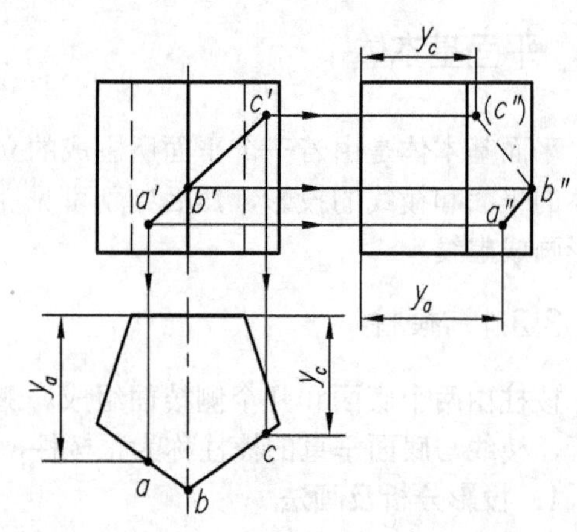

图 3-4　五棱柱表面线的投影

3.2.2　棱锥

棱锥有一个底面，而所有侧棱线都交于一点，该点称为锥顶。

1．投影分析及画法

图 3-5（a）所示为一正三棱锥，它的底面△ABC 是水平面，其水平投影反映实形，正面和侧面投影均积聚成一水平线段。棱面△SAC 为一侧垂面（因 AC 为侧垂线），所以它的侧面投影积聚成一直线，正面投影和水平投影均为类似形，棱面△SAB 和△SBC 为一般位置平面，它的 3 个投影均为类似形，如图 3-5（b）所示。

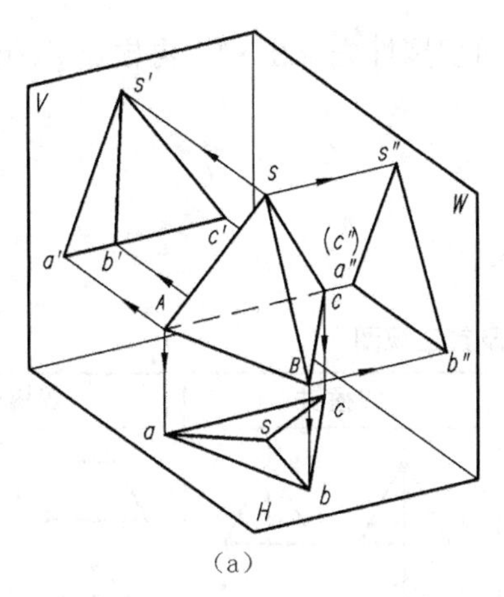

(a)

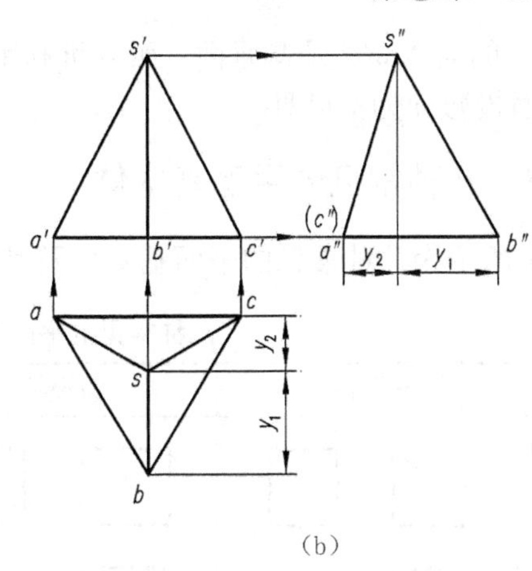

(b)

图 3-5 正三棱锥的三视图

画图时，先画出底面△*ABC* 的 3 个投影，再作出锥顶 *S* 的 3 个投影，然后自锥顶 *S* 和底面三角形的端点 *A*、*B*、*C* 的同面投影分别连线，即得三棱锥的三视图。其他棱锥的画法与正三棱锥的画法相似。

2．棱锥表面上点的投影

棱锥的表面可能有特殊位置平面，也可能有一般位置平面，对于特殊位置平面内点的投影可利用平面投影的积聚性作出；对于一般位置平面内点的投影，则要运用点、线、面的从属关系通过作辅助直线的方法求出。

如图 3-6 所示，已知三棱锥表面上点 *M* 的正面投影 *m'*，求点 *M* 的水平投影 *m* 和侧面投影 *m''*。由于点 *M* 所在的面△*SAB* 是一般位置平面，所以求点 *M* 的其他投影必须过点 *M*，在△*SAB* 上作一辅助直线，图 3-6（a）所示为过 *m'*点作一水平线为辅助直线，即过 *m'*作该直线的正面投影平行于 *a'b'*，再过 *m* 做该直线的水平投影平行于 *ab*，则点 *M* 的水平投影 *m* 必在该直线的水平投影上，再由 *m'*、*m* 求出 *m''*。

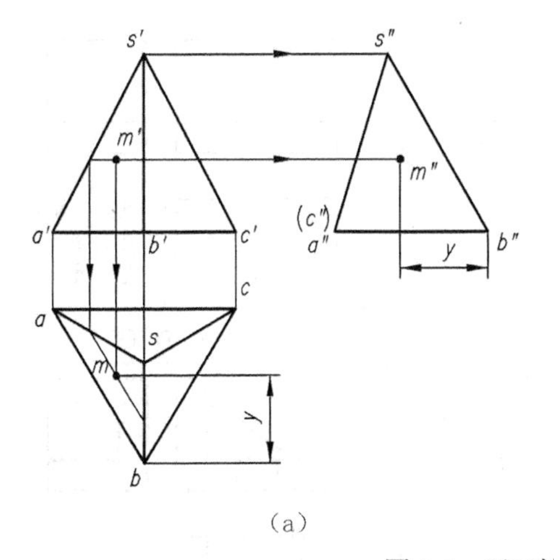

(a)

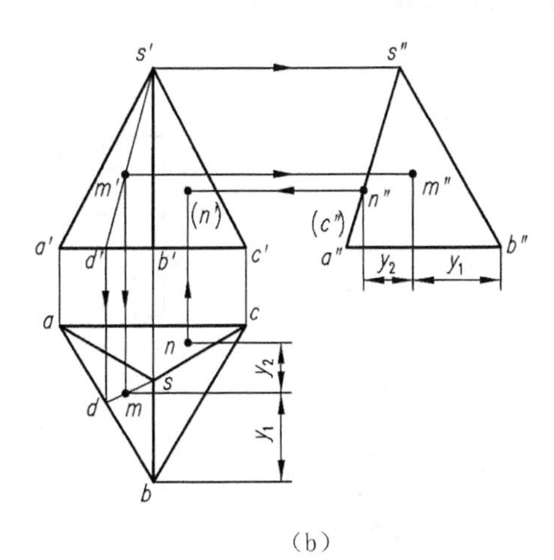

(b)

图 3-6 正三棱锥表面上点的投影

图 3-6（b）所示为求点 *M* 的另一种作辅助直线求解的方法，具体作图时，连接 *s'm'*并延长使其与 *a'b'*交于 *d'*，再在 *ab* 上求出 *d*，连接 *sd*，则 *m* 点必然在 *sd* 上，再根据 *m'*、*m* 求出 *m''*。

又如图 3-6（b）所示，已知 *N* 点的水平投影 *n*，求 *N* 点的正面投影 *n'*和侧面投影 *n''*。由

于 N 点所在的面$\triangle SAC$是侧垂面，所以可利用侧垂面积聚性先求出 n''，再根据 n、n''求出 n'，N 点的 V 面投影 n'为不可见。

3.2.3 几种常见的平面基本体

表 3-1 所示为几种常见的平面基本体及其三视图。

表 3-1　几种常见的平面基本体及其三视图

类型	三棱柱	四棱柱	四棱锥	四棱台
三视图				
立体图				

3.2.4 简单组合体三视图的画法

仅由单一基本体构成的物体很少，大多数是由几个基本体组合而成，常见的组合形式是由一些基本体叠加而成或在这些基本体上切口、开槽。这里仅对由平面立体构成的简单组合体的三视图画法进行介绍。

如图 3-7（a）所示物体的轴测图（立体图），此形体为叠加式组合形体，可分解为 3 个部分；第一部分为底板；第二部分为竖板；第三部分为三角板。底板的方槽在左视图投影为不可见，所以按规定画成虚线。

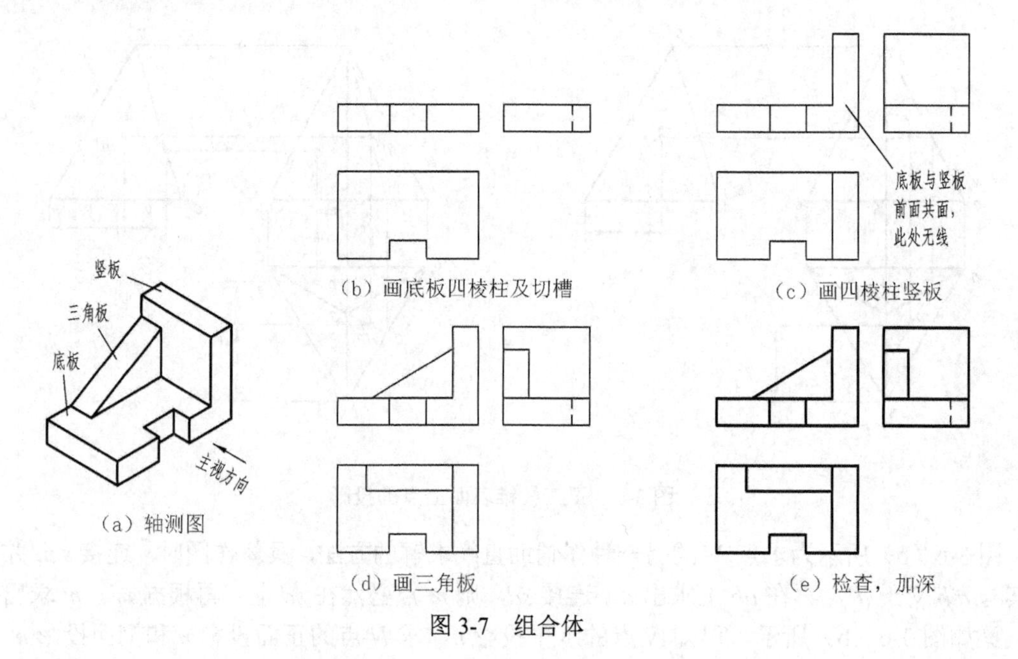

（a）轴测图　（b）画底板四棱柱及切槽　（c）画四棱柱竖板　（d）画三角板　（e）检查，加深

图 3-7　组合体

画图时要注意各部分之间的相对位置及表面连接关系，由于底板和竖板前面平齐，在主视图中应将多余的线擦除，最后将三视图加深，如图 3-7 所示。

【例 3-1】 参照图 3-8（a）所示轴测图，补画视图中所缺的图线。

分析：根据轴测图可知，该形体由底板、竖板和梯形块 3 个部分组成，按投影规律，分别补画出每部分投影所缺的图线，画图步骤如图 3-8 所示。

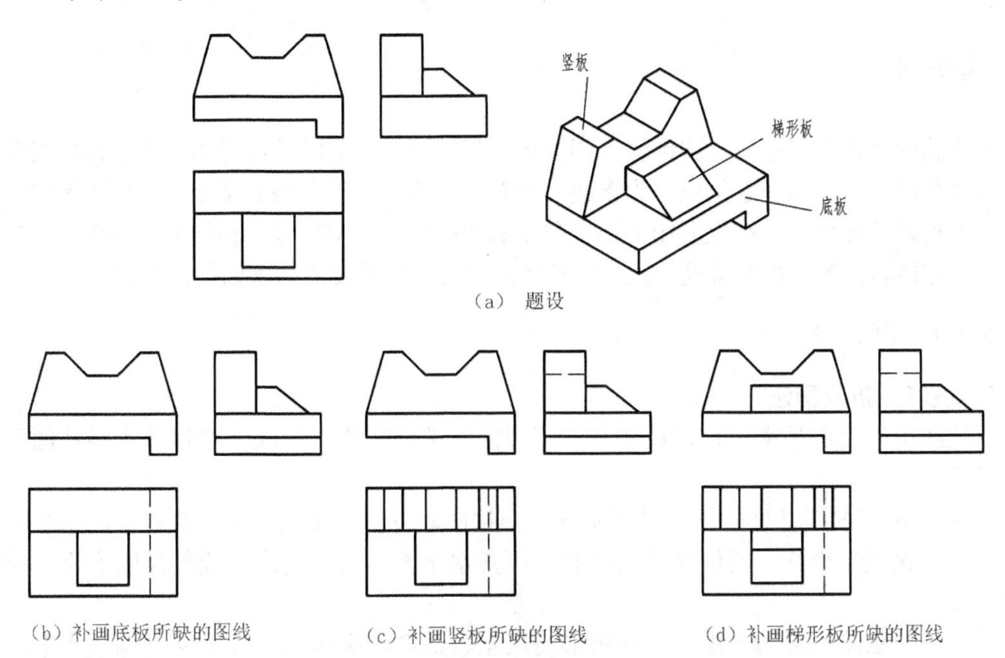

（a） 题设

（b）补画底板所缺的图线 （c）补画竖板所缺的图线 （d）补画梯形板所缺的图线

图 3-8 补画视图中所缺少的图线

【例 3-2】 参看轴测图，画出物体的另两个视图，如图 3-9 所示。

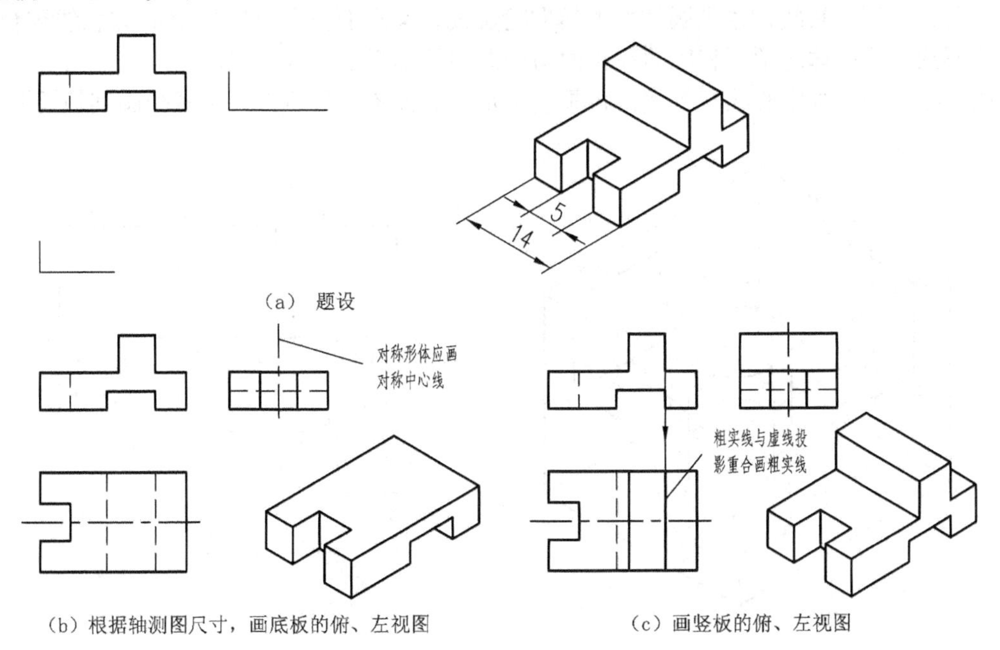

（a） 题设

（b）根据轴测图尺寸，画底板的俯、左视图 （c）画竖板的俯、左视图

图 3-9 参看轴测图，画出物体的另两个视图

分析：如图 3-9（a）所示，该形体为简单叠加式组合形体，可分解为两个部分，第一部分为长方体的底板，其左面和下面分别切了一个矩形槽；第二部分为长方体竖板。根据主视图，可确定物体的长度和高度尺寸，要画出俯视图和左视图，需参看轴测图，并根据所定尺寸 14 和 5，完成其投影。注意，当粗实线与虚线投影重合时，画粗实线，画图步骤如图 3-9 所示。

3.3 回转体

常见的回转体有圆柱体、圆锥体、圆球和圆环等。它们的回转面是由一母线绕轴线旋转而成，母线在回转面上的任意位置称为素线，转向轮廓线是回转面相对某个投影面投影时，可见与不可见投影的分界线，在投影图上当转向轮廓线的投影与中心线（轴线）重合时，规定只画中心线，作回转体的三视图就是把构成回转体的回转面或回转面与平面的投影表示出来。

3.3.1 圆柱体

1．投影分析及画法

圆柱面可以看成是由一直母线绕与它平行的回转轴线旋转而成。圆柱体由圆柱面及两个底面组成。

图 3-10 所示的圆柱体的轴线是铅垂线，圆柱面垂直于水平面，因此圆柱面的水平投影有积聚性，积聚成一个圆。圆柱体的顶面和底面是水平面，它们的水平投影反映实形，俯视图投影为圆。

圆柱体的正面投影为一矩形，该矩形的最左、最右轮廓线 $a'a_1'$、$c'c_1'$是圆柱面最左、最右的素线，也是圆柱面的转向轮廓线，其侧面投影 $a''a_1''$、$c''c_1''$与轴线重合，规定省略不画。圆柱体的侧面投影是与正面投影一样大小的矩形，矩形的最前、最后轮廓线 $b''b_1''$、$d''d_1''$是圆柱面最前、最后的素线，也是圆柱面的转向轮廓线，其正面投影 $b'b_1'$、$d'd_1'$与轴线重合，规定省略不画。圆柱体的顶面和底面在正面与侧面的投影都积聚成直线。

画图时，应先画中心线及轴线，再画投影是圆的视图，最后按投影规律画其他视图。

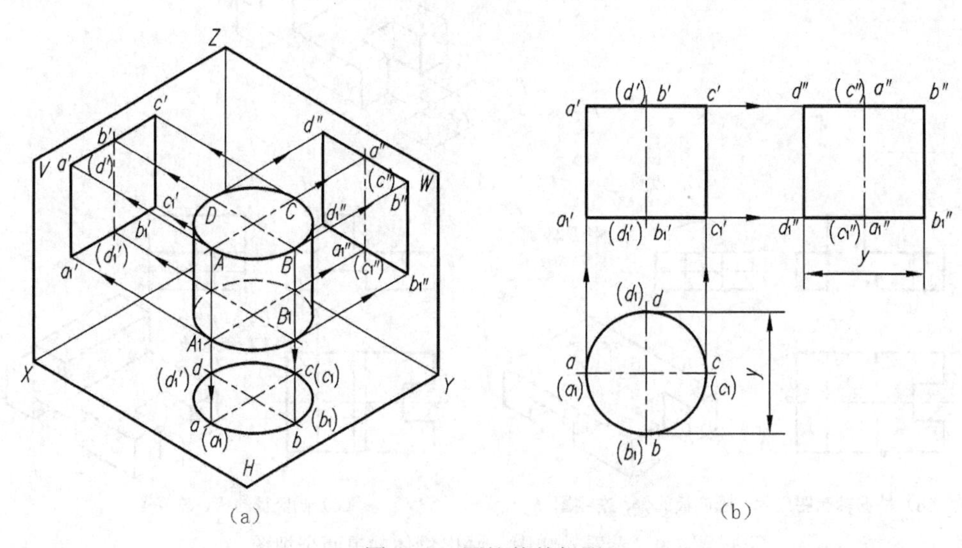

图 3-10　圆柱体的投影

2. 圆柱面上点的投影

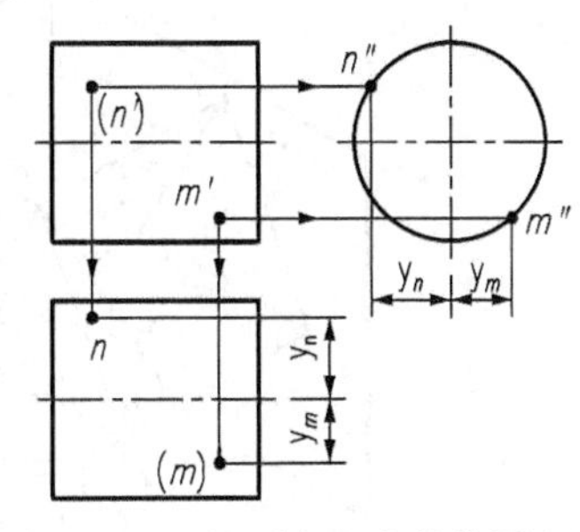

图3-11　圆柱面上取点的作图方法

如图3-11所示，已知圆柱体表面 M、N 两点的正面投影 m' 和（n'），求作它们的水平投影和侧面投影。根据正面投影 m' 为可见，（n'）不可见，可知点 M 在前半圆柱面上，而点 N 在后半圆柱面上，由于该圆柱面的侧面投影有积聚性，就可由 m'、（n'）按“高平齐”作出 m'' 和 n''；再由 m'、m''、（n'）、n''，按“长对正”“宽相等”关系作出水平投影（m）、n。由于点 M 在下半圆柱面上，点 N 在上半圆柱面上，所以点 M 的水平投影 m 为不可见，而点 N 的水平投影 n 为可见。

圆柱表面取线，实际上是求线上点的投影，然后判断点的可见性，最后用相应的图线连接所求各点。

【例3-3】 如图3-12（a）所示，已知圆柱体表面上曲线 AB 的正面投影，求曲线的其他两个投影。

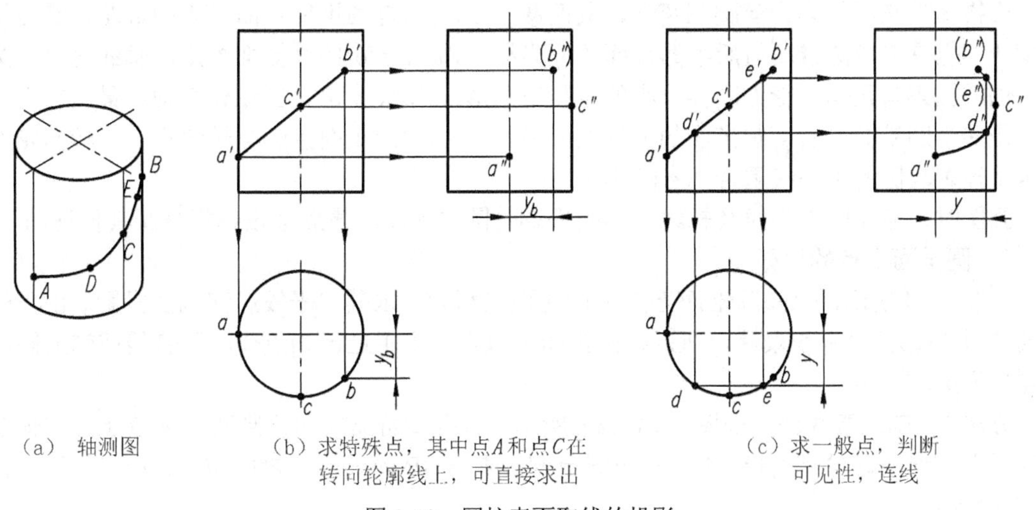

（a） 轴测图　（b）求特殊点，其中点A和点C在转向轮廓线上，可直接求出　（c）求一般点，判断可见性，连线

图3-12　圆柱表面取线的投影

分析：由于圆柱面具有积聚性，因此先求曲线的水平投影，再求侧面投影，作图时，先求特殊点 A、B、C 的投影，再求一般点 D、E 的投影，然后判断点的可见性，最后用相应的图线连接各点，即曲线 AB 的投影。画图步骤如图3-12所示。

3.3.2 圆锥体

1. 投影分析及画法

圆锥面可以看成是由一条直母线绕与它相交的回转轴旋转而成，圆锥体由圆锥面和底面所围成。

如图3-13所示，当圆锥体的轴线垂直于水平面时，圆锥体的俯视图为一圆，这个圆既是圆锥面的水平投影，也是底面（水平面）的水平投影，底面的正面投影和侧面投影均积聚成水平直线段。

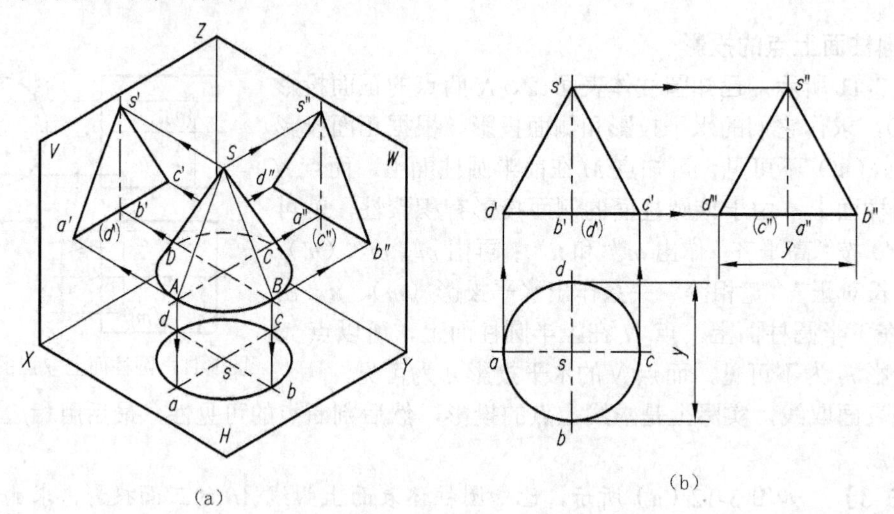

图 3-13　圆锥体的三视图

圆锥体的正面投影为等腰三角形，其两腰 $s'a'$、$s'c'$是圆锥体正面投影的最左、最右转向轮廓线，也是前半圆锥面与后半圆锥面的分界线，$s''a''$、$s''c''$的其侧面投影与轴线重合，圆锥体的侧面投影与正面投影为同样大小的等腰三角形，$s''b''$、$s''d''$是圆锥体最前、最后转向轮廓线，是左半圆锥面与右半圆锥面的分界线，而 $s'b'$、$s'd'$的正面投影与轴线重合，转向轮廓线的水平投影与圆的中心线重合，省略不画。

画图时，应先画中心线及轴线，再画投影是圆的视图，最后按投影规律画其他视图。

2．圆锥面上点的投影

如图 3-14 所示，已知圆锥面上点 A 的正面投影 a'，求其水平投影和侧面投影。由于圆锥面的 3 个投影都没有积聚性，所以在圆锥面上取点应采用过已知点作辅助直线或辅助圆法来求点的投影。

方法 1　辅助直线法：如图 3-14（a）所示，根据 a'可见，即可判断点 A 位于圆锥体左前半锥面上，连接直线 $s'a'$并延长交底边圆于 b'，求出 SB 的另两个投影 sb、$s''b''$，用线上找点的方法作出 a、a''。

方法 2　辅助圆法：如图 3-14（b）所示，过 a'作垂直于轴线的水平圆的正面投影，交两转向轮廓线于 1′、2′点，以 1′2′长为直径在水平面上画圆，由 a'作出水平投影 a，由 a'、a 作出侧面投影 a''。

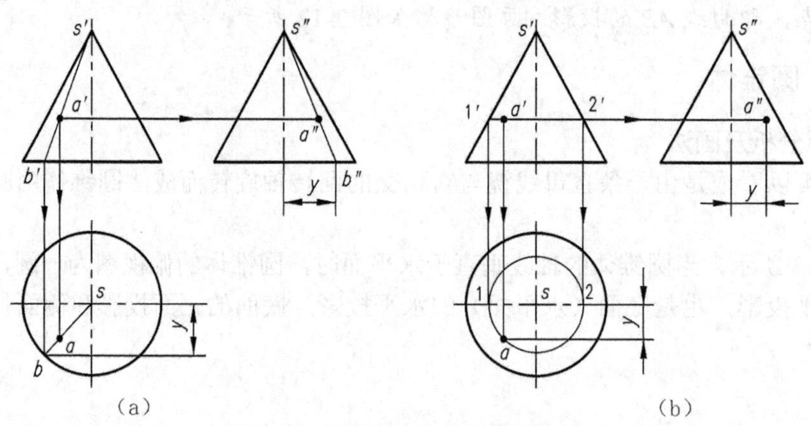

图 3-14　圆锥面上取点的作图方法

3.3.3 圆球

1. 投影分析及画法

圆球是一圆母线以其直径为回转轴旋转而成。圆球在 3 个投影面上的投影都是等直径的圆，这 3 个圆是圆球 3 个转向轮廓线的投影。

如图 3-15 所示，正面投影的圆 A 是圆球正面投影的转向轮廓线，是前半球面和后半球面的分界线。水平面投影的圆 B 是圆球水平投影的转向轮廓线，是上半球面和下半球面的分界线，侧面投影的圆 C 是圆球侧面投影的转向轮廓线，是左半球面和右半球面的分界线。在投影图上当转向轮廓线的投影与中心线重合时，按规定只画中心线。

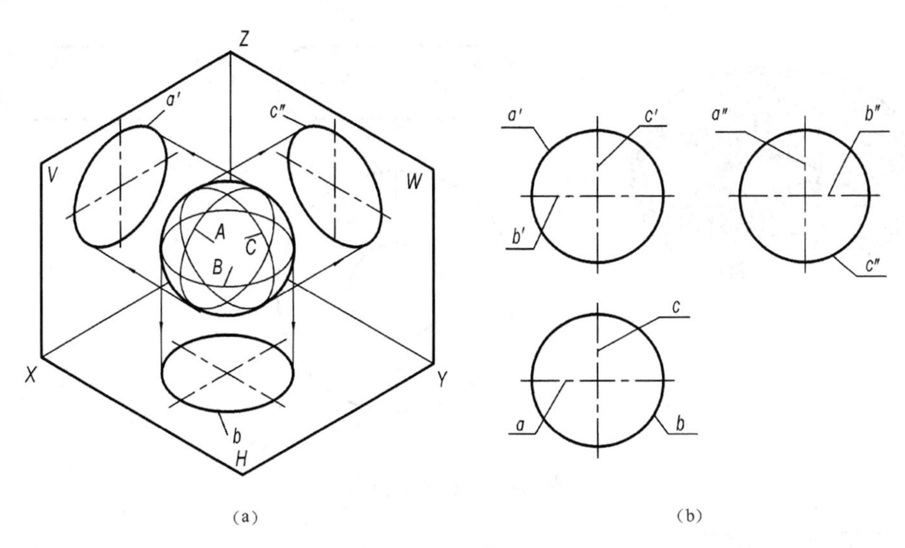

图 3-15 圆球的三视图

2. 圆球面上点的投影

因为圆球的 3 个投影都没有积聚性，所以只能用辅助圆法来确定圆球面上点的投影。如图 3-16 所示，已知圆球面上点 K 的正面投影 k'，求作点 K 的水平投影 k 和侧面投影 k''，可过点 K 在球面上作水平圆，在俯视图上画圆的水平投影，则 k 必在圆的前半个圆周上（因 k' 可见，表示点 K 在前半球面上），由 k'、k 可求出 k''。

判别可见性时仍以转向轮廓线为分界线，对于主视图，前半球面可见，后半球面不可见；对于俯视图，上半球面可见，下半球面不可见；对于左视图，左半球面可见，右半球面不可见。由已知投影 k'，可判断点 K 位于球面的右上前部分，所以 k 为可见，k'' 为不可见。

当点位于圆球的转向轮廓线上时，则可直接求出点的投影。如图 3-16 所示，已知点 M 的水平投影，求它的正面投影和侧面投影。因为 m 在水平投影的转向轮廓线上，根据转向轮廓线的投影位置，可直接求出 m' 和 m'' 的投影。

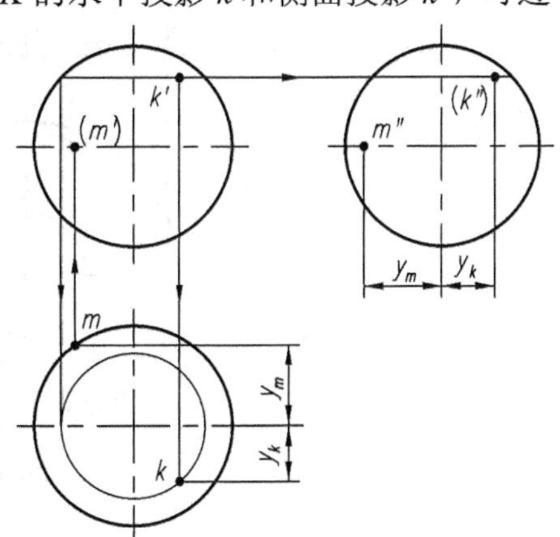

图 3-16 圆球面上取点的作图方法

3.3.4 圆环

1. 投影分析及画法

圆环是由一个圆绕与其共面但不通过圆心的轴线旋转而形成的。

如图 3-17 所示，圆环面分外环面和内环面，当轴线垂直水平面时，水平投影表示了圆环面的最大圆和最小圆的投影，这两个圆是圆环面在水平投影的转向轮廓线，图中的中心线圆表示圆心轨迹的投影，正面投影应画出最左、最右两个素线小圆的投影，上下两条直线分别是环上最高和最低两个纬圆的投影，侧面投影和正面投影只是投影方向不同，而投影图形则完全一样，画图时应注意可见性的判断。

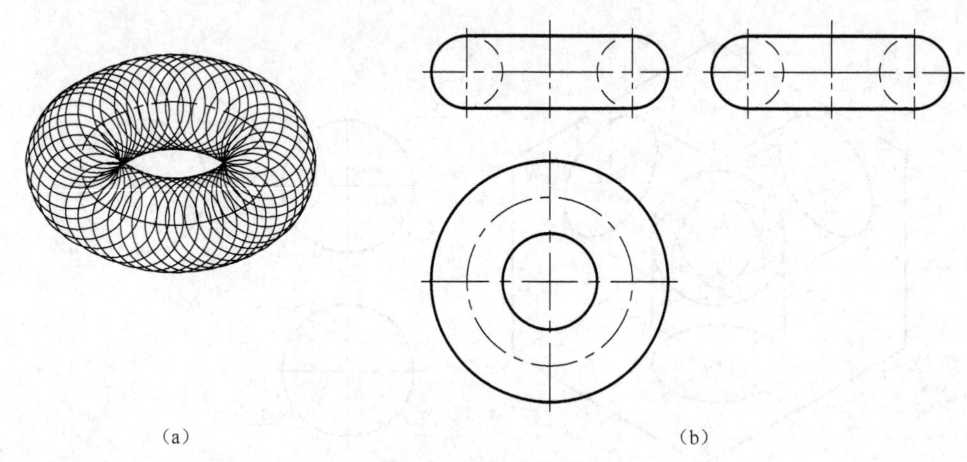

（a） （b）

图 3-17 圆环的投影

2. 圆环面上点的投影

可用辅助圆法求圆环面上点的投影。

如图 3-18 所示，已知圆环面上点 A 的正面投影 a'，求 a 和 a''的投影。

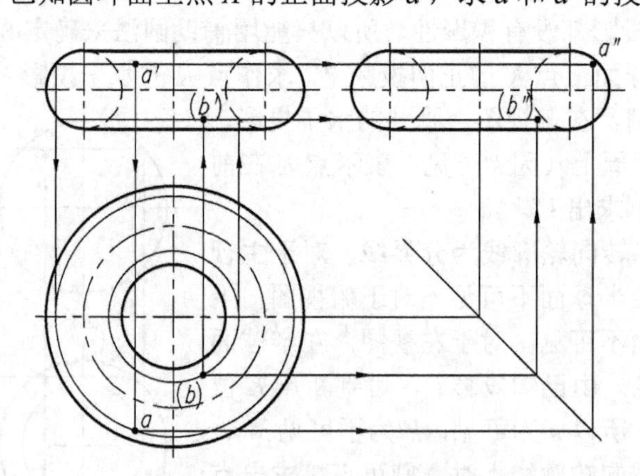

图 3-18 圆环面上取点的作图方法

因 a'是可见的，故可判断点 A 在外圆环面的前半面、上半面、左半面上，所以 a 和 a''都为可见，过点 A 在圆环面上作一水平圆，其水平投影为圆，正面投影和侧面投影都是直线，根据线上找点的方法求出 a 和 a''的投影。由俯视图画位于下半内环面上点 B 的投影，作图时应注意辅助圆半径量取应在内环面上，其画法基本与外圆环面点 A 一样。

表 3-2 所示为几种常见的不完整回转体及组合回转体，熟悉它们的投影图对今后画图和看图都有帮助。

表 3-2　　几种常见的不完整回转体及组合回转体三视图

半圆柱	半圆筒	圆台
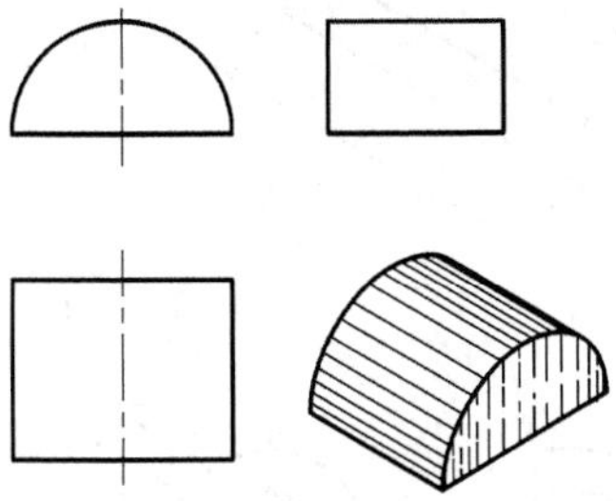	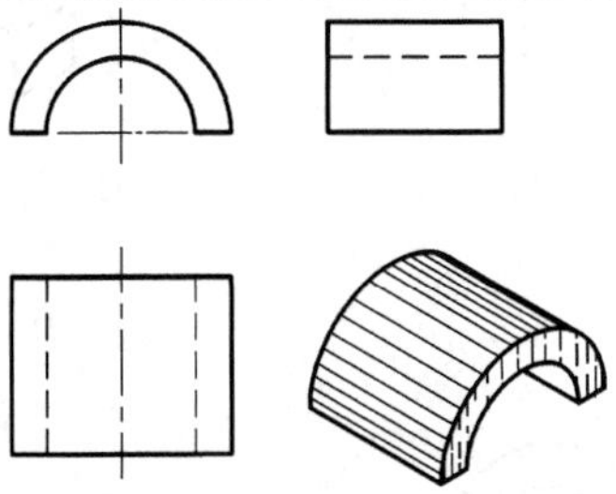	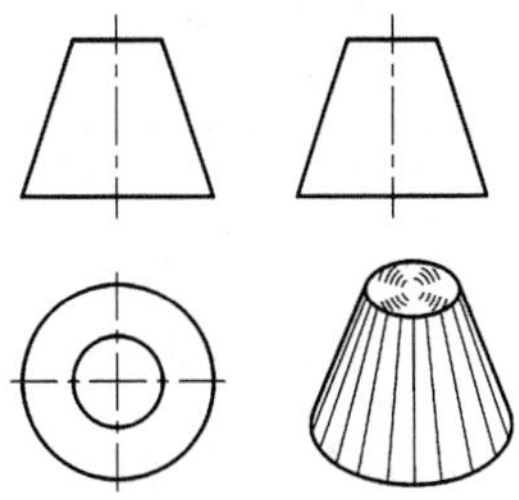
半圆球	大小圆柱组合	锥柱组合
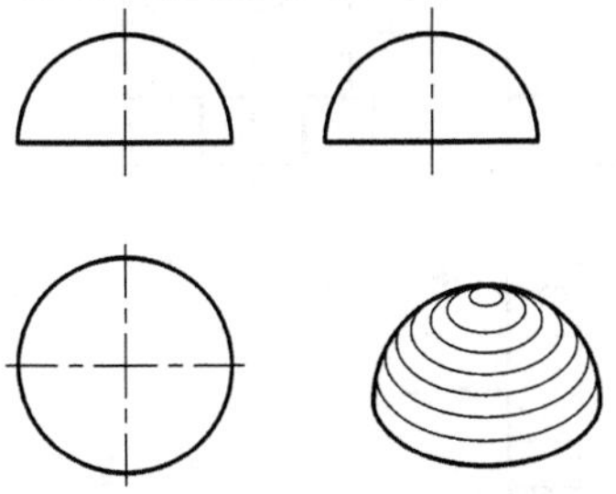	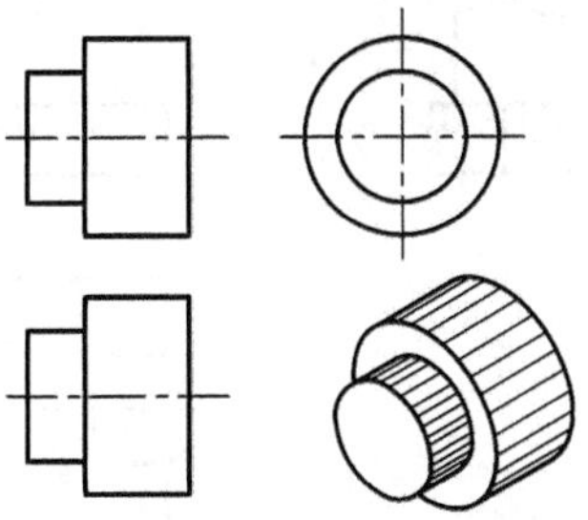	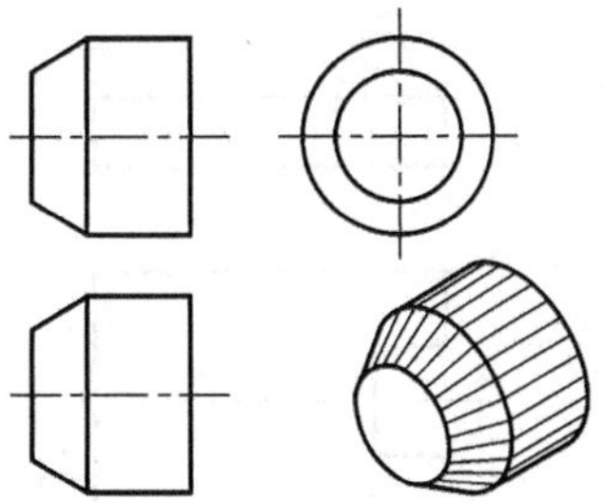

【例 3-4】 画图 3-19（a）所示物体的三视图。

分析：如图 3-19（a）所示，该形体为简单叠加式组合形体，由六棱柱和圆筒所组成，根据尺寸分别画出它们的三视图，注意俯视图和左视图“宽相等”的对应关系，画图步骤如图 3-19（b）和图 3-19（c）所示。

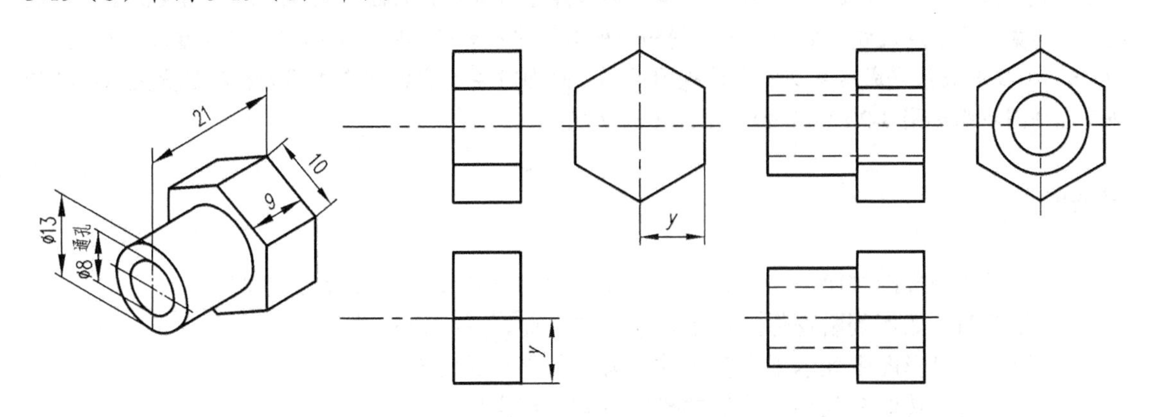

（a）题设　（b）画出六柱的三视图 先画反映六棱柱特征的左视图，再画主视图和俯视图　（c）画圆筒的三视图 先画投影为圆的左视图，再画主视图和俯视图

图 3-19　根据轴测图，画出物体的三视图

【例 3-5】 参看轴测图，画出物体的另两个视图，如图 3-20 所示。

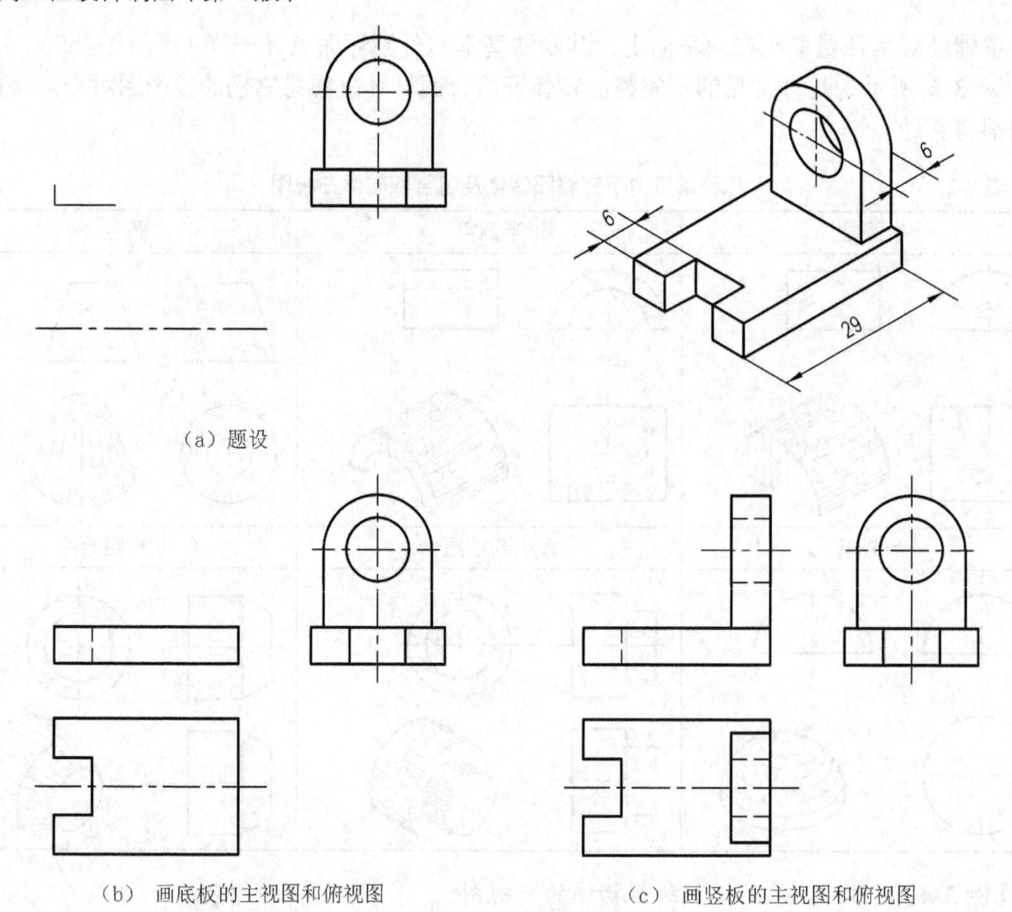

图 3-20　参看轴测图，画出物体的另两个视图

分析：如图 3-20 所示，该形体为简单叠加式组合形体，可分解为两个部分，第一部分为长方体的底板，其左边被切了一个矩形槽；第二部分为带孔的长圆形的竖板。根据左视图，可确定物体的宽度和高度尺寸，要画出主视图和俯视图，需参看轴测图，并根据所定长度尺寸数值 6、29、6，按投影关系完成其主视图和俯视图投影。画图时要注意各部分之间的相对位置关系及孔的画法，画图步骤如图 3-20（b）和图 3-20（c）所示。

思考题

1．三视图的投影规律是什么？作图时如何用工具和仪器保证投影规律？
2．在视图上如何判断物体上、下、左、右、前、后的位置关系？
3．如何在投影图中表示平面基本体？怎样判别可见性？
4．常见的回转体有几种？他们的投影图有何特点？
5．如何在圆柱表面上取点、取线，它与圆锥或球面上取点、取线的方法有什么不同？

学习方法指导

1．“长对正，高平齐，宽相等”，三等投影规律是立体的投影最重要的概念之一，必须在理解的基础上，经过画图和看图的反复实践，逐步达到熟练掌握和融会贯通的程度，其中的难点是“俯、左视图宽相等”，以及它们的前后对应关系。

2．平面基本体是由若干个平面所围成的立体，画平面立体的投影，实质上就是画出组成平面立体的各平面的投影，一般只需画出各棱面、棱线和顶点的投影，并判别可见性，将可见的棱线投影画成粗实线，不可见的棱线投影画成虚线，就能画出平面立体的投影。

3．掌握常见回转体的投影特性和作图方法，注意不要漏画回转体轴线和圆的一对垂直的中心线，其中圆柱体广泛应用，为重点掌握内容。

4．立体表面取点、取线的作图方法。

（1）取点：若立体某些表面在某一投影面上的投影具有积聚性，如棱柱面或圆柱面，可利用投影的积聚性，用投影规律直接求出点的投影；若没有积聚性，则可以通过在立体表面作辅助线，在辅助线上取点。为了作图方便，准确，这些用于找点的辅助线一般应为直线或圆。

（2）取线：在立体表面取线，实际上是求线上点的投影，然后判断点的可见性，最后用相应的图线连接所求各点。读者需熟练掌握在立体表面取点、取线的作图方法，它是今后求截交线和相贯线的基础。

5．在练习中注意观察和建立空间形体和三视图之间的对应与转换关系。掌握简单组合形体的作图方法。

第 4 章 立体表面的交线

立体表面常见的交线有 2 种，一种是平面与立体表面相交产生的交线称为截交线，另一种是两立体相交表面产生的交线称为相贯线，如图 4-1 所示。为了清楚地表达机件的形状，在画图时必须正确画出其交线的投影。本章主要介绍截交线和相贯线的特性和作图方法。

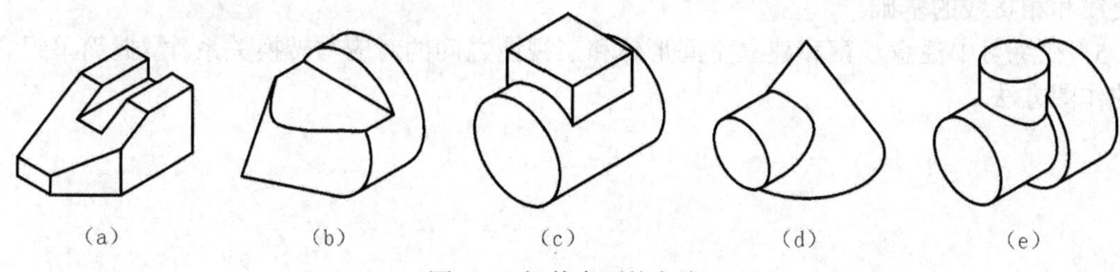

图 4-1　机件表面的交线

4.1　平面立体的截切

平面立体被平面切割后，所产生的截交线是由直线组成的平面图形——封闭多边形，多边形的各边是立体表面与截平面的交线，而多边形的各顶点是立体各棱线与截平面的交点，因此求截交线实际是求截平面与平面立体各棱线的交点，或求截平面与平面立体各表面的交线。下面举例说明画平面立体截交线的方法和步骤。

【例 4-1】　画四棱锥被正垂面 P 截切后的三视图，如图 4-2 所示。

分析：因截平面 P 与四棱锥 4 个侧棱面相交，所以截交线为四边形，它的 4 个顶点即为四棱锥的 4 条棱线与截平面 P 的交点。由于截平面 P 是正垂面，所以截交线的投影在主视图上积聚在 p'上，在俯视图和左视图上为类似形。

作图：

（1）画出四棱锥的三视图；

（2）由于截平面 P 是正垂面，四棱锥的 4 条棱线与截平面 P 的交点在正面的投影 1′、2′、3′、4′可直接求出；

（3）根据直线上点投影的从属性，可在四棱锥各棱线的水平投影和侧面投影上分别求出相应点的投影 1、2、3、4 和 1″、2″、3″、4″；

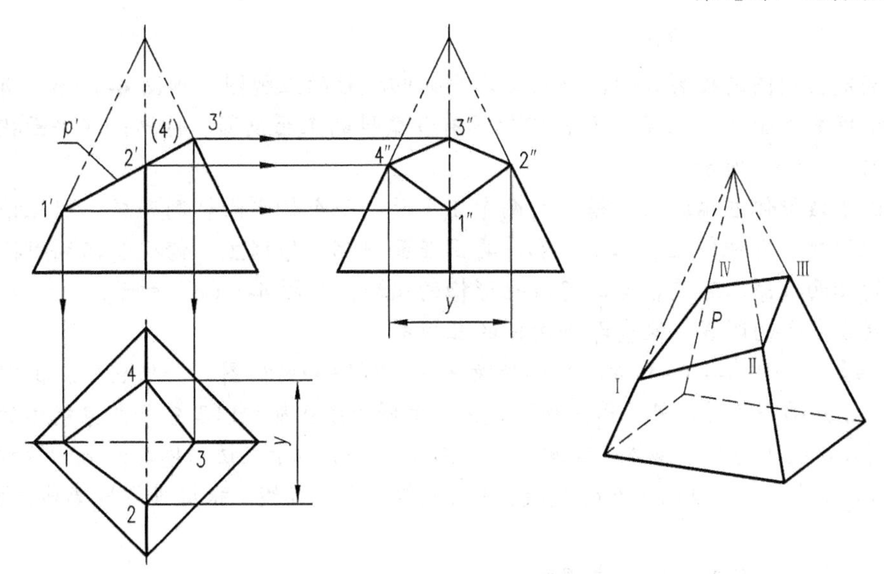

图 4-2　四棱锥被一正垂面截切

（4）将各点的同面投影依次连接起来，即得截交线的投影，在投影图上擦去被截平面 P 截去的部分，即完成作图。注意最左、最右棱线在侧面的投影，其中虚线不要漏画。

【例 4-2】　图 4-3（a）所示为四棱柱被多个平面切割，画出该形体的三视图。

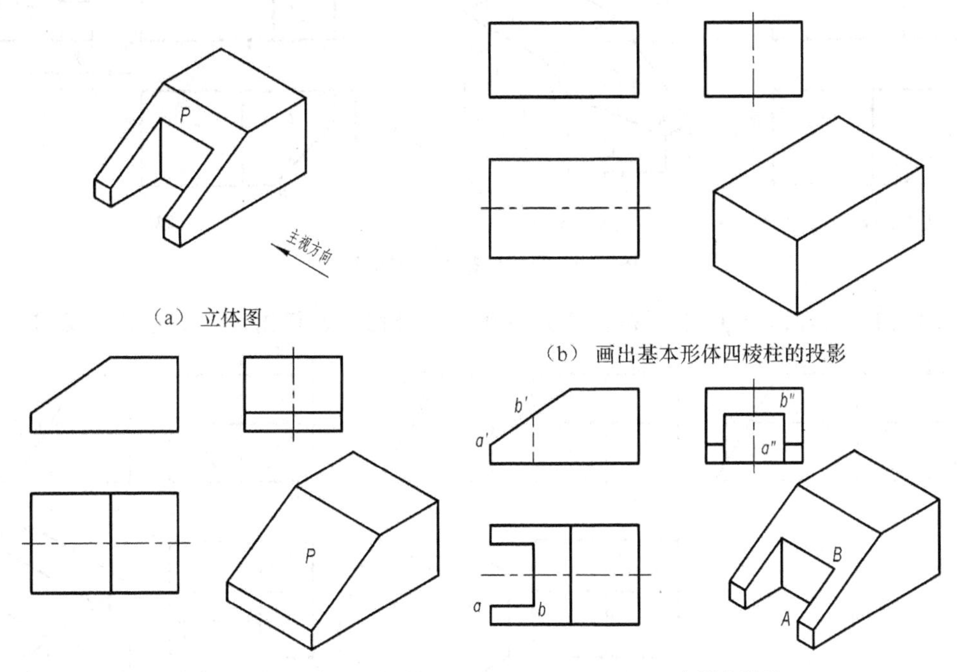

图 4-3　画带切口四棱柱的三视图

分析：图 4-3（a）所示为四棱柱被正垂面 P 切割后，左边又被挖去了一矩形槽，要作出它的投影图，需先画出四棱柱的三视图，再根据截平面的位置，利用在平面立体表面上取点、取线的作图方法来作图。

作图：

（1）确定主视图的投影方向，画出基本形体四棱柱的三视图，如图4-3（b）所示；

（2）根据截平面 P 的位置，画出它的具有积聚性的正面投影，再画出水平面投影和侧面投影，如图4-3（c）所示；

（3）由于该形体左端的矩形槽是由两个正平面、一个侧平面切割而成，因此根据切口尺寸，先画矩形槽具有积聚性的水平投影，再画正面投影，根据主、俯视图，利用投影规律，作出各点的侧面投影，连接各点，完成矩形槽的投影，如图4-3（d）所示；

（4）擦去多余的图线，检查即得物体的三视图。

【例4-3】 如图4-4（a）所示，已知物体的主视图和俯视图，补画它的左视图。

分析：已知两个视图，补画第三视图是提高读图和绘图能力以及空间想象能力的一个重要手段。由图4-4（a）想象该物体的空间形状如图4-4（b）所示，该形体可看成四棱柱被正垂面 P 和铅垂面 Q 截切，P、Q 两平面的交线 AB 为一般位置的直线，根据投影规律画出左视图。

作图：

（1）画出基本形体四棱柱的左视图；

（2）根据截平面的位置，按“三等”投影规律，分别求出 P、Q 两平面截交线各端点的投影，并连线，完成左视图，如图4-4（c）所示。

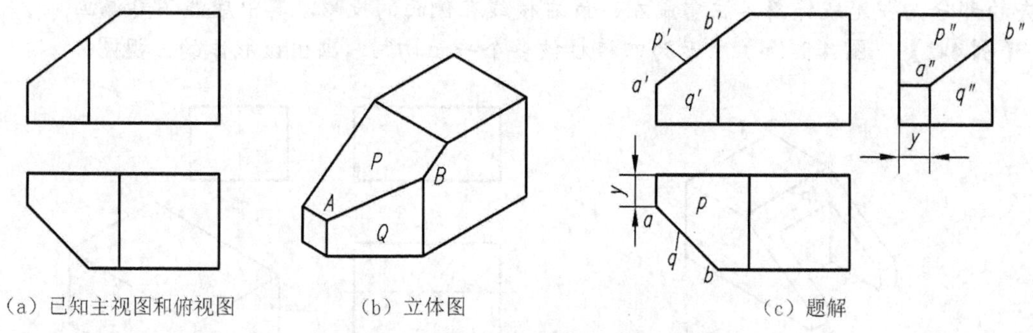

（a）已知主视图和俯视图　　（b）立体图　　（c）题解

图4-4　四棱柱被两个平面截切

【例4-4】 如图4-5（a）所示，已知物体的主视图和左视图，补画它的俯视图。

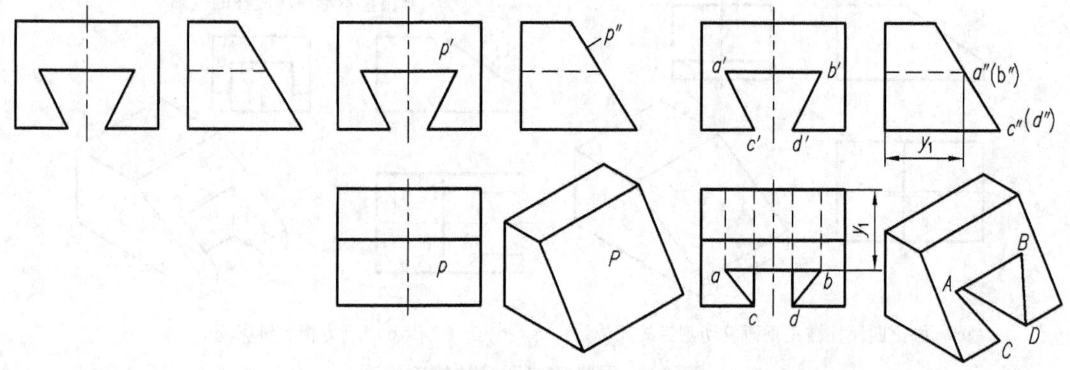

（a）已知主视图和左视图　　（b）画长方体被侧垂面P截切后的俯视图　　（c）画下部燕尾槽的投影

图4-5　已知两个视图，补画第三视图

分析：由图4-5（a）可以看出，该形体可看成四棱柱被侧垂面 P 截切，在其下部被两个正垂面和一个水平面切割成燕尾槽，燕尾槽可用面上取点的方法求其投影，形体想象和作图步骤如图 4-5（b）和图 4-5（c）所示。

4.2 回转体的截切

平面与回转体相交所得的截交线是平面和回转体表面的共有线，截交线上任意一点都是它们的共有点。截交线一般情况下是一个封闭的平面图形，它的形状取决于回转体的形状及其截平面的相对位置。

求回转体截交线的方法和步骤如下。

（1）分析回转体的表面性质，截平面与回转体的相对位置，初步判断截交线的形状及其投影。

（2）求截交线上特殊点，如最高点、最低点、最右点、最左点、最前点、最后点和转向轮廓线上交点的投影。

（3）为了作图准确，还需适当求出截交线上一般点的投影。

（4）补全轮廓线，判断可见性，光滑连接各点即得截交线的投影。

4.2.1 圆柱体的截交线

平面与圆柱体相交，根据截平面与圆柱体轴线的相对位置不同，产生了 3 种不同形状的截交线，即圆、矩形、椭圆，如表 4-1 所示。

表 4-1 **圆柱体的截交线**

截面位置	垂直于轴线	平行于轴线	倾斜于轴线
截交线形状	圆	矩形	椭圆
立体图	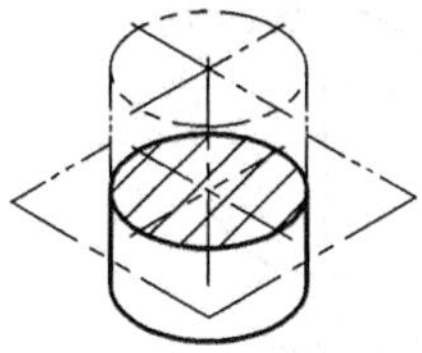	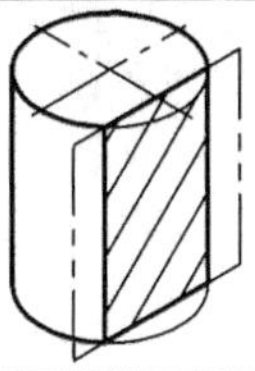	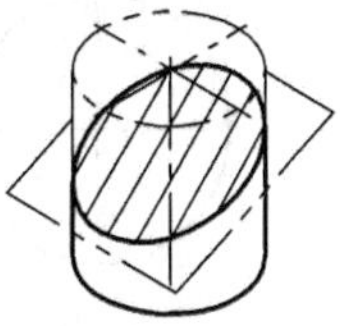
投影图	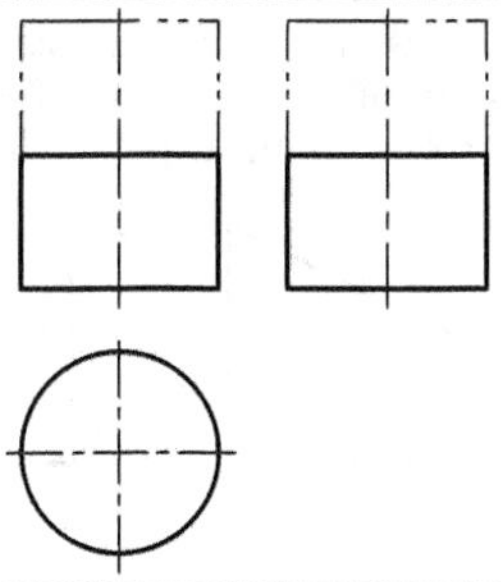	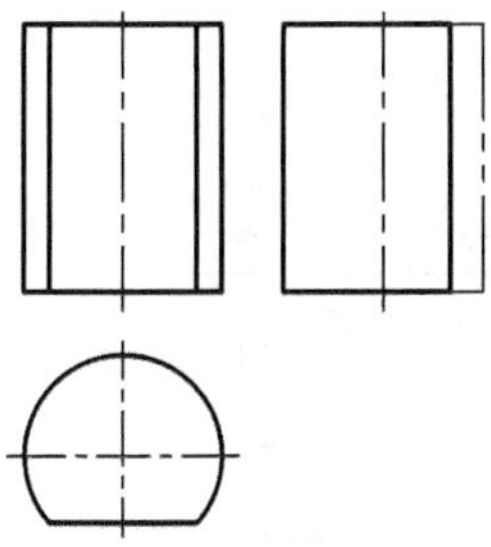	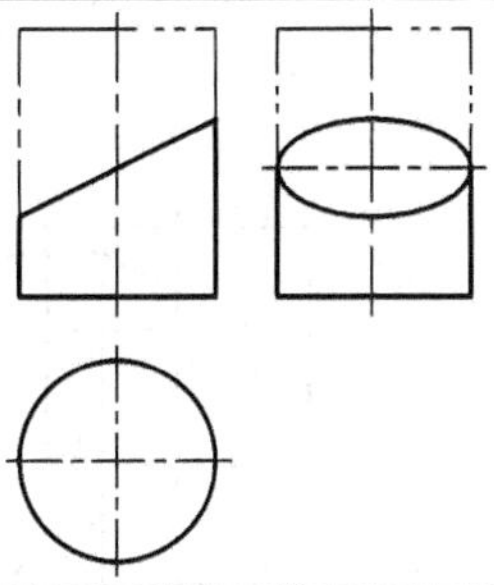

【例 4-5】 圆柱体被平行于轴线的平面 *P* 和垂直于轴线的平面 *Q* 所截切，分别作出图 4-6（a）、图 4-6（b）所示物体的俯视图。

分析：在图 4-6 中，截平面 *P* 平行于圆柱体轴线，它与圆柱面的交线为两平行直线 *AB*、*CD*，均为侧垂线，截平面 *Q* 垂直于圆柱体轴线，它与圆柱面的截交线为圆弧 $\overset{\frown}{BD}$，其正面投影和水平投影积聚成直线，侧面投影为圆弧 $\overset{\frown}{b''d''}$。图中两圆柱体的截切情况是一样的，不同的是图 4-6（a）的切口要小些，圆柱体俯视图外形轮廓线仍被保留，而图 4-6（b）的切口要大些，圆柱体俯视图外形轮廓线已被切掉部分。

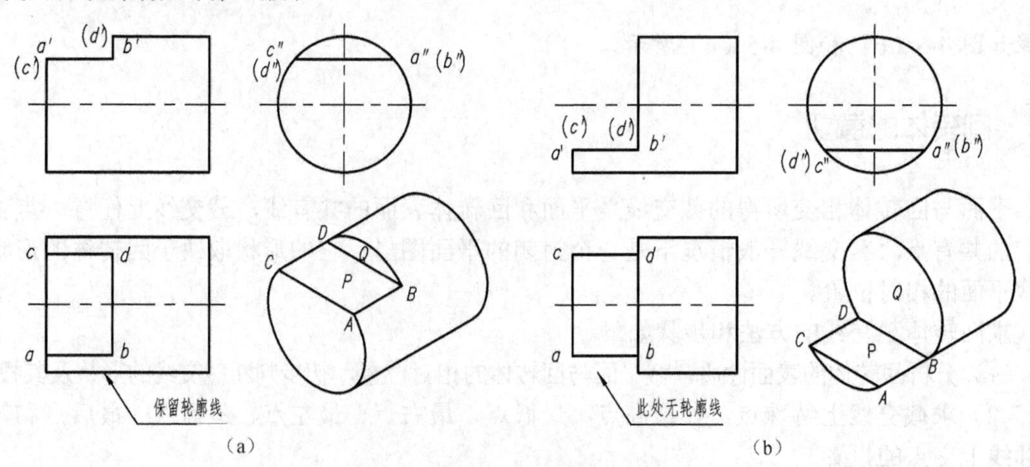

图 4-6　圆柱体被两平面截切

作图：

（1）先画出完整的圆柱体的俯视图。利用积聚性确定截交线的正面投影和侧面投影；

（2）利用三等投影规律，求出截交线的水平投影。

【例 4-6】　如图 4-7（a）所示，圆柱体被正垂面 *P* 截切，求作左视图。

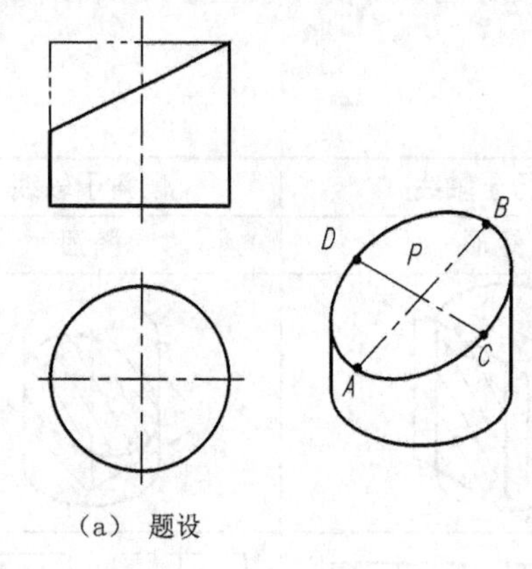

（a）题设

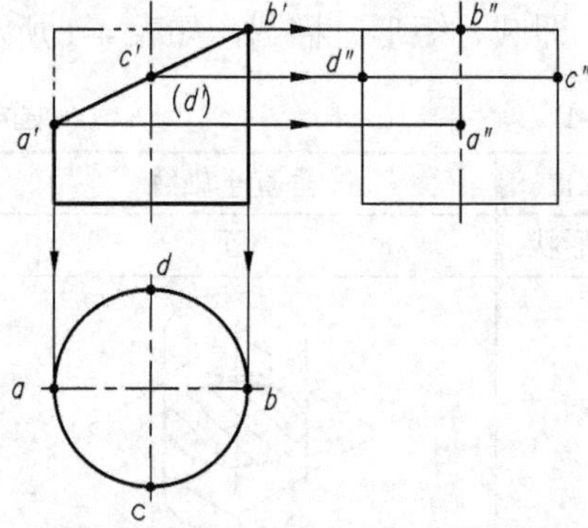

（b）画圆柱体的左视图，求特殊点，在最外轮廓线上的点*A*、*B*、*C*、*D*是特殊点，也是椭圆长、短轴的端点，可根据它们的正面投影和水平投影，求得侧面投影*a*″、*b*″、*c*″、*d*″

（c）求一般点。在交线的正面投影选取*m*′，*n*′两点，求出水平投影*m*、*n*，根据它们的正面投影和水平投影求*m*″、*n*″，同理可求出其他一般点，光滑连接各点，即得交线投影

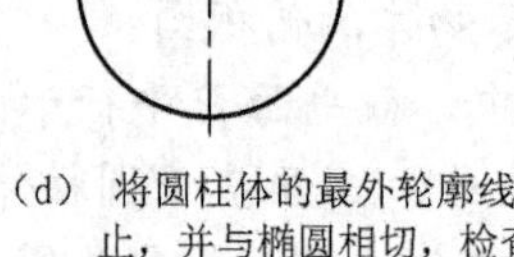

（d）将圆柱体的最外轮廓线画到*c*″、*d*″为止，并与椭圆相切，检查、校核，整理图线即得左视图

图 4-7　圆柱体被正垂面截切

分析：截平面 P 与圆柱体的轴线倾斜，其交线为一椭圆，由于截平面是正垂面，圆柱体的轴线是铅垂线，所以截交线的正面投影积聚成一直线，水平投影积聚在圆周上，截交线的侧面投影可根据投影规律用圆柱面上取点的方法求得。作图步骤如图 4-7 所示。

【例 4-7】 如图 4-8（a）所示，圆柱体被正平面 P 和侧垂面 Q 所截切，已知俯视图和左视图，求作主视图。

分析：截平面 P 与圆柱的轴线平行，与圆柱的交线为平行两直线，其侧面投影积聚在 p'' 上，水平投影积聚在圆上，截平面 Q 与圆柱的轴线倾斜，交线为椭圆弧，其侧面投影积聚在 q''上，水平投影积聚在圆上，分别求出两截平面与圆柱体的截交线及两截平面的交线，作图过程如图 4-8 所示。

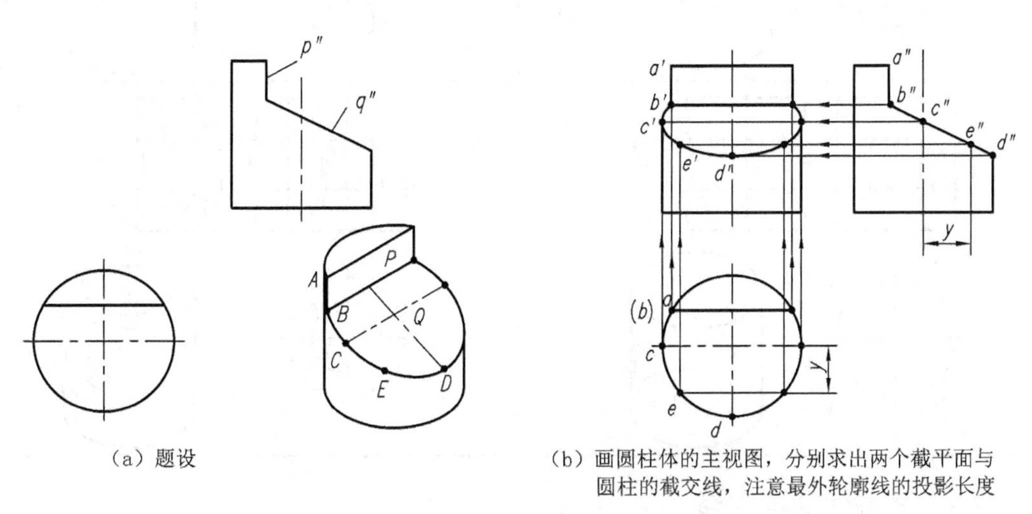

（a）题设

（b）画圆柱体的主视图，分别求出两个截平面与圆柱的截交线，注意最外轮廓线的投影长度

图 4-8 圆柱体被正平面和侧垂面截切

表 4-2 所示为常见圆柱体被平面切割开槽的投影画法，注意当空心圆柱体被平面切割开槽时，作图时应分别画出截平面与圆柱体外表面和内表面的截交线。

表 4-2 常见带切口圆柱体投影

实心圆柱体切口投影	空心圆柱体切口投影
(c) a' (d) b' c" a" d" b" (d) c (b) a C D A B	m' (e) n' (f) e" m" f" n" (f) e (n) m E F M N

续表

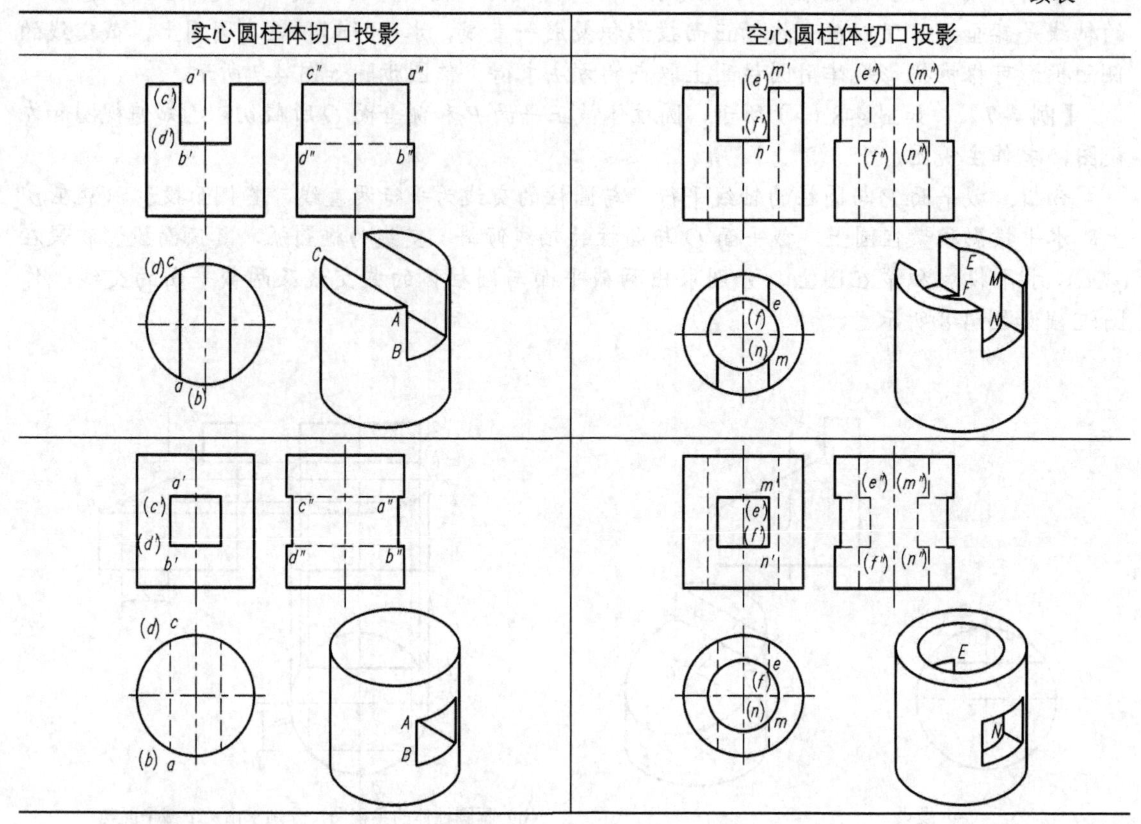

4.2.2 圆锥体的截交线

当平面与圆锥面相交时，由于平面对圆锥面的相对位置不同，其截交线有 5 种情况，即圆、椭圆、抛物线、双曲线及相交两直线，如表 4-3 所示。

表 4-3 圆锥面的截交线

截平面位置	立体图	投影图	截交线
与轴线垂直 $\theta=90°$	P	θ	圆
与所有素线相交 $\theta>\alpha$	P	α θ	椭圆

续表

截平面位置	立体图	投影图	截交线
与一条素线平行 $\theta=\alpha$	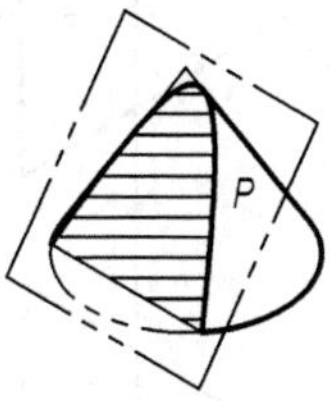	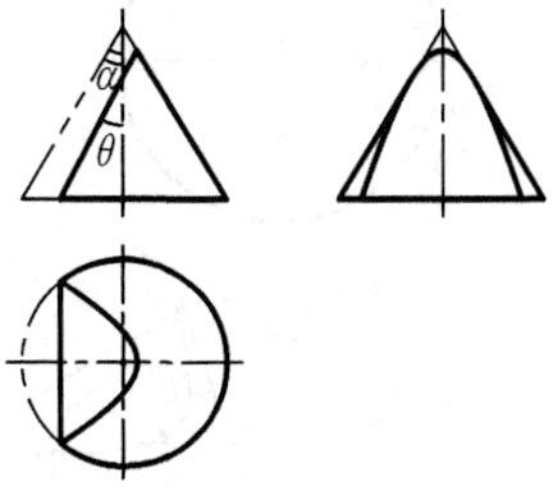	抛物线
与轴线平行 或$\theta<\alpha$	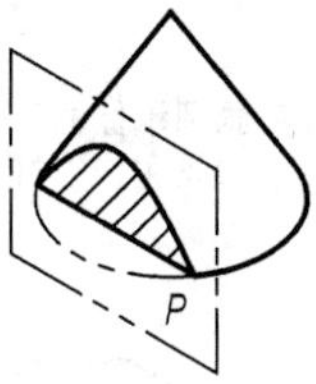	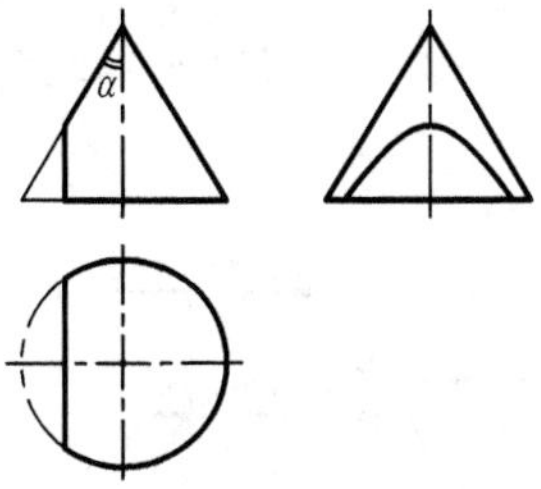	双曲线
过锥顶	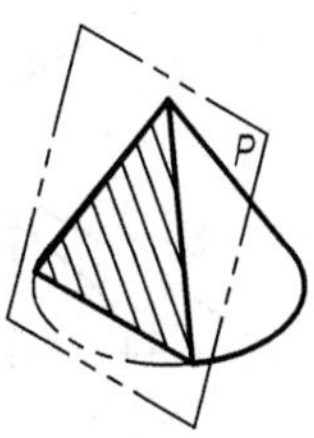	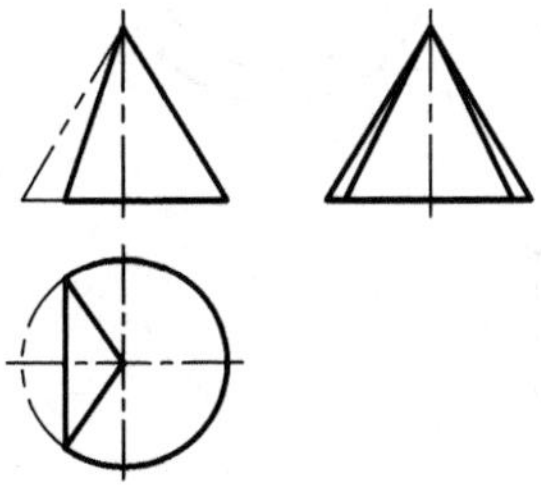	相交两直线

【例 4-8】 补画被水平面 P 所截圆锥体的俯视图，如图 4-9（a）所示。

分析：如图 4-9（a）所示，因截平面 P 平行于圆锥轴线，所以截交线为双曲线，由于截平面 P 为水平面，所以截交线的正面投影和侧投影都积聚为直线，画截交线的水平投影，其特殊点可直接求出，中间点需用辅助平面法求出，辅助平面应是侧平面，与圆锥交线为圆，具体作图过程如图 4-9 所示。

【例 4-9】 作圆锥台切口截交线投影，如图 4-10（a）所示。

分析：圆锥台被 3 个平面 P、Q、R 所截切，其中 P、R 为水平面，与圆锥台的交线为圆弧，Q 平面为过锥顶的正垂面，它与圆锥面的交线为直线，分别补画截交线的水平投影和侧面投影。

作图：

（1）如图 4-10（b）所示切口的正面投影已知，由正面投影求出 P、R 截平面与圆锥台交线圆的水平投影；

（2）根据“三等”投影关系求出截平面 Q 与圆锥的交线Ⅰ、Ⅱ、Ⅲ、Ⅳ4 个点的水平投影 1、2、3、4 和侧面投影 1″、2″、3″、4″，然后依次分别连接 4 点，作出切口的交线的水平投影和侧面投影。

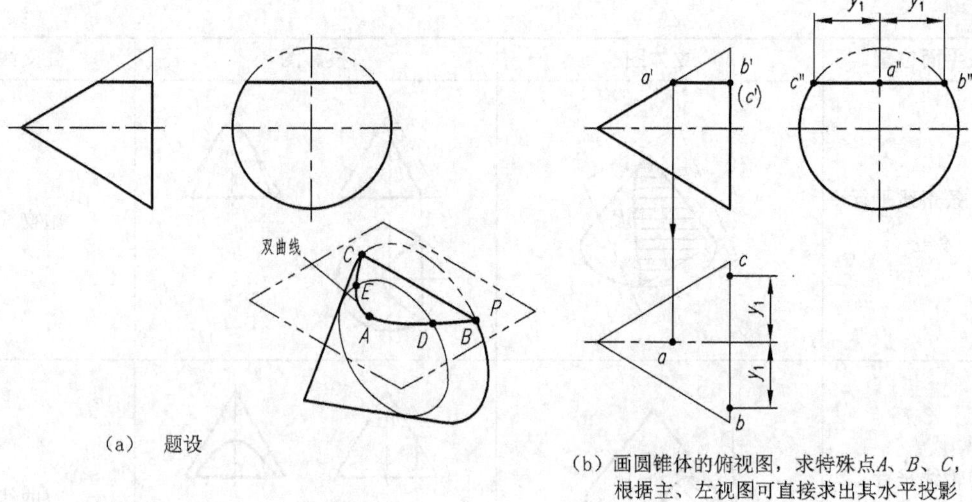

（a） 题设

（b）画圆锥体的俯视图，求特殊点A、B、C，根据主、左视图可直接求出其水平投影

（c） 求一般点。 在适当位置作辅助侧平面，求出辅助面与圆锥的交线为圆，d''、e''在辅助侧平面与圆锥体交线的圆上，再用投影规律求水平投影d、e

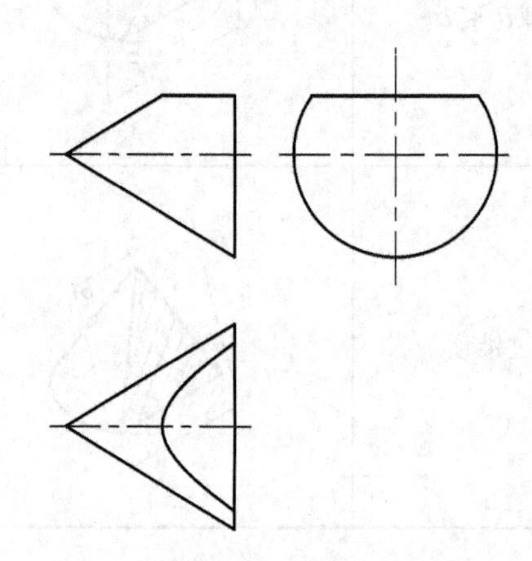

（d）光滑连接各点，即得双曲线的水平投影

图 4-9 圆锥体上截交线画法

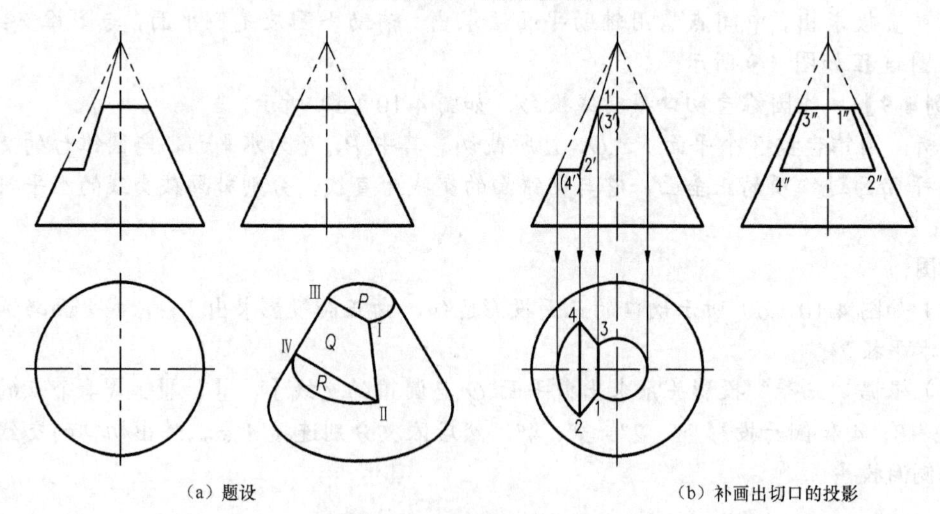

（a）题设

（b）补画出切口的投影

图 4-10 圆锥台切口的投影

4.2.3 圆球的截交线

平面与圆球相交，截交线都是圆，如果截平面是投影面的平行面，交线圆在所平行的投影面上的投影反映圆的实形，另外两个投影积聚成直线，如果截平面是投影面的垂直面，则截交线在该投影面上的投影为一直线，其他两投影均为椭圆，圆球截交线的画法如图 4-11 所示。

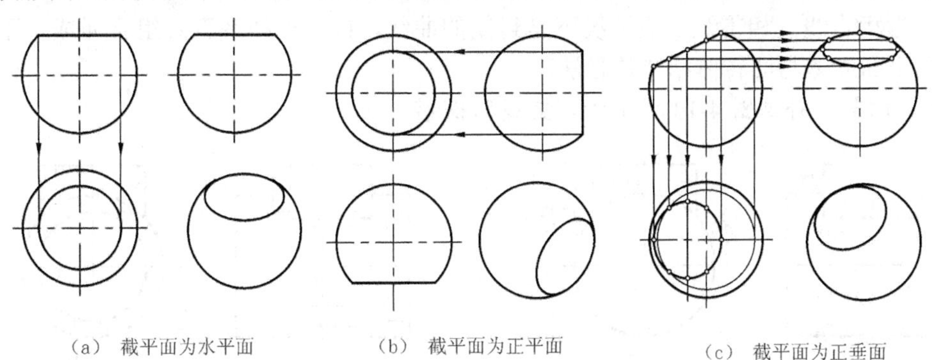

（a） 截平面为水平面　（b） 截平面为正平面　（c） 截平面为正垂面

图 4-11 圆球截交线的画法

【例 4-10】 补画出图 4-12（a）所示半圆球上方开矩形槽的俯视图和左视图的投影。

分析：半圆球上方的矩形槽是被 1 个水平面和 2 个侧平面所截切，截交线均为圆弧，其正面投影分别积聚成 3 条直线段，如图 4-12（a）所示。水平面截切半圆球所得截交线的水平投影反映实形，为圆弧，两侧平面在水平面投影积聚为两直线，如图 4-12（b）所示，两侧平面截切半圆球所得截交线的侧面投影反映实形，为一段圆弧，水平面在侧面的投影积聚为一直线段，如图 4-12（c）所示。

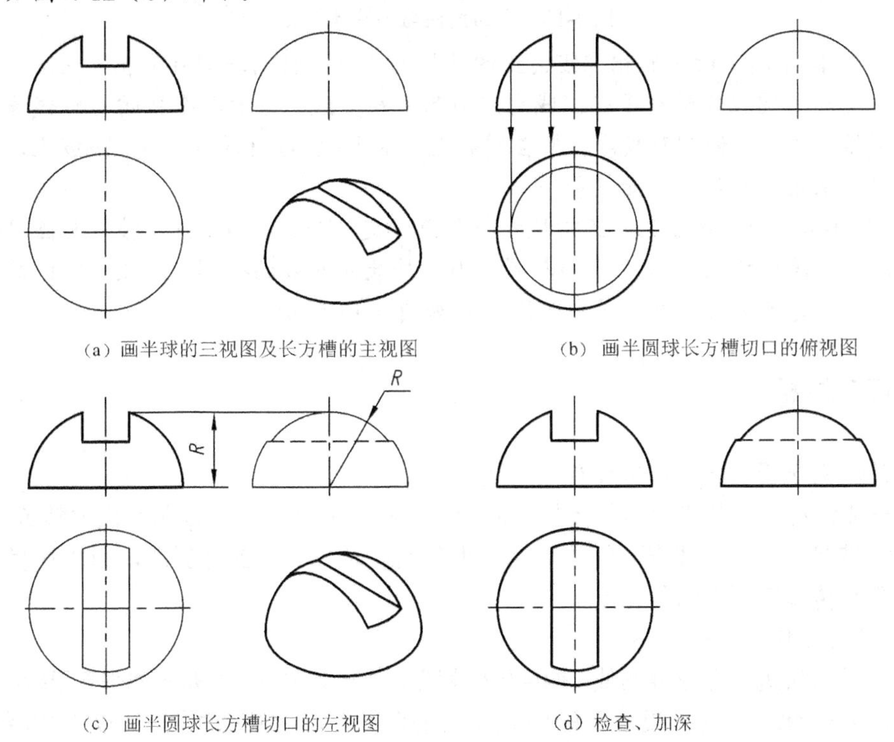

（a）画半球的三视图及长方槽的主视图　（b） 画半圆球长方槽切口的俯视图

（c） 画半圆球长方槽切口的左视图　（d）检查、加深

图 4-12 半圆球开槽投影的作图过程

作图步骤如图 4-12 所示，注意矩形槽底在侧面投影的可见性判断，其中一段为虚线。

4.3 平面立体与回转体相交

平面立体与回转体的相贯线实质上是求棱面与回转体表面的截交线，将这些截交线连接起来，即为相贯线。相贯线一般情况下是封闭的曲线，或由曲线或直线组合而成。下面通过图例介绍平面立体与回转体相交的画法。

【例 4-11】 补画图 4-13 所示物体交线的投影。

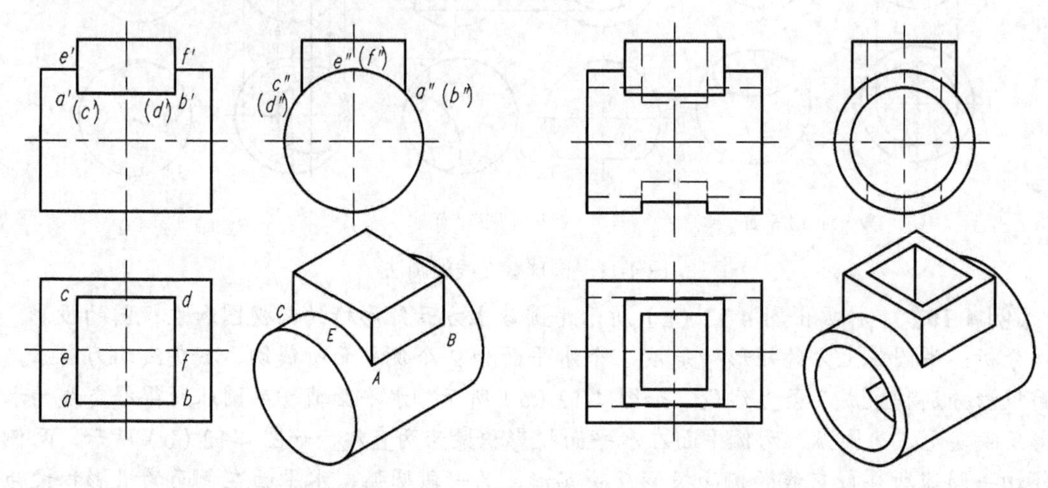

(a) 正四棱柱与圆柱体相交　　(b) 带孔正四棱柱与圆筒相交

图 4-13　正四棱柱与圆柱体相交

分析：图 4-13（a）所示的相贯线由正四棱柱的 4 个侧棱面与圆柱体相交而成。正四棱柱的前后两个棱面与圆柱体轴线平行，截交线为两平行直线，左右两个棱面与轴线垂直，截交线为两段圆弧。相贯线的侧面投影积聚在圆弧上，水平投影则积聚在矩形 *abcd* 上，因此根据投影规律只需求出相贯线的正面投影。

图 4-13（b）所示为带方孔的正四棱柱与圆筒相交，除了应画出正四棱柱与圆筒外表面交线的投影，还需画出方孔的 4 个平面与圆筒内、外表面交线的投影，比较一下圆筒上下部分交线的投影，注意可见性判断。具体作图过程如图 4-13 所示。

4.4 两回转体相交

两回转体相交所形成的相贯线有以下性质。

（1）一般情况下，相贯线是封闭的空间曲线，在特殊情况下可以是平面曲线或直线。

（2）相贯线是两回转体表面的共有线，也是两回转体表面的分界线，所以相贯线上的所有点都是两回转体表面上的共有点。

求相贯线常用的方法有两种。

方法一：用表面取点法求相贯线。两回转体相交，如果其中有一个是轴线垂直于投影面的圆柱体，则相贯线在该投影面上的投影积聚在圆上，根据积聚性，利用表面取点法求作相贯线的投影。

方法二：用辅助平面法求相贯线。其作图的基本原理是作一辅助截平面，使辅助截平面与两回转体都相交，在两回转体上分别求出截交线，这两条截交线的交点，既在辅助平面上，又在两回转体表面上，因此是相贯线上的共有点，求一系列共有点后，判断可见性，再连线。

下面分别介绍一些常见的两回转体相交的相贯线画法。

4.4.1 圆柱体与圆柱体相交

【例 4-12】 求正交两圆柱体的相贯线投影，如图 4-14 所示。

分析：从图 4-14 中可以看出，直径不同的两圆柱体轴线垂直相交，相贯线为前后左右对称的空间曲线。由于大圆柱体的轴线为侧垂线，因此相贯线的侧面投影积聚在大圆柱侧面投影的一段圆弧上，小圆柱体的轴线为铅垂线，因此相贯线的水平投影积聚在小圆柱水平投影圆上，可利用圆柱的积聚性，求出相贯线的正面投影，特殊点可直接求出，一般点利用面上取点的方法求出。作图方法如图 4-14 所示。

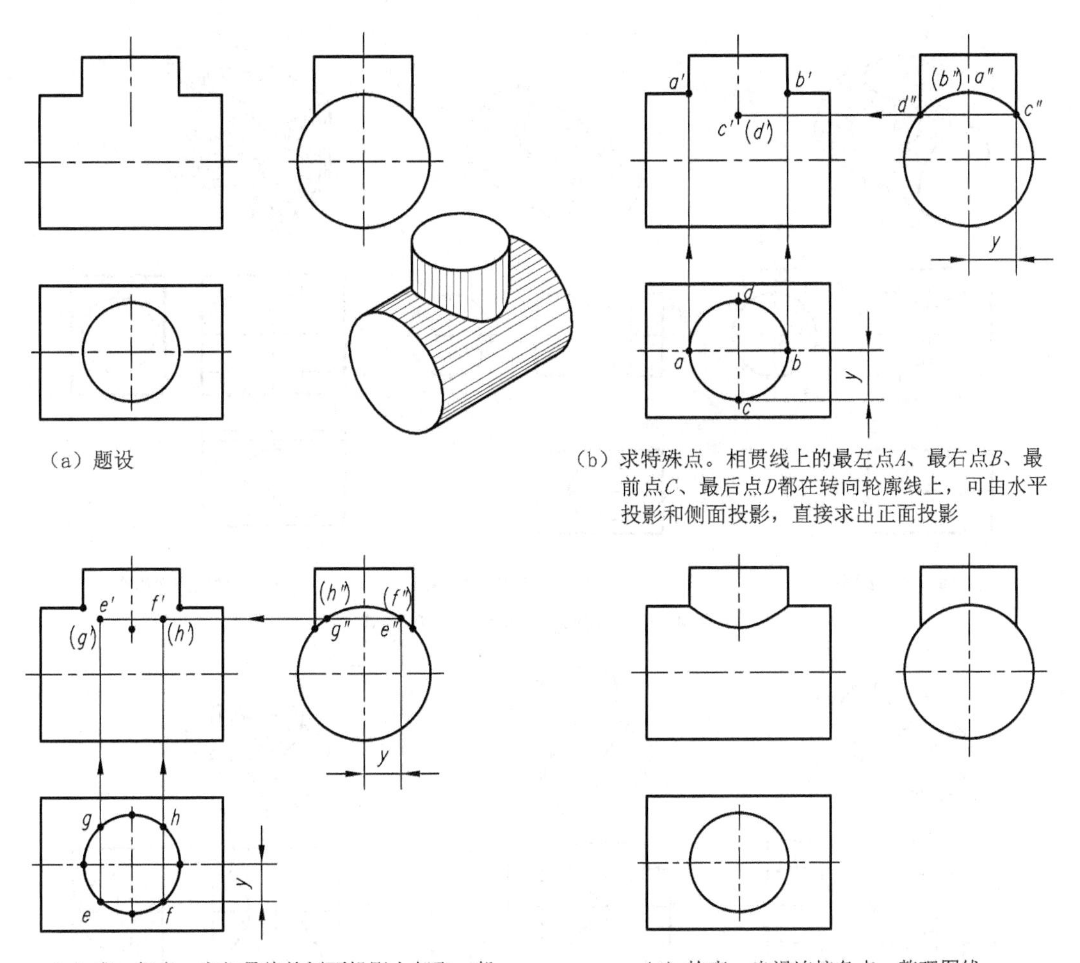

(a) 题设

(b) 求特殊点。相贯线上的最左点A、最右点B、最前点C、最后点D都在转向轮廓线上，可由水平投影和侧面投影，直接求出正面投影

(c) 求一般点。在相贯线的侧面投影上任取一般 e''、f''，求出水平投影e、f，再由水平投影和侧面投影作出正面投影e'、f'

(d) 检查，光滑连接各点，整理图线

图 4-14 两圆柱体轴线垂直相交

正交两圆柱体的相贯线，是最常见的相贯线，应熟悉掌握它的画法。当对相贯线形状的准确度要求不高时，该相贯线可以采用近似画法，即用大圆柱体的半径画圆弧来代替它，如

图 4-15 所示。

图 4-16 所示为常见的两圆柱体轴线垂直相交的 3 种形式，相贯线可以表现在外表面也可以表现在内表面，但它们的相贯线形状和作图方法都是相同的。

图 4-17 所示为两圆柱轴线垂直相交，当圆柱的直径变化时，其相贯线的变化情况。当两圆柱直径不相等时，相贯线在平行于两圆柱轴线的投影面上投影是曲线，曲线的弯曲方向总是朝向大圆柱的轴线，如图 4-17（a）和图 4-17（c）所示。当两圆柱直径相等时，其相贯线为椭圆，其投影变为两条相交的直线，如图 4-17（b）所示。

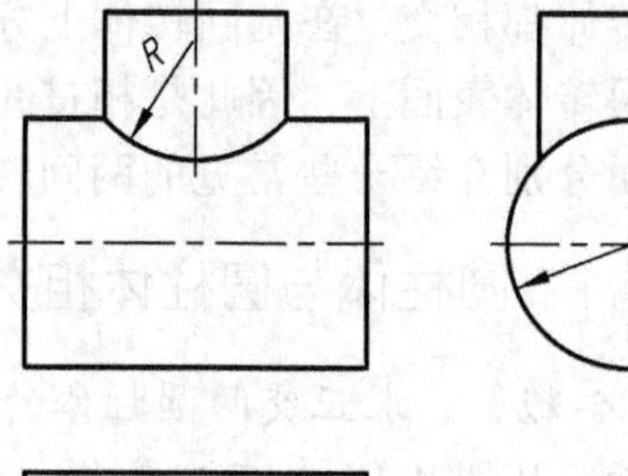

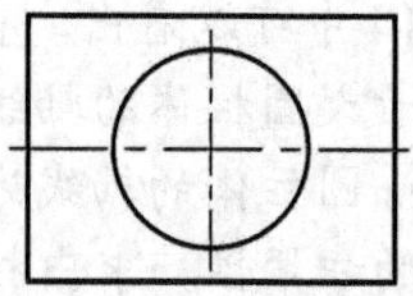

$R=\frac{1}{2}D$

图 4-15　正交圆柱体相贯线的近似画法

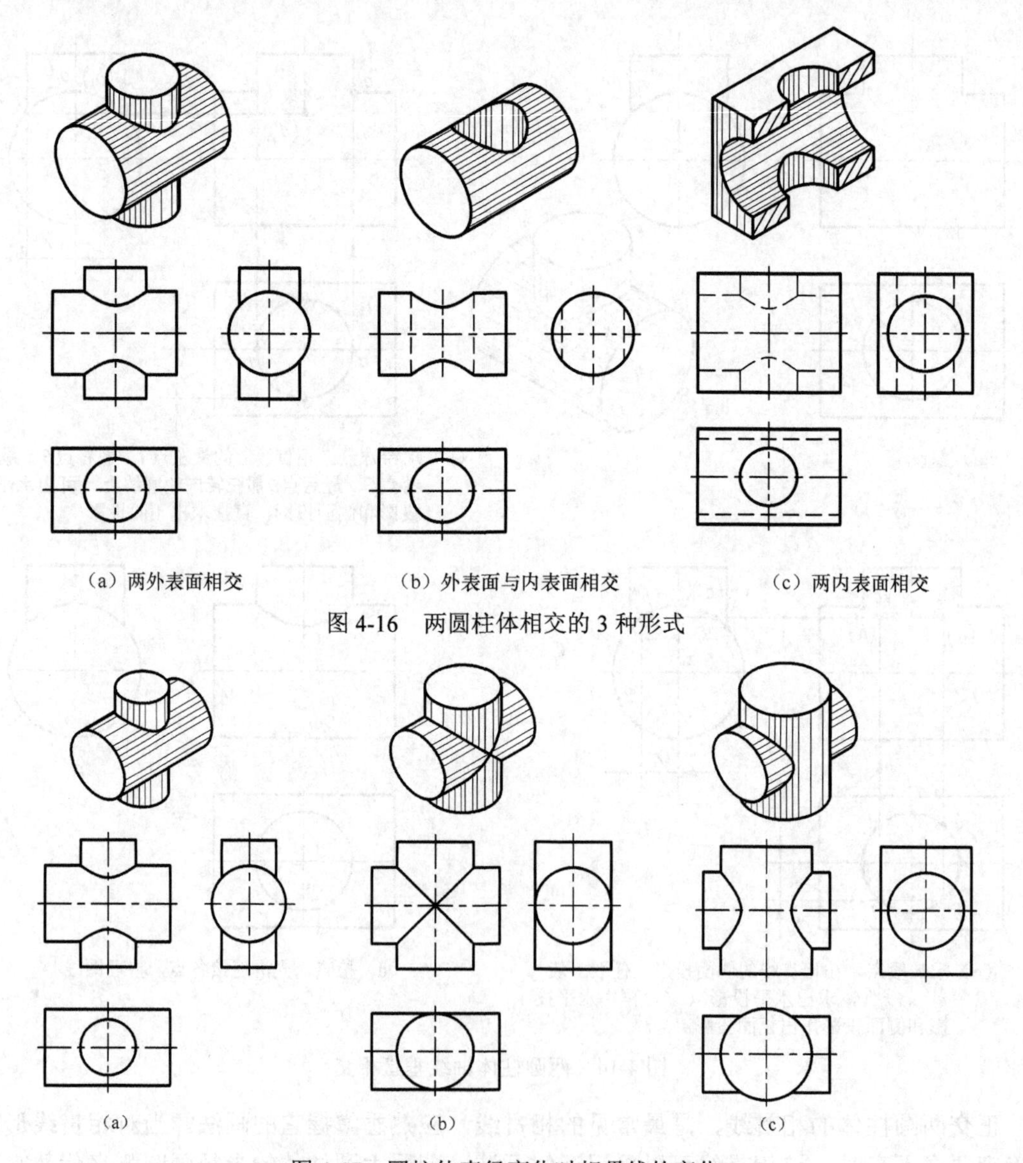

（a）两外表面相交　（b）外表面与内表面相交　（c）两内表面相交

图 4-16　两圆柱体相交的 3 种形式

（a）　（b）　（c）

图 4-17　圆柱体直径变化时相贯线的变化

【例4-13】 求两圆筒垂直相交的相贯线的投影，如图4-18所示。

分析：从图4-18可以看出，两圆筒的轴线垂直相交，圆筒内外表面都有相贯线。相贯线为前后左右对称的空间曲线，由于大圆筒的轴线为侧垂线，小圆筒的轴线为铅垂线，因此内、外相贯线的水平投影分别积聚在小圆筒水平投影的圆周上，相贯线的侧面投影分别积聚在大圆筒的侧面投影圆周的一部分，只有其正面投影需要画出。作图方法参见图4-18。

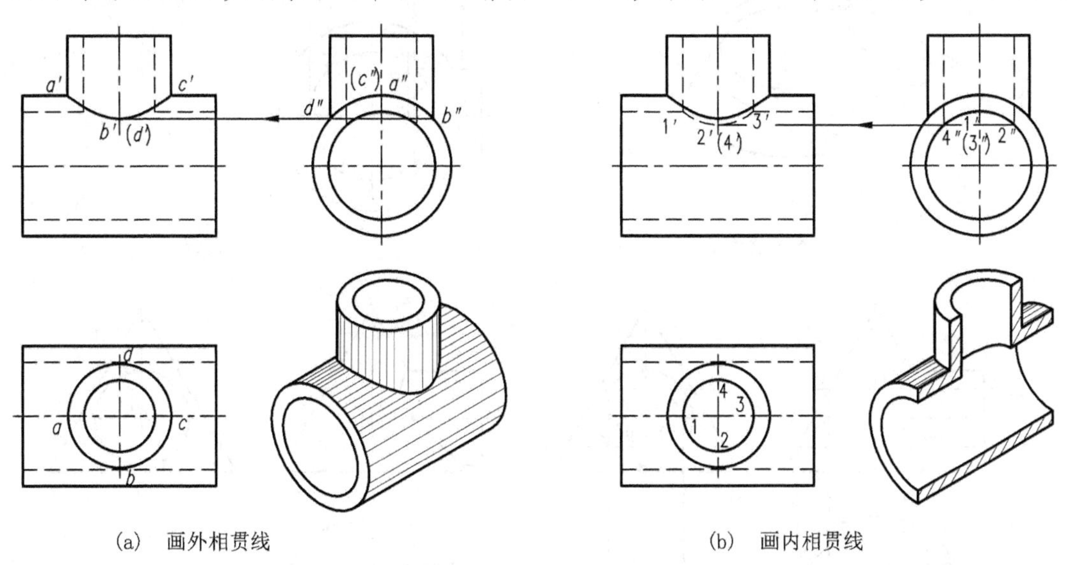

(a)　画外相贯线　　　　(b)　画内相贯线

图4-18　两正交圆筒的相贯线

4.4.2　圆柱体与圆锥体相交

【例4-14】 圆柱体与圆锥体相交，求作其相贯线的正面投影和水平投影，如图4-19（a）所示。

分析：圆柱体与圆锥体轴线垂直相交，其相贯线为一封闭的空间曲线，由于圆柱体的轴线是侧垂线，相贯线的侧面投影积聚在圆柱面侧面投影的圆上，而相贯线的正面投影和水平投影可采用辅助平面法求出，由于圆锥体的轴线是铅垂线，因此选辅助水平面，它与圆柱面的交线为两平行直线，与圆锥面的交线为圆，两交线的交点即为相贯线上的点，当求出一系列的共有点后，判别可见性，光滑连接，即可求出相贯线的水平投影和正面投影。

作图：

（1）求特殊点，如图4-19（b）所示，由于圆柱体和圆锥体的轴线垂直正交，a'、b'是相贯线最高点A、最低点B的正面投影，其水平投影a、b和侧面投影a''、b''可根据投影规律直接求出。过圆柱体的轴线作辅助水平面P_V，与圆柱面相交于最前、最后转向轮廓线，与圆锥面的交线是圆，它们在水平投影的交点c、d，就是相贯线最前点C、最后点D的水平投影，也是相贯线水平投影可见与不可见的分界点。由水平投影c、d和侧面投影c''、d''，求得正面投影c'、d'；

（2）求一般点，如图4-19（c）所示，用辅助平面法可求出适当数量的一般点，如作辅助水平面Q，Q平面与圆柱面的交线为两平行直线，与圆锥面的交线为圆，根据侧面投影求其水平投影直线与圆的交点为e、k，将e、k投影至Q_V，即得其正面投影e'、k'，同理还可选辅助水平面R作图，求出g、h和g'、h'的投影；

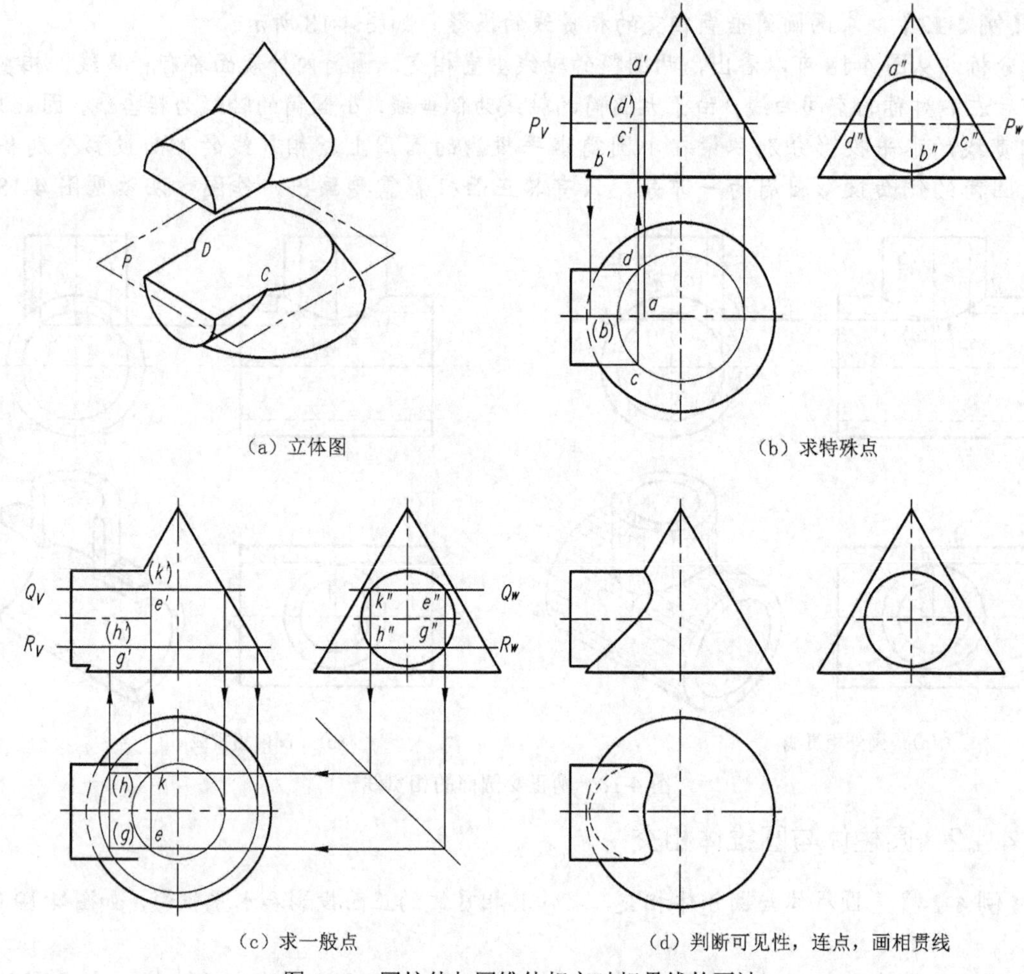

（a）立体图　　（b）求特殊点

（c）求一般点　　（d）判断可见性，连点，画相贯线

图4-19　圆柱体与圆锥体相交时相贯线的画法

（3）连相贯线，判别可见性，将上述所作的各共有点的投影光滑连接起来，即得圆柱体和圆锥体相交的相贯线投影。注意 c、d 是俯视图相贯线上虚线与实线的分界点，在主视图上，圆锥与圆柱相贯部分，a'和 b'之间的圆锥体轮廓线不存在，如图4-19（d）所示。

4.4.3　两回转体相交的特例

两回转体的相贯线一般为空间曲线，但当处于下列情况时，其相贯线为平面曲线或直线。

（1）等直径两圆柱体轴线正交，其相贯线为椭圆，如表4-4中图（a）和图（b）所示。

（2）两相交的圆柱体轴线平行，其相贯线为平行于轴线的两直线，如表4-4中图（c）所示。

（3）外切于同一球面的圆锥体与圆柱体相交，其相贯线为椭圆，如表4-4中图（d）所示。

（4）两回转体具有公共轴线时，其表面的相贯线为圆，如表4-4中图（e）和图（f）所示。

【例4-15】　如图4-20（a）所示，已知物体的俯视图和左视图，补画主视图。

分析：根据俯视图和左视图可以想象该形体的基本构形是两个圆筒垂直正交，内外表面均有相贯线，外表面为不等直径的两圆柱面相交，相贯线为空间曲线，可利用圆柱的积聚性求相贯线的投影。内表面为等直径的两圆柱孔相交，相贯线为椭圆，正面投影为两条相交直线，注意不要漏水平圆柱孔与直立圆筒的外相贯线，作图方法如图4-20（b）和图4-20（c）所示。

表 4-4　　　　相交的特例

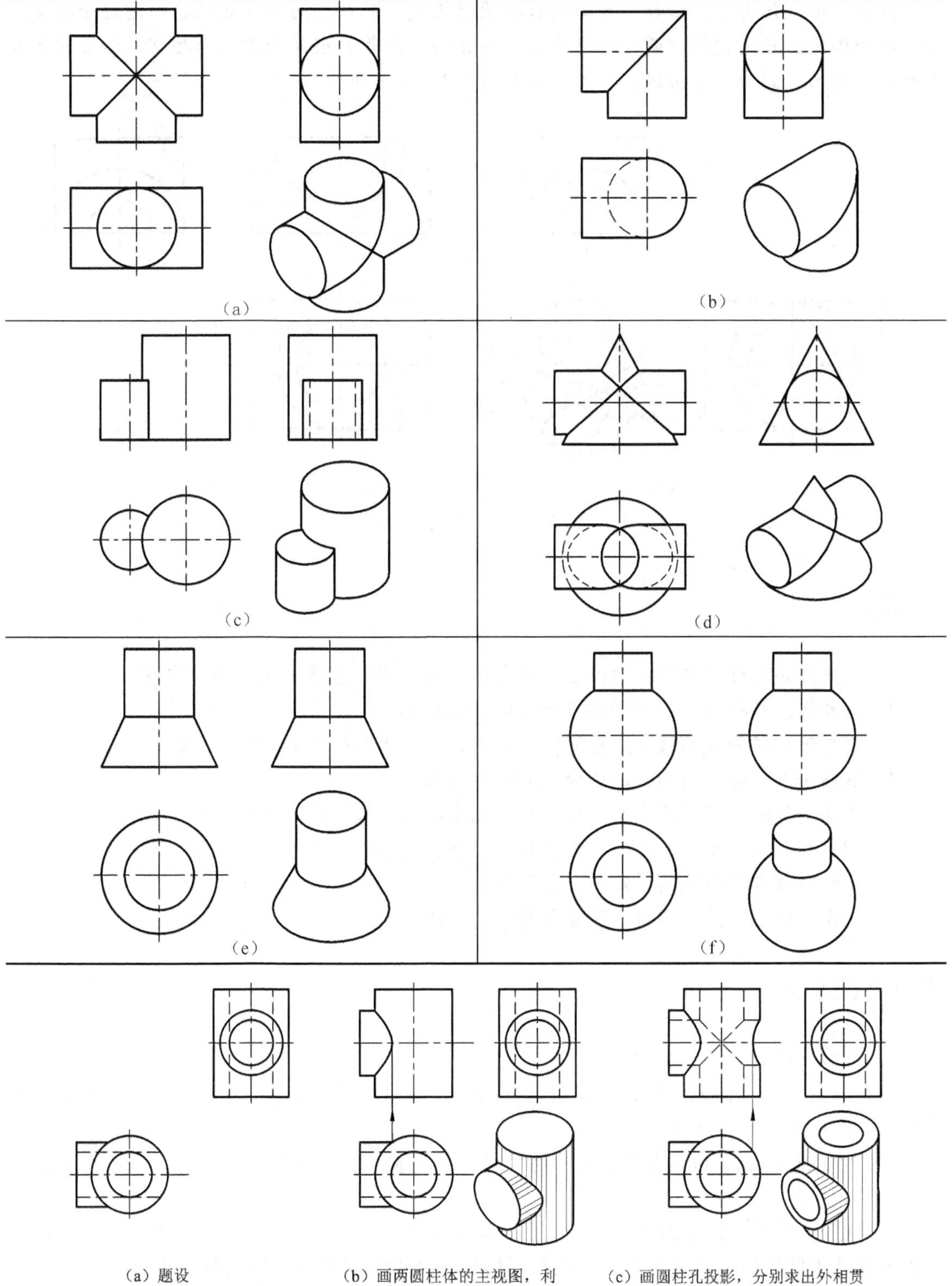

(a) 题设　　(b) 画两圆柱体的主视图，利用积聚性求相贯线的投影　　(c) 画圆柱孔投影，分别求出外相贯线及等径内圆柱孔相贯线投影

图 4-20　圆筒与圆筒相交

【例 4-16】 如图 4-21(a)所示，已知物体的俯视图和左视图，求作主视图。

分析：由立体图可知该物体为圆筒和半圆筒正交，其外表面为等直径的两圆柱面相交，相贯线为椭圆，正面投影为两条相交直线，内表面为不等直径的两圆柱面相交，相贯线为空间曲线，正面投影为两条曲线。作图方法如图 4-21（b）所示。

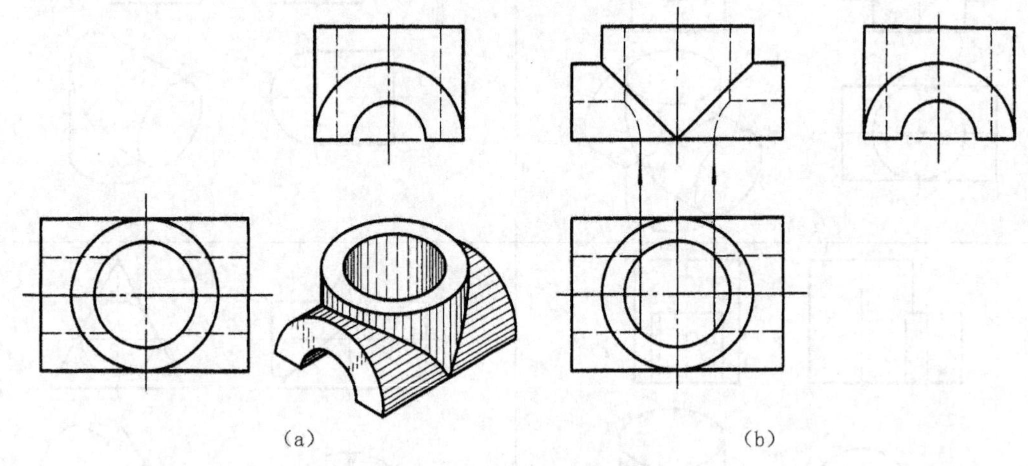

图 4-21　半圆筒与圆筒相交

思考题

1．截交线是怎样形成的？为什么平面立体的截交线一定是平面上的多边形？
2．怎样作出具有切口、开槽的平面立体的投影图？
3．圆柱体三种形式的截交线是怎样形成的？如何求圆柱体截交线的投影？
4．试述平面与圆锥面相交，截交线的 5 种形式。
5．平面与球的交线是什么？为什么在球面上取点只能用辅助平面法？
6．相贯线有什么特性？说明圆柱体与圆柱体相交求相贯线的方法。
7．两回转体的相贯线的特殊情况有哪些？
8．求作立体相贯的视图时，应着重检查哪些内容？

学习方法指导

1．求截交线的方法和步骤如下。

（1）截交线为立体表面和截平面所共有的线，因此求截交线的方法可归结为求截平面与立体表面的共有点，再连线。

（2）作图时，先分析被截立体的投影特性，它与截平面之间的相对位置，判断截交线的形状。

当被截立体为平面立体时，分析截平面与立体的几个棱面相交，截交线是平面多边形，当被截立体为回转体时，应分析截平面与回转体轴线的相对位置，判断截交线的形状。

（3）截交线的已知投影主要根据截平面与立体表面有积聚性的投影来判断。截交线的其他投影可利用立体表面取点的方法求出属于截交线上的一系列点，然后过这些点连成折线或光滑曲线，若所求截交线投影为非圆曲线，则要先求出曲线上的特殊点的投影，再适当找一些中间点的投影，然后光滑连接成曲线，要注意分别求出落在回转体轮廓线上的点，它往往是截交线投影的可见与不可见部分的分界点，以及轮廓截去部分与保留部分的分界点。

2．求相贯线的方法和步骤如下。

（1）两立体相交所得交线为相贯线，相贯线上的所有点均为两立体表面共有点，因此求相贯线的方法仍然是找共有点。

（2）若两圆柱体相交，相贯线的两个投影已知，可按投影关系直接求得第三个投影。

（3）若两回转体相交，如果其中有一个是轴线垂直于投影面的圆柱体，则相贯线在该投影面上的投影积聚在圆上，根据积聚性，利用表面取点法，求作相贯线的投影或用辅助平面法求相贯线上共有点的投影，选择辅助平面法的原则是辅助平面与两立体表面交线的投影应为直线或圆。

（4）若相贯线没有已知投影，则只能用辅助平面法求相贯线上共有点的未知投影。

（5）画图顺序为：求特殊点，求一般点，判别相贯线的可见性，依次光滑连接各点。

3．作图提示。

（1）为了正确画出交线的投影，要熟练掌握基本形体棱柱、棱锥，圆柱体、圆锥体及圆球面上取点的方法。

（2）作图前的空间及投影分析很重要，通过分析可以定性的知道交线的空间形状，选择方便快捷的作图方法，使作图更有针对性。

（3）交线可见性判断的原则是：若交线同时位于两立体可见表面，则交线可见。

（4）内外表面的交线的作图方法是一样的，求截交线或相贯线的特殊点，一般情况这些点都在立体的外（内）形轮廓线上，所以求特殊点时，应对立体各外（内）形轮廓进行分析，看它与另一立体是否有交点，注意检查轮廓线的投影长度。

（5）掌握截交线和相贯线的画法是一个难点，在学习时要多看一些实物，多联系一些实际形体进行分析，这样可增强空间想象能力，做题时可参看书上图例所用的方法，通过练习，掌握它的作图方法。

第5章 轴测图

工程上一般采用正投影法绘制物体的三视图，如图 5-1（a）所示，这种图能准确地表达物体的形状和大小，作图简便，是工程上广泛使用的图示方法。其缺点是缺乏立体感，必须具有一定读图能力的人才能读懂，因此在工程上有时也需要采用立体感强的轴测图作为辅助的表达方法，如图 5-1（b）所示。

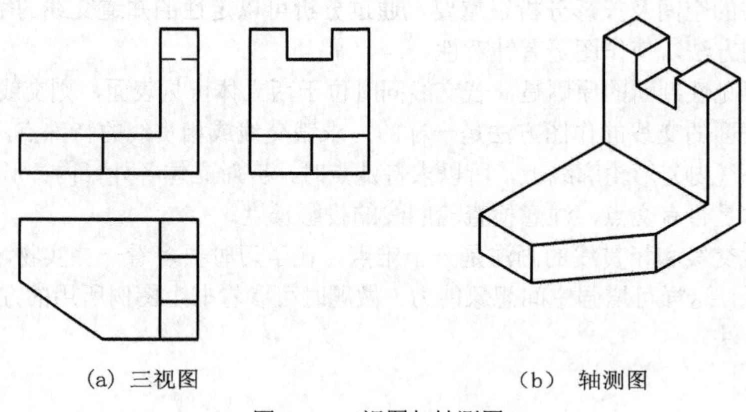

（a）三视图　　（b） 轴测图

图 5-1　三视图与轴测图

5.1　轴测图的基本知识

5.1.1　轴测图的形成

轴测投影是将物体连同连其参考的直角坐标系，沿不平行于任一坐标面的方向，用平行投影法投射在单一投影面上所得的具有立体感的图形，轴测投影也称为轴测投影图或轴测图。

轴测图的形成有两种方法：用正投影法形成的轴测图称为正轴测图，如图 5-2（a）所示；用斜投影法形成的轴测图，称为斜轴测图，如图 5-2（b）所示。

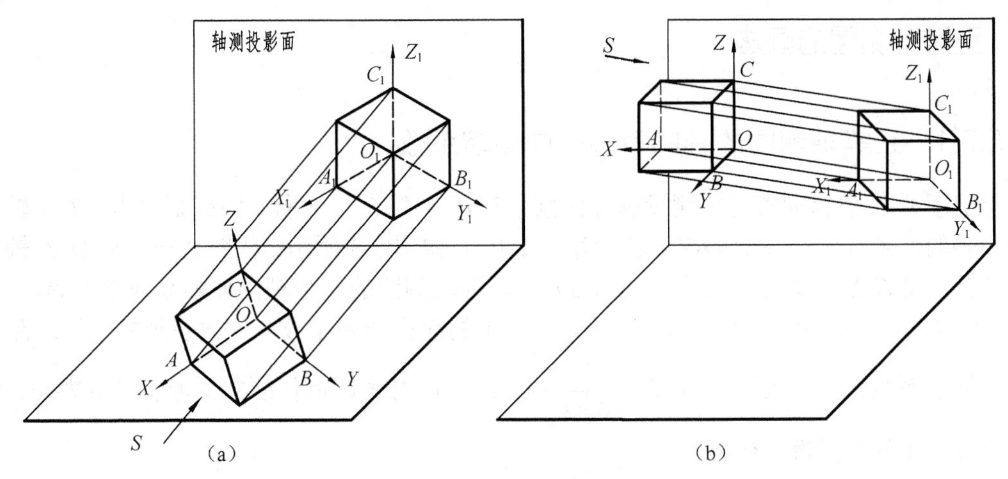

图 5-2 轴测投影的形成

5.1.2 轴测轴、轴间角和轴向伸缩系数

轴测轴——直角坐标轴 OX、OY、OZ 在轴测投影面上的投影 O_1X_1、O_1Y_1、O_1Z_1 称为轴测轴。

轴间角——两轴测轴之间的夹角称为轴间角，如 $\angle X_1O_1Y_1$、$\angle Y_1O_1Z_1$、$\angle X_1O_1Z_1$ 称为轴间角。

轴向伸缩系数——在空间三坐标轴上，分别取长度 OA、OB、OC，它们的轴测投影长度为 O_1A_1、O_1B_1、O_1C_1，令 $p=\dfrac{O_1A_1}{OA}$、$q=\dfrac{O_1B_1}{OB}$、$r=\dfrac{O_1C_1}{OC}$，则 p、q、r 分别称为 O_1X_1、O_1Y_1、O_1Z_1 轴的轴向伸缩系数。

5.1.3 轴测图的种类

轴测图按投射方向不同，分为正轴测图和斜轴测图两大类。

根据轴向伸缩系数的不同，这两类轴测图又可分别分为下面 3 种。

（1）当 3 个轴向伸缩系数相等，即 $p=q=r$ 时，称为正等轴测图或斜等轴测图。

（2）当 2 个轴向伸缩系数相等，即 $p=r\neq q$ 时，称为正二等轴测图或斜二等轴测图。

（3）当 3 个轴向伸缩系数均不相等，即 $p\neq q\neq r$ 时，称为正三轴测图或斜三轴测图。

本章主要介绍工程中常用的正等轴测图和斜二等轴测图画法。

5.1.4 轴测图的投影特性

由于轴测图采用的是平行投影法，所以轴测图具有平行投影的特性。

（1）物体上互相平行的直线，轴测投影后仍互相平行；物体上平行于坐标轴的直线，轴测投影后仍平行于相应的轴测轴。

（2）凡与坐标轴平行的线段，其伸缩系数与相应的轴向伸缩系数相同。

5.2 正等轴测图的画法

5.2.1 正等轴测图的轴间角和轴向伸缩系数

当空间的3个坐标轴与轴测投影面的倾角都是35°16′，所得正等轴测图的3个轴间角都是相等的，$\angle X_1O_1Y_1=\angle X_1O_1Z_1=\angle Z_1O_1Y_1=120°$，如图5-3所示，作图时一般将$O_1Z_1$轴画成铅垂位置，使$O_1X_1$、$O_1Y_1$轴与水平线成30°，正等轴测图的3个轴向伸缩系数都相等，即$p=q=r\approx0.82$，作图时为了简便，采用$p=q=r=1$的简化伸缩系数，这样所画的正等轴测图比按理论伸缩系数作图放大了1.22倍（$\frac{1}{0.82}=1.22$），但对表达形体的立体形状没有影响，因此我们均按简化伸缩系数1作图。

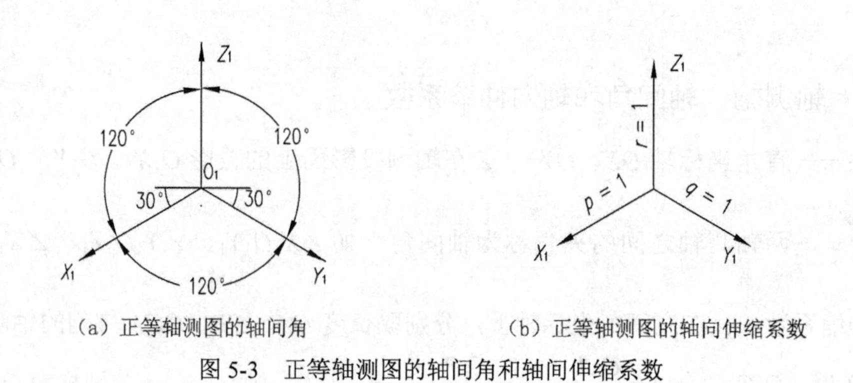

（a）正等轴测图的轴间角　（b）正等轴测图的轴向伸缩系数

图5-3　正等轴测图的轴间角和轴间伸缩系数

5.2.2 平面立体正等轴测图画法

在画轴测图时，对于物体上平行于各坐标轴的线段，只能沿着平行于相应轴测轴的方向画，并可直接度量其尺寸。当所画线段不与坐标轴平行时，决不可在图上直接度量，而应根据线段两端点的X、Y、Z坐标分别画出轴测图，然后连线得到该线段的轴测图。下面举例说明画平面立体正等轴测图的方法。

1．坐标法

根据物体的特点，选取合适的坐标原点，画轴测轴，按物体各顶点坐标关系，画出轴测图，然后再连接各点，所画轴测图的方法称为坐标法。

【例5-1】　根据图5-4（a）所示的六棱柱的视图，画正等轴测图。

分析：为了便于作图，取六棱柱顶面的中心点为坐标原点O，画轴测轴，按坐标法画出各点的轴测投影，再连接各点，在轴测图中，不可见的轮廓线一般不画出。作图步骤如图5-4（b）～图5-4（e）所示。

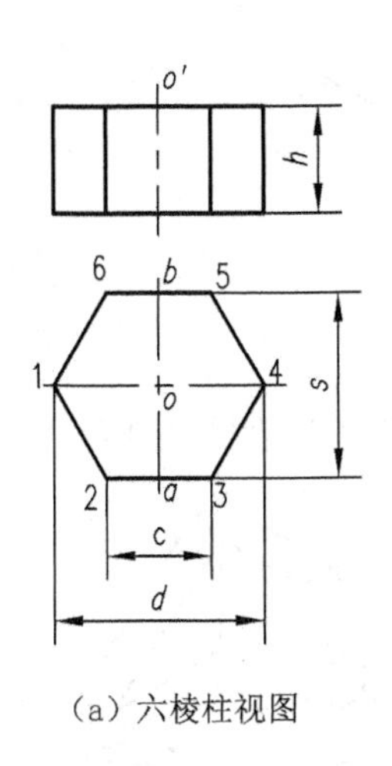

（a）六棱柱视图

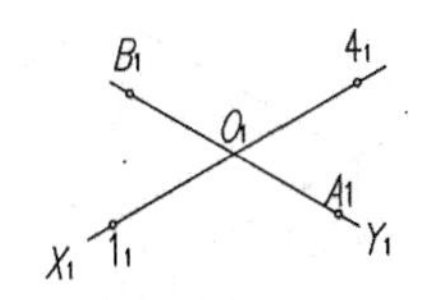

（b）画轴测轴X_1、Y_1并在其上量得O_11_1=0.5d、O_14_1=0.5d O_1A_1=0.5s、O_1B_1=0.5s

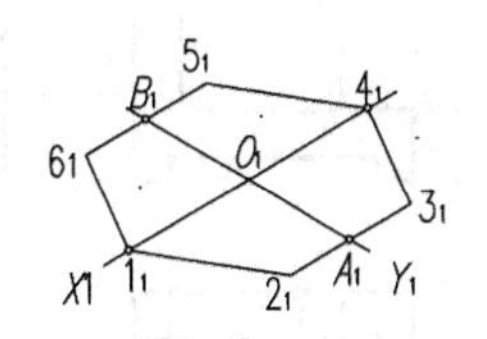

（c）通过A_1、B_1作X_1轴的平行线，量得 A_12_1=0.5c、A_13_1=0.5c B_15_1=0.5c、B_16_1=0.5c，再依次连接各点得顶面的轴测图

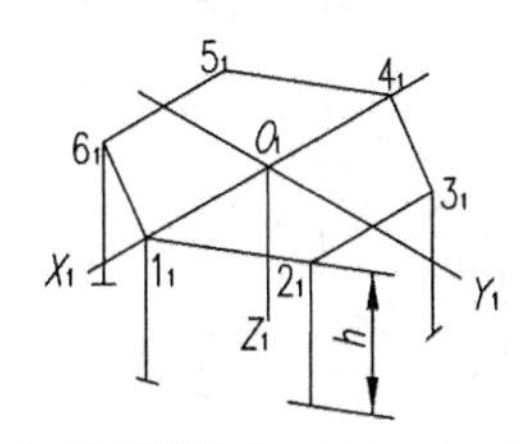

（d）画轴测轴Z_1，过6_1，1_1，2_1、3_1作Z_1轴的平行线，并分别量取长度h

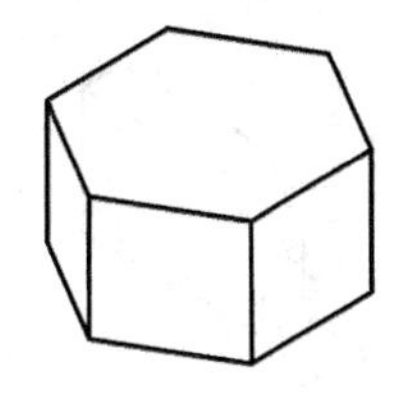

（e）依次连接各点，检查、加深

图 5-4　正六棱柱正等轴测图画法

2．切割法

切割式的物体，可先画出它的基本形体，再按形成过程，逐步切割，完成轴测图，此法称为切割法。

【例 5-2】　如图 5-5（a）所示，根据平面立体的三视图，画出它的正等轴测图。

分析：先画出基本形体长方体，并根据切平面的位置逐步切割，完成相应的轴测图，作图步骤如图 5-5 所示。

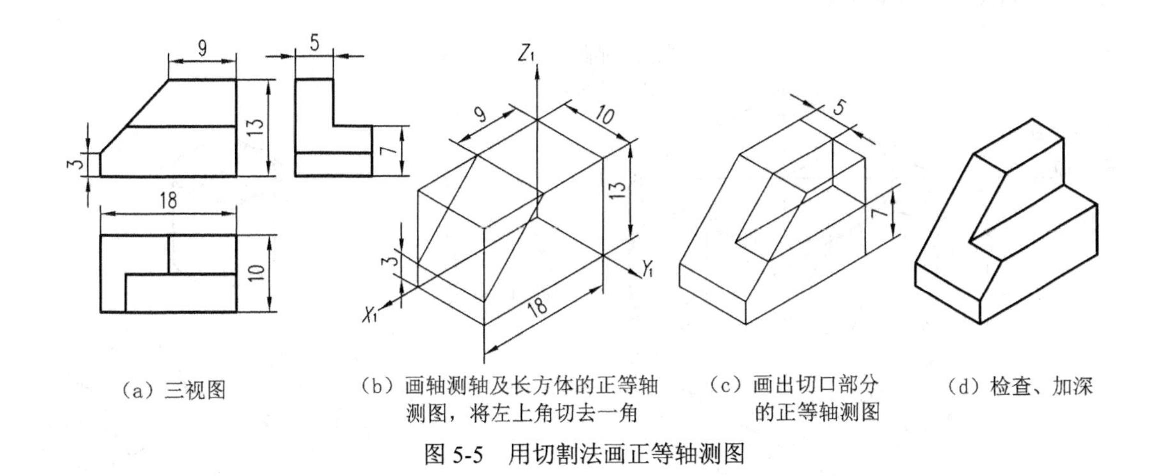

（a）三视图　（b）画轴测轴及长方体的正等轴测图，将左上角切去一角　（c）画出切口部分的正等轴测图　（d）检查、加深

图 5-5　用切割法画正等轴测图

3．组合法

用形体分析法，将比较复杂的物体分成若干个基本形体，然后按各部分的相互关系，逐步画出它们的轴测图的方法称为组合法。

【例 5-3】　根据平面立体的三视图，画出它的正等轴测图，作图步骤如图 5-6 所示。

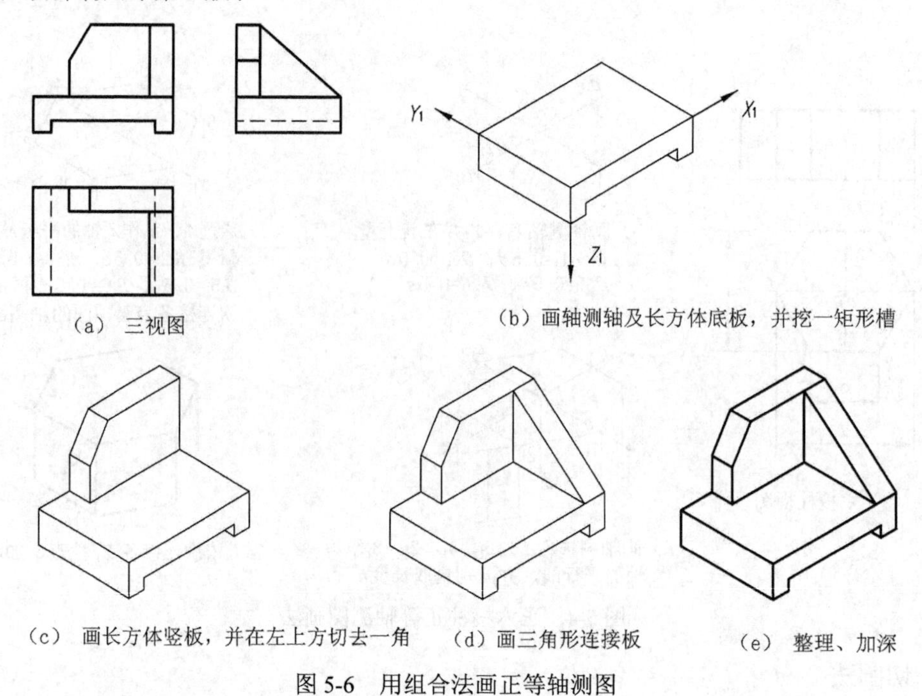

（a） 三视图　（b）画轴测轴及长方体底板，并挖一矩形槽

（c） 画长方体竖板，并在左上方切去一角　（d）画三角形连接板　（e） 整理、加深

图5-6　用组合法画正等轴测图

5.2.3　回转体正等轴测图画法

1．平行于坐标面的圆的正等轴测图画法

根据理论分析，平行于坐标面的圆的正等轴测投影都是椭圆，椭圆的长轴方向与该坐标面垂直的轴测轴垂直；短轴方向与该轴测轴平行，如图 5-7 所示。轴线平行于坐标轴的圆柱体正等轴测图如图 5-8 所示。

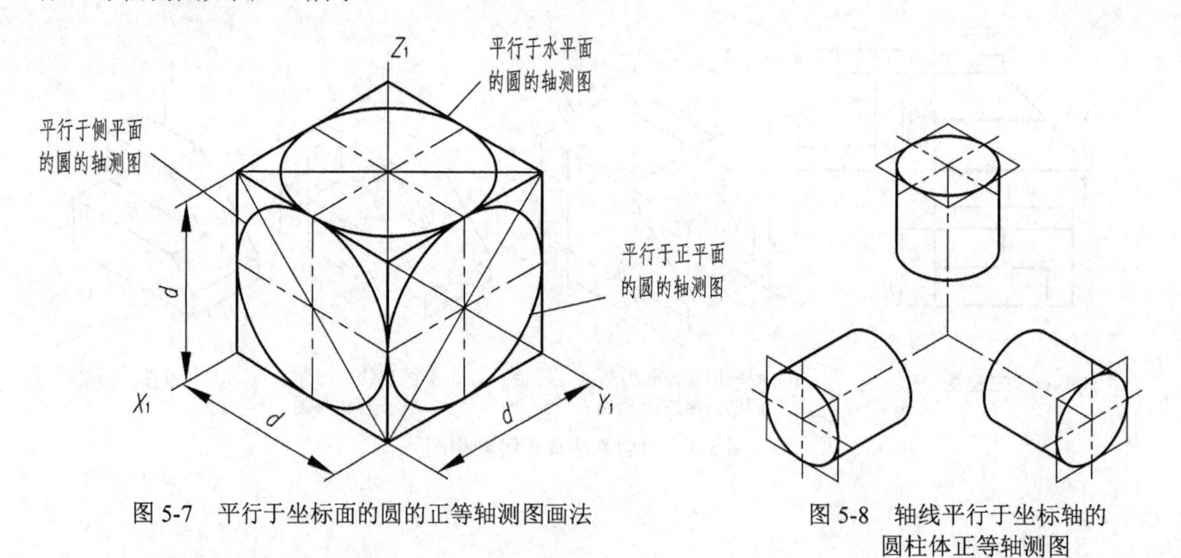

图5-7　平行于坐标面的圆的正等轴测图画法

图5-8　轴线平行于坐标轴的圆柱体正等轴测图

为了简化作图，椭圆通常采用近似画法，用菱形四心圆法画椭圆的具体步骤如图 5-9 所示。

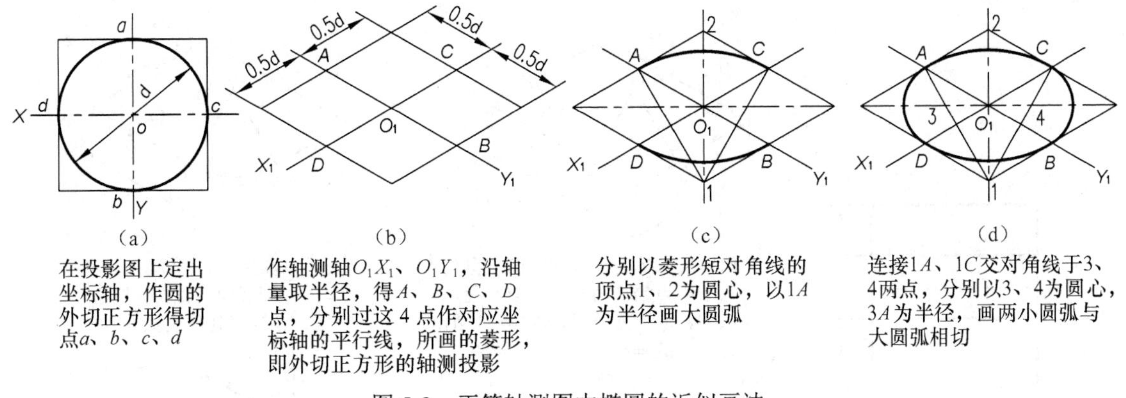

图 5-9 正等轴测图中椭圆的近似画法

2．圆柱体的正等轴测图画法

圆柱体正等轴测图画法如图 5-10 所示。

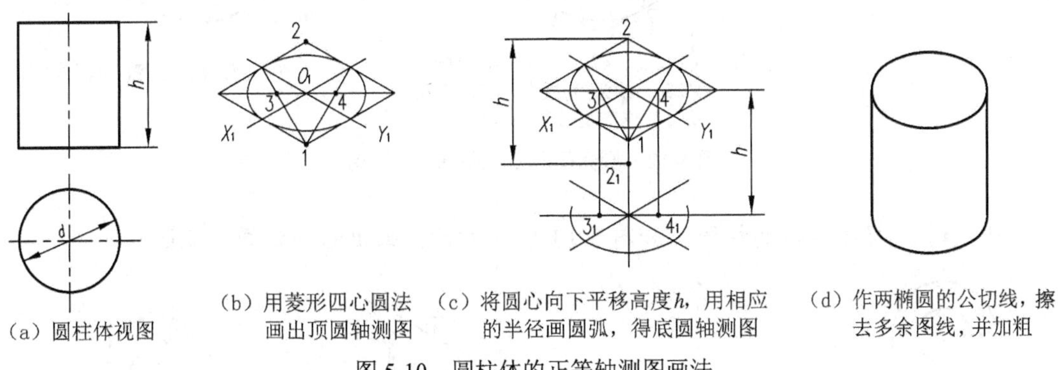

图 5-10 圆柱体的正等轴测图画法

3．圆台的正等轴测图画法

圆台轴测图的画法和圆柱体轴测图画法类似，作图时分别作出圆台两端面的椭圆，再作公切线即可，如图 5-11 所示。

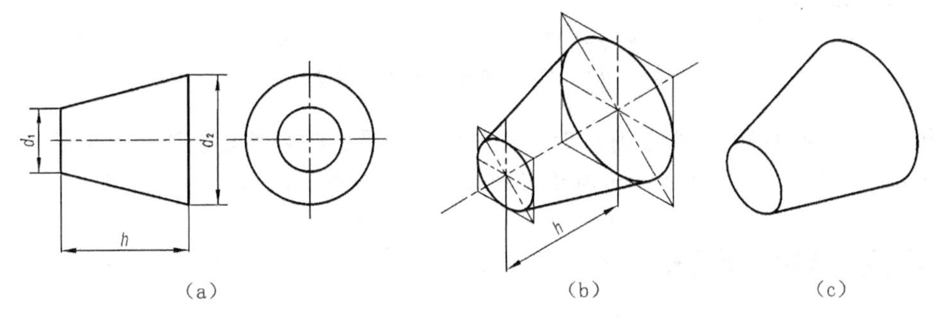

图 5-11 圆台正等测图的画法

4．圆角的正等轴测图画法

图 5-12（a）所示为带圆角的平板，圆角为 1/4 圆柱面，其轴测图简便画法如图 5-12 所示。

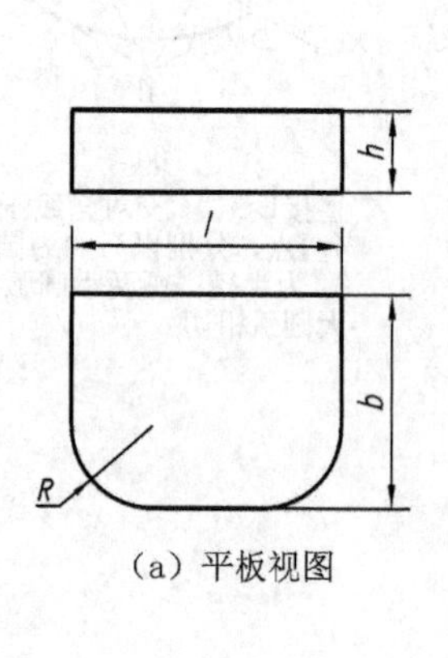

（a）平板视图

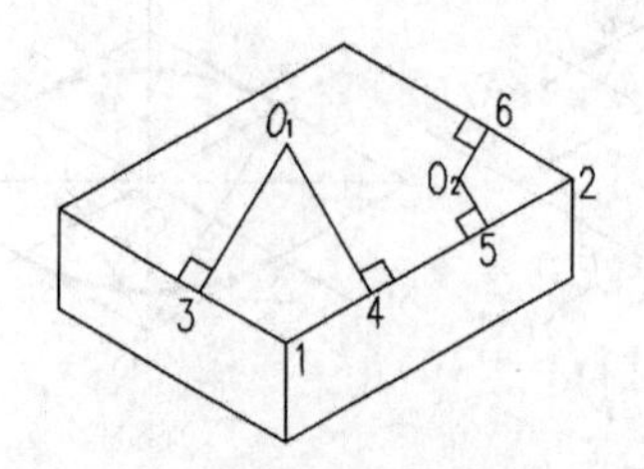

（b）作出长方体的正等轴测图，自角点1、2两点沿棱线分别截取半径R得3、4、5、6四点，过此4点分别作各棱线的垂线，得交点O_1及O_2

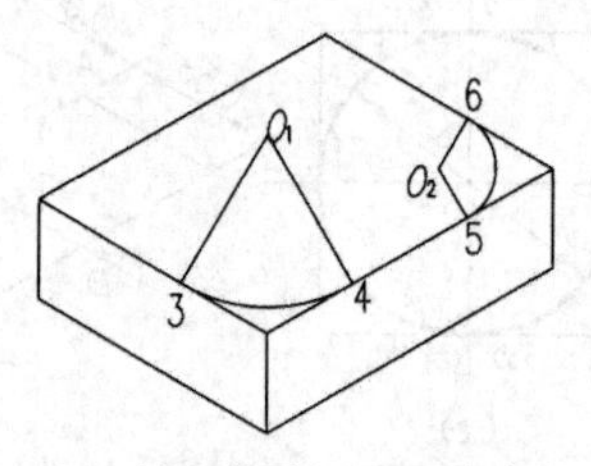

（c）以O_1为圆心，O_13为半径作圆弧$\overset{\frown}{34}$，以O_2为圆心，O_25为半径作圆弧$\overset{\frown}{56}$

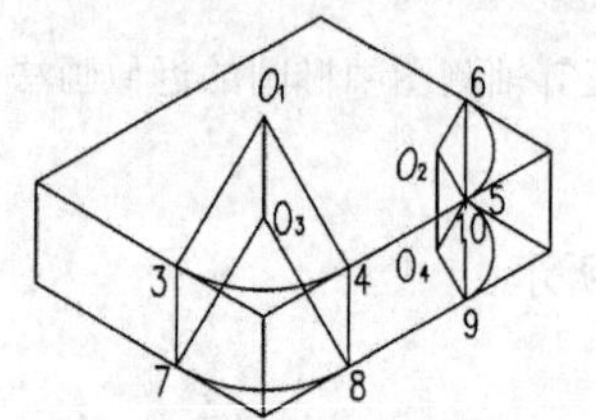

（d）将O_1、3、4及O_2、5、6各点向下平移，高度H为板厚，作圆弧$\overset{\frown}{78}$及$\overset{\frown}{910}$，作$\overset{\frown}{56}$及$\overset{\frown}{910}$的公切线

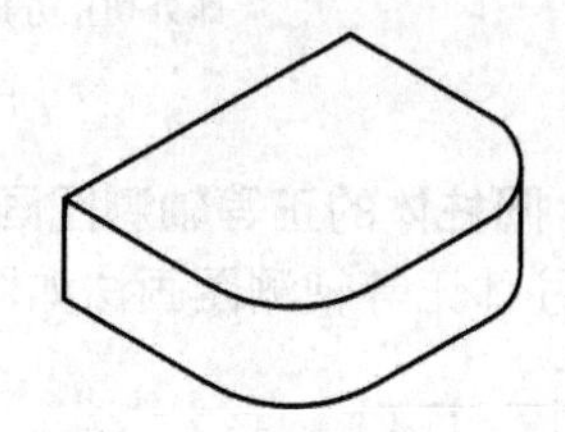

（e）整理、描深，完成全图

图5-12　圆角平板的正等轴测图画法

【例5-4】 根据物体的视图，如图5-13（a）所示，画出它的正等轴测图。

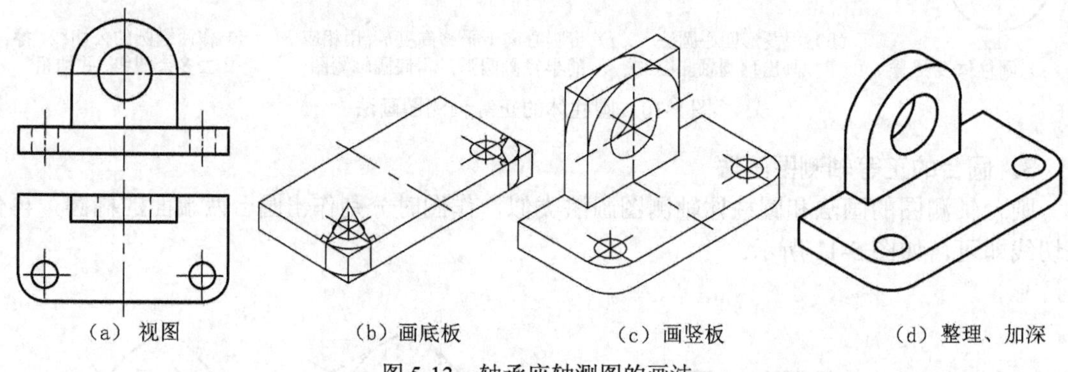

（a）视图　　（b）画底板　　（c）画竖板　　（d）整理、加深

图5-13　轴承座轴测图的画法

画组合体的轴测图要综合应用前面所讲的方法，画图时要考虑表达的清晰性，从而确定画图的方法和步骤。图5-13所示为轴承座的三视图及正等轴测图的作图步骤。

5.3　斜二等轴测图的画法

5.3.1　斜二等轴测图的轴间角和轴向伸缩系数

工程上常采用的斜二等轴测图，是将物体放正，使XOZ坐标面平行于轴测投影面P的正面斜二等轴测图，如图5-2（b）所示。

如图5-14所示，斜二等轴测图的轴间角$\angle X_1O_1Z_1=90^\circ$，$X_1$轴和$Z_1$轴的轴向伸缩系数都

为 $p=r=1$，而 O_1Y_1 与水平线的夹角为 45°，Y_1 轴的轴向伸缩系数一般取 $q=0.5$。作图时，使 O_1Z_1 轴处于垂直位置，则 O_1X_1 轴为水平线，O_1Y_1 轴与水平线成 45°。

根据斜二等轴测图的形成，由平行投影特性可知，物体表面凡与 XOZ 坐标面平行的图形，其斜二等轴测投影均反映实形，因此斜二等轴测图用来表达某一方向形状复杂或圆较多的物体，其作图比较简便。图 5-15 所示为正方体斜二等轴测图画法。

5.3.2　平行于坐标面的圆的斜二等轴测图画法

凡与正面平行的圆，其轴测投影仍是圆，与侧面和水平面平行的圆，其轴测投影是椭圆，水平面上椭圆的长轴相对 X_1 轴偏转 7°，侧面上椭圆的长轴相对 Z_1 轴偏转 7°，如图 5-16 所示。

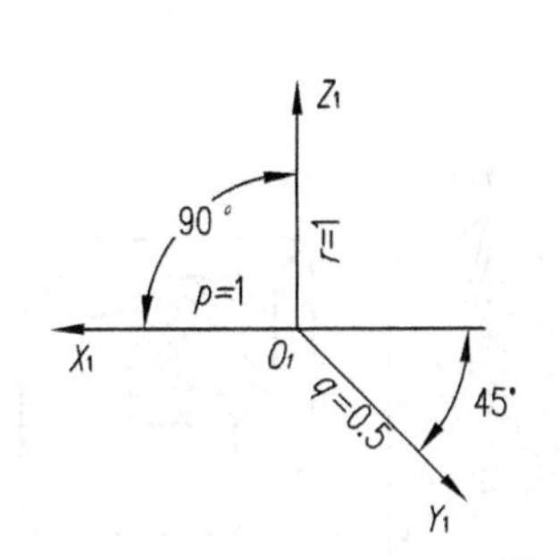

图 5-14　斜二等轴测图的轴间角和轴向伸缩系数

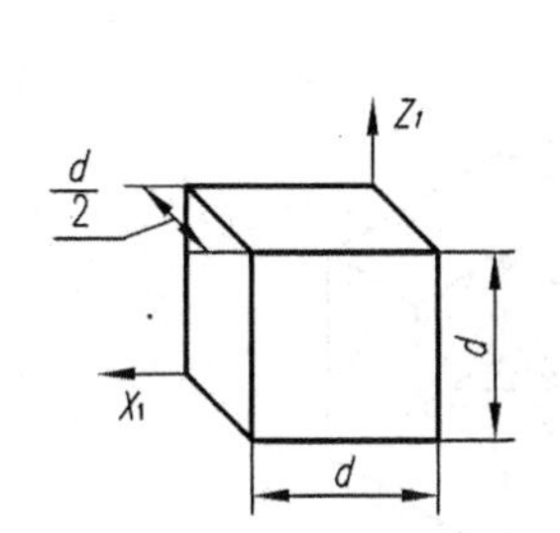

图 5-15　正方体的斜二等轴测图画法

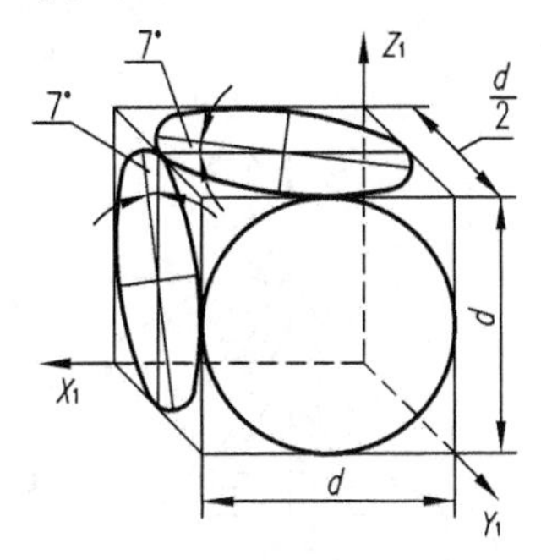

图 5-16　圆的斜二等轴测图画法

5.3.3　斜二等轴测图画法

斜二等轴测图的画法和正等轴测图的画法基本相同，只是轴间角和轴向伸缩系数不同。画图时要特别注意 Y_1 轴的轴向伸缩系数为 0.5，度量 Y 方向尺寸画图时必须要缩短一半。

【例 5-5】　如图 5-17（a）所示，根据物体的视图，画出它的斜二等轴测图。

作图步骤如图 5-17 所示。

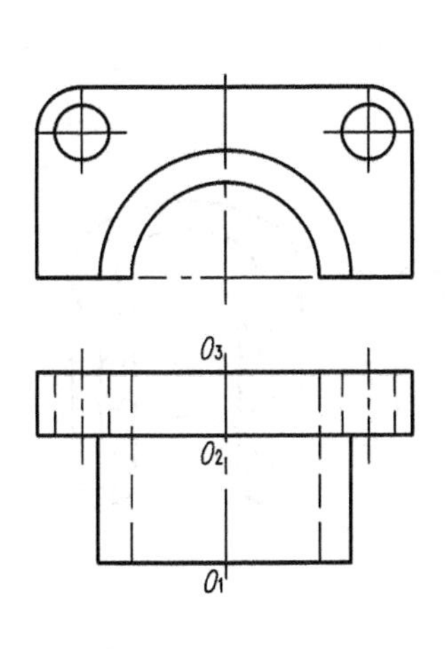

（a）　确定 O_1, O_2, O_3 点的位置

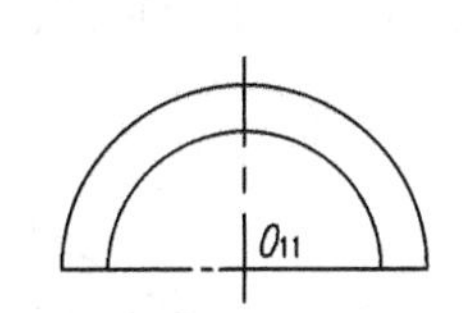

（b）画轴测轴，以 O_{11} 为圆心画半圆筒前端面的图形

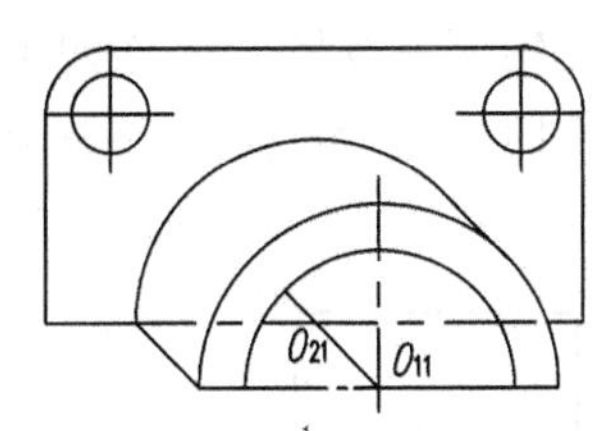

（c）量取 $O_{21}O_{11}=\frac{1}{2}O_2O_1$，以 O_{21} 为圆心，画出半圆筒及竖板前面的图形

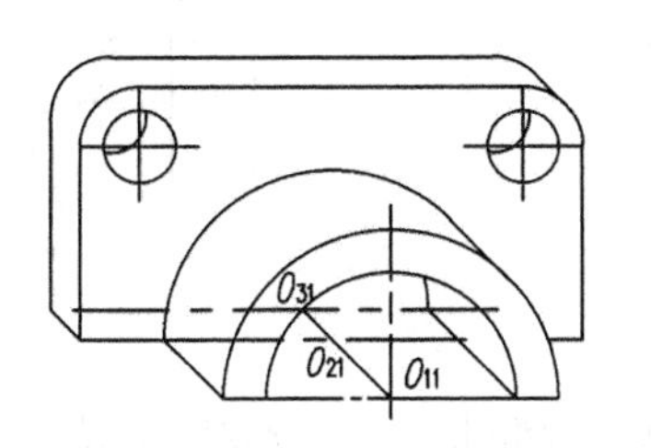

（d）　量取 $O_{31}O_{21}=\frac{1}{2}O_3O_2$，以 O_{31} 为圆心，画出半圆筒后面及竖板后面的图形

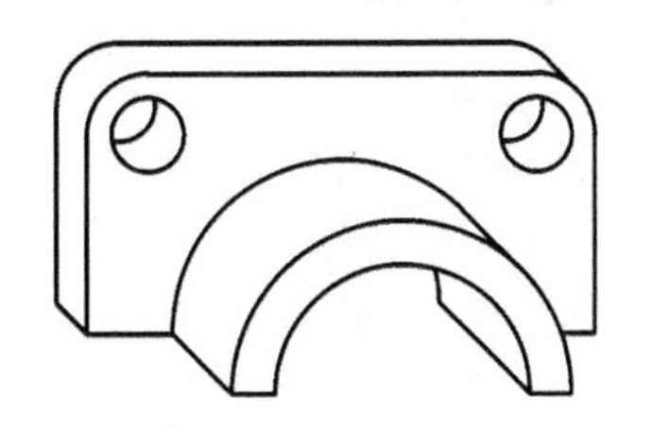

（e）　整理，加深

图 5-17　组合体斜二等轴测图的作图步骤

5.4 轴测剖视图的画法

为了在轴测图上表示机件的内外结构形状，可假想用剖切平面将机件的一部分剖去，这种剖切后的轴测图称为轴测剖视图。

5.4.1 剖面符号的画法

在轴测剖视图中，剖面线应画成等距、平行的细实线，剖面线方向在正等轴测图中的画法如图 5-18（a）所示，在斜二等轴测图中的剖面线画法应如图 5-18（b）所示。

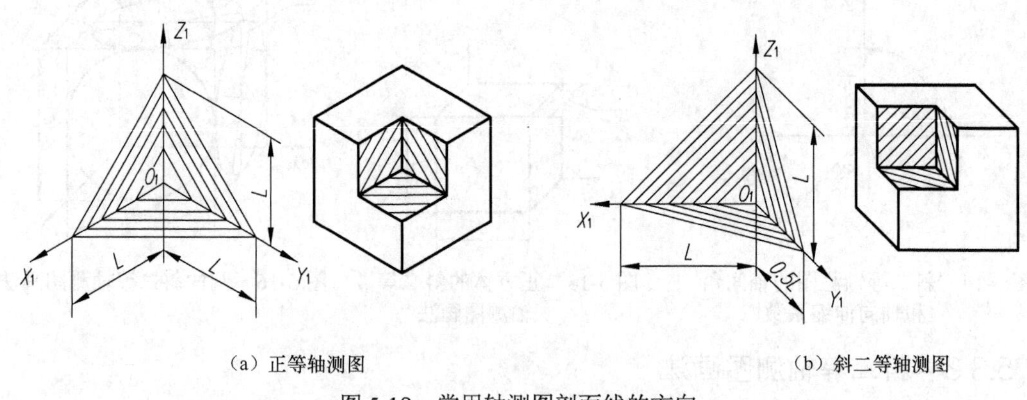

（a）正等轴测图　　（b）斜二等轴测图

图 5-18　常用轴测图剖面线的方向

5.4.2 画图步骤

在轴测剖视图中，剖切平面应平行于坐标面，常用两个剖切平面沿两个坐标面方向切掉机件的四分之一。图 5-19 所示为圆筒的轴测剖视图的画法。

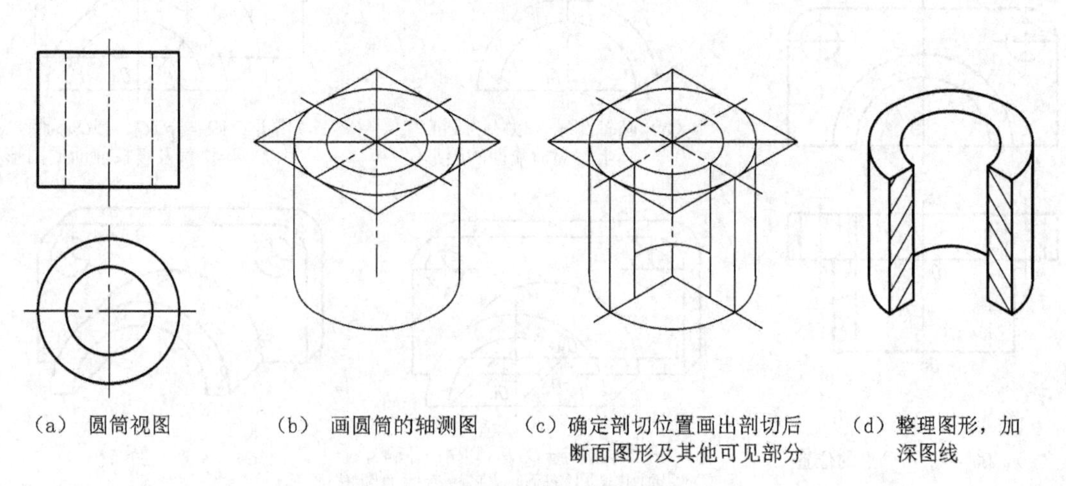

（a） 圆筒视图　　（b） 画圆筒的轴测图　　（c）确定剖切位置画出剖切后断面图形及其他可见部分　　（d）整理图形，加深图线

图 5-19　圆筒的轴测剖视图的画法

思考题

1．轴测图是怎样形成的？有哪些投影特性？
2．正等轴测图的轴间角为多少度？简化轴向伸缩系数为何值？Z 轴通常放在什么位置？
3．斜二等轴测图的轴间角为多少度？轴向伸缩系数为何值？其投影特点是什么？
4．如何用“四心椭圆法”画平行于坐标面的圆的正等轴测图？
5．如何根据物体的形状，合理选择画轴测图的方法？

学习方法指导

1．画轴测图时，对不同种类的轴测图需要采用相应的轴测轴、轴间角和轴向伸缩系数。在绘制轴测图的过程中，要特别注意运用平行投影的特性，即物体上互相平行的直线，轴测投影仍互相平行，平行于坐标轴的直线投影仍平行于相应的轴测轴，凡与坐标轴平行的线段，其轴向伸缩系数与相应轴的伸缩系数相同，该特性的应用对画图的质量和速度都比较重要。

2．画轴测图时要注意坐标原点位置的选择，以便于度量和绘图。轴测图中一般不画虚线，为了提高画图速度，建议采用从上到下，从前到后的步骤画图，对于与坐标轴不平行的线段必须根据端点的坐标值用坐标法求出端点的轴测投影后再连线。

3．画轴测图时，要根据所画物体的形状，灵活运用坐标法、切割法、叠加法及这些方法的综合应用进行作图。

4．画圆的正等轴测图时用菱形四心圆法，应注意判别圆所在的坐标面，画出相应的轴测轴及菱形，4 段圆弧的圆心和半径就确定了。

5．斜二等轴测图的最大特点是物体上平行 XOZ 坐标面方向的平面的形状不变，最适合表达一个方向所表达的形状复杂（如有曲线或圆较多）而其他两个方向形状简单的物体，画斜二等轴测图应注意 Y_1 向的轴向伸缩系数取 1/2。

6．根据物体的三视图，画轴测图，可先想象出物体的空间形状，然后按一定方法作图，也可以先初步想象出物体的空间形状，在作图过程中不断构象，补充完善所画物体的轴测图。

第6章 组合体

任何复杂的物体，从形体分析的角度来看，都可认为是由一些基本几何体按一定的形式及相对位置组合而成。本章着重讨论组合体画图、读图及尺寸标注的方法。

6.1 组合体的组合方式及其表面的连接形式

6.1.1 组合体的组合方式

组合体有 3 种组合方式，即叠加式组合、切割式组合和综合式组合。

1．叠加式组合

由两个或两个以上的基本形体叠加而成的形体称为叠加式组合体。

图 6-1 所示物体是一个叠加式组合体，它由长方形底板、长圆形竖板、圆柱凸台和三角形连接板所组成。

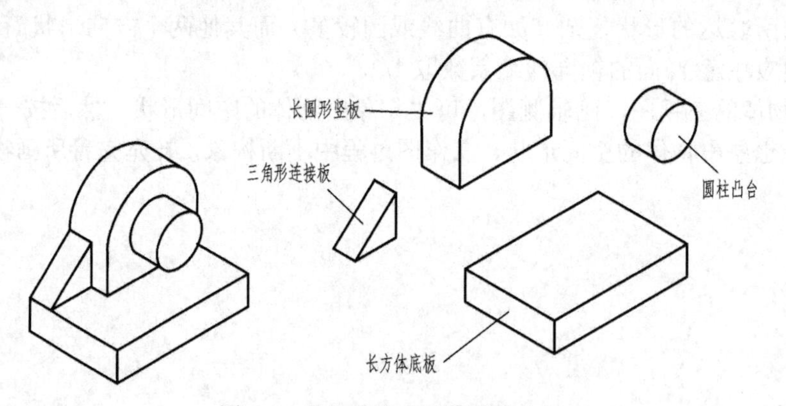

图 6-1　叠加式组合体的形体分析

2．切割式组合

基本形体被切割或穿孔而形成的形体称为切割式组合体。

图 6-2 所示为切割式组合体，其基本形体为长方体，形成过程可分解成 4 步。

3．综合式组合

既有叠加又有切割的组合是最常见的组合形式。图 6-3 所示为物体组合过程的分解。

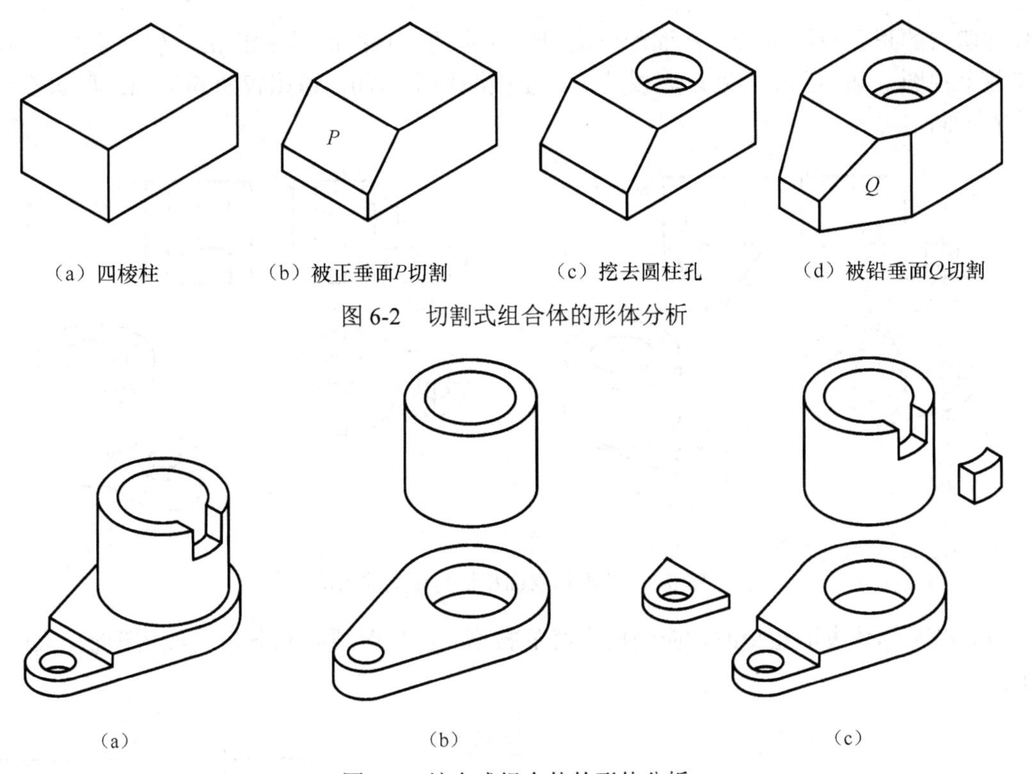

（a）四棱柱　（b）被正垂面P切割　（c）挖去圆柱孔　（d）被铅垂面Q切割

图 6-2　切割式组合体的形体分析

（a）　（b）　（c）

图 6-3　综合式组合体的形体分析

6.1.2　组合体表面的连接形式

基本形体经组合后，邻接表面可能产生相接表面不平齐、相接表面平齐、相切和相交 4 种连接形式。

（1）当相邻两形体的表面平齐（共面）时，视图中间应无分界线，如图 6-4（a）所示。

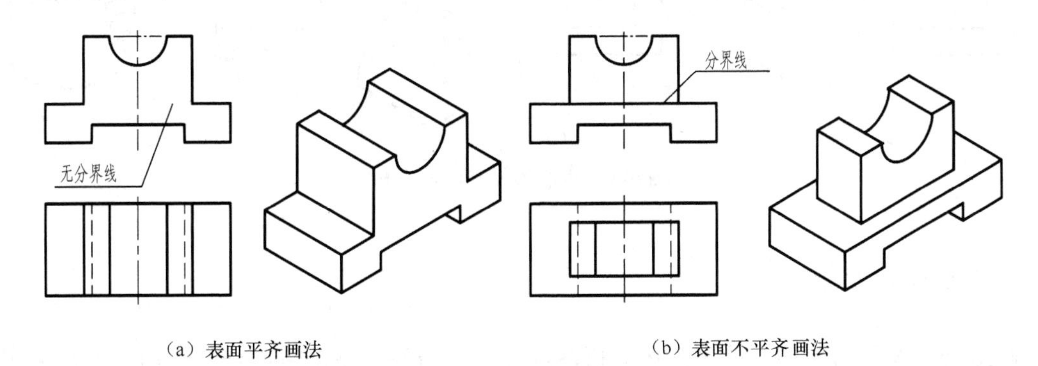

（a）表面平齐画法　（b）表面不平齐画法

图 6-4　两形体表面平齐与不平齐的画法

（2）当相邻两形体的表面不平齐（不共面）时，视图中间应有分界线，如图 6-4（b）所示。

（3）当两形体表面相切时，其相切处是光滑过渡，画图要从反映相切关系的具有积聚性的视图画起。图 6-5（a）所示组合体的底板与圆柱相切，要先画俯视图，找出切点的水平投影 a、b，再按投影规律求出切点的其他两个投影 a'、（b'）和 a''、b''。底板顶面 P 的正面投影应画到切点的正面投影 a'处，P 面的侧面投影应是两切点的侧面投影 a''、b''的连线。由于切线在各个视图中都不画出，所以底板的主、左视图均不封闭。请比较图 6-5（a）与图 6-5（b）画法的不同。

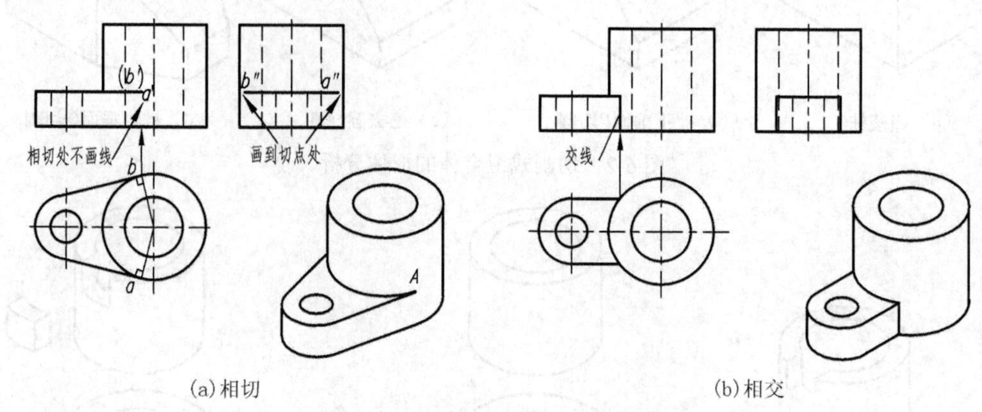

(a) 相切　　(b) 相交

图 6-5　两形体表面相切与相交的画法

（4）当两形体表面相交时，应画出交线的投影。画图时要正确分析交线的形状，如图 6-6 所示。

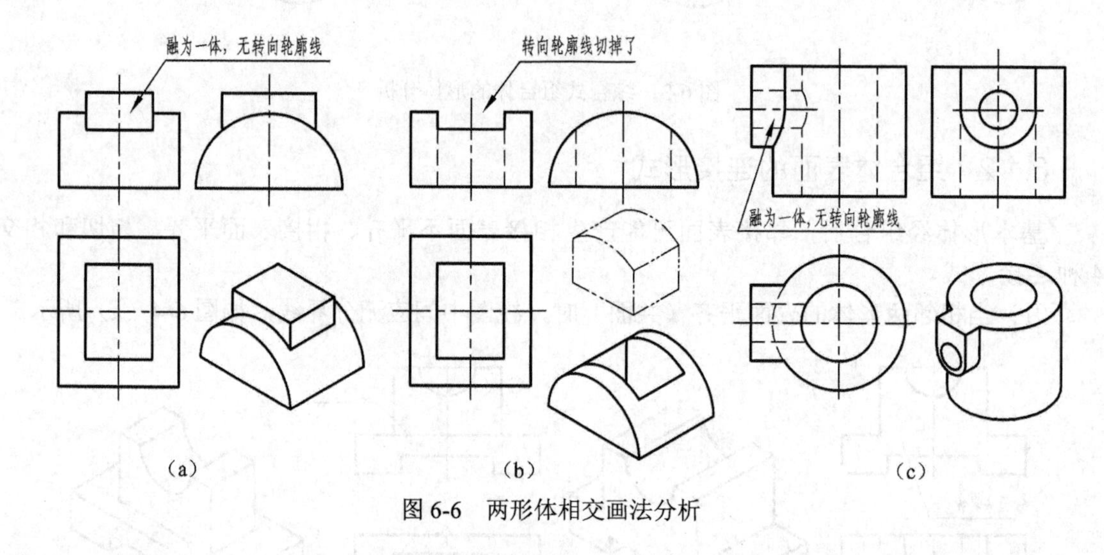

(a)　(b)　(c)

图 6-6　两形体相交画法分析

6.2　组合体的画图

画组合体视图常用的方法是形体分析法和线面分析法，下面将结合具体实例进行说明。

6.2.1　形体分析法画图

形体分析法是将复杂的组合体分解为若干个基本形体，通过分析各个基本形体的形状、相对位置及表面的连接关系，画出组合体视图的方法。要准确地画出组合体的三视图，首先应对组合体进行仔细的观察了解，下面以图 6-7 所示轴承座为例，说明用形体分析法画图的方法和步骤。

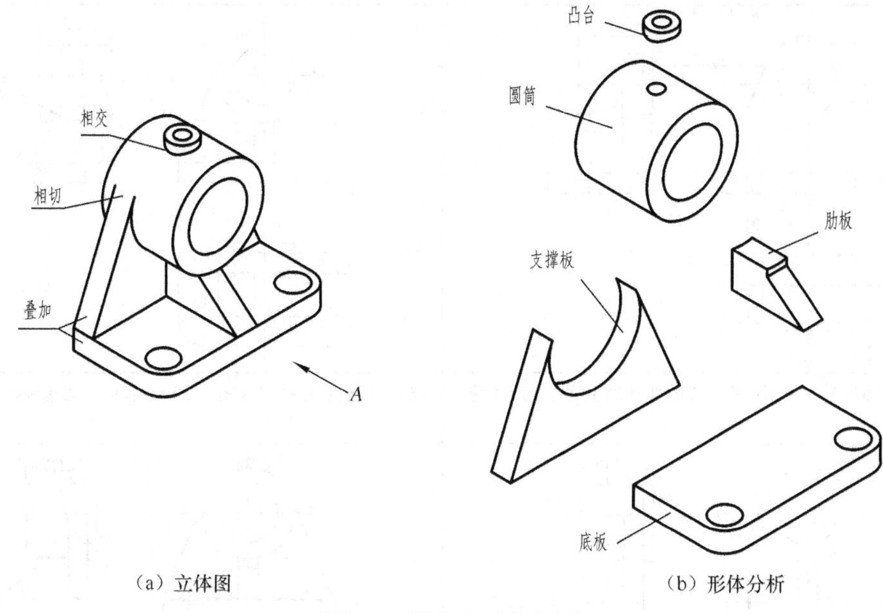

（a）立体图　　（b）形体分析

图 6-7 轴承座形体分析

（1）形体分析。该轴承座是一个叠加式的组合体，由上部的凸台、圆筒、支撑板、肋板以及底板 5 个部分组成。支撑板和肋板叠加在底板上，上面放圆筒，凸台与圆筒两者轴线垂直相交，内外圆柱面都有相贯线，支撑板侧面与圆筒相切，肋板的左右两侧面与圆筒相交，交线为两条直线。

（2）视图选择。在三视图中，主视图是最重要的视图，在确定主视图时，应着重解决摆放位置和投射方向，一般将组合体摆正，使组合体的主要平面或主要轴线与投影面平行或垂直，使所选择的主视图投射方向能较全面地表示组合体各部分形状特征或相对位置关系。图 6-7（a）所示的轴承座是按自然平稳放置，以 *A* 向作为轴承座主视图投影方向，为了把轴承座各部分的形状和相对位置完整地表达出来，还必须画俯视图、左视图。

（3）画图步骤。画图时先画主要形体，后画次要形体，先画具有形状特征的视图，并尽可能将几个视图联系起来画，注意各基本形体表面连接关系的相应画法，画图步骤如图 6-8 所示。

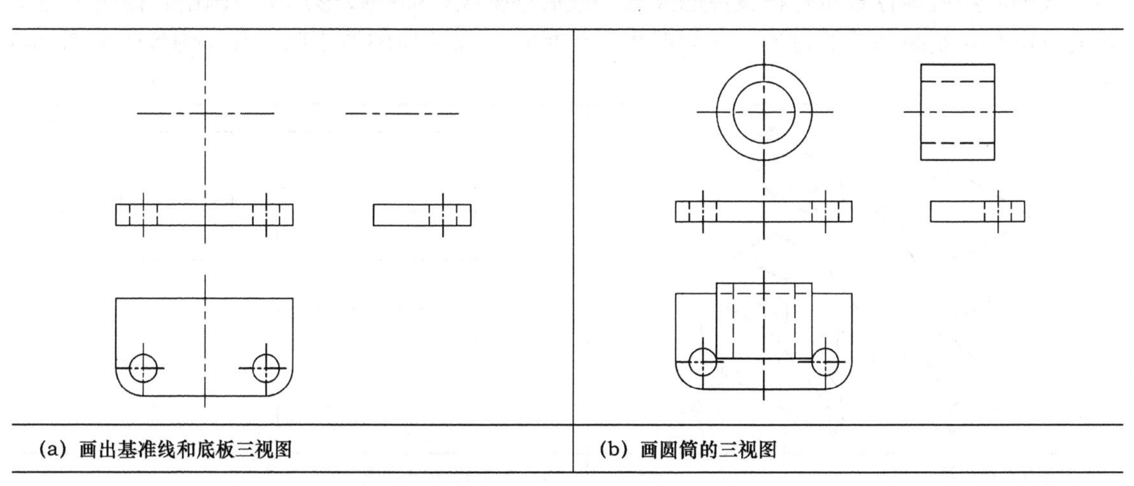

（a）画出基准线和底板三视图　　（b）画圆筒的三视图

图 6-8 形体分析法画图步骤

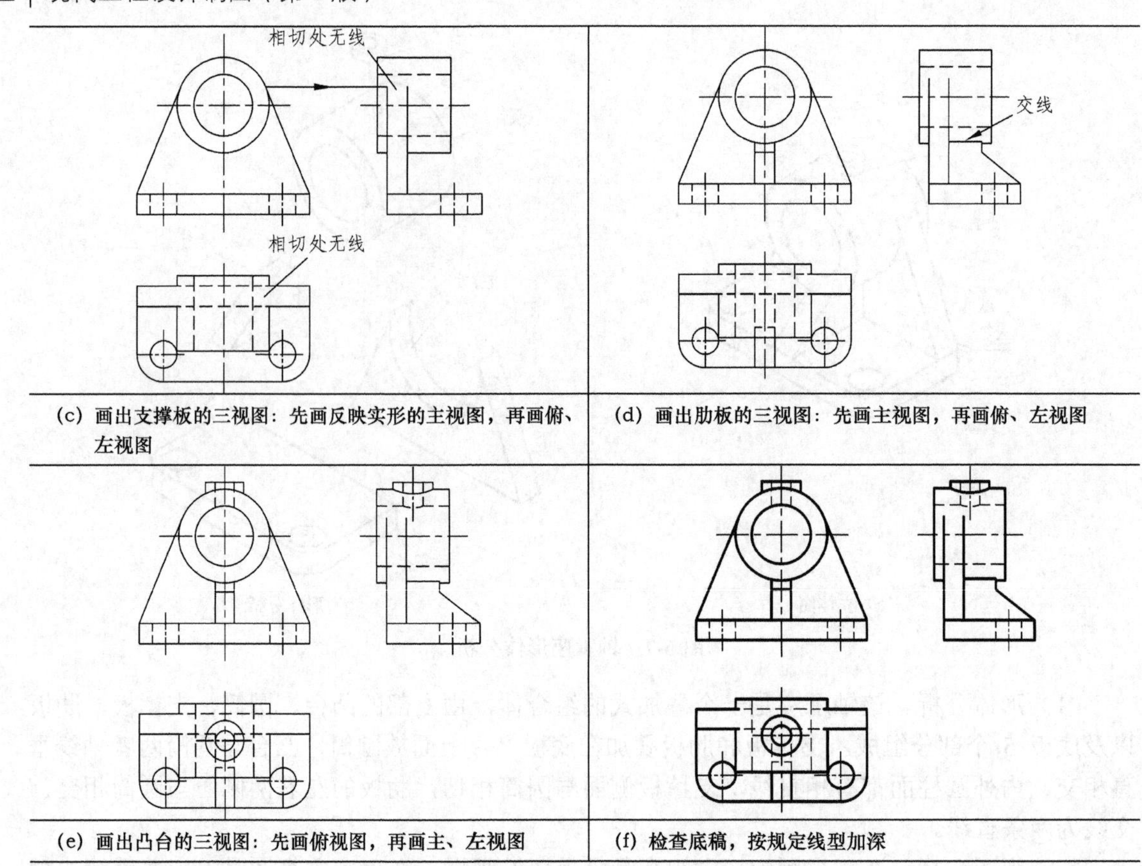

(c) 画出支撑板的三视图：先画反映实形的主视图，再画俯、左视图

(d) 画出肋板的三视图：先画主视图，再画俯、左视图

(e) 画出凸台的三视图：先画俯视图，再画主、左视图

(f) 检查底稿，按规定线型加深

图 6-8 形体分析法画图步骤（续）

6.2.2 线面分析法画图

线面分析法是在形体分析的基础上，对不易表达清楚的部分，运用线面投影特性来分析视图中图线和线框的含义，并表示出线面的形状及其空间相对位置的方法，常用于切割式立体的成形过程分析。如图 6-9（a）所示是切割式的组合体，画图时，一般先画出完整基本形体的投影，然后画各截面有积聚性的投影，最后根据线、面的投影规律，画出各截面、切口等的投影，对复杂部分的投影，初学时可适当标点，保证作图的正确，其作图步骤如图 6-9 所示。

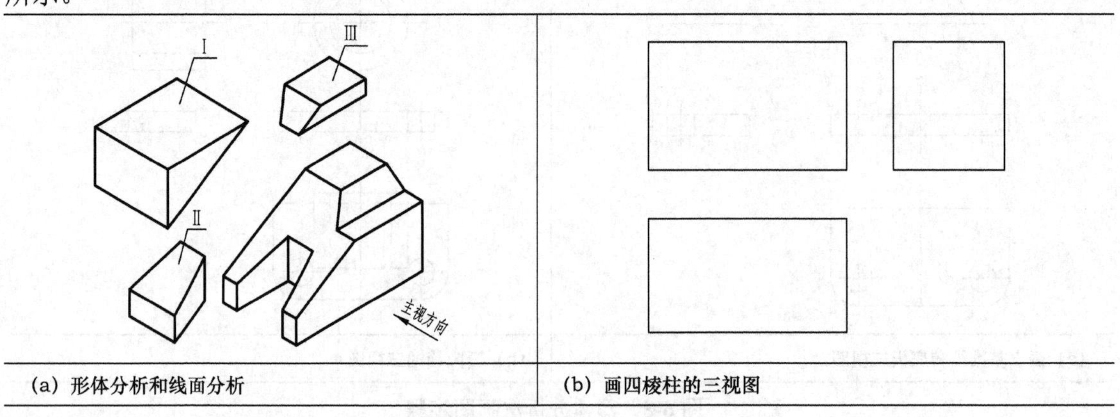

(a) 形体分析和线面分析

(b) 画四棱柱的三视图

图 6-9 线面分析法画图步骤

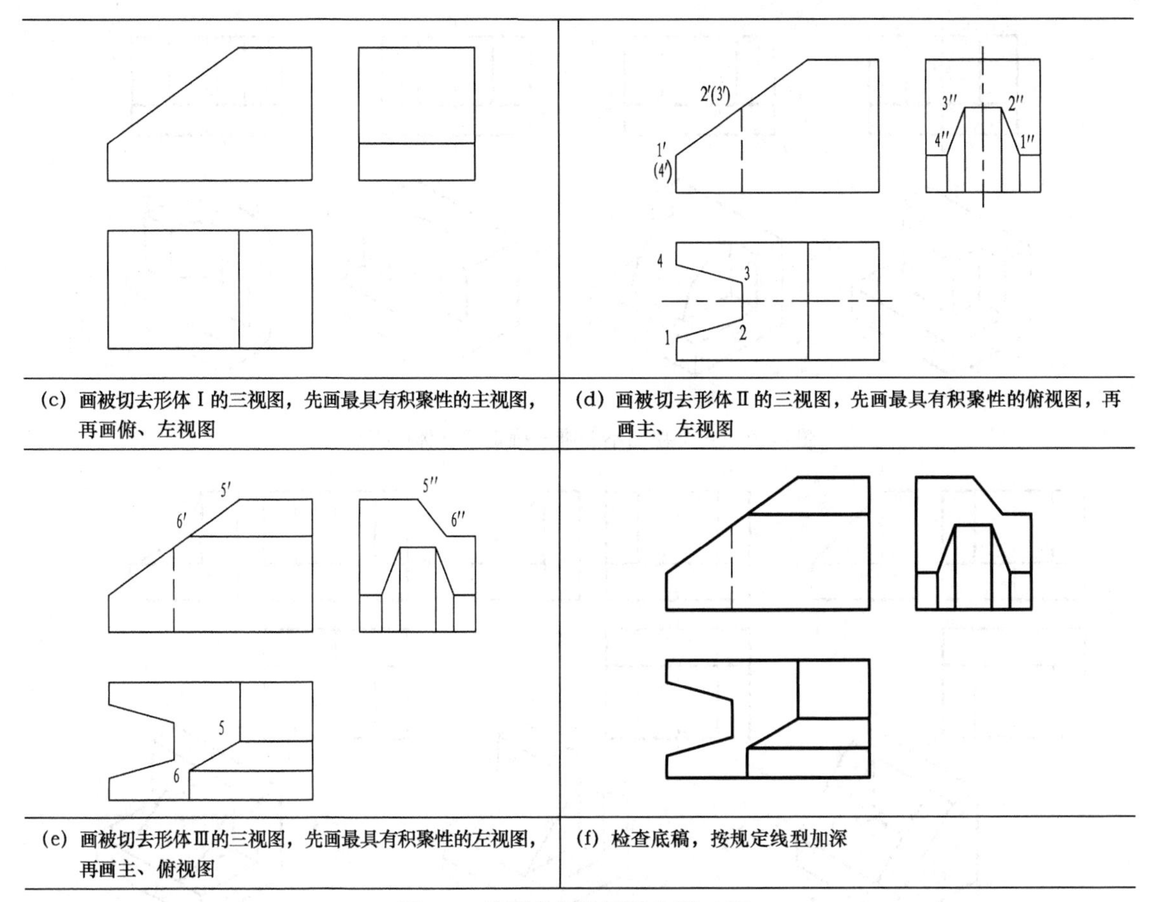

（c）画被切去形体Ⅰ的三视图，先画最具有积聚性的主视图，再画俯、左视图

（d）画被切去形体Ⅱ的三视图，先画最具有积聚性的俯视图，再画主、左视图

（e）画被切去形体Ⅲ的三视图，先画最具有积聚性的左视图，再画主、俯视图

（f）检查底稿，按规定线型加深

图 6-9　线面分析法画图步骤（续）

6.3　读组合体视图

画图是把空间物体用正投影方法表达在平面的图纸上，读图是根据已画好的视图，运用投影规律想象出物体的空间形状。要能准确、迅速地看懂视图，需综合运用前面所学的知识，掌握读图的要点和基本方法，不断实践，才能逐步提高读图能力。

6.3.1　读图的要点

1．几个视图联系起来看

在组合体视图未注尺寸的情况下，一个组合体需要两个或两个以上的视图来表达其形状，因此在读图时，一般从主视图入手，将几个视图联系起来看，才能确定物体的形状。如图 6-10 所示的 4 种不同组合体，它们的主视图都相同，因此仅一个视图不能确定物体的形状。又如图 6-11 所示的三组视图，它们的主、俯视图都相同，将 3 个视图联系起来看，才能唯一确定 3 种不同形体。

2．应善于抓住视图中形状与位置特征进行分析

在分析组合体的视图时，可先分析各部分形状特征视图，再分析位置特征视图，最后综合想象出物体的整体构形。

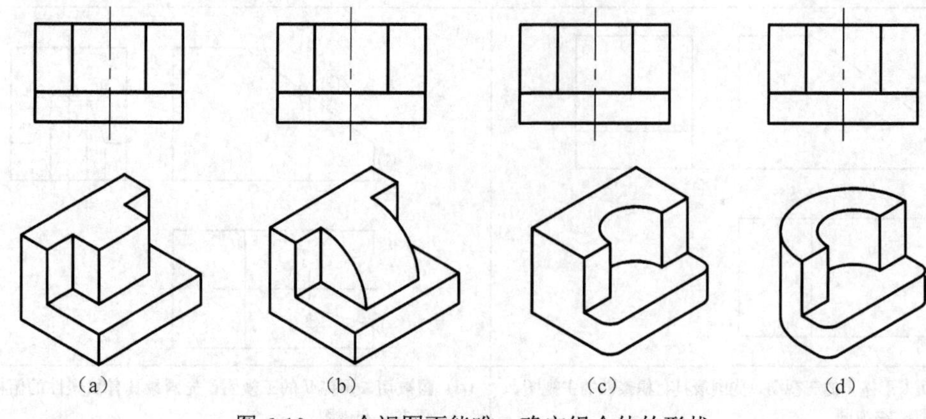

图 6-10　一个视图不能唯一确定组合体的形状

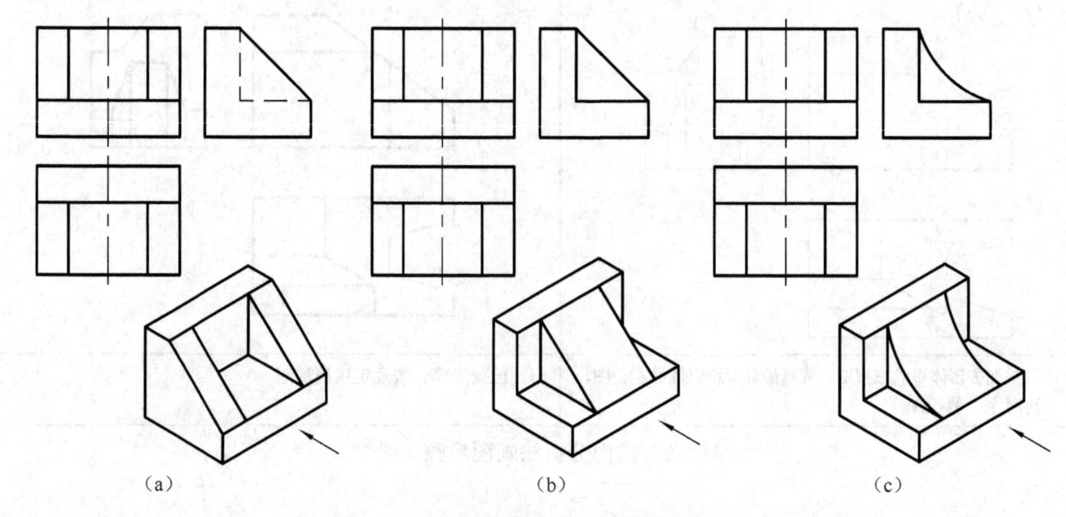

图 6-11　几个视图联系起来看确定组合体的形状

（1）形状特征视图。如图 6-12 所示为物体三视图，其主视图最能反映竖板的形状特征，俯视图最能反映底板的形状特征，左视图最能反映连接板的形状特征，分别想象出每一部分形状，再根据位置特征就可构思出它的整体形状。

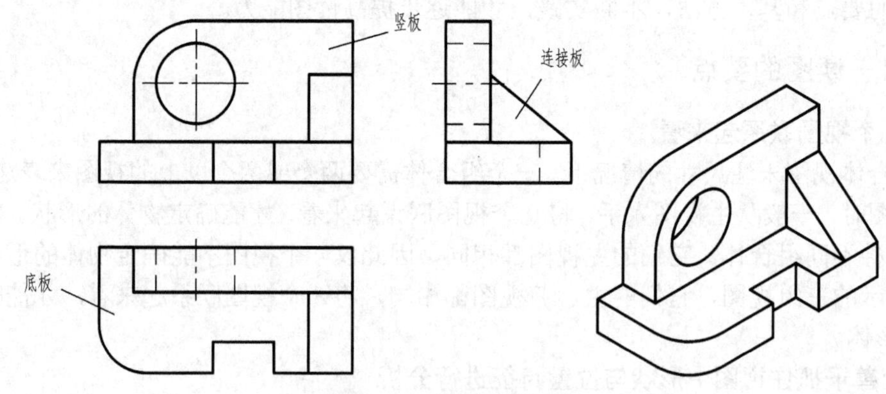

图 6-12　形状特征分析

（2）位置特征视图。如图 6-13 所示，从主视图看，封闭线框Ⅰ与Ⅱ的形状特征比较明显，从俯视图看，知道这两部分一个是突出的凸台，一个是孔，如果只看主、俯视图是无法确定具体形状，但左视图反映了形体Ⅰ与形体Ⅱ的位置特征，3个视图结合起来看，能确定物体的形状。

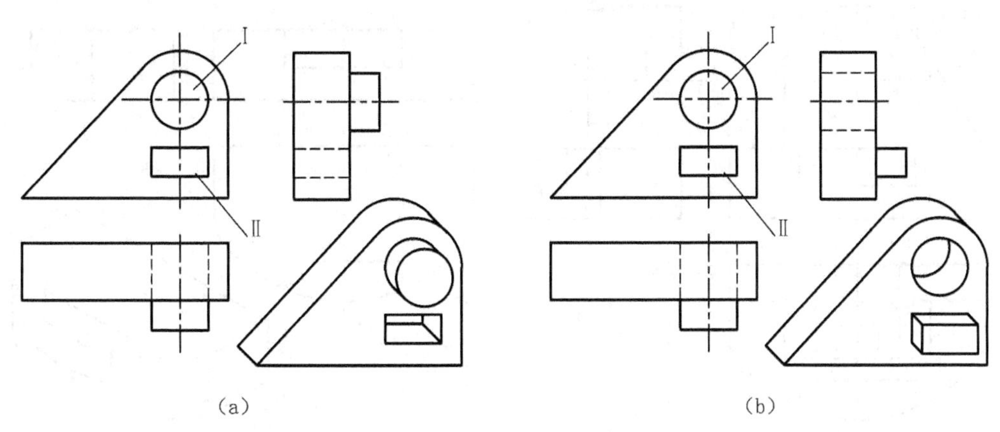

图6-13　位置特征分析

3．分析视图中的图线和线框的含义

视图是由图线构成的，图线又围成了一个个封闭线框，读图时要注意分析各视图上图线和线框的含义。视图中的粗实线或虚线，可表示具有积聚性面的投影，面与面的交线或转向轮廓线的投影，如图6-14（a）所示。在视图上每一个封闭线框一般表示物体上一个面的投影，不同线框代表不同的面，如 *P* 面为铅垂面，水平投影积聚为直线，正面投影为相似形，图6-14（b）所示 *Q* 面是一般位置平面，在3个视图的投影都为类似形，直线Ⅰ Ⅱ是 *Q* 与 *R* 两平面交线。画图时各封闭线框所代表的不同面与相应视图的投影应保持“三等”对应关系。

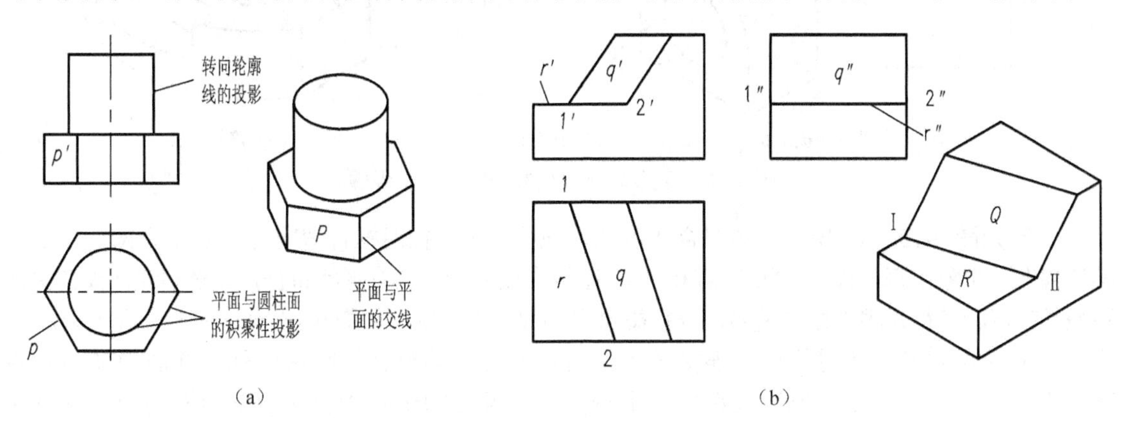

图6-14　分析视图中的图线和线框

6.3.2　读组合体视图

根据已给视图，通过投影分析，想象出物体的空间几何形状的过程叫做读图，组合体读图的基本方法也是形体分析法和线面分析法。

1．形体分析法读图

读图和画图一样，以形体分析法为主，一般是从最能反映形状特征的视图着手，首先按轮廓线构成的封闭线框将组合体分解成几部分，根据投影规律找出在其他视图上的投影，想象出每一部分形状，再根据它们的相对位置、连接关系，综合想象出组合体的整体形状。现以图 6-15（a）所示的组合体三视图为例，说明以形体分析法读组合体视图的方法和步骤。

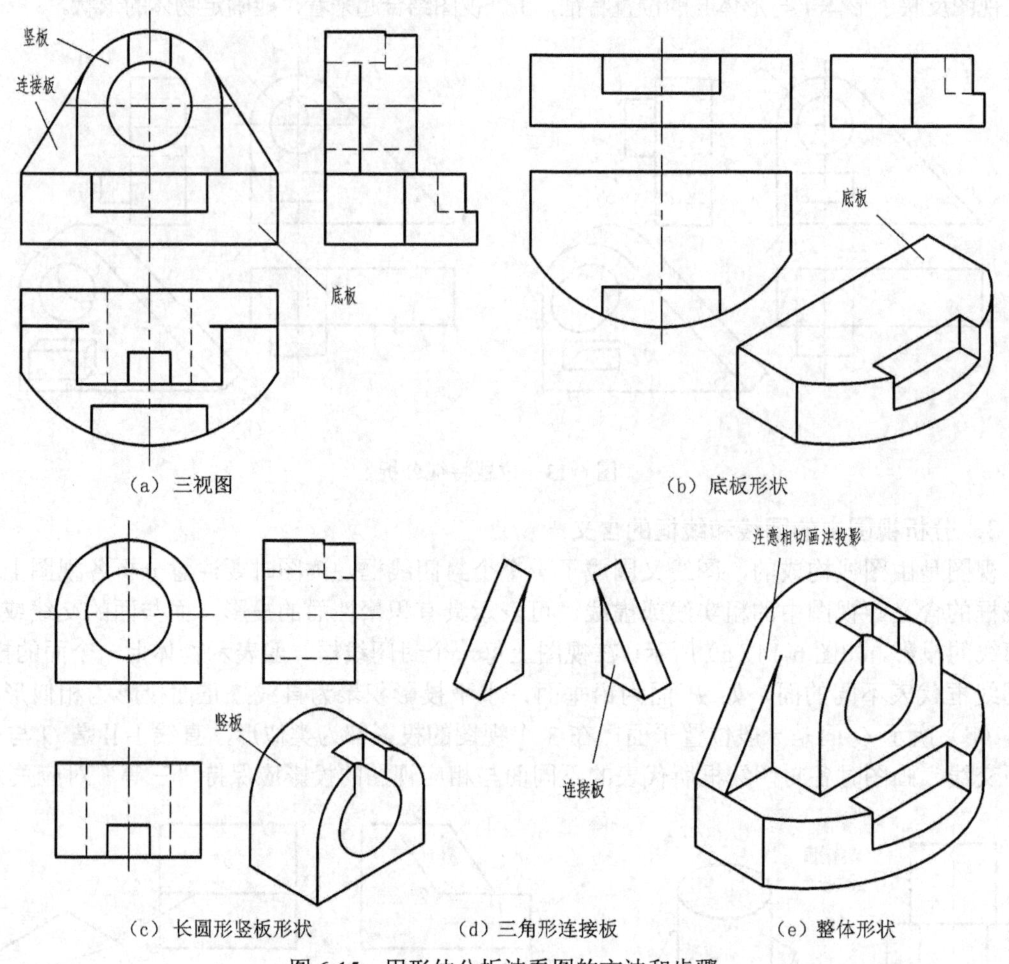

（a）三视图　（b）底板形状

（c）长圆形竖板形状　（d）三角形连接板　（e）整体形状

图 6-15　用形体分析法看图的方法和步骤

（1）如图 6-15（a）所示，该组合体可从主视图入手，按线框合理地划分成 3 个部分，结合其他视图，想象出每一部分形状，可以看出，底板在俯视图最具有形状特征，竖板和连接板在主视图最具有形状特征，根据投影关系，分别想象出各部分的形状，如图 6-15（b）、（c）、（d）所示。

（2）根据它们的相对位置、连接关系，可以看出，该组合体左右对称，并由视图判断各部分上下、左右、前后的位置关系，对于较复杂的部分如长圆竖板切割矩形槽的投影可单独进行分析，最后综合想象出组合体的整体形状，如图 6-15（e）所示。

【例 6-1】　如图 6-16（a）所示，已知物体的主视图和俯视图，补画左视图。

分析：已知两个视图，求作第三视图是一种读图和画图相结合的训练方法，首先根据已知视图想象物体的形状，在看懂视图的基础上，用三等投影规律画第三视图。

图 6-16（a）所示形体是叠加式组合体，常用形体分析法进行分解，读图时，先从主视图着手，结合俯视图，适当按线框划块，分解成 4 个部分，每部分从反映形状特征的视图来分析，逐步看懂每部分的具体形状，再根据位置特征，判断各部分的相对位置和组合形式，综合起来，就能想象出组合体的整体形状，再按照投影规律逐个画出形体的左视图，具体步骤如图 6-16 所示。

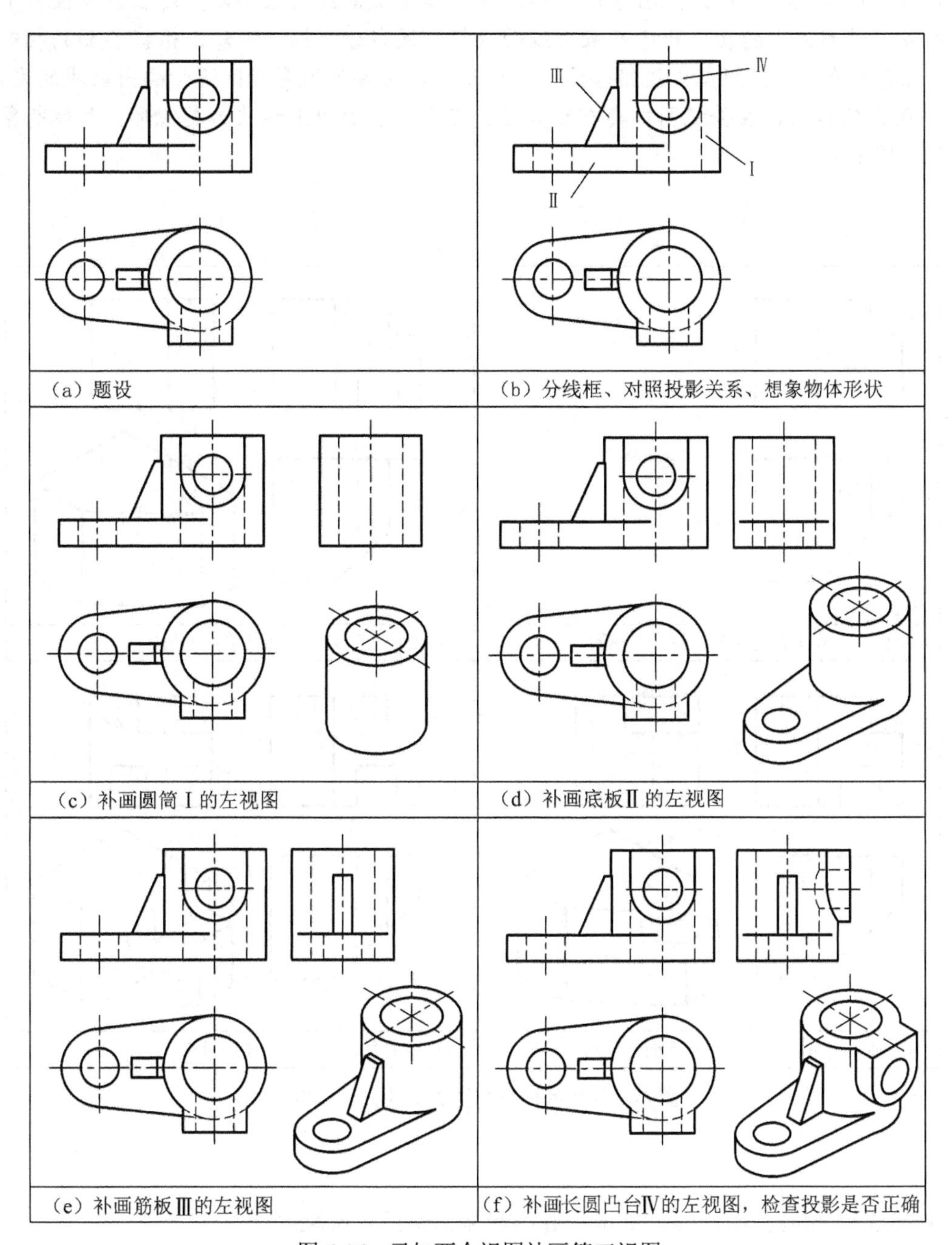

（a）题设

（b）分线框、对照投影关系、想象物体形状

（c）补画圆筒Ⅰ的左视图

（d）补画底板Ⅱ的左视图

（e）补画筋板Ⅲ的左视图

（f）补画长圆凸台Ⅳ的左视图，检查投影是否正确

图 6-16 已知两个视图补画第三视图

2．线面分析法读图

对一些比较复杂的形体，尤其是切割式组合体，往往在形体分析法的基础上还需要用线面分析法来帮助想象物体的形状。线面分析法就是根据视图中线条和线框的含义，分析相邻表面的相对位置、表面形状、交线，从而确定物体的结构形状。

【例 6-2】 如图 6-17（a）所示，已知物体主视图和俯视图，补画左视图。

分析：根据主视图和俯视图分析可知，该物体是切割式的组合体，是长方体被多个平面切割而成。对形体上的切口开槽可采用线面分析，适当分线框对投影，根据各面的相对位置分析，综合起来，就能想象出该组合体的整体形状，再按照投影规律逐步画出嵌块的左视图，如 P 平面是铅垂面，在俯视图中具有积聚性，在主、左视图上形状为类似形，具体想象和画图步骤如图 6-17 所示。

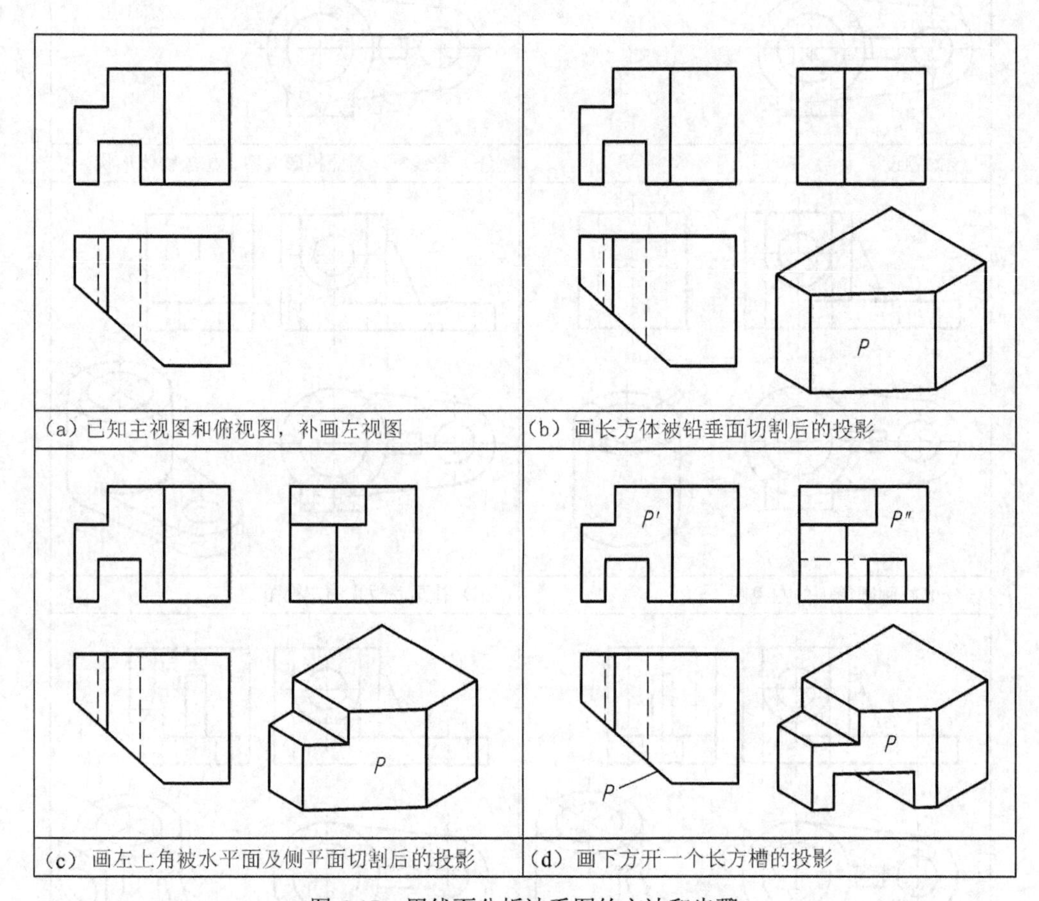

图 6-17　用线面分析法看图的方法和步骤

【例 6-3】 如图 6-18（a）所示，补画物体三视图中所缺少的图线。

分析：如图 6-18（a）所示的视图可知，该形体是一个切割式的组合体，可采用线面分析法作图，其基本形状是长方块，被几个不同位置的平面切割，左上部分被正垂面切去一角，右上部分切去一个矩形槽，角块的左前方被铅垂面切去一角，注意铅垂面在主视图和左视图为类似的四边形，它的左后面被正平面和侧平面切割，结合形体分析和线面分析，采用边想象切割，边补线的方法逐个画出三视图中漏画的图线。作图过程如图 6-18 所示。

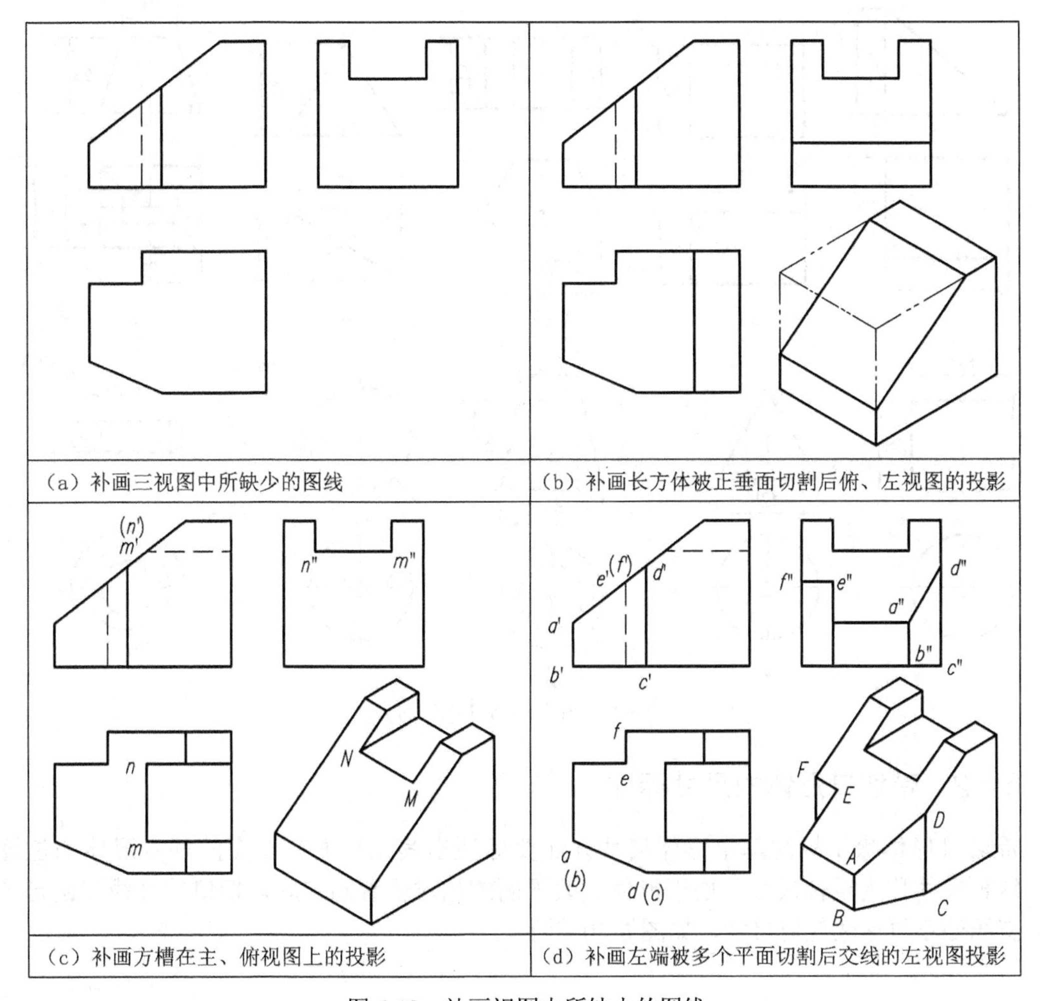

（a）补画三视图中所缺少的图线

（b）补画长方体被正垂面切割后俯、左视图的投影

（c）补画方槽在主、俯视图上的投影

（d）补画左端被多个平面切割后交线的左视图投影

图 6-18　补画视图中所缺少的图线

6.4 组合体的尺寸标注

视图只能表达物体的形状，而物体的大小由标注的尺寸来确定。在图样上标注物体的尺寸应遵守以下原则。

（1）正确性。尺寸标注要符合国家标准（GB/T4458.4—2003）的有关规定。

（2）完整性。尺寸标注必须齐全，不遗漏、不重复，所注尺寸能唯一确定组合体各部分的形状、大小和相对位置。

（3）清晰性。尺寸的布置要整齐、清晰，便于读图。

6.4.1 基本形体的尺寸标注

组合体是由基本形体组合而成，基本形体一般要标注长、宽、高 3 个方向的尺寸，即定形尺寸。常见基本形体的尺寸标注如图 6-19 所示。

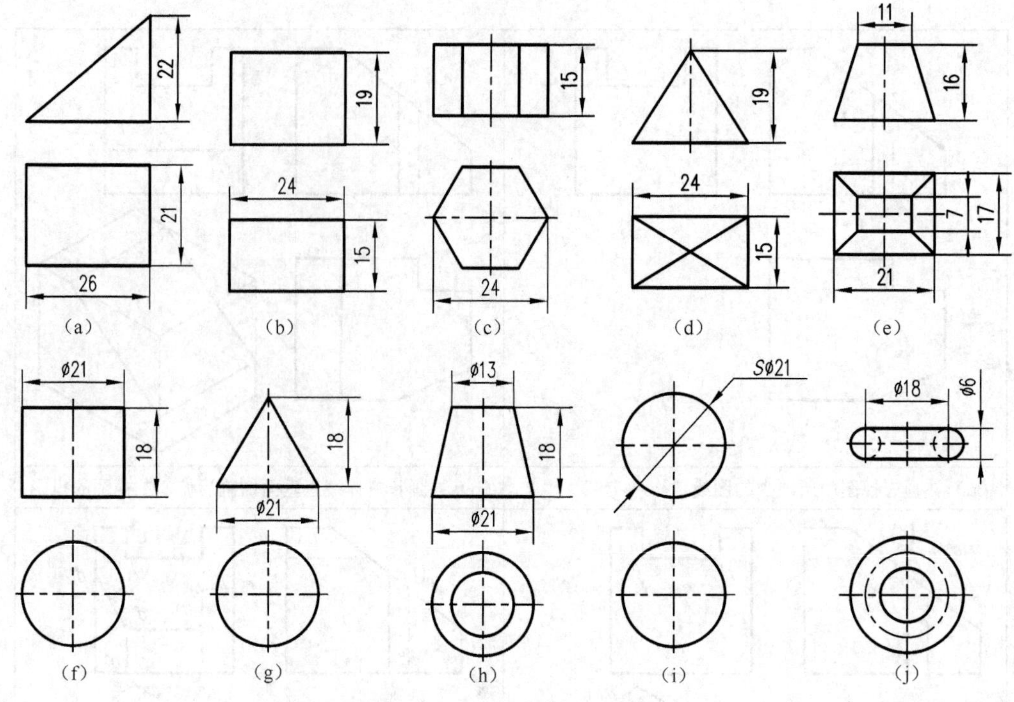

图 6-19　基本几何体尺寸标注

6.4.2　带切口形体的尺寸标注

带切口形体除了标注基本形体尺寸外还要标注出其截平面或相交的基本形体的位置尺寸，这种尺寸称为定位尺寸。由于形体与截平面的相对位置确定后，切口的交线就确定了，因此交线处不再标注任何尺寸，如图 6-20 所示。

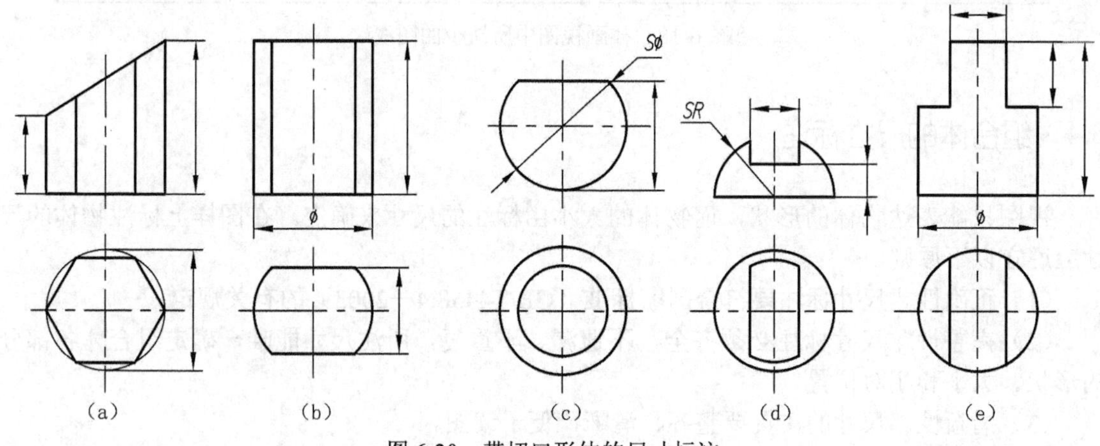

图 6-20　带切口形体的尺寸标注

6.4.3　组合体的尺寸分析

尺寸标注的基本方法仍是形体分析法。

1. 尺寸的分类

（1）定形尺寸：确定组合体各部分形状、大小的尺寸。

（2）定位尺寸：确定组合体各组成部分相对位置的尺寸。

（3）总体尺寸：确定组合体总长、总宽、总高的尺寸。

2. 尺寸基准

尺寸基准就是标注尺寸的起点，一般选取形体的底面、回转体的轴线、对称平面和主要端面作为尺寸基准。在组合体长、宽、高 3 个方向分别选定尺寸基准。在同一方向上一般只选取一个作为主要尺寸基准，其余为辅助基准。

下面以支架为例，说明组合体尺寸标注的方法，如图 6-21 所示。

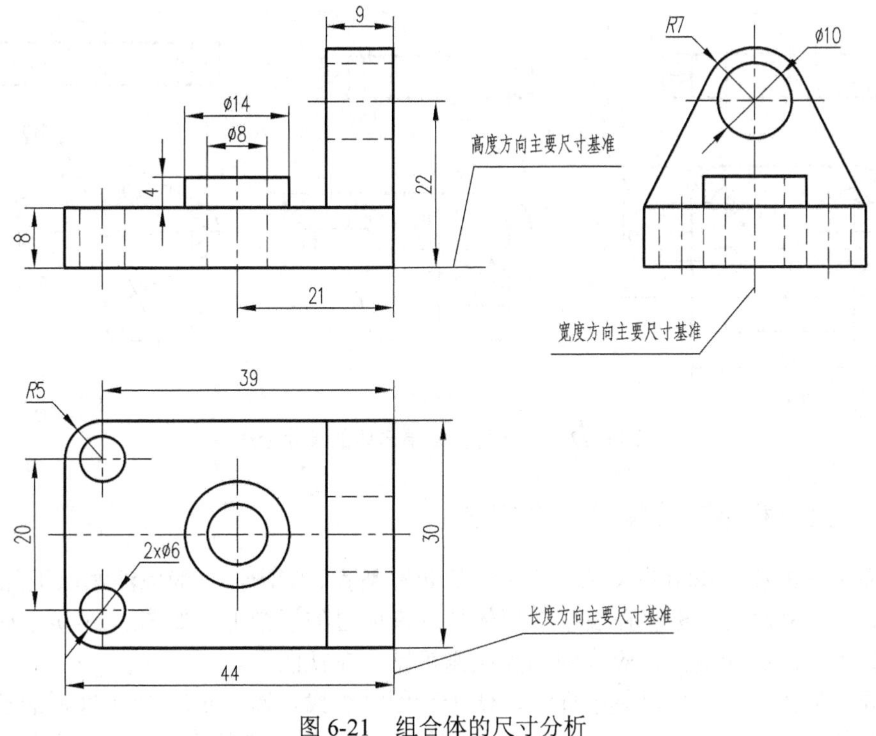

图 6-21 组合体的尺寸分析

（1）按形体分析法，支架可以看是由底板、竖板、圆柱凸台 3 个基本部分组成。

（2）选定尺寸基准，标注定位尺寸。图 6-21 标出了组合体长度、宽度、高度 3 个方向的主要尺寸基准。所标注的定位尺寸是竖板上孔的定位尺寸 22，底板两圆孔的定位尺寸 20、39，圆凸台的定位尺寸 21。

（3）标注各部分的定形尺寸及总体尺寸。

（4）检查尺寸有无重复或遗漏，然后修正、调整。

6.4.4 常见简单形体的尺寸标注

图 6-22 所示为一些常见简单形体，这些形体在组合体的构形中应用较广，其标注形式也较固定。

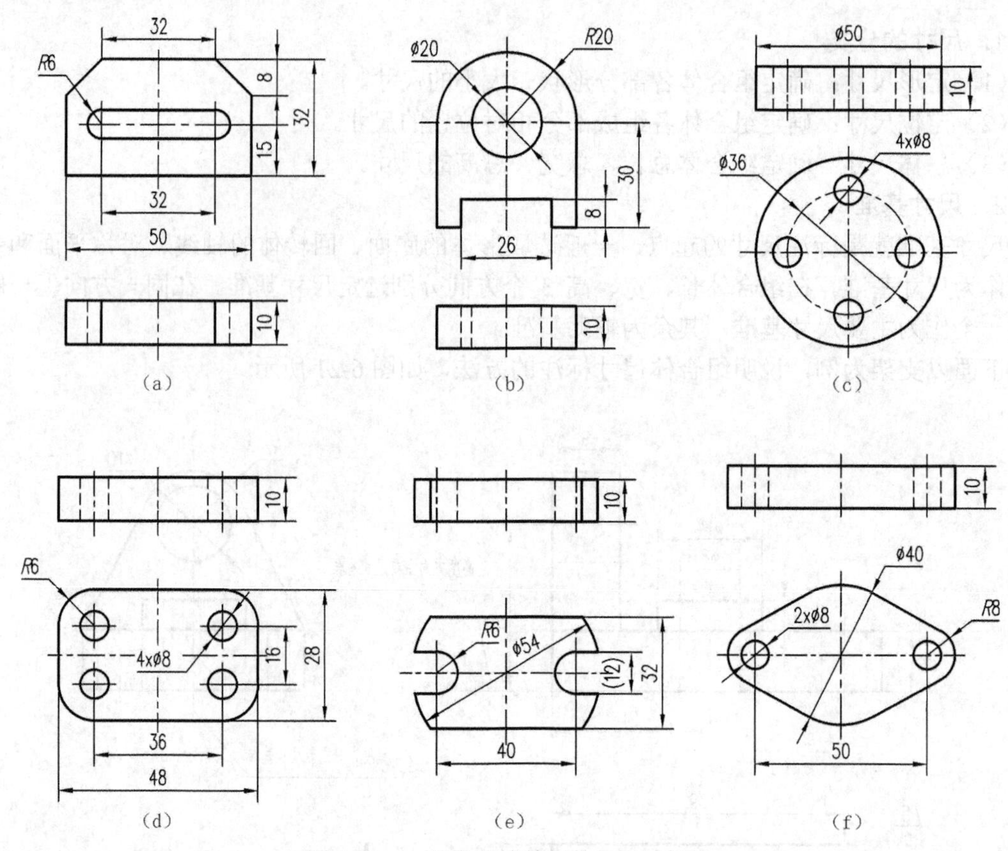

图 6-22　一些常见简单形体的尺寸标注

6.4.5　尺寸标注应注意的几个问题

为了便于看图和查找相关尺寸，使尺寸的布置整齐、清晰，一般应注意以下几点。

（1）定形尺寸尽可能标注在表示该形体特征最明显的视图上。如图 6-21 所示底板的圆孔和圆角，竖板的圆孔和圆弧，应分别标注在俯视图和左视图上。

（2）同一形体的尺寸相对集中标注，便于看图时查找。如图 6-21 所示底板的长、宽、高尺寸，圆孔的定形、定位尺寸集中标注在俯视图上；竖板的定形尺寸集中标注在左视图上；圆柱凸台的定形、定位尺寸集中标注在主视图上。

（3）同方向的平行尺寸，应使小尺寸靠近视图且标注在内，大尺寸标注在外，间距均匀，避免尺寸线和尺寸界线相交。

（4）直径尺寸最好标注在投影为非圆的视图上，不宜集中标注在反映圆的视图上，如图 6-21 所示$\phi14$、$\phi8$ 的尺寸是标注在主视图而不是俯视图上。

（5）圆及圆弧的尺寸，当小于或等于半圆时，应标注半径，半径尺寸一定要标注在投影为圆弧的视图上，如图 6-21 所示竖板圆角半径 $R7$，底板的 $R5$；当大于半圆时，应标注直径。

（6）在截交线和相贯线上不标注尺寸，如图 6-20 所示。

（7）当有几个相同的圆孔时只需标注标注一处，并同时注写数量，如图 6-21 所示 $2\times\phi6$，而相同的的圆角如 $R5$ 只需标注一处，但不写数量。

（8）有时为了画图方便，读图清晰，便于加工，虽然有些尺寸可以通过已注尺寸计算获得，但仍然要标注出来，如图 6-22（d）所示的 48、36、16、28 及 *R*6 尺寸都要标注。

（9）一般不在虚线上标注尺寸，尺寸应尽量标注在视图外面，保持视图清晰。

以上各要求有时会出现不能完全兼顾的情况，应在保证尺寸正确、完整、清晰的前提下，合理布局。

6.4.6 尺寸标注的方法和步骤

组合体尺寸标注的方法是形体分析法，具体步骤如下。

（1）对组合体进行形体分析，初步考虑各基本形体的定形尺寸。

（2）选定组合体长、宽、高 3 个方向的主要尺寸基准。

（3）逐个分别标注各基本形体的定形尺寸和定位尺寸。

（4）标注组合体的总体尺寸。

（5）校核已注尺寸。

下面以图 6-23 所示组合体为例说明组合体尺寸标注步骤。

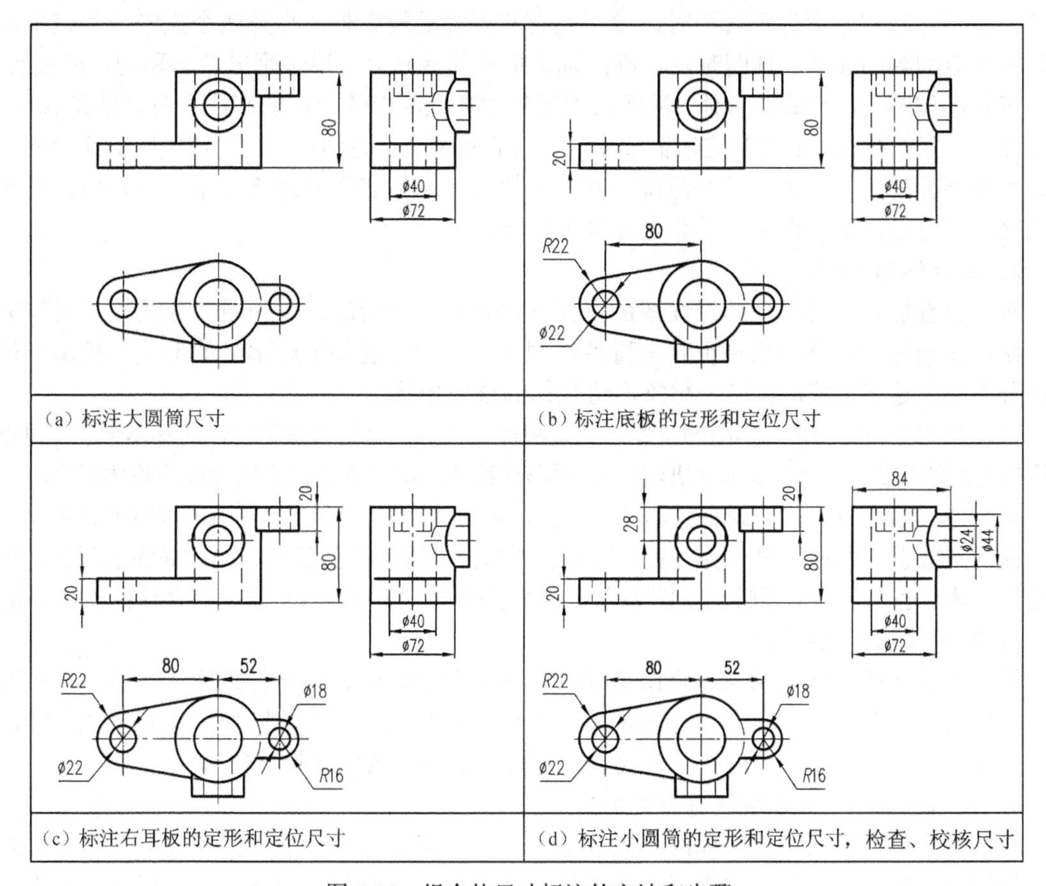

（a）标注大圆筒尺寸　（b）标注底板的定形和定位尺寸

（c）标注右耳板的定形和定位尺寸　（d）标注小圆筒的定形和定位尺寸，检查、校核尺寸

图 6-23　组合体尺寸标注的方法和步骤

思考题

1. 组合体的组合形式有哪几种？基本形体表面的连接关系有哪些，它们的画法各有什么特点？

2．什么是组合体的形体分析法？什么是组合体的线面分析法？

3．绘制叠加式组合体和切割式组合体时，在画图方法和步骤上有何不同？

4．组合体视图的选择原则是什么？图形画完后，应从哪几方面进行检查？

5．读组合体的方法和步骤是什么？

6．如何才能保证组合体视图的尺寸标注完整、正确？要使尺寸标注清晰应考虑哪些问题？

学习方法指导

1．组合体的画图。

以叠加为主的组合体主要用形体分析的方法，将复杂的组合体分解为若干个基本形体，通过分析各个基本形体的形状、相对位置及表面的连接关系，逐个画出形体。画图时先画主要部分，后画次要部分，从特征视图入手，把几个视图联系起来画。

以切割为主的组合体，除了要采用形体分析法外，对一些比较复杂的截面，要用线面分析法，特别是当截平面为垂直面时，除了具有积聚性的投影外，另外两个投影均为该平面的形状相类似的封闭线框。画图时，在确定基本形体的基础上，逐步画出斜面和切口的投影。

多数形体都是综合式组合体，需要根据形体的特点将形体分析法和线面分析法综合应用，互相配合，互相补充，视图画完后需要检查，检查可从3个方面着手，先按投影关系检查，尤其是有内表面的形体，注意不要漏画，其次再检查组合体表面的连接关系，如相切、相交、共面这些部分是否画得正确，最后进行综合分析。

2．组合体的读图。

对于以叠加为主的组合体，读图的主要方法是形体分析法，首先用“分线框，对投影”的方法，找出每个形体形状特征和位置特征视图，分别看懂各组成部分的形状，搞清形体相互位置关系，连接方式，再综合想象出组合体的整体形状。

以切割为主的组合体，读图的主要方法是线面分析法，首先构想组合体的基本形状，再逐步分析挖切面的位置，斜面与截口的形状，表面形状特征，最后综合构想出物体的整体形状。

组合体的组合方式往往既有叠加又有切割，需将这两种方法综合应用，读图的过程，一般从特征视图着手，先粗略读，后细读，先读主要部分，后读次要部分，先读易懂的形体，后读难懂的形体，也可借助构画轴测草图的方式来帮助读图，最后综合想象出组合体的整体形状。

3．组合体的尺寸标注。

标注组合体的尺寸，要求符合国家标准，所标尺寸应做到完整、正确、清晰。尺寸标注的方法也是形体分析法。在形体分析的基础上逐个标注出各形体的定型尺寸和定位尺寸，及总体尺寸，尺寸标注完后应检查，避免漏注尺寸及出现“封闭的尺寸链”。

4．灵活应用所学知识解决综合性问题。

本章是全书的重点，组合体的画图和读图是培养形体想象能力的重要环节，需将前面所学知识综合应用，熟练地掌握用形体分析法和线面分析法绘制和阅读组合体视图，把复杂的问题简单化，为后面的学习打下基础。

学习组合体视图的画图与读图时，不要截然分开，画图是由空间到平面的过程，读图是由平面到空间的过程，在补画视图时，应注意边画边看，使画图和读图结合起来，在练习的过程中培养空间想象能力。组合体的画图和读图能力只有通过完成一定数量的练习，掌握正确的方法，在实践中不断总结才能提高。

第7章 机件的常用表达方法

机件的形状多种多样，其复杂程度也不尽相同，仅采用三视图还不足以完整、清晰地表达出它们的内外形状，为此，国家标准《技术制图》和《机械制图》中规定了视图、剖视图、断面图及简化画法等常用表达方法，制图人员必须严格遵守这些画法的规定，并掌握其画法。

7.1 视图

视图分为基本视图、向视图、局部视图和斜视图，可按需选用，分别介绍如下。

7.1.1 基本视图

在原来的 3 个基本投影面（*V* 面、*H* 面、*W* 面）的基础上，再增加 3 个互相垂直的投影面，构成一个六面体，将机件置于其中，然后向各基本投影面投射，所得到的 6 个视图称为基本视图，前面已经介绍了 3 个基本视图（主视、俯视图，左视图），新增加的 3 个基本视图是从右向左投射得到的右视图，从下向上投射得到的仰视图，从后向前投射得到的后视图。将各投影面按图 7-1 所示方法展开。

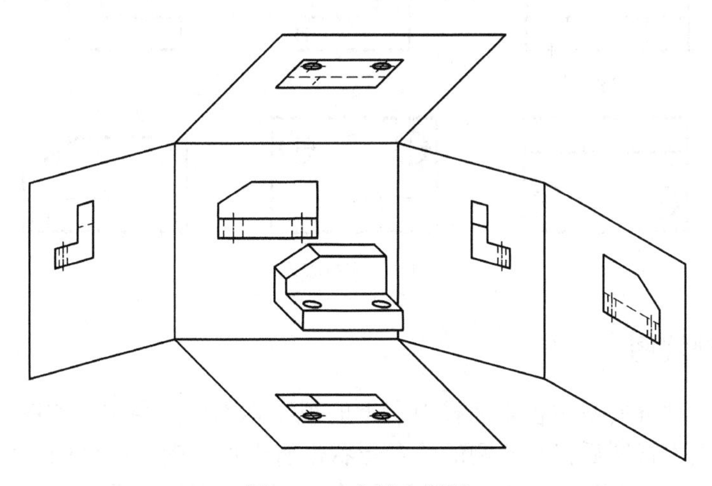

图 7-1 6 个基本视图

当展开后的 6 个基本视图，按图 7-2 所示位置配置时，可不标注视图名称，各视图间仍保持“长对正，高平齐，宽相等”的投影关系。实际绘图时，不是任何机件都需要 6 个基本视图，而是根据机件的结构特点和复杂程度，选用必要的基本视图，一般优先选择主视图、俯视图和左视图。

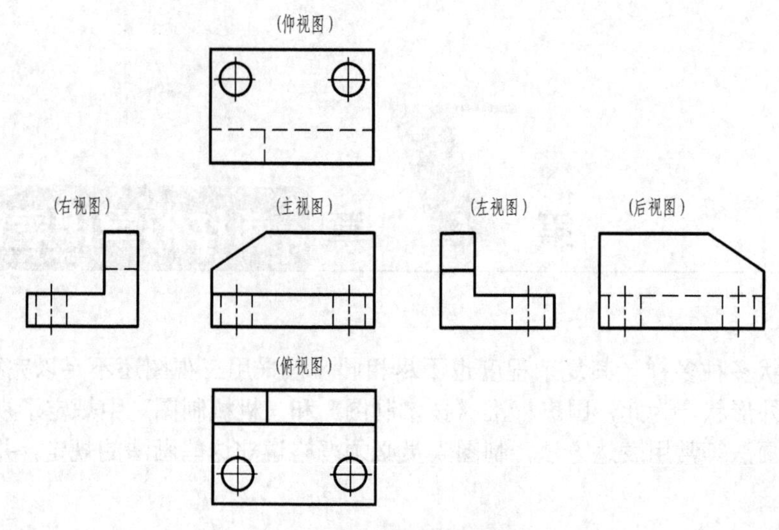

图 7-2　6 个基本视图的配置

7.1.2　向视图

向视图是可以自由配置的视图。当 6 个基本视图在同一张图纸内，不按图 7-2 配置时，也可用向视图自由配置，为了便于读图，应在向视图的上方用大写拉丁字母标出该向视图的名称，如图 7-3 中所示的 *A*、*B*、*C*，且在相应的视图附近用带字母的箭头指明投射方向。

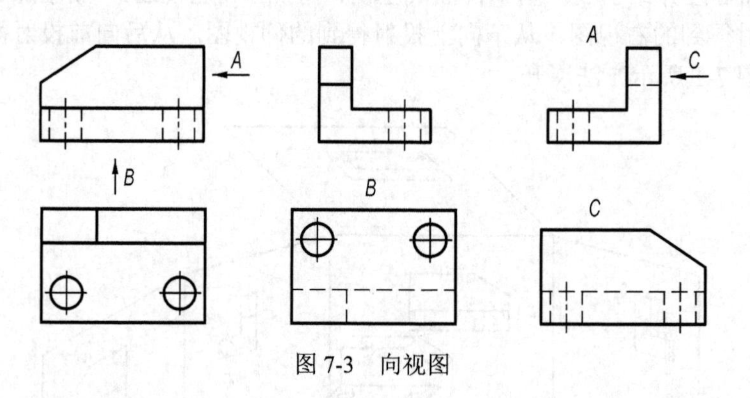

图 7-3　向视图

7.1.3　局部视图

将机件的某一部分向基本投影面投射所得的视图称为局部视图。如图 7-4 所示，画出支座的主、俯两个基本视图后仍有两侧的凸台形状没有表达清楚，而这些局部结构没有必要再画出完整的左视图和右视图，仅需用 *A* 和 *B* 两个局部视图表达即可。

画局部视图时应注意以下几点。

（1）一般在局部视图上方标出视图名称“×”，在相应的视图附近用箭头指明投射方向，并注上同样的字母，如图 7-4 所示局部视图。

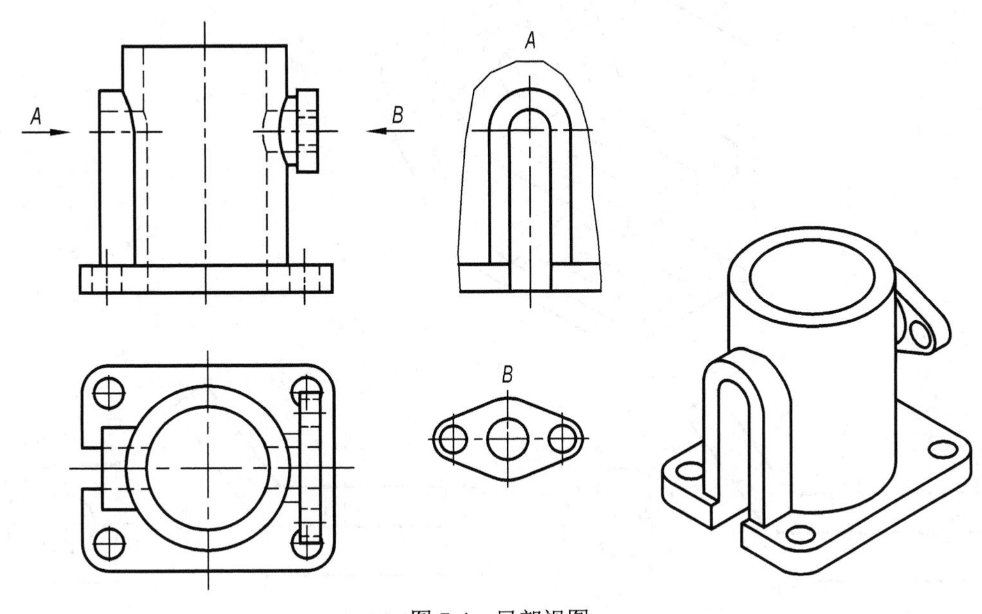

图 7-4　局部视图

（2）当局部视图按投影关系配置，中间又没有其他图形隔开时，可省略标注，如图 7-5 所示的俯视图。图 7-4 中的 *A* 向局部视图也可省略标注。

（3）局部视图的周边范围用波浪线表示，如图 7-4 所示的 *A* 向局部视图，但当所表示的局部结构是完整的，且外形轮廓又成封闭线框时，波浪线可省略不画，如图 7-4 中的 *B* 向局部视图。

7.1.4　斜视图

将机件向不平行于任何基本投影面的平面投射所得的视图称为斜视图。

斜视图主要用于表达机件上倾斜结构的实形。如图 7-5（a）所示，可设置一个与该倾斜表面平行且垂直于某一基本投影面的新投影面，如 V_1 面，使该倾斜结构向新投影面投影反映实形，然后将新投影面旋转与基本视图重合，如图 7-5 所示的 *A* 向视图。

画斜视图时应注意以下几点。

（1）斜视图通常按投射方向配置并标注，如图 7-5（b）所示的斜视图 *A*，必要时，也可移到其他地方，或按旋转的位置画出，如图 7-5（c）所示的 *A* 向视图旋转配置，旋转符号的箭头应指明旋转方向，表示该视图名称的字母应靠近旋转符号的箭头端，也允许将旋转角度写在字母后。

（2）斜视图只用于表达倾斜结构的形状，其余部分不必画出，用波浪线断开，如图 7-5 中所示的 *A* 向视图。

（3）若斜视图上所表达的结构是完整的，且外形轮廓成封闭线框，波浪线可省略不画。

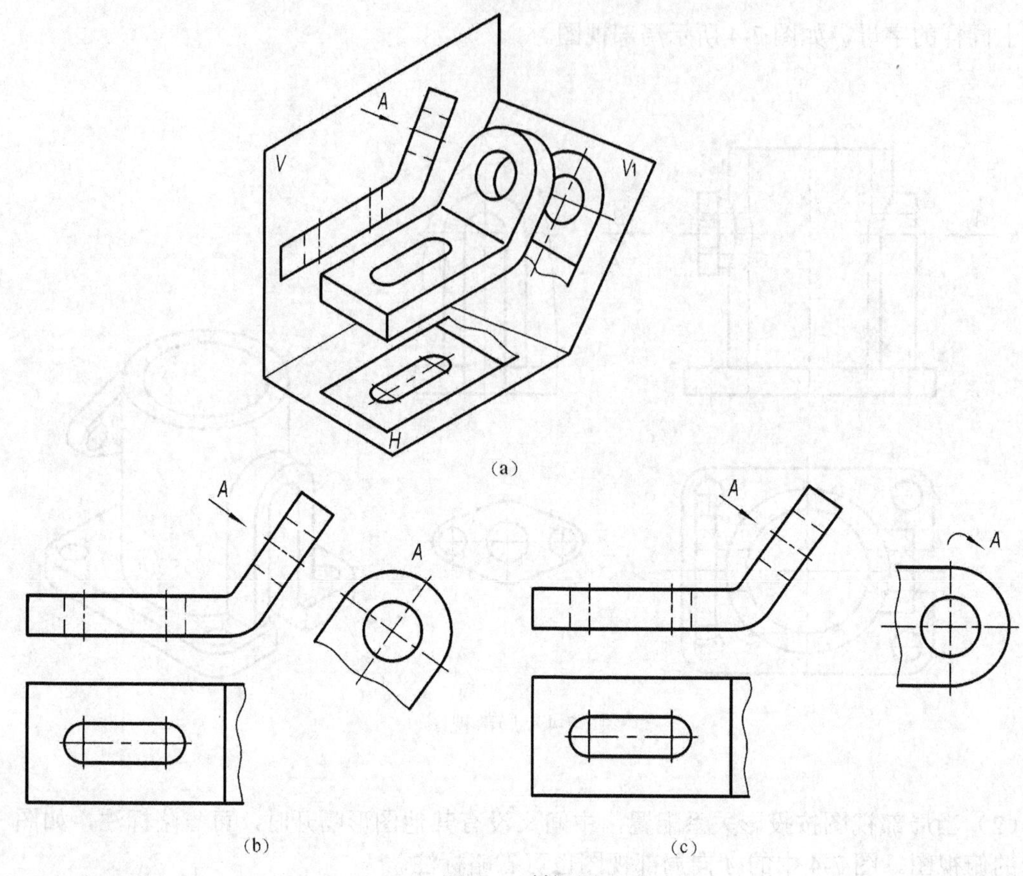

图 7-5　斜视图

7.2　剖视图

剖视图主要用于表达机件中不可见的结构形状。如图 7-6 所示压盖的主视图，要表达内部结构形状，在视图中就会出现很多虚线，既不利于看图，也不便于标注尺寸，在这样的情况下，可采用剖视图的方法来画图。

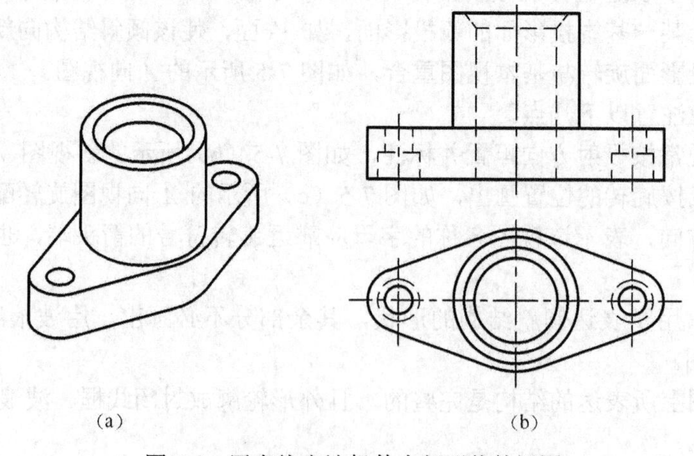

图 7-6　用虚线表达机件内部形状的视图

7.2.1　剖视图的基本概念

如图 7-7 所示，这种假想用剖切面剖开机件，将处在观察者和剖切面之间的部分移去，而将其余部分向投影面投射，并在剖面区域内画上剖面符号，所得的图形称为剖视图，简称剖视。图 7-7（b）所示的主视图由于采用了剖视的画法，在所表达内部的结构形状上，比图 7-6 效果更好。

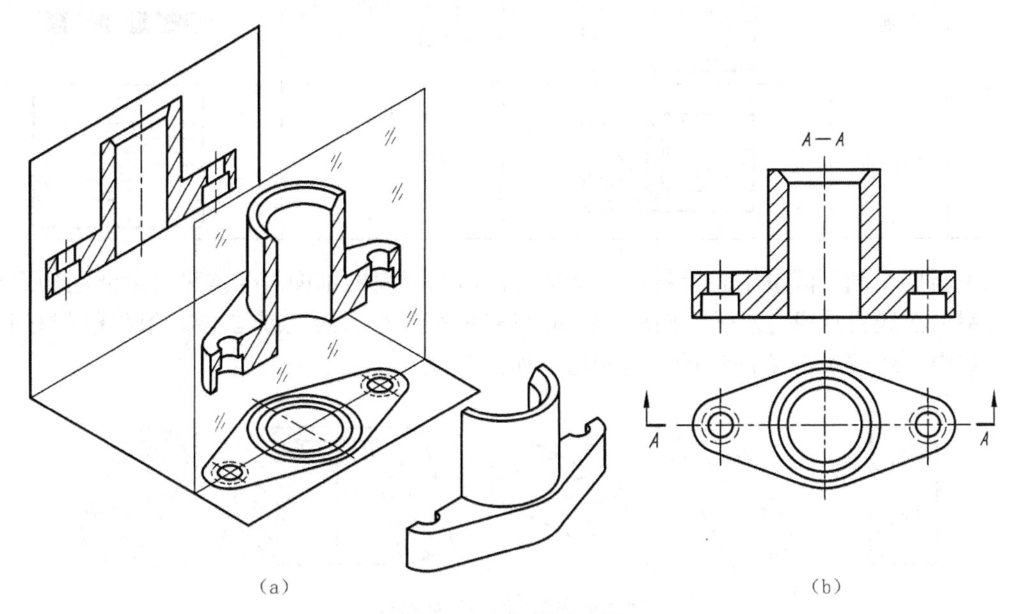

图 7-7　剖视图的形成

1．剖视图的画法

（1）确定剖切面的位置。所选的剖切平面一般与某投影面平行，剖切位置一般应通过机件内部孔、槽的轴线或机件的对称面。如图 7-7 所示，所选的剖切面平行正面的对称面，能反映机件内部的真实形状。

（2）画剖视图。想象清楚剖切后的情况，哪些部分移走了，哪些部分留下了，画图时一般先画整体，后画局部，先画外形轮廓，再画内部结构，注意不要漏画剖切面后方的可见轮廓线，如图 7-7 所示。

（3）画出剖面符号。剖切面与实体接触到的部分称为剖面区域，剖面区域要画剖面符号，当需要表示材料的类别时，则应采用国家标准规定的剖面符号，如表 7-1 所示。

表 7-1　　常见材料剖面符号

材料名称	剖面符号	材料名称	剖面符号
金属材料（已有规定的剖面符号除外）		玻璃及供观察用的其他透明材料	
非金属材料（已有规定剖面符号者除外）		转子、电枢、变压器和电抗器等的叠钢片	

续表

材料名称		剖面符号	材料名称	剖面符号
线圈绕组元件			砖	
木材	纵剖面		格网（筛网、过渡网等）	
	横剖面		液体	

当不需要在剖面区域中表示材料的类别时，所有材料的剖面符号均可采用通用剖面线表示。通用剖面线应画成与水平方向成 45° 或 135° 的平行细实线，或与主要轮廓线或与剖面区域的对称中心线成 45° 或 135° 的方向画出，如图 7-8 所示。

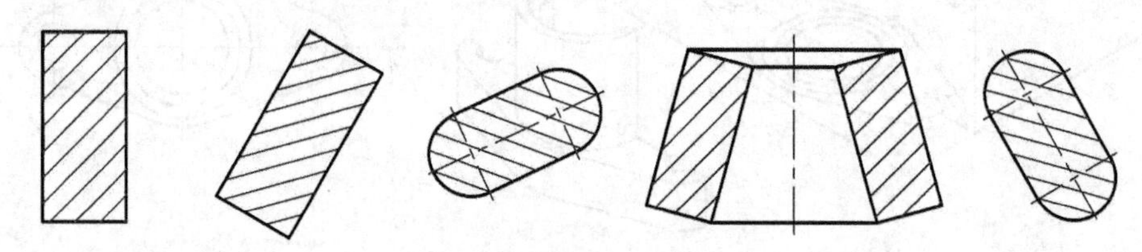

图 7-8　通用剖面线的画法

2．剖视图的标注

（1）在剖视图上方标明“×—×”（×为大写拉丁字母）如图 7-7（b）所示。

（2）剖切符号。为了便于看图，剖视图一般需要在相应的视图上标注剖切符号，用箭头标明投射方向，在剖切符号的起、迄和转折位置处注上相同的字母，剖切符号用短粗实线表示（长约 5mm）。

（3）当剖视图按投影关系配置，视图中间又无其他图形隔开时，可省略箭头，当单一剖切平面通过零件的对称面，且剖切后的图形按投影关系配置，中间又没有其他视图隔开时，可以不标注，如图 7-9 所示。

3．画剖视图应注意的问题

（1）因为剖视图是假想将机件剖开，所以除剖视图本身外，其余的视图应画成完整的图形。

（2）在剖视图中，剖切平面后面的可见轮廓线应全部画出，图 7-9 所示为常见孔槽的剖视图画法。

（3）对剖视图或视图，已表达清楚的结构形状，在剖视图或其他视图上，这部分结构的投影为虚线时，一般不再画虚线，如图 7-10 所示的表达方案中，图 7-10（c）更好。只有当不足以表达清楚机件的结构形状时，允许在剖视图或其他视图上画出虚线，如图 7-11 所示，主视图中机件连接三角板的厚度需要用虚线表示。

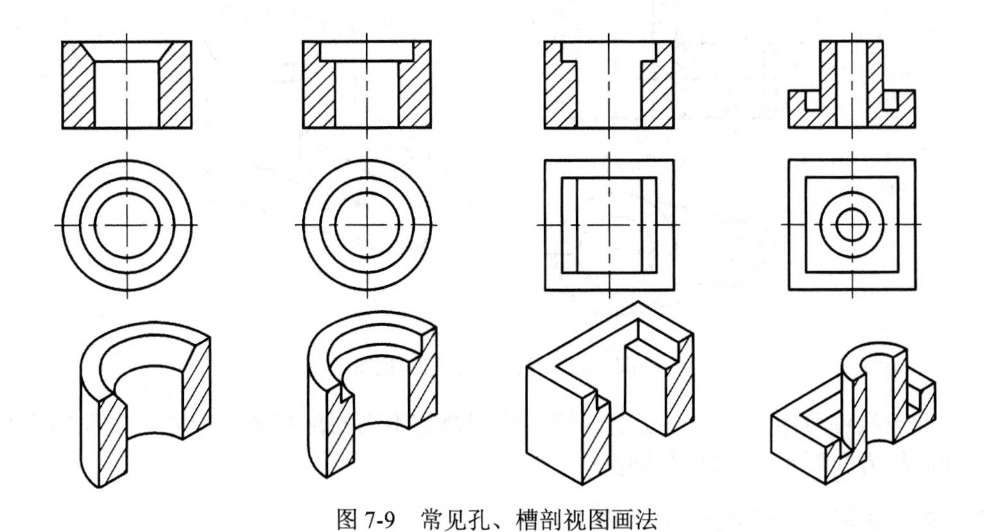

图 7-9 常见孔、槽剖视图画法

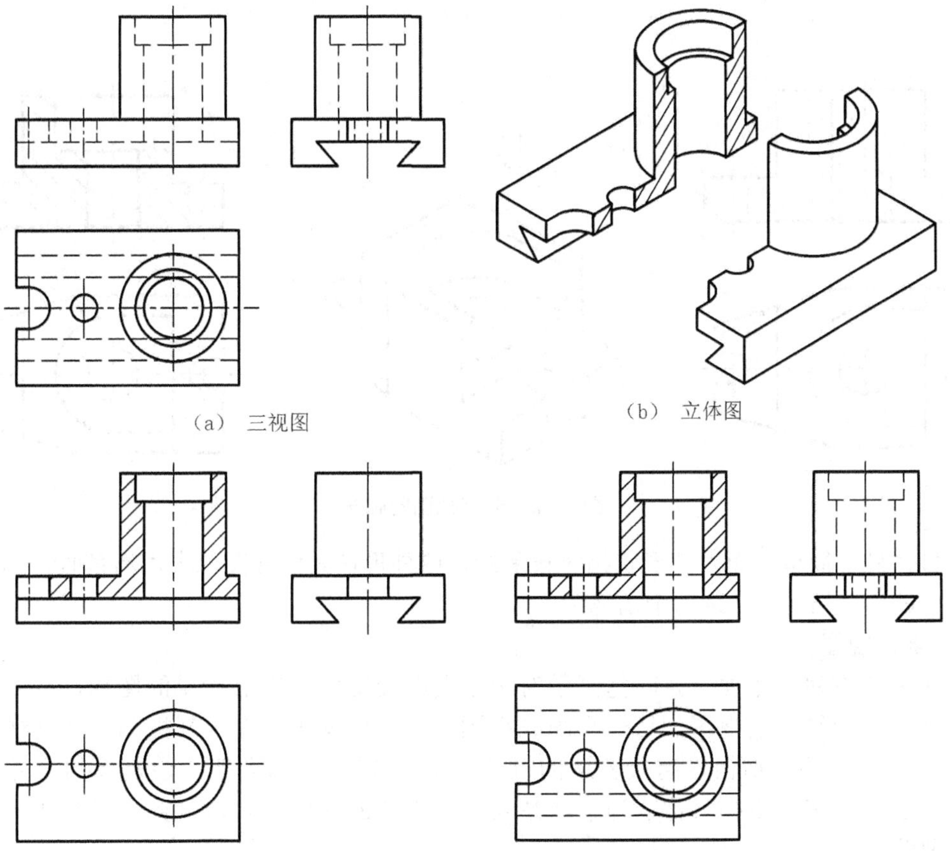

（a） 三视图

（b） 立体图

（c） 正确的剖视图画法

（d）应修改的剖视图，表达清楚结构的虚线不画

图 7-10 剖视图的画法

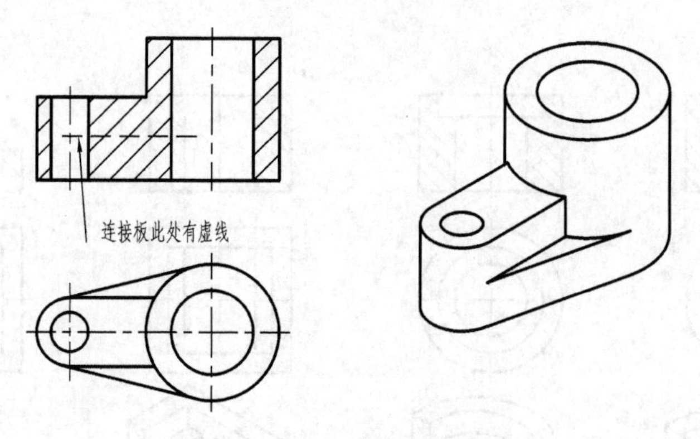

图 7-11　应画虚线的剖视图

（4）同一机件可用不同的剖切面剖切，分别得到不同的剖视图，但同一机件的所有剖视图上的剖面线方向要相同，间隔要相等。

7.2.2　剖视图的种类

1．全剖视图

用剖切面完全地剖开机件所得的剖视图称为全剖视图，如图 7-7～图 7-12 所示均为全剖视图。

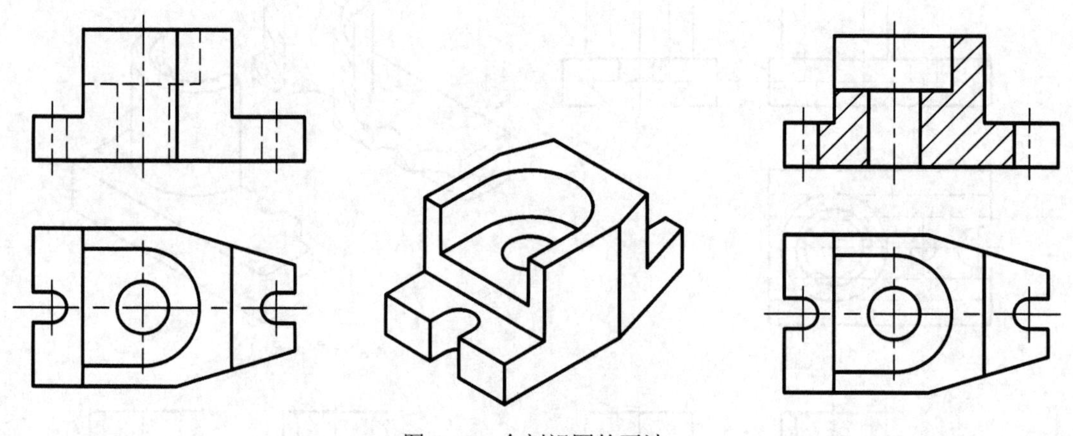

图 7-12　全剖视图的画法

当机件外形简单，而内部形状相对较复杂，或外形在其他视图已表达清楚时，为了集中表达机件的内部结构，常采用全剖视图。

2．半剖视图

当机件具有对称平面时，向垂直于对称平面的投影面上投射所得的图形，可以对称中心线为界，一半画成剖视图，另一半画成视图，这种剖视图称为半剖视图，半剖视图适用于对称，且内、外形结构均需要表达的机件。如图 7-13 所示支架，该机件的内外形状比较复杂，但前后和左右都对称，为了清楚表达该支架的内外形状，可将主视图和俯视图画成半剖视图。

画半剖视图时，当半个视图与半个剖视图左右配置时，通常将半个剖视图画在中心线的右边，当半个视图与半个剖视图上下配置时，将半个剖视图画在中心线的下边。

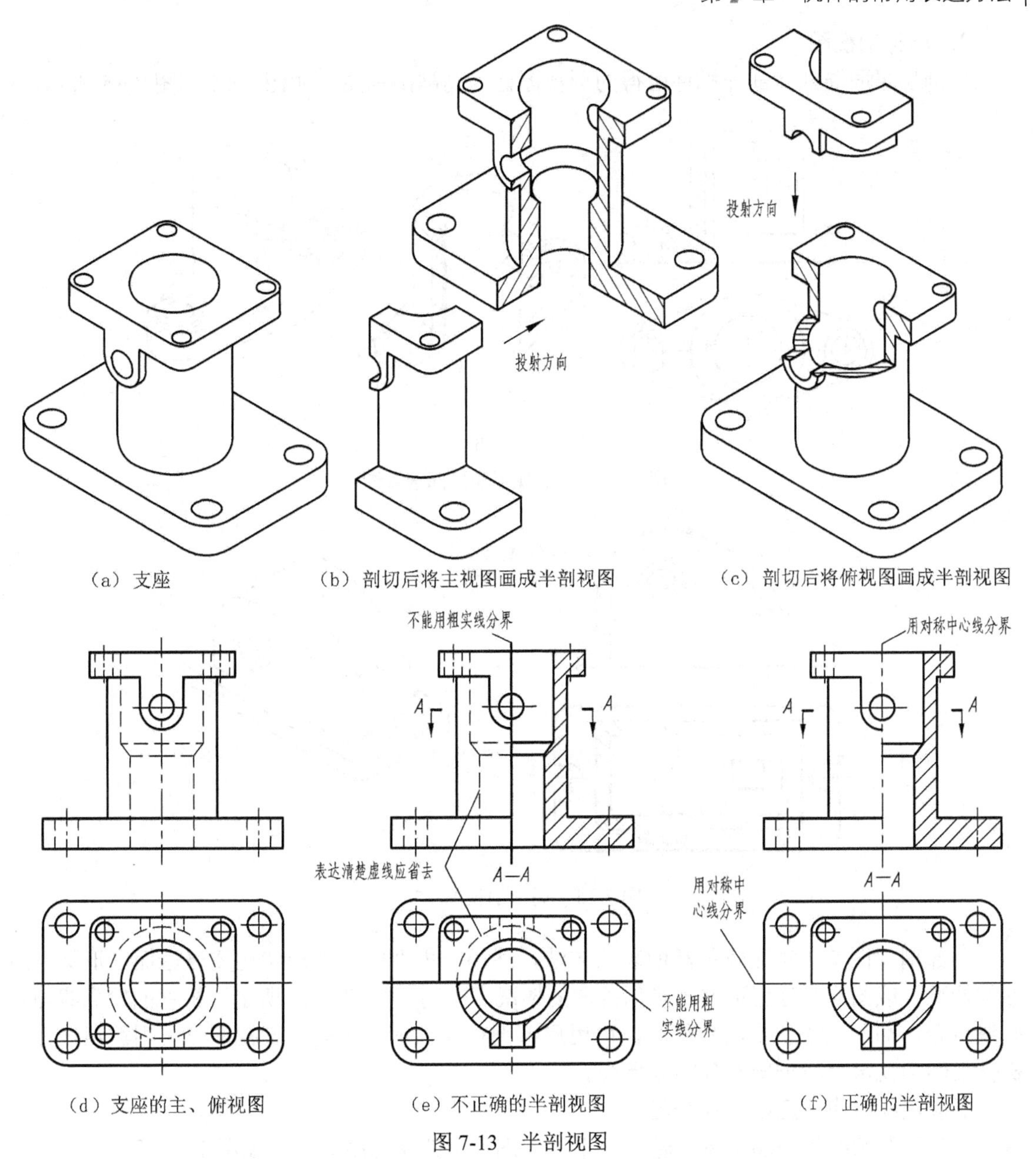

（a）支座　（b）剖切后将主视图画成半剖视图　（c）剖切后将俯视图画成半剖视图

（d）支座的主、俯视图　（e）不正确的半剖视图　（f）正确的半剖视图

图 7-13　半剖视图

半剖视图的标注规则与全剖视图相同。

画半剖视图应注意的问题如下。

（1）在半剖视图中，半个外形视图和半个剖视图的分界线是细点画线而不是粗实线。

（2）在半个剖视图中已表达清楚的内部形状，在表达外形的半个视图中有关的虚线应该省略不画，如图 7-13（f）所示。

当机件的结构形状接近对称，且不对称部分已在其他图形中表达清楚时，也可采用半剖视图，如图 7-14（a）所示，俯视图已将键槽的形状表达清楚，虽然形体内形不对称，但主视图仍可采用半剖视图。

3. 局部剖视图

用剖切平面局部地剖开机件所得的剖视图称为局部剖视图，如图7-14和图7-15所示。

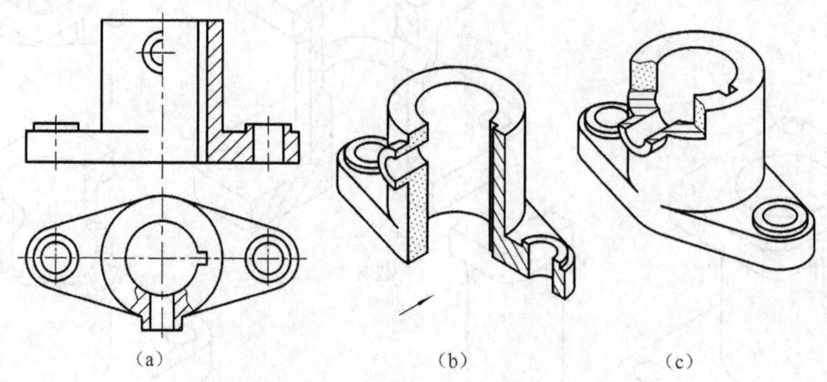

图7-14　半剖视图和局部剖视图

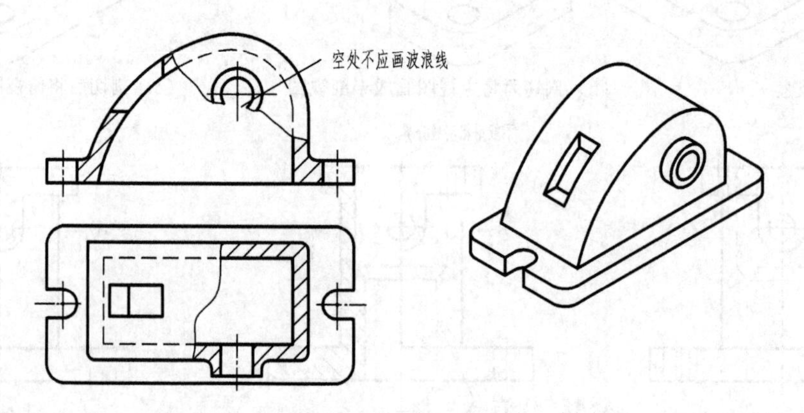

图7-15　局部剖视图（1）

局部剖视图是一种比较灵活的表达方法，适用于机件的内外形状均要表达而图形又不对称的情况，或图形对称但不宜用半剖视图的情况下采用，如图7-16所示，机件的轮廓线与中心线重合，而不宜采用半剖视图时，可用局部剖视图表示。画局部剖视图时，用波浪线作为机件上的剖视部分与未剖部分的分界线。

画波浪线时应注意以下几个问题。

（1）画波浪线不应超出图形轮廓，不能与图形上的轮廓线重合，如图7-17所示。

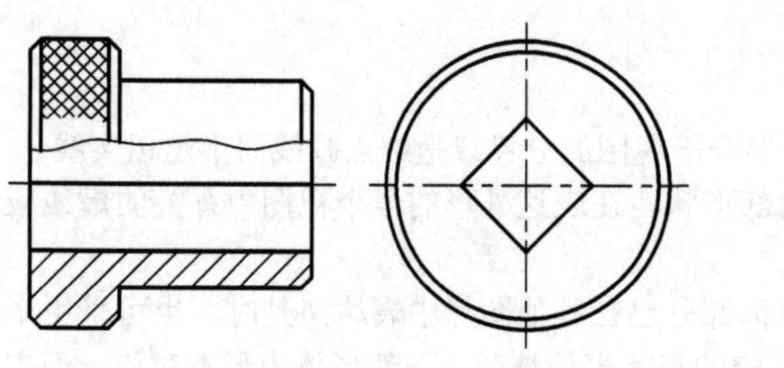

图7-16　局部剖视图（2）

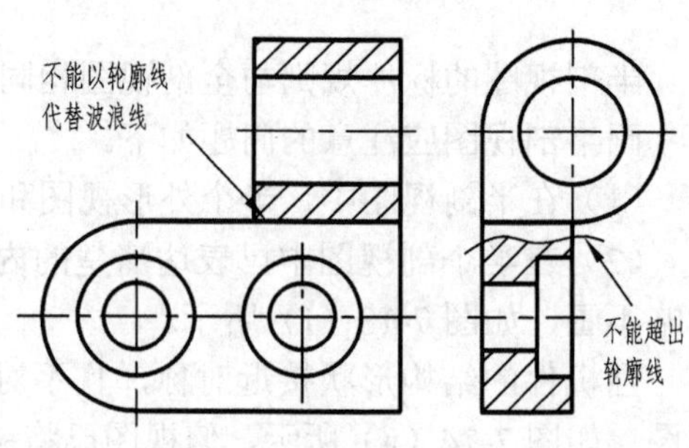

图7-17　局部剖视图（3）

（2）遇到孔、槽及空腔时，波浪线必须断开，不应画入孔、槽及空腔内，如图7-15所示。

7.2.3 剖切面的种类

国家标准规定，在画剖视图时，可根据机件的结构特点，选择单一剖切平面、几个平行的剖切平面或几个相交的剖切平面（交线垂直于某一基本投影面）3种剖切面，采用这3种剖切方法都可得到全剖视图、半剖视图和局部剖视图。

1．单一剖切面

（1）用平行于某一基本投影面的平面剖切。前面所介绍的各种剖视图都是用这种单一剖切面剖开机件而获得的剖视图，该剖切方式应用较多。

（2）用不平行于任何基本投影面的平面剖切。如图7-18（a）所示，当机件上倾斜部分的内部结构形状需要表达时，与斜视图一样，可以先选择一个与该倾斜部分平行的辅助投影面，然后用一个平行于该投影面的平面剖切机件，再投射到与之平行的辅助投影面上，如图7-18（b）所示，剖视图可按投影关系配置，也可在不引起误解的情况下，将图形转正，如图7-18（c）所示 *A—A* 剖视图，这时应标注，旋转符号的箭头应指明旋转方向，表示该视图名称的字母应靠近旋转符号的箭头端，也允许将旋转角度写在字母后。

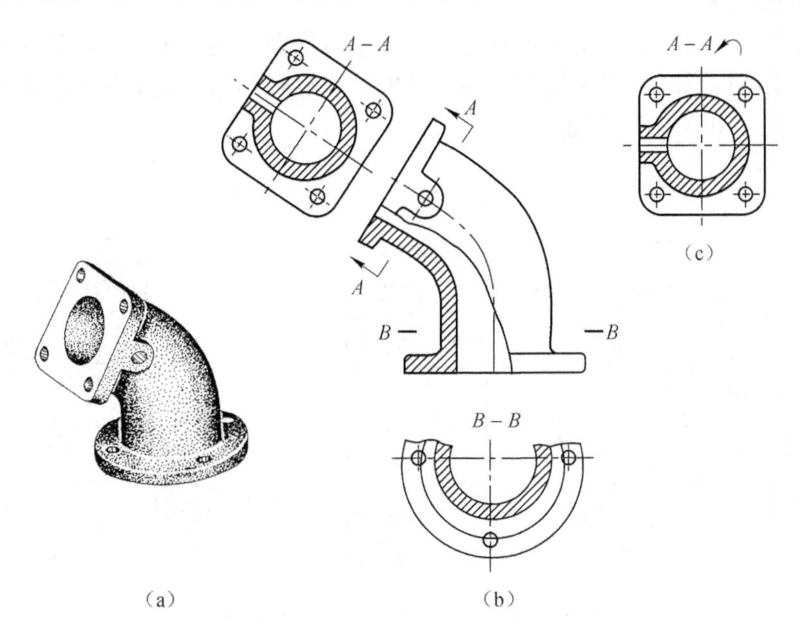

图7-18 用不平行于任何基本投影面的平面剖切

2．几个平行的剖切平面

当机件上有较多的内部结构，而它们的轴线或对称面位于几个互相平行的平面上时，可以用几个互相平行的剖切平面剖切机件，如图7-19（b）所示的 *A—A* 剖视图。

选择几个平行的剖切平面时应注意以下几个问题。

（1）用几个平行的剖切平面剖切，画剖视图时必须标注，标注方法如图7-19所示，在标注时剖切符号的转折处不允许与图上轮廓线重合。

（2）剖视图中不应出现不完整结构要素，如图7-19（c）所示。

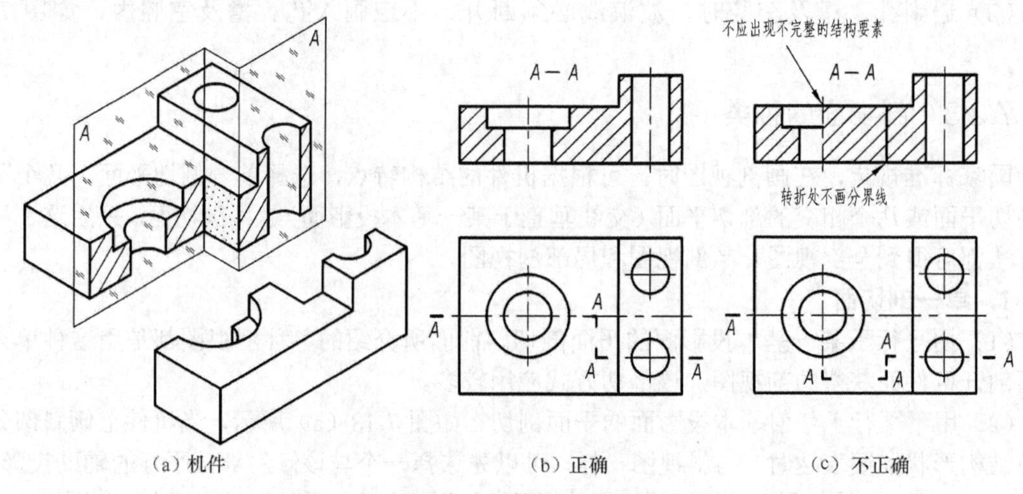

图 7-19 用两个平行的剖切平面剖切（1）

（3）不应在剖视图中画出各剖切平面转折处的分界线，如图 7-19（c）所示。

3．几个相交的剖切平面

用几个相交的剖切平面（交线垂直于某一基本投影面）剖开机件，以表达机件的内部形状。用该方法画剖视图时，应将被剖切面剖开的结构旋转到与选定的基本投影面平行，再进行投射，如图 7-20 和图 7-21 所示。

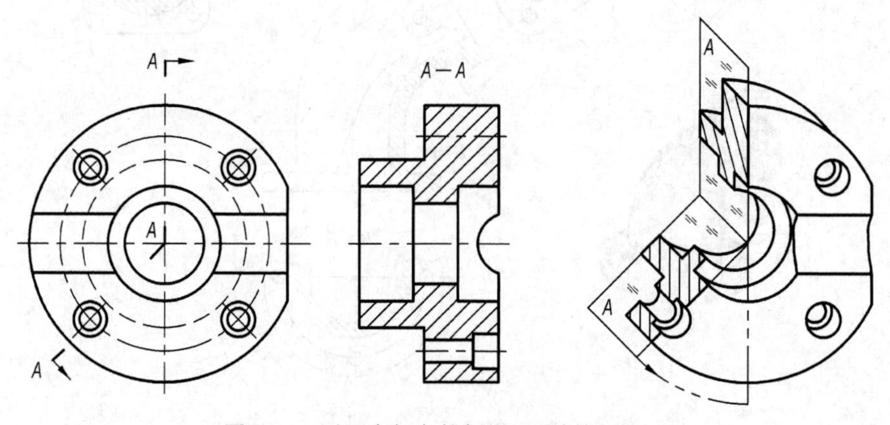

图 7-20 用两个相交的剖切平面剖切（1）

用几个相交的剖切平面剖切，画剖视图时应注意以下几个问题。

（1）几个相交的剖切平面的交线必须垂直于某一基本投影面。

（2）用几个相交的剖切平面剖切所获得的剖视图应标注剖切符号、箭头和剖视图名称，标注方法如图 7-20 和图 7-21 所示，但转折处地方有限又不致引起误解时允许省略字母。

（3）处在剖切面后面的其他结构要素，一般仍按原来位置投影，如图 7-21 所示。

（4）当剖切后，机件上会产生不完整要素时，应将此部分按不剖绘制，如图 7-21 所示。

当机件内部结构比较复杂时，可将几种剖切面组合起来使用，如图 7-22 所示。

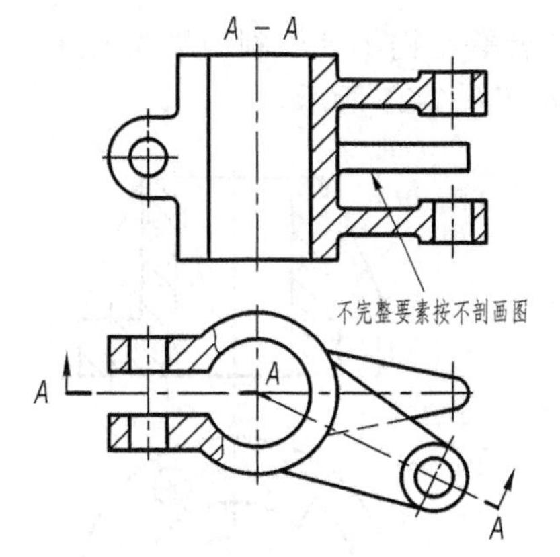

图 7-21 用两个相交的剖切平面剖切（2）

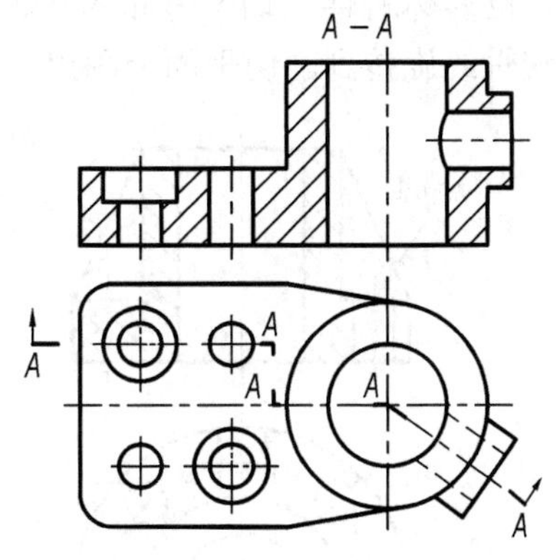

图 7-22 用几种剖切平面组合剖切

7.2.4 剖视图中的一些规定画法

（1）国家标准规定，对于机件上的肋板、轮辐、薄壁等，若沿它们的纵向剖切，这些结构在剖视图上都不画剖面线，而用粗实线将它们与邻近被剖的结构分开；但当这些结构按横向剖切时，仍应画出剖面符号，如图 7-23 和图 7-24 所示。

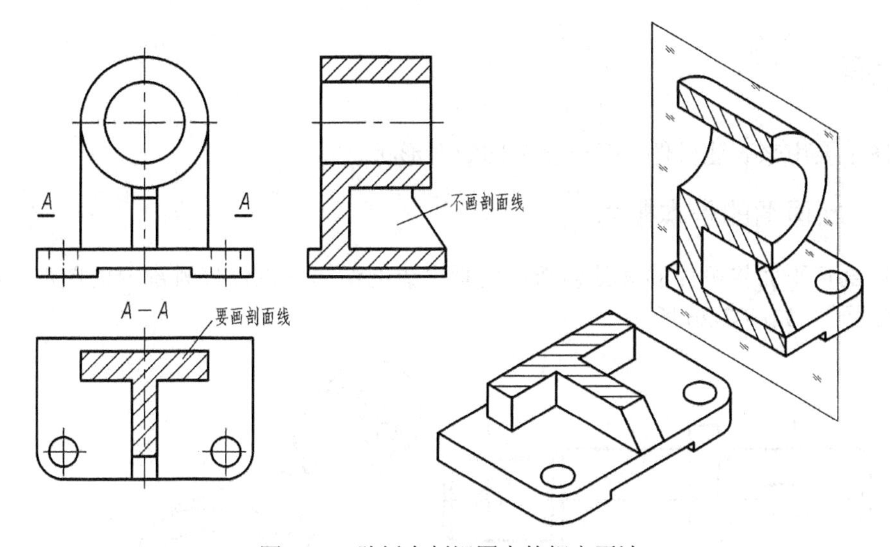

图 7-23 肋板在剖视图中的规定画法

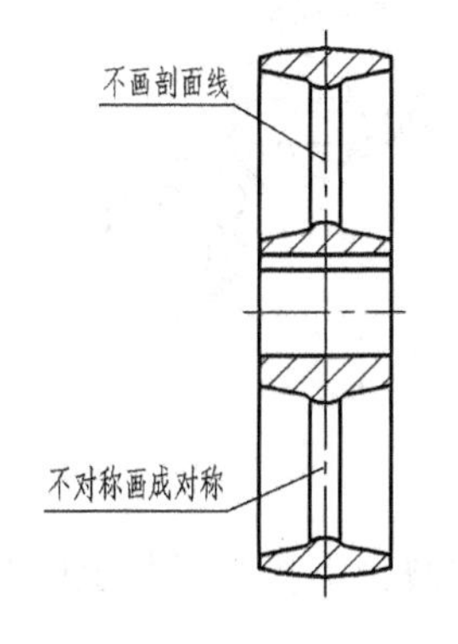

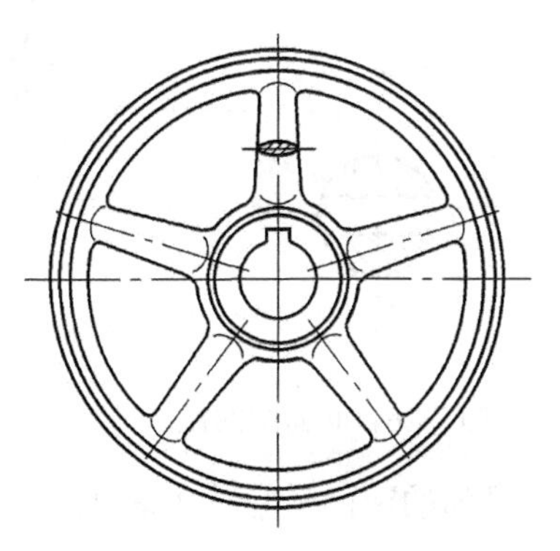

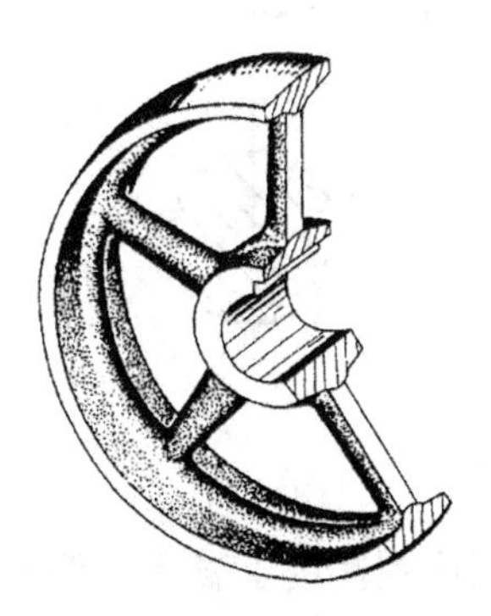

图 7-24 轮辐在剖视图中的规定画法

（2）当回转体机件上均匀分布的孔、肋板、轮辐等结构不处于剖切平面上时，可将这些结构绕回转轴线旋转到剖切平面上画出，如图7-24和图7-25所示。

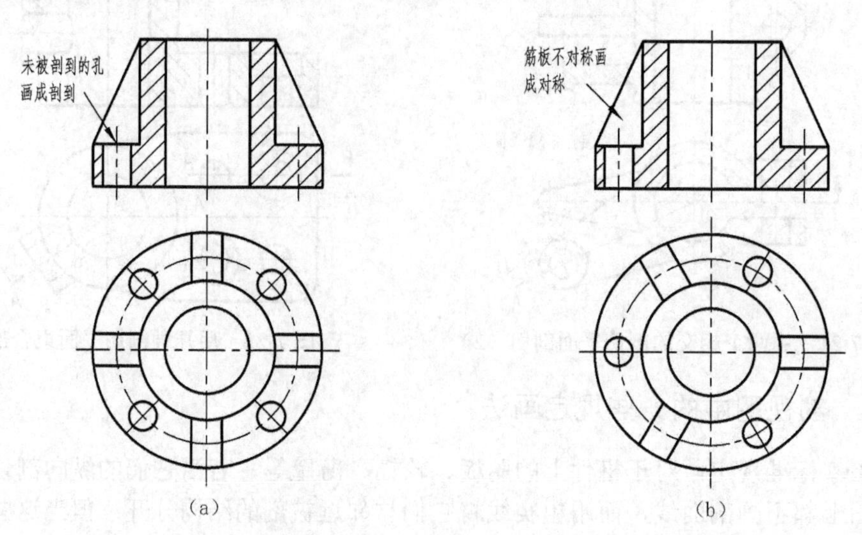

图7-25 均匀分布的结构要素在剖视图中的规定画法

7.3 断面图

断面图主要用来表达机件上某一部分的断面形状。

7.3.1 断面图的基本概念

假想用剖切平面将机件的某处切断，仅画出该剖切面与机件接触部分的图形，称为断面图（简称断面），如图7-26所示。

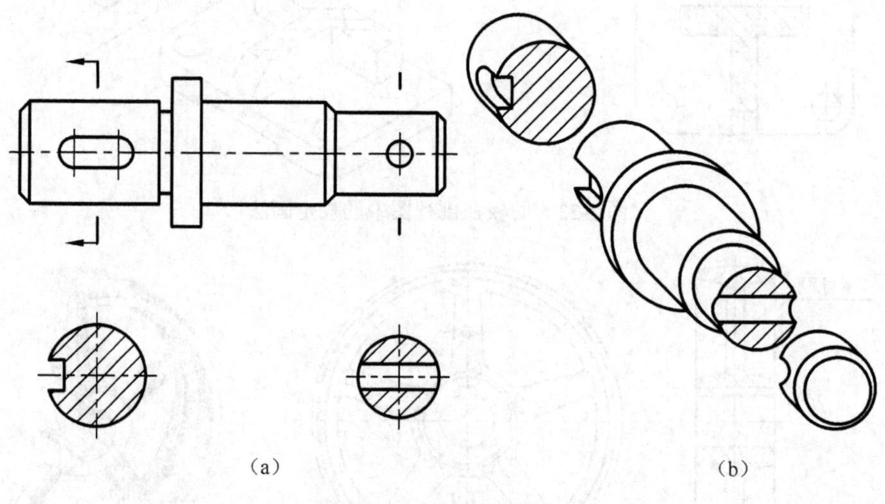

图7-26 断面图的概念

断面图常用于表示机件上某一局部的断面形状，如轴上的键槽、小孔及机件上肋板的横断面轮廓等。

7.3.2 断面图的画法

断面图分移出断面图和重合断面图两种。

1．移出断面图

画在视图之外的断面图称为移出断面图，简称移出断面，如图 7-27（a）所示。

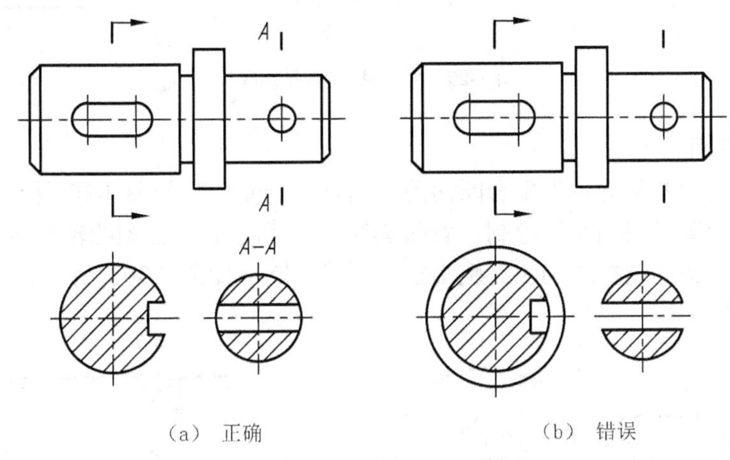

（a） 正确　　（b） 错误

图 7-27　移出断面画法（1）

移出断面的轮廓线用粗实线绘制，画图时应注意以下几点。

（1）尽量将移出断面画在剖切位置线的延长线上，如图 7-27（a）所示。

（2）当剖切平面通过由回转面形成的孔或凹坑的轴线时，这些结构按剖视图绘制，如图 7-28（a）、（b）所示。当剖切平面通过非回转面形成的孔，导致完全分离的两个断面时，这些结构应按剖视图画，如图 7-28（c）所示。

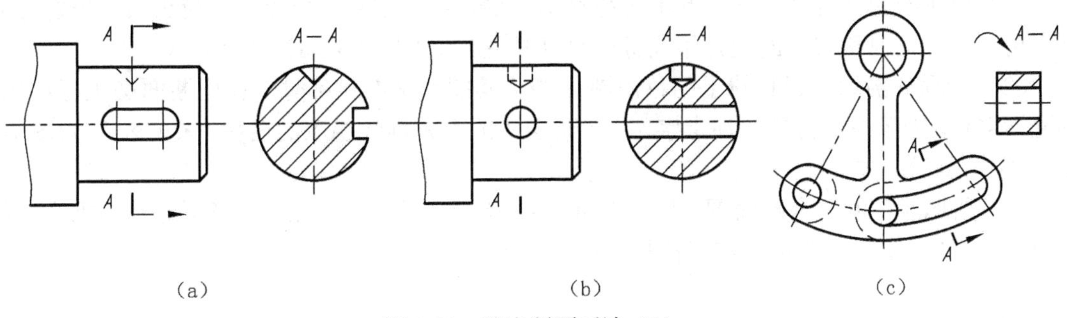

（a）　（b）　（c）

图 7-28　移出断面画法（2）

（3）当机件某个方向的尺寸较大时，其移出断面可以画在视图的中断处，如图 7-29（a）所示。

（4）剖切平面一般应垂直被剖切部分的轮廓线，如图 7-29（b）所示，当两个或两个以上相交的剖切平面剖切机件所画的移出断面，应画为断裂形，中间一般应断开，如图 7-29（c）所示。

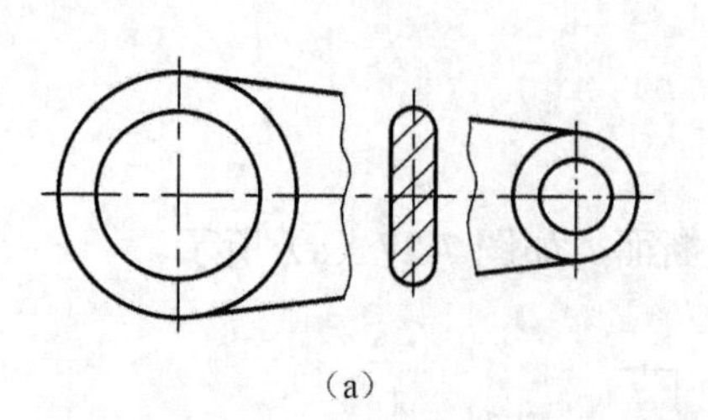
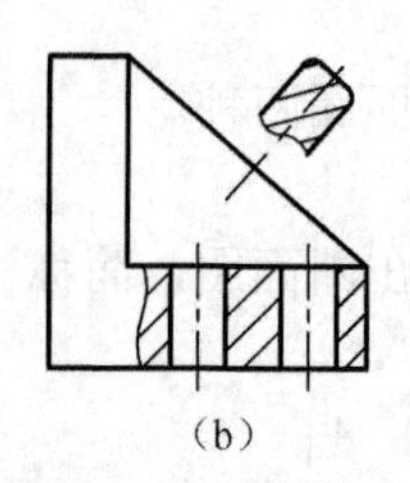
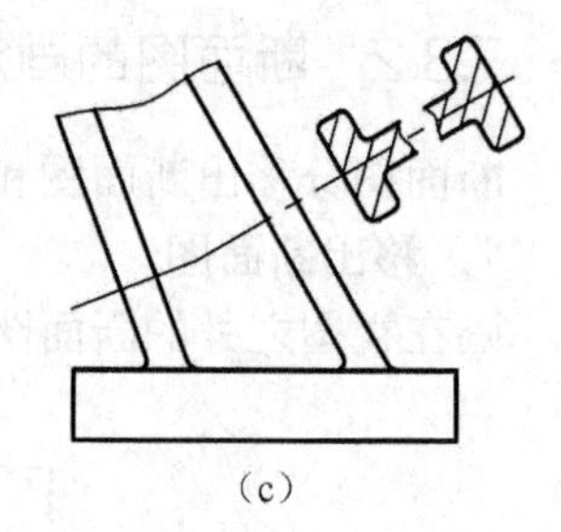

图 7-29　移出断面画法（3）

2．重合断面图

画在视图之内的断面图称为重合断面图，简称重合断面，如图 7-30 所示。

重合断面的轮廓线用细实线绘制，如图 7-30（a）所示。当视图的轮廓线与重合断面图形轮廓线重叠时，视图的轮廓线仍应完整画出，不可间断，如图 7-30（b）所示。

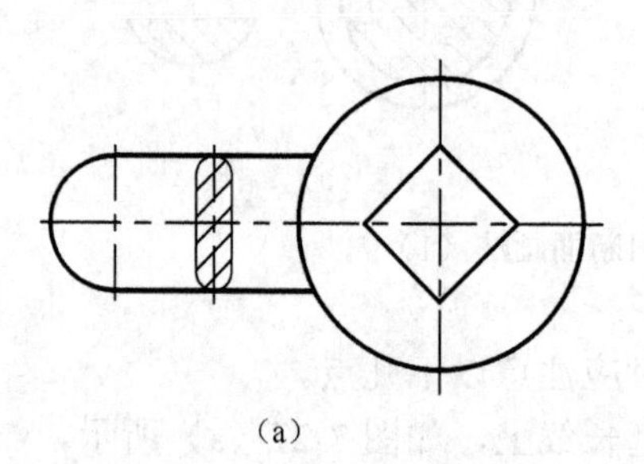
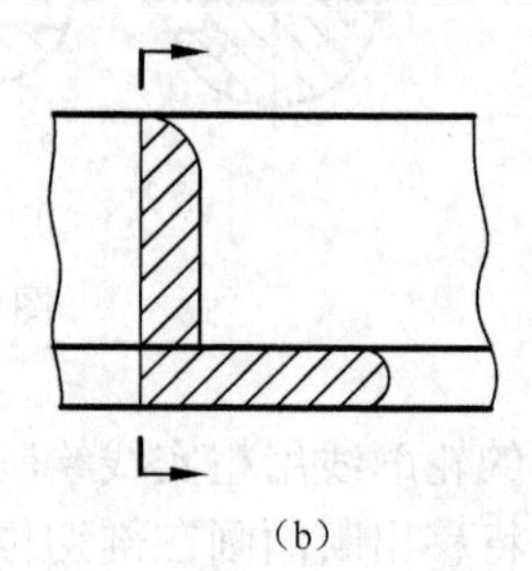

图 7-30　重合断面图画法

7.3.3　断面图的标注

（1）画在剖切符号延长线上的不对称移出断面，需标注剖切位置，用箭头表示投射方向，可省略字母，而对称移出断面，不需标注剖切位置，如图 7-26（a）所示。

（2）不画在剖切线延长线上的移出断面图，其图形又不对称时，移出断面必须标注剖切位置，用箭头表示投射方向并注上字母，在断面图的上方标注相应的名称"×—×"，如图 7-28（a）、（b）所示。

（3）图形对称的重合断面图，如图 7-30（a）所示，可不作标注；图形不对称的重合断面，如图 7-31（b）所示，需标明剖切符号与投影方向。

7.4　简化画法

技术图样上通用的简化表示法的推广使用，能使制图简化，减少绘图工作量，简化表示法由简化画法和简化注法组成。

（1）相同结构要素的简化画法。当机件具有若干相同结构要素（如孔、槽等），并按一定规律分布时，只需画出几个完整的结构，其余用细实线连接或画出它们的中心位置，但在图中必须注明该结构的总数，如图 7-31 所示。

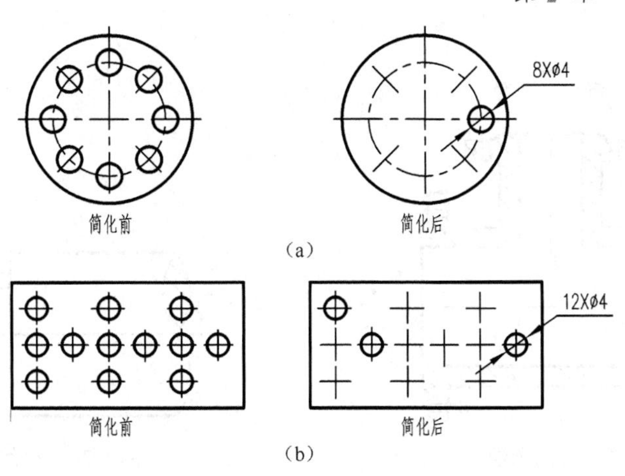

图 7-31　相同结构的简化画法

（2）机件上的滚花部分及网状物的画法可在轮廓线附近用粗实线局部画出，并在零件图上或技术要求中注明这些结构的具体要求，如图 7-32 所示。

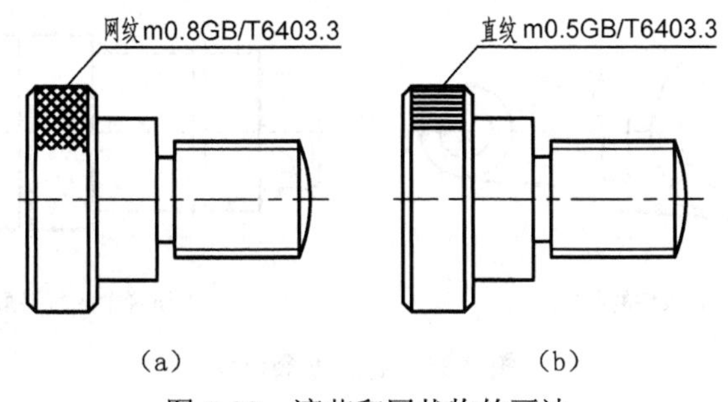

图 7-32　滚花和网状物的画法

（3）当机件上的小平面在图形中不能充分表达时，可用相交的两细实线表示，如图 7-33 所示。

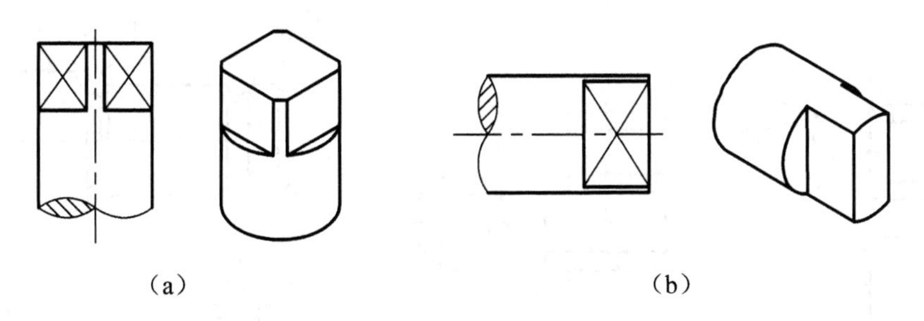

图 7-33　机件上小平面的表示法

（4）圆盘上均匀分布的孔，可按图 7-34 所示的方法画出。

（5）机件上某些截交线或相贯线，在不会引起误解时，允许简化，用圆弧或直线代替非圆曲线，如图 7-35 所示。

（6）较长的机件（轴、杆、型材、连杆等）沿长度方向的形状一致或按一定规律变化时，可断开后缩短绘制，断开后的尺寸仍应按实际长度标注，如图 7-36 所示。

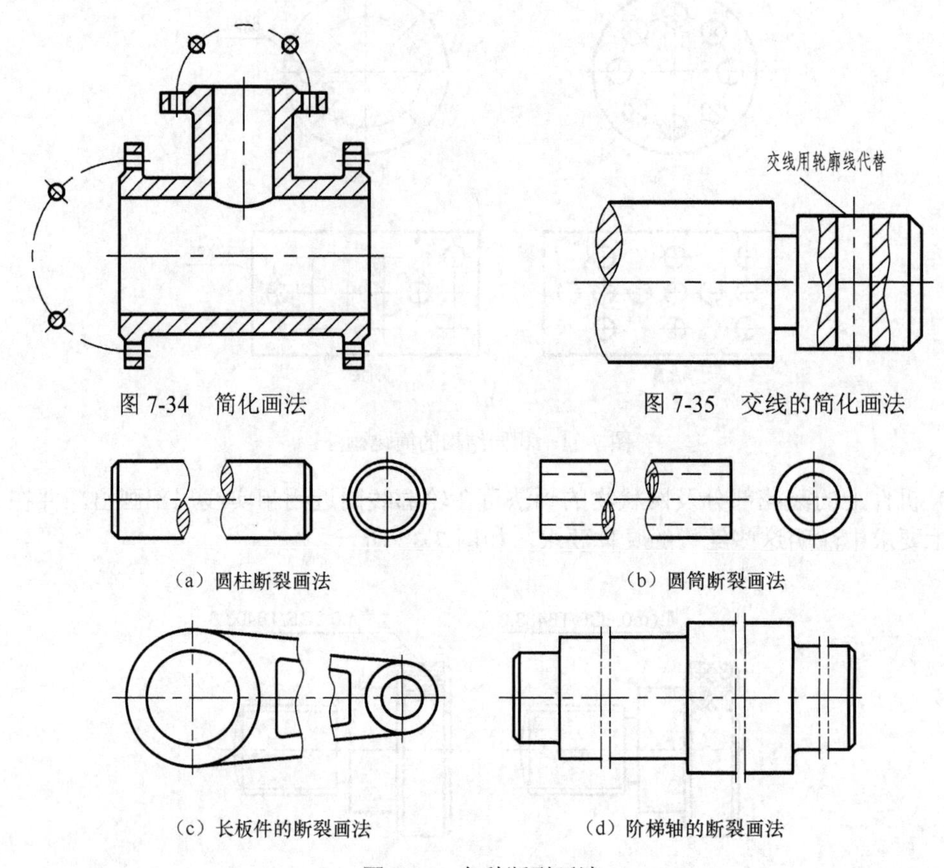

图7-34　简化画法

图7-35　交线的简化画法

（a）圆柱断裂画法

（b）圆筒断裂画法

（c）长板件的断裂画法

（d）阶梯轴的断裂画法

图7-36　各种断裂画法

（7）零件上对称结构的局部视图可按图7-37（b）绘制。

（8）局部放大图。当按一定比例画出机件的视图后，如果其中一些微小结构表达不够清晰，又不便标注尺寸时，可以用大于原图形所采用的比例单独画出这些结构，这种图形称为局部放大图，如图7-38所示。

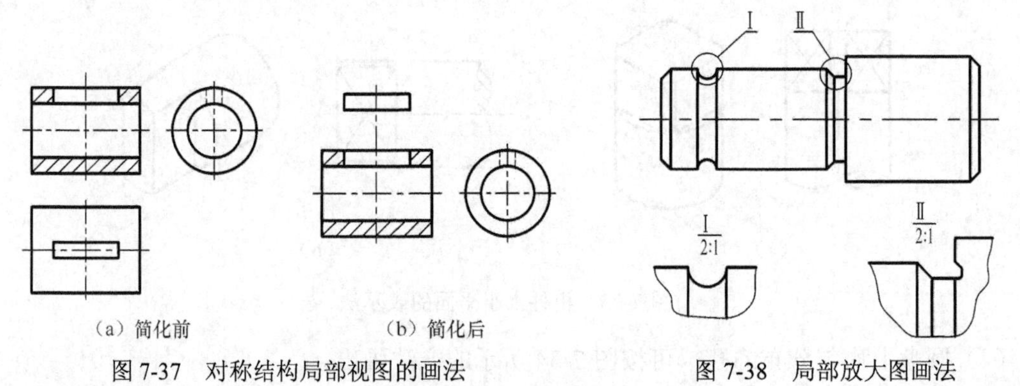

（a）简化前

（b）简化后

图7-37　对称结构局部视图的画法

图7-38　局部放大图画法

局部放大图可以画成视图、剖视图和断面图。

画局部放大图时，在原图上要把所要放大部分的图形用细实线圈出，并尽量把局部放大图配置在被放大部位附近。当图上有几处放大部位时，要用罗马数字依次标明放大部位，并在局部放大图的上方标注出相应的罗马数字和所采用的比例；若只有一处放大部位时，则只需在放大图的上方注明所采用的比例即可。

7.5 第三角投影法简介

在第 2 章曾介绍过互相垂直的 3 个投影面将空间分成 8 个分角，用正投影法绘制工程图样时，有第一角投影法和第三角投影法两种画法，国际标准（ISO）规定这两种画法具有同等效力，GB/T 17451—1998 和 GB/T 14692—2008 规定我国采用第一角投影画法绘制图样，必要时（如按合同规定等）可使用第三角画法，而有些国家则采用第三角投影法（如美国、英国等）。

7.5.1 第三角画法中的三视图

第一角画法是将物体置于第一角内，使物体处于观察者与投影面之间而得到正投影的方法；第三角画法是将物体置于第三角内，使投影面处于观察者与物体之间而得到正投影的方法，如图 7-39 所示，所得的 3 个视图如下：

由前向后投射，在 *V* 面上所得到的视图叫前视图；

由上向下投射，在 *H* 面上所得到的视图叫顶视图；

由右向左投射，在 *W* 面上所得到的视图叫右视图。

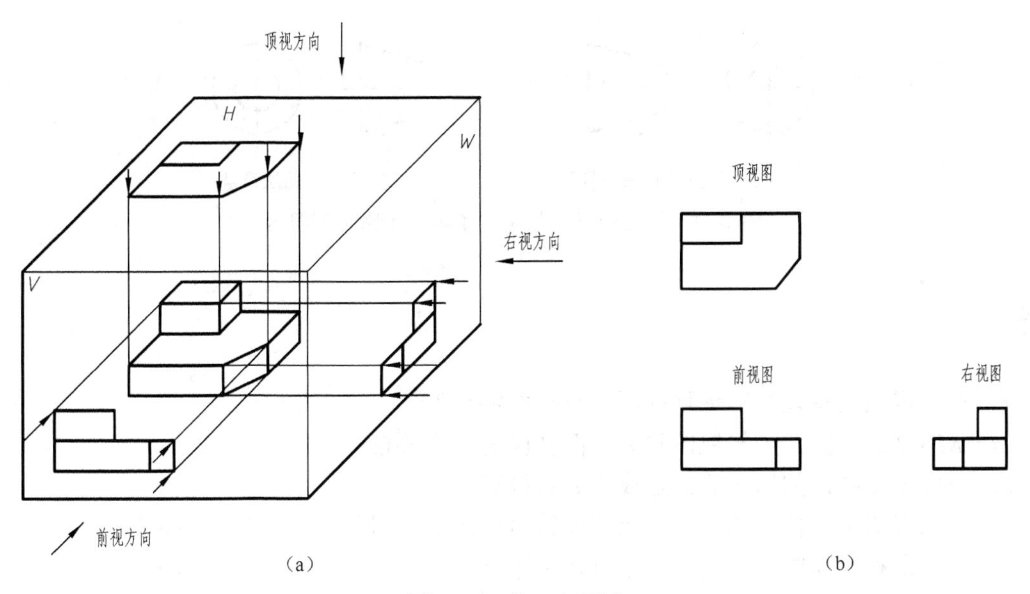

图 7-39 第三角画法

为了使 3 个投影面展开成一个平面，规定 *V* 面不动，*H* 面绕它与 *V* 面的交线向上旋转 90°，*W* 面绕它与 *V* 面的交线向右旋转 90°，如图 7-39（b）所示的三面视图；各视图之间仍保持“长对正，高平齐，宽相等”的投影关系。

图 7-40（a）所示为第一角画法，图 7-40（b）所示为第三角画法，比较它们的对应关系，有 6 个方位的对应关系。通过比较即可掌握第三角画法。

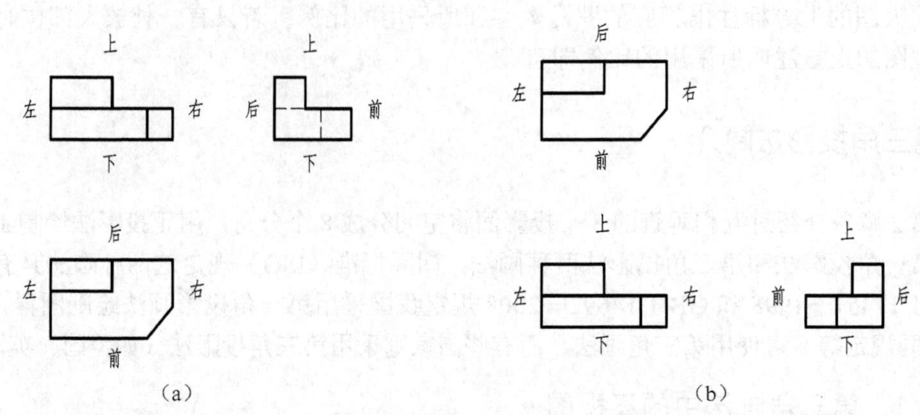

（a）　　（b）

图7-40　第一角与第三角画法及对应关系比较

7.5.2 第三角画法与第一角画法的识别符号

为了识别第三角画法与第一角画法，国家标准规定了相应的识别符号，如图7-41所示，该符号一般标在图纸标题栏的上方或左方。采用第三角画法时，必须在图样中画出识别符号，如图7-41（a）所示。当采用第一角画法时，一般不在图样中画出第一角识别符号，必要时可画出。

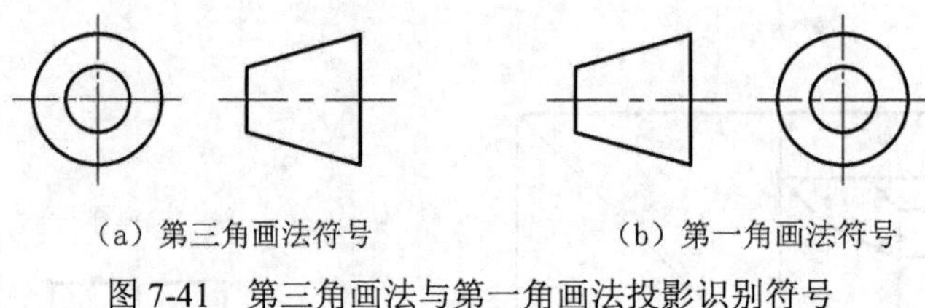

（a）第三角画法符号　　（b）第一角画法符号

图7-41　第三角画法与第一角画法投影识别符号

思考题

1．基本视图共有几种？每种视图都有什么特点？
2．试述全剖视图、半剖视图和局部剖视图的基本画法。
3．在剖视图中，剖切面后的虚线应如何处理？
4．在剖视图中，什么地方应画上剖面符号？剖面符号的画法有什么规定？
5．剖视图和断面图在表达方法上有什么不同？
6．移出断面和重合断面有什么不同？
7．机件上肋板、轮辐在剖视图上有哪些规定画法？

学习方法指导

1．学习该章内容首先要理解视图、剖视图、断面图等各种表达方法的概念及应用范围，视图主要用来表达机件的外形，剖视图主要用来表达内形，或内外形都要表达的机件，断面图主要用来表达机件某一部分的断面形状。

2．视图画法的相关内容。

基本视图——有6个，优先选用主视图、俯视图、左视图。

向视图——利用它可以自由的配置视图的位置。

局部视图——可用来表示机件的局部形状的视图。

斜视图——用来表达机件倾斜部分的结构形状的视图。

3．剖视图的基本概念，重点掌握3种剖视图的画图方法和它的应用范围。

全剖视图——主要用于表达外形简单，内形复杂的不对称机件。

半剖视图——主要用于内、外形状都需要表达的对称机件或基本对称（不对称部分的形状在其他视图中已表达清楚）的机件。

局部剖视图——主要用于内、外形状都需要表达，又不对称的机件。

4．剖切面的种类。

用一个单一的剖切平面剖切——这是用得最多的一种剖切方法，要熟练地掌握。

用几个平行的剖切平面剖切——注意剖切面的转折处不画线。

用两个相交的剖切平面剖切——注意被剖切面剖开的结构，旋转到与选定的基本投影面平行再进行投射。

5．在剖视图中，表达清楚的结构，虚线不画，剖切平面后的所有可见轮廓线都应画出。

6．断面图画法。移出断面轮廓线用粗实线表示，重合断面轮廓线用细实线表示。注意当剖切平面通过回转面形成的孔和凹坑的轴线时，这些结构应按剖视绘制。

7．要求掌握各种剖视图的画法，剖视图的标注和画剖视图应注意的一些问题。剖视图、断面图的标注规定参看相关图例，初学者一般不易掌握，可先采用全部标注，在逐步搞清有关规定后，再省去不必要的标注。

8．在分析表达方案及绘制图样中，“读图”是关键。没有正确的读图，也就没有正确的表达。表达的最佳方案是在比较中产生，需要综合应用空间想象和空间分析能力来解决实际问题。

9．在掌握机件的各种表达方法的基础上，要学会灵活运用这些表达方法。在表达机件时，首先要分析机件形状的结构特点，分析机件的内部和外部、整体和局部、正的和斜的等关系，从而根据机件的结构特点选取合适的表达方法，把机件结构完整、正确地表达出来。

第8章 标准件和常用件

在各种机器、仪表及设备中，螺纹紧固件、键、销、齿轮等零件都被广泛应用，它们中有些结构和尺寸已全部标准化了，称为标准件；有的重要参数已标准化了，称为常用件。本章将介绍一些标准件和常用件的结构、规定画法、代号和标注。

8.1 螺纹

8.1.1 螺纹的形成

螺纹可认为是在圆柱体（或圆锥体）表面上沿螺旋线所形成的螺旋体，具有相同轴向断面的连续凸起和沟槽的结构称为螺纹。图 8-1 所示为在车床上加工螺纹的方法，在外表面上加工的螺纹称为外螺纹；在内表面上加工的螺纹称为内螺纹。在加工螺纹的过程中，由于刀具的切入构成了凸起和沟槽两部分，凸起的顶端称为螺纹的牙顶，沟槽的底部称为螺纹的牙底。

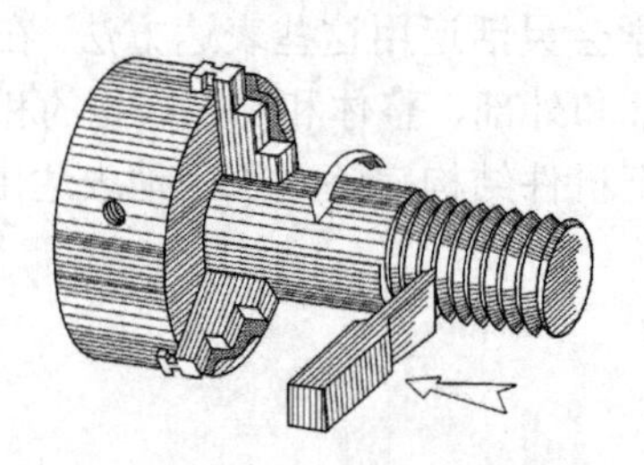

（a）在车床上加工外螺纹

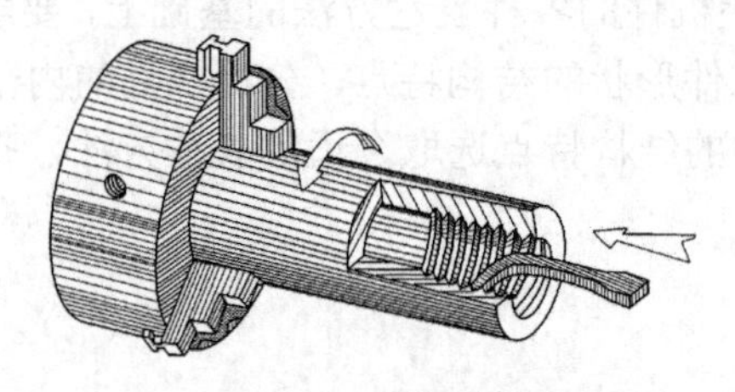

（b）在车床上加工内螺纹

图 8-1　螺纹的车削法

8.1.2 螺纹的结构要素

内外螺纹连接时，下列要素必须一致。

1．螺纹牙型

在通过沿螺纹轴线的断面上，螺纹的轮廓线形状称为螺纹牙型。常见的螺纹牙型有三角形、梯形、锯齿形螺纹等，不同种类的螺纹牙型有不同的用途，如表 8-1 所示。

表 8-1　　　　　　　　　　　　　　常用标准螺纹

螺纹种类及牙型代号		牙型图	用途	说明
连接螺纹	粗牙普通螺纹 细牙普通螺纹 牙型代号 M	60°	一般连接用粗牙普通螺纹，薄壁零件的连接用细牙普通螺纹	螺纹大径相同时，细牙螺纹的螺距和牙型高度都比粗牙螺纹的螺距和牙型高度要小
	非螺纹密封的管螺纹 牙型代号 G	55°	常用于电线管等不需要密封的管路系统中的连接	该螺纹如另加密封结构后，密封性能好，可用于高压的管路系统
	螺纹密封的管螺纹 牙型代号 R_C R_P R	1:16　55°	常用于日常生活中的水管、煤气管、润滑油管等系统中的连接	R_C——圆锥内螺纹，锥度 1∶16 R_P——圆柱内螺纹 R——圆锥外螺纹，锥度 1∶16
传动螺纹	梯形螺纹 牙型代号 Tr	30°	常用于各种机床上的传动丝杠	做双向动力的传递
	锯齿形螺纹 牙型代号 B	3°　30°	常用于螺旋压力机的传动丝杠	做单向动力的传递

2．螺纹的直径

螺纹的直径如图 8-2 所示。

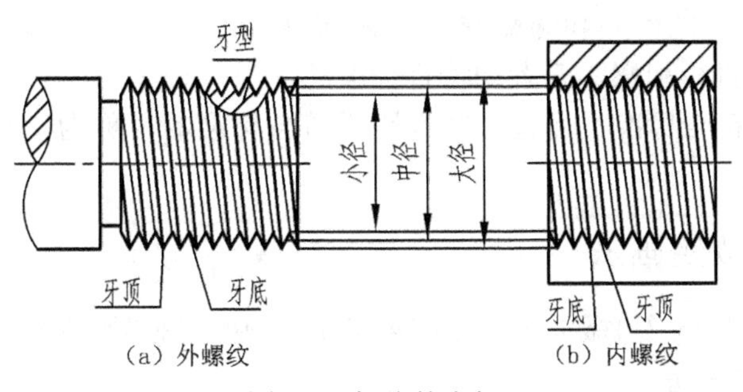

(a) 外螺纹　　(b) 内螺纹

图 8-2　螺纹的直径

大径：与外螺纹牙顶或内螺纹牙底相重合的假想圆柱面的直径称为大径，螺纹的大径分别用 d（外螺纹）或 D（内螺纹）表示。代表螺纹尺寸的大径又称为螺纹的公称直径。

小径：与外螺纹牙底或内螺纹牙顶相重合的假想圆柱面的直径称为小径，螺纹的小径分

别用小径 d_1（外螺纹）或 D_1（内螺纹）表示。

中径：一个假想圆柱的直径，该圆柱的母线通过牙型上凸起和沟槽宽度相等的地方称为中径，螺纹的中径分别用中径 d_2（外螺纹）或 D_2（内螺纹）表示。

3．螺纹的线数

螺纹有单线和多线之分。沿一条螺旋线所形成的螺纹，叫单线螺纹，如图 8-3（a）所示；沿两条或两条以上，在轴向等距分布的螺旋线所形成的螺纹，叫多线螺纹，如图 8-3（b）所示。

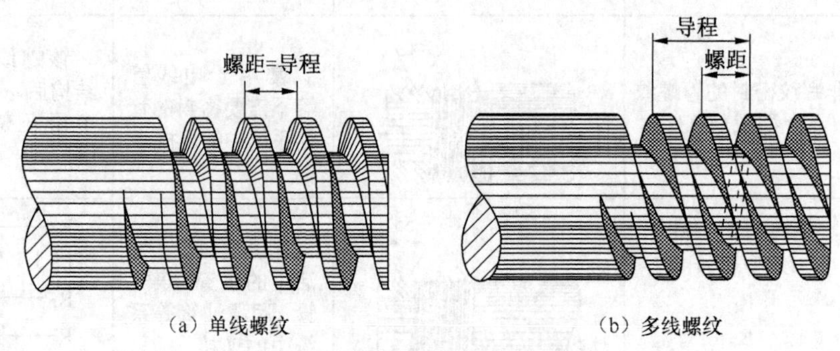

（a）单线螺纹　　（b）多线螺纹

图 8-3　螺纹的线数、导程和螺距

4．螺距和导程

螺纹相邻两牙在中径线上对应两点间的轴向距离称为螺距，导程为同一条螺旋线上相邻两牙在中径线上对应两点间的轴向距离，如图 8-3 所示。

导程（*Ph*）、螺距（*P*）和线数（*n*）三者之间的关系为

$$Ph= n\times P$$

5．螺纹旋向

螺纹按旋入时的旋转方向，分为右旋（RH）和左旋（LH）两种。顺时针旋入的螺纹，称为右旋螺纹；逆时针旋入的螺纹，称为左旋螺纹，如图 8-4 所示，工程上常用右旋螺纹。

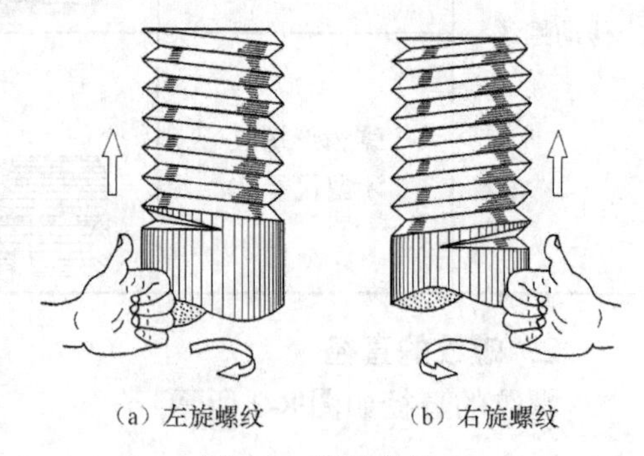

（a）左旋螺纹　　（b）右旋螺纹

图 8-4　螺纹的旋向

只有当外螺纹和内螺纹的上述 5 个结构要素完全相同时，内、外螺纹才能旋合在一起。常用螺纹的标准牙型、公称直径（大径）和螺距系列见附表 4 和附表 5。凡是牙型、直径和螺距三者均符合标准的，称为标准螺纹；牙型符合标准，而直径或螺距不符合标准的，称为特殊螺纹；牙型不符合标准的称为非标准螺纹。

8.1.3　螺纹的规定画法

为方便作图，国家标准《机械制图》GB/T 4459.1—1995 中对螺纹和螺纹紧固件作了规定画法。

1．外螺纹的规定画法

（1）如图 8-5（a）所示，在投影为非圆的视图中，外螺纹的大径画成粗实线，小径画成细实线，并画入倒角内，小径尺寸可在有关附表中查到，实际画图时通常将小径画成大径的 0.85 倍，螺纹的终止线画成粗实线。

（2）在投影是圆的视图上，外螺纹大径画成粗实线圆，小径画成约 3/4 圈的细实线圆，此

时螺纹倒角的投影圆规定省略不画。

（3）当外螺纹被剖切时，其螺纹终止线只画出表示牙型高度的一小段，在剖视图和断面图中，剖面线必须画至大径粗实线处，如图 8-5（b）所示。

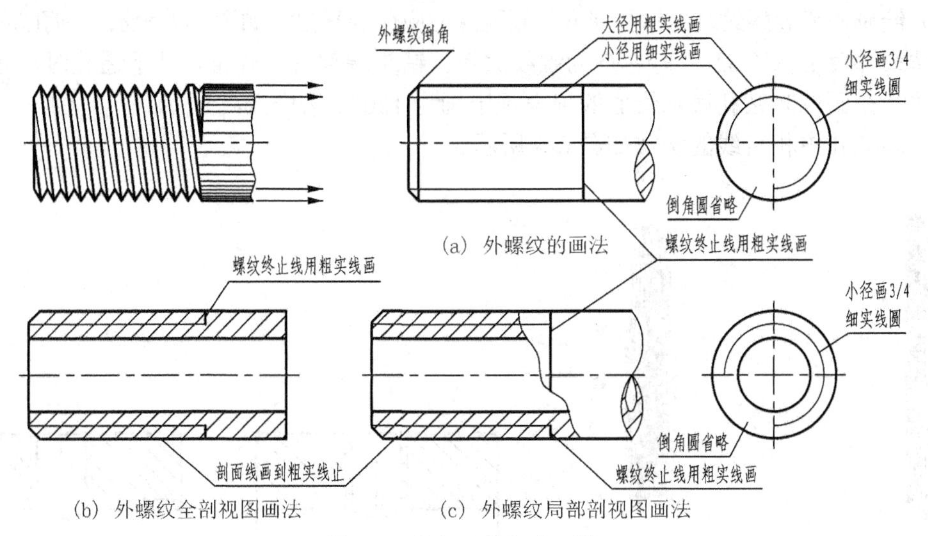

图 8-5　外螺纹的规定画法

2．内螺纹的规定画法

（1）如图 8-6 所示，对螺孔作剖视时，在投影为非圆的剖视图中，内螺纹大径画成细实线，小径画成粗实线，螺纹的终止线也画成粗实线，剖面线应画到小径粗实线处，如图 8-6（a）和图 8-6（b）所示。

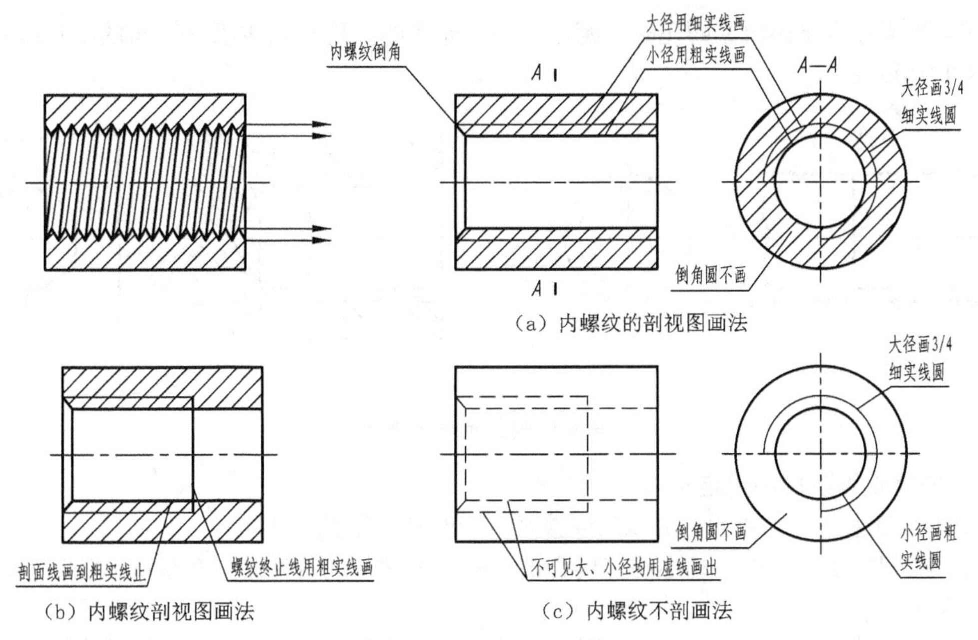

图 8-6　螺孔的剖视图

（2）在投影为圆的视图上，内螺纹小径画成粗实线圆，大径画成 3/4 圈的细实线圆，此时螺纹倒角的投影圆规定省略不画，如图8-6（c）所示的左视图。

（3）对螺孔不作剖视时，在投影为非圆的视图中，大径、小径和螺纹终止线都画成虚线，如图8-6（c）所示的主视图。

（4）绘制不通孔螺纹时，钻孔深度与螺孔深度应分别画出，如图8-7所示。钻孔深度 H 一般应比螺纹深度 L 大 $0.5D$，其中 D 为螺纹大径。钻头端部有一圆锥，钻不通孔时，底部将形成一锥面，在画图时钻孔底部锥面的顶角规定画为120°，如图8-7所示。

（5）螺纹孔中相贯线的画法如图8-8所示。

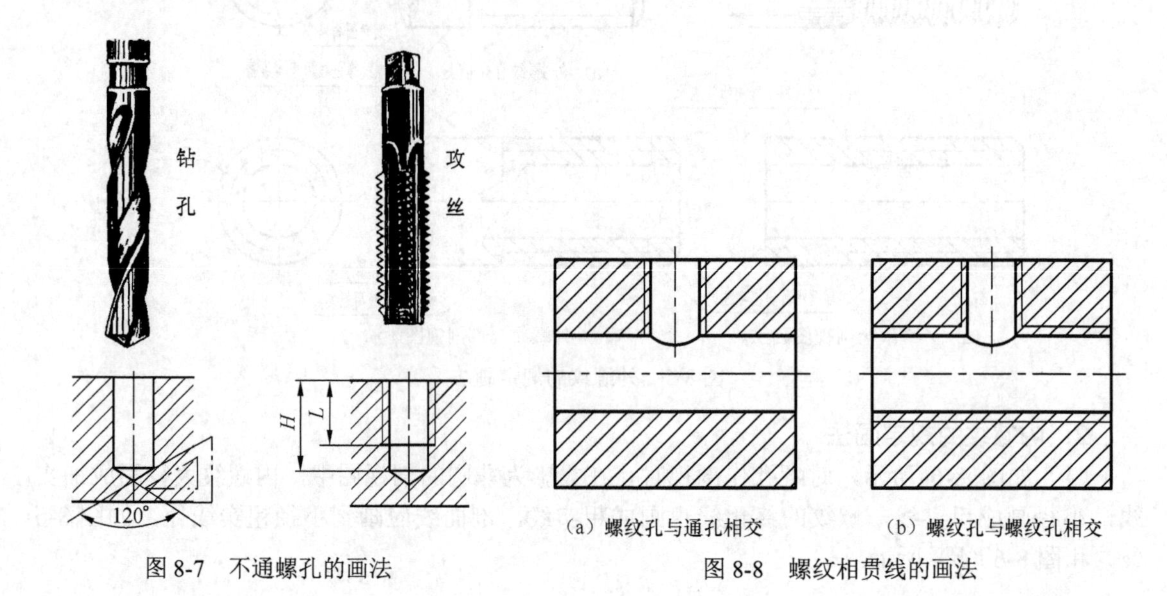

图8-7　不通螺孔的画法

图8-8　螺纹相贯线的画法

（6）当需要表示螺纹的螺尾时，螺尾部分的牙底线要用与轴线成30°角的细实线绘出，如图8-9所示。

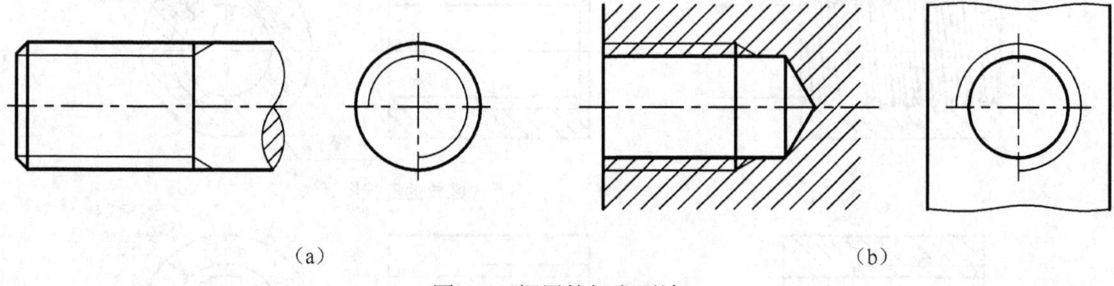

（a）　（b）

图8-9　螺尾的规定画法

3．内外螺纹连接的规定画法

如图8-10所示，在画内、外螺纹连接时，应注意以下几点规定。

（1）在剖视图中，内、外螺纹其旋合部分应按外螺纹的画法画，其余部分仍按各自的规定画法表示。

（2）绘图时应注意，表示内、外螺纹大径、小径的粗实线和细实线要分别对齐。

（3）画剖视图时，当剖切平面通过实心螺杆轴线时，按不剖绘制，如图8-10（a）所示。

（4）在画内、外螺纹连接的剖视图中，相邻两零件剖面线方向应相反，或间隔不等，而同一零件在各个视图中剖面线方向应相同，且间隔一致。

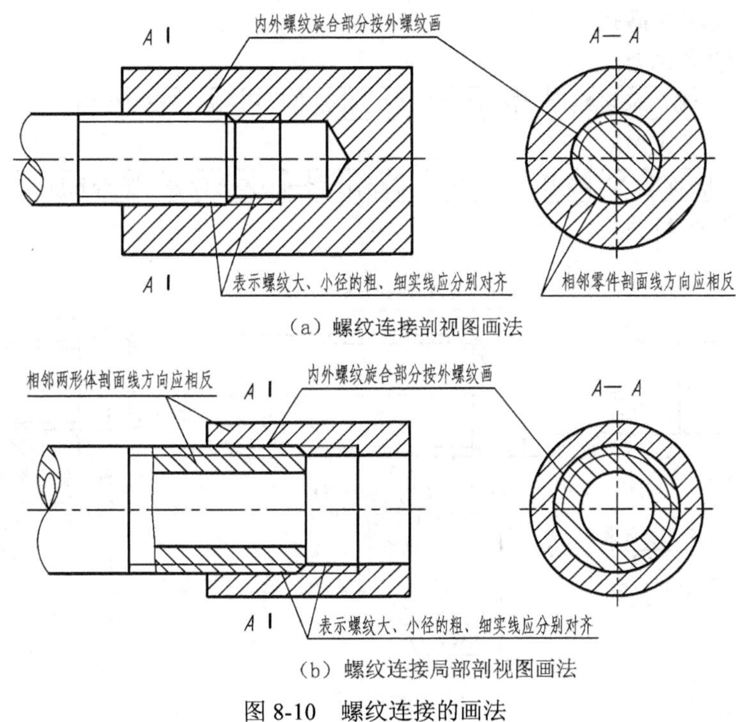

（a）螺纹连接剖视图画法

（b）螺纹连接局部剖视图画法

图 8-10　螺纹连接的画法

8.1.4　螺纹的标注

由于螺纹采用了简单的规定画法，为了区别不同种类的螺纹，应在图样上按规定格式进行标注，标注的内容包括螺纹的牙型、公称直径、螺距、螺纹公差带代号（公差带概念可参阅第 9.5.2 节极限与配合）、旋向等。螺纹的旋合长度代号用字母 S（短）、N（中）、L（长）表示。

1．有关螺纹标注的注意事项

（1）粗牙普通螺纹的螺距不标注，细牙普通螺纹的螺距必须标注。

（2）单线螺纹只标注螺距，多线螺纹应标注“导程（P 螺距）”。

（3）右旋螺纹不标注，左旋螺纹标注代号“LH”。

（4）普通螺纹必须标注螺纹的公差带代号，当中径和大径的公差带代号不同时，先标注中径公差带代号，后标注大径公差带代号，相同时只标注一个，梯形螺纹只标注中径的公差带代号。

（5）中等旋合长度其代号“N”可省略不注。

（6）非标准螺纹必须画出牙型并标注全部尺寸。

2．普通螺纹、传动螺纹的标注

普通螺纹和传动螺纹（梯形螺纹和锯齿形螺纹）从大径处引出尺寸线，按标注尺寸的形式进行标注。

（1）普通螺纹标注格式（粗牙不注螺距）。

单线螺纹标注格式为：

螺纹特征代号　公称直径×螺距－公差带代号－旋合长度代号－旋向代号

多线螺纹标注格式为：

螺纹特征代号 公称直径×Ph 导程 P 螺距－公差带代号－旋合长度代号－旋向代号

（2）传动螺纹标注格式。

单线螺纹标注格式为：

螺纹特征代号 公称直径×螺距 旋向代号－中径公差带代号－旋合长度代号

多线螺纹标注格式为：

螺纹特征代号 公称直径×导程（P 螺距） 旋向代号－公差带代号－旋合长度代号

标注图例如图 8-11 所示。

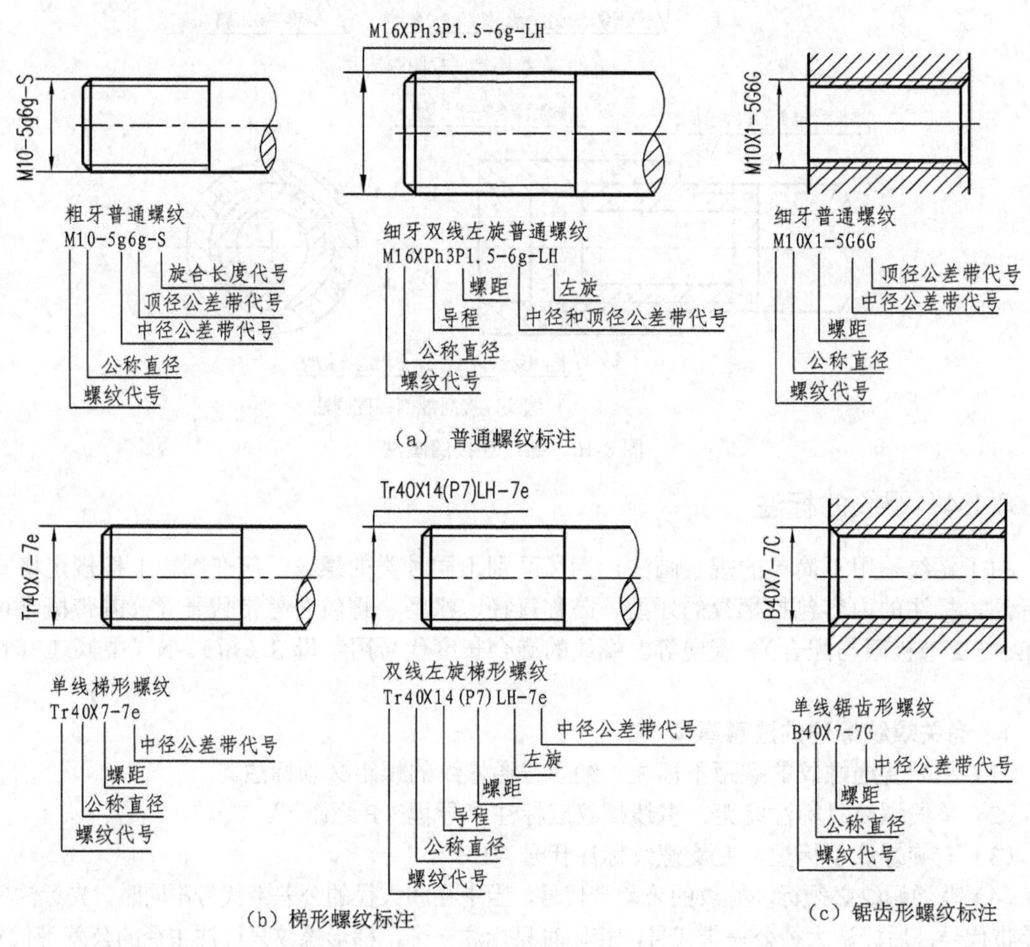

图 8-11 螺纹标注（1）

3. 管螺纹的标注

管螺纹的规定标记含螺纹代号及尺寸代号，有时需加注公差等级代号。

（1）非螺纹密封管螺纹的标注。非螺纹密封的管螺纹公差等级对外螺纹分 A、B 两级，内螺纹只有一种等级。标注图例如图 8-12（a）所示。

（2）螺纹密封管螺纹的标注。螺纹密封的管螺纹：圆锥外螺纹代号为 R，圆锥内螺纹代号为 Rc，圆柱内螺纹代号为 Rp。标注图例如图 8-12（b）和图 8-12（c）所示。

管螺纹的标注必须用指引线从螺纹大径轮廓线引出来标注，如图 8-12 所示，管螺纹的尺寸代号数值不是指螺纹大径，而是指与带有外螺纹的管子的孔径的英寸数相近，螺纹的大小数值可根据尺寸代号在附表 5 中查到。

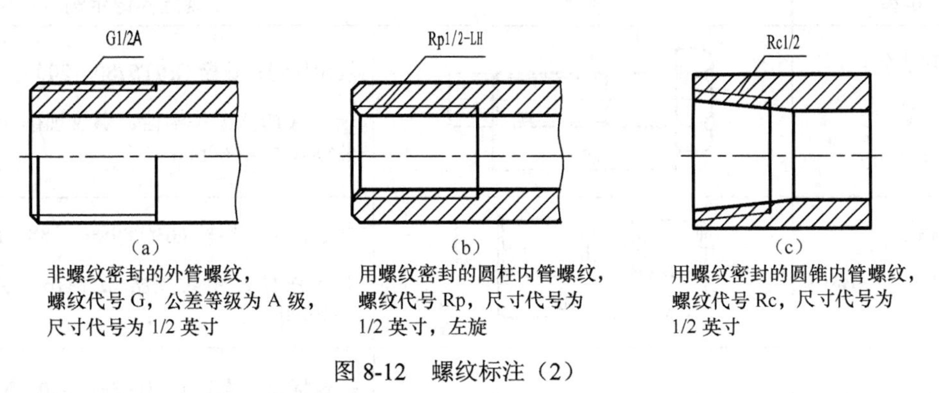

（a）
非螺纹密封的外管螺纹，螺纹代号 G，公差等级为 A 级，尺寸代号为 1/2 英寸

（b）
用螺纹密封的圆柱内管螺纹，螺纹代号 Rp，尺寸代号为 1/2 英寸，左旋

（c）
用螺纹密封的圆锥内管螺纹，螺纹代号 Rc，尺寸代号为 1/2 英寸

图 8-12　螺纹标注（2）

8.2 螺纹紧固件及其连接画法

8.2.1 螺纹紧固件的种类及其规定标记

常用的螺纹紧固件有螺栓、双头螺柱、螺钉、螺母、垫圈等，如图 8-13 所示，它们都属于标准件，由专门的工厂成批生产。在一般情况下，它们都不需要单独画零件图，只需按规定进行标记，根据标记就可以从相应的国家标准中查到它们的结构形式和尺寸数据。

图 8-13　常用的螺纹紧固件

表 8-2 列举了一些常用螺纹紧固件的图例及规定标记，详细内容见附表 6～附表 12。

表 8-2 **常用螺纹紧固件的规定标记**

类型	图例	规定标记示例
六角头螺栓 A 和 B 级 GB5780-2000	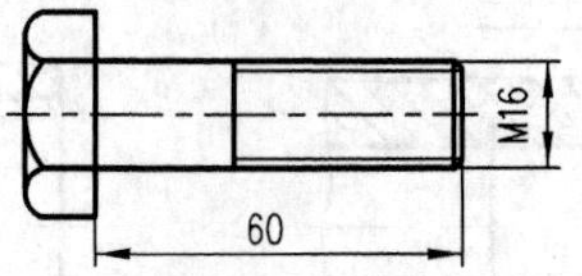	规定标记：螺栓 GB/T5780—2000　M16×60 表示 A 级六角头螺栓，螺纹规格 d=M16，公称长度 L=60mm
双头螺柱 (b_m= 1.25d)GB898—1988	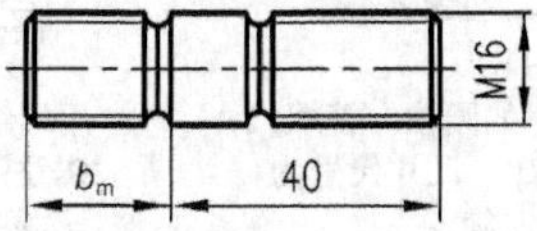	规定标记：螺柱 GB/T898—1988　M16×40 双头螺柱，螺纹规格 d=M16，公称长度 L=40mm
开槽圆柱头螺钉 GB/T65—2000	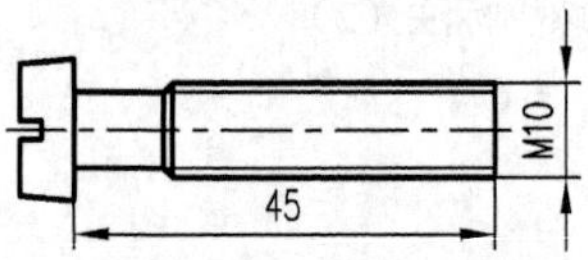	规定标记：螺钉 GB/T65—2000　M10×45 开槽圆柱头螺钉，螺纹规格 d=M10，公称长度 L=45mm
开槽沉头螺钉 GB/T68—2000	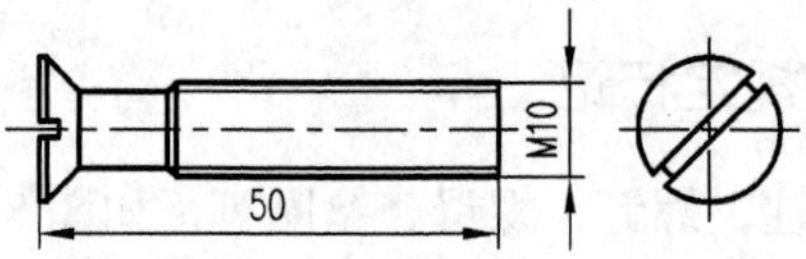	规定标记：螺钉 GB/T68—2000 M10×50 开槽沉头螺钉，螺纹规格 d=M10，公称长度 L=50mm。
十字槽沉头螺钉 GB/T819.1—2000	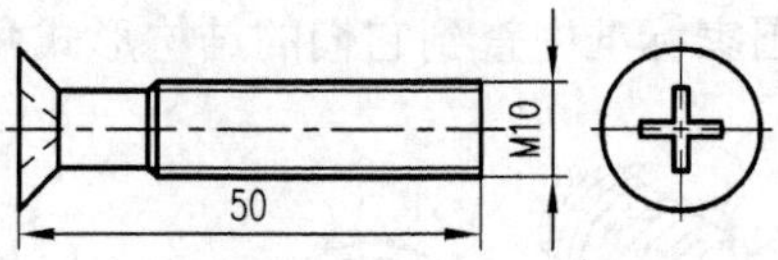	规定标记：螺钉 GB/T819.1—2000　M10×50 十字槽沉头螺钉，螺纹规格 d=M10， 公称长度 L=50mm
开槽锥端紧定螺钉 GB/T71—1985	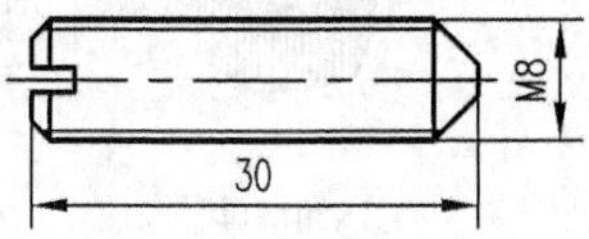	规定标记：螺钉 GB/T71—1985　M8×30 开槽锥端紧定螺钉，螺纹规格 d=M8，公称长度 L=30mm
六角螺母 GB/T6170—2000	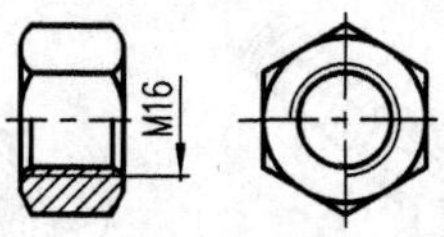	规定标记：螺母 GB/T6170—2000　M16 六角螺母，螺纹规格 d=M16
平垫圈 GB/T97.1—2002	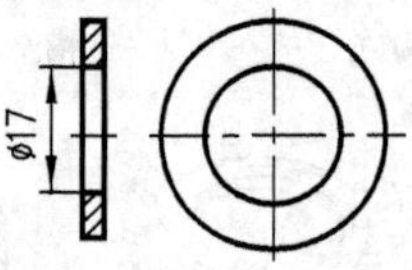	规定标记：垫圈 GB/T97.1-2002 16-140HV A 级平垫圈，螺纹规格 d=M16，性能等级为 140HV

8.2.2 常用螺纹紧固件的比例画法

螺纹紧固件可以按其标记从相关标准中查出全部尺寸数据进行画图，但为了简便画图，通常采用比例画法，下面列举常用螺纹紧固件的比例画法，其中六角螺母和六角头螺栓还可以采用更为简便的方法画，参看相关图例。

1. 六角螺母的比例画法（见图 8-14）

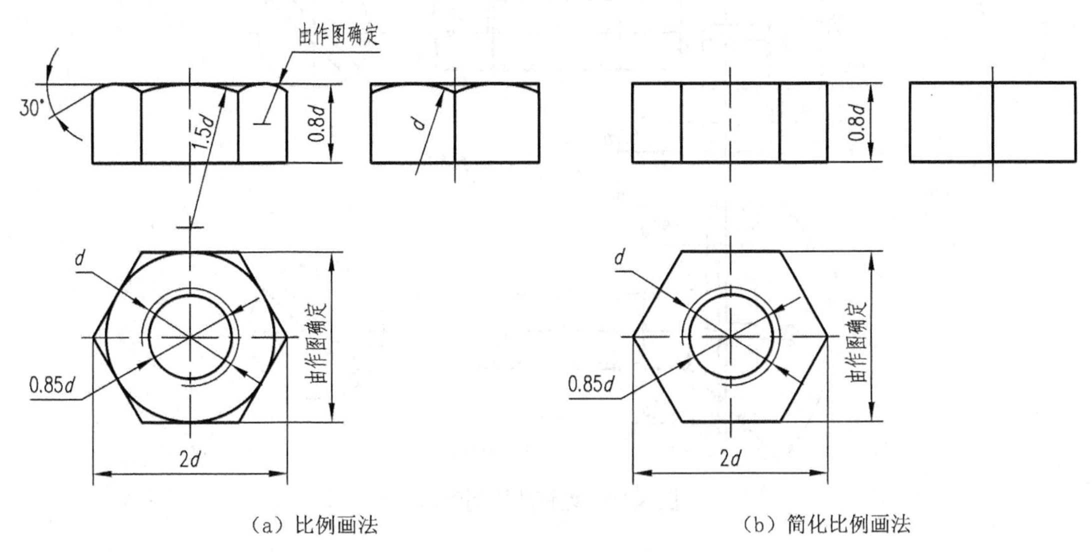

图 8-14　螺母的比例画法

2. 螺栓的比例画法（见图 8-15）

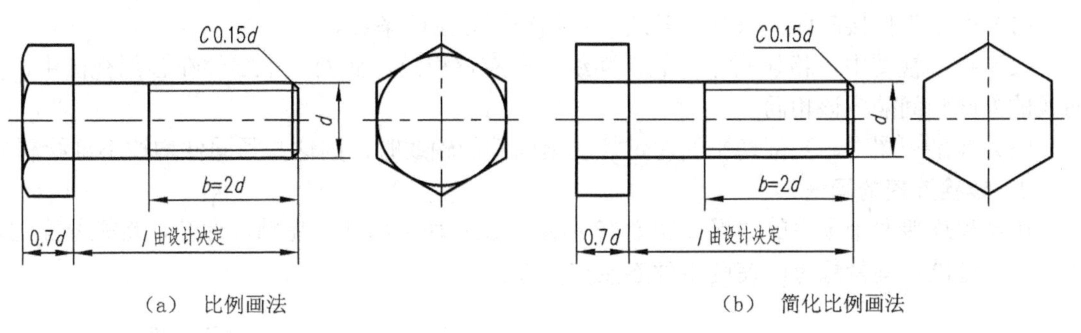

图 8-15　螺栓的比例画法

3. 双头螺柱的比例画法（见图 8-16）

4. 垫圈的比例画法（见图 8-17）

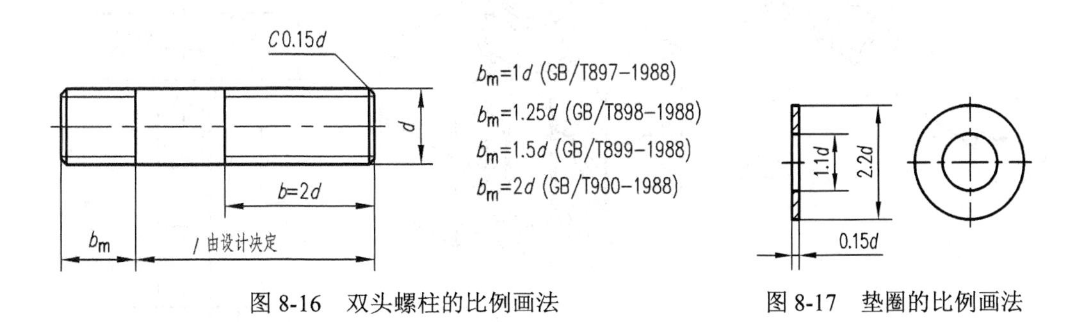

图 8-16　双头螺柱的比例画法　　　图 8-17　垫圈的比例画法

5. 常用螺钉的比例画法

图 8-18 所示为两种常用螺钉头部的比例画法，其中图 8-18（a）为开槽圆柱头螺钉，图 8-18（b）为开槽沉头螺钉，螺钉头部的槽规定按 45°画出。

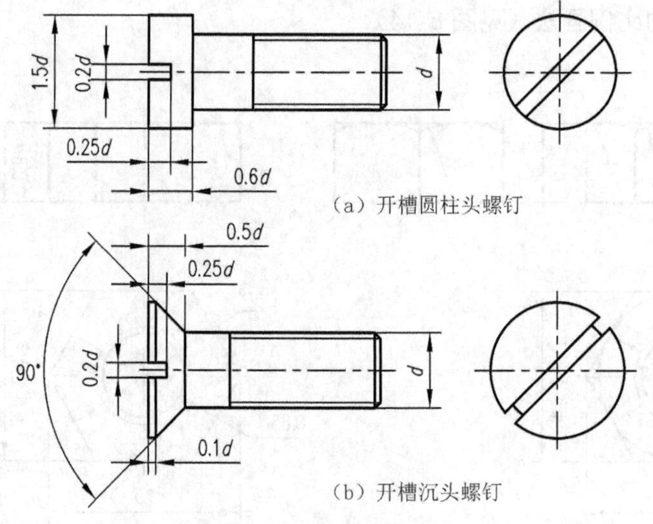

（a）开槽圆柱头螺钉

（b）开槽沉头螺钉

图 8-18　螺钉的比例画法

8.2.3　螺纹紧固件的连接画法

1．螺纹紧固件连接画法的基本规定

（1）两个零件接触面处只画一条线，不接触面处画两条线。

（2）在剖视图中，相邻两零件的剖面线方向应该相反，而同一个零件在各剖视图中，剖面线的方向和间隔应该相同。

（3）在剖视图中，当剖切平面通过螺纹紧固件的轴线时，则这些紧固件均按不剖绘制。

2．螺栓连接的画法

用螺栓连接两个零件的情况如图 8-19 所示，在零件Ⅰ和Ⅱ上先钻成通孔，将螺栓穿过通孔，套上垫圈，旋紧螺母，使两零件连接在一起。

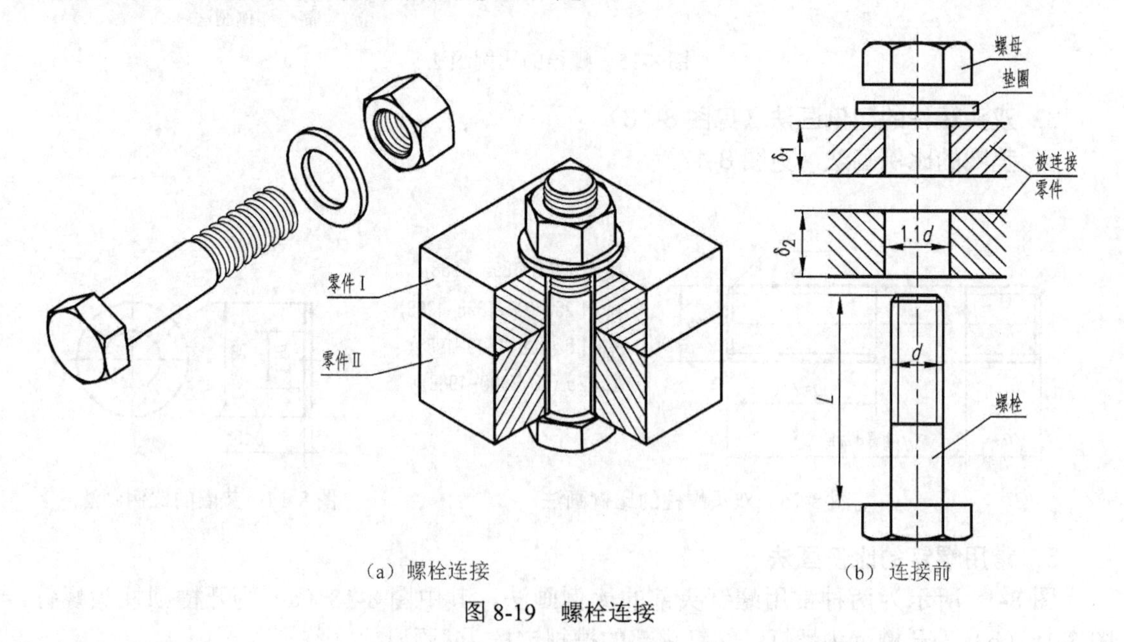

（a）螺栓连接　　（b）连接前

图 8-19　螺栓连接

图 8-19 中，螺栓的长度 L 按下式计算其初值：

$$L \geqslant \delta_1 \text{（零件 I 厚）} + \delta_2 \text{（零件 II 厚）} + 0.15d \text{（垫圈厚）} + 0.8d \text{（螺母厚）} + 0.3d$$

其中，$0.3d$ 是螺栓顶端伸出的高度，然后再从附表 6 中查出与计算初值相近的标准值。

画螺栓连接应注意以下两点。

（1）被连接件的孔径必须大于螺栓的大径，按 $1.1d$ 画出，螺栓的螺纹终止线必须画得低于光孔的顶面，以便螺母调整拧紧，如图 8-20 所示。

（2）螺栓和螺母的头部可采用简化画法，如图 8-20（b）所示。

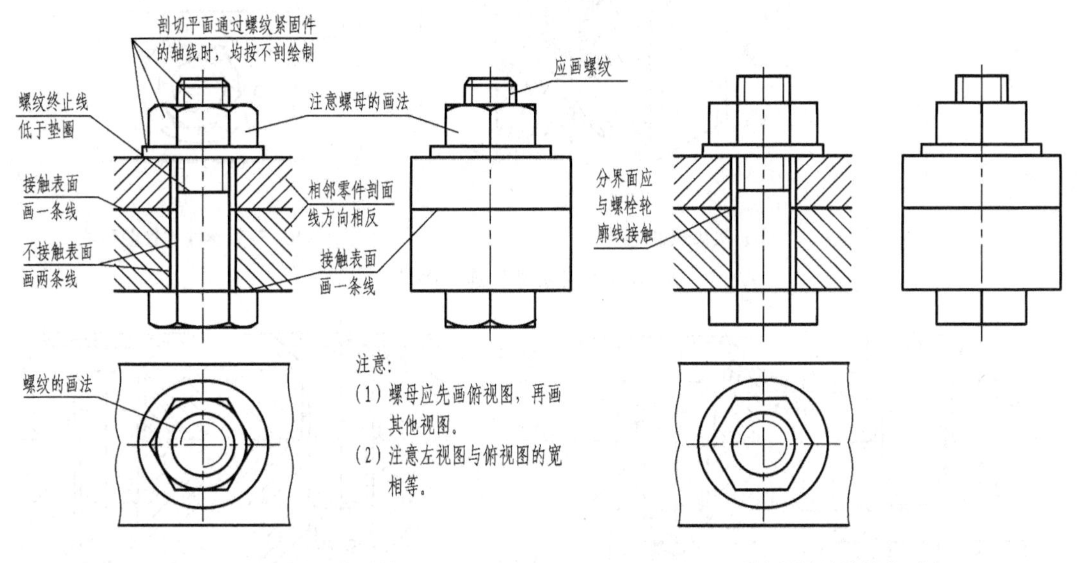

（a）螺栓连接画法分析　　（b）螺栓连接简化画法

图 8-20　螺栓连接画法

3．双头螺柱连接画法

双头螺柱的两端都有螺纹，其中旋入端全部旋入机体的螺孔内，另一端穿过连接件的通孔，套上垫圈，拧紧螺母，如图 8-21 所示。双头螺柱旋入端的长度 b_m 与被旋入零件的材料有关，对钢或青铜，$b_m=d$；对于铸铁，$b_m=1.25d \sim 1.5d$；对于铝合金，$b_m=2d$。双头螺柱的长度 L 可按下式计算其初值：

$$L \geqslant \delta_1 + s + H + 0.3d$$

其中 δ_1=零件厚，s=0.15d（垫圈厚），H=0.8d（螺母厚）。

然后从附表 7 选取与计算初值相近的标准值。画图时注意旋入端应全部拧入被连接件的螺孔内，所以旋入端的终止线与被连接的螺孔端面平齐，如图 8-21 所示。

4．螺钉连接的画法

螺钉连接的结构如图 8-22 所示，将零件 I 上的通孔与零件 II 的螺纹孔对齐，再将螺钉旋入，达到连接两个零件的目的，其旋入深度与零件材料有关，与双头螺柱的 b_m 计算相同。

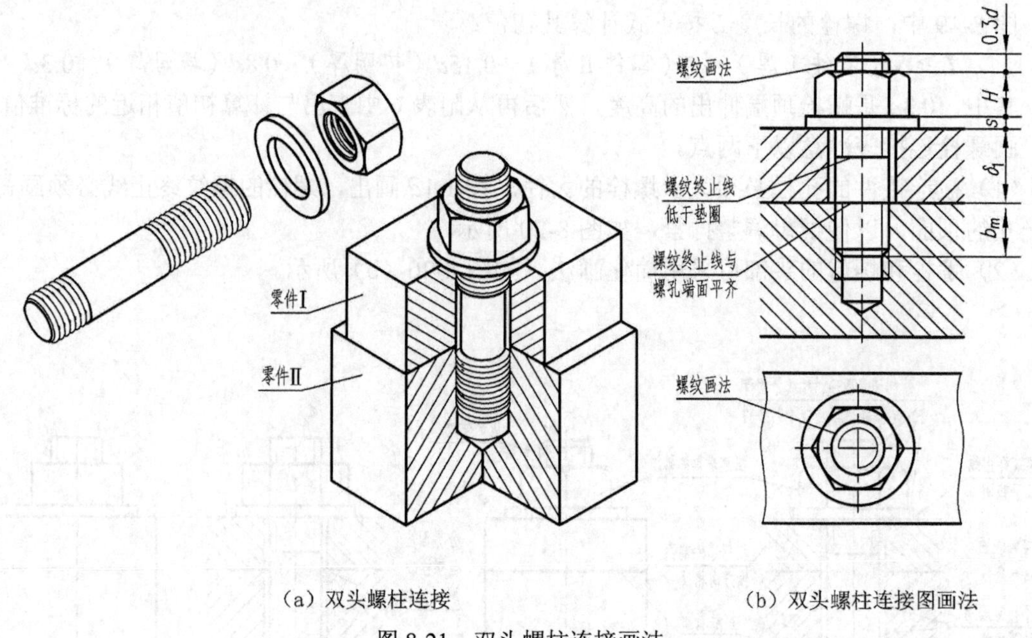

（a）双头螺柱连接　　（b）双头螺柱连接图画法

图 8-21　双头螺柱连接画法

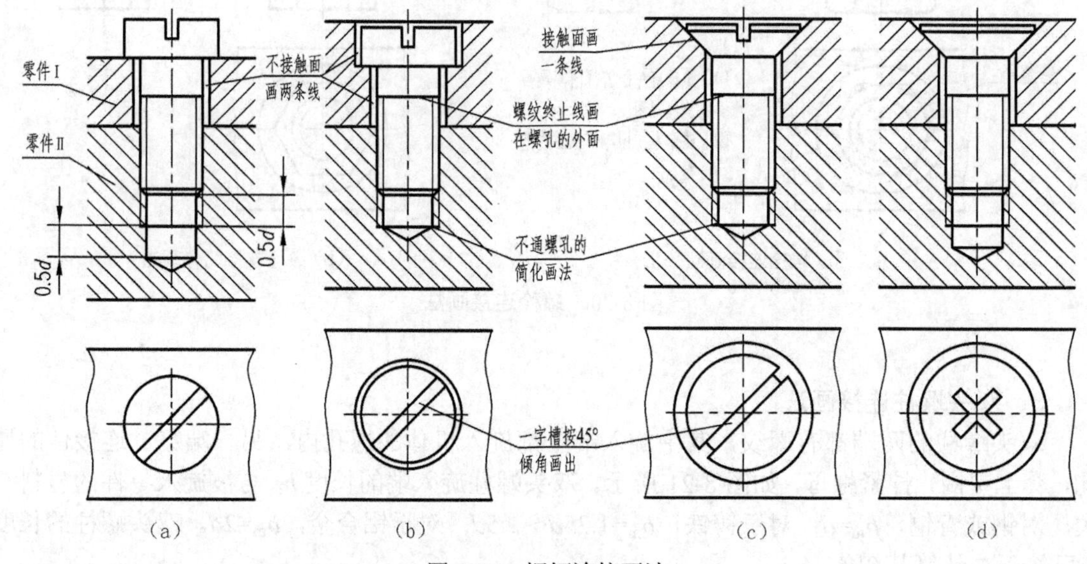

图 8-22　螺钉连接画法

画螺钉连接应注意以下两点。

（1）螺钉的螺纹终止线应画在螺孔的外面。

（2）在投影为圆的视图中，头部一字槽一般按 45° 倾角画出。

画螺纹紧固件的连接图时，先要搞清连接的结构形式，再仔细作图，否则容易画错。

8.3　键

键通常是用来连接轴和装在轴上的转动零件（如齿轮、带轮等），以便与轴一起转动，起传递扭矩的作用。

8.3.1 键的种类和标记

常用键的种类有普通平键、半圆键和钩头楔键 3 种，如图 8-23 所示。

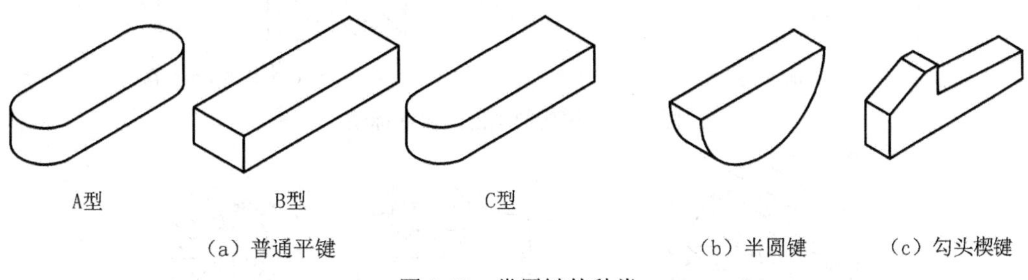

（a）普通平键　　（b）半圆键　　（c）勾头楔键

图 8-23　常用键的种类

各种键均属标准件，它的尺寸和结构可从有关标准中查出。常用键的类型和标记如表 8-3 所示。

表 8-3　常用键的类型和标记

类型	图例	规定标记示例
圆头普通平键（A 型）		b=8mm，h=7mm，l=100mm 规定标记：GB/T 1096—2003 键 8×7×100 普通平键有 A、B、C 3 种，在标记时 A 型平键可省略 A 字，而 B、C 型平键需标明
半圆键		b=6mm，h=10mm，d_1=25mm 规定标记：GB/T 1099—2003 键 6×10×25
钩头楔键		b=8mm，h=10mm，l=40mm 规定标记：GB/T 1565—2003 键 8×40

8.3.2 键连接的画法

键和键槽尺寸可根据轴的直径查标准（见附表 13），键和键槽的画法及尺寸标注如图 8-24 所示。普通平键的侧面是工作面，两侧面与轮和轴都有接触，其底面也与轴接触，因此均应在接触面处画一条线，而键的顶面与轮毂之间有间隙，应画两条线，如图 8-25 所示，半圆键的连接画法如图 8-26 所示。

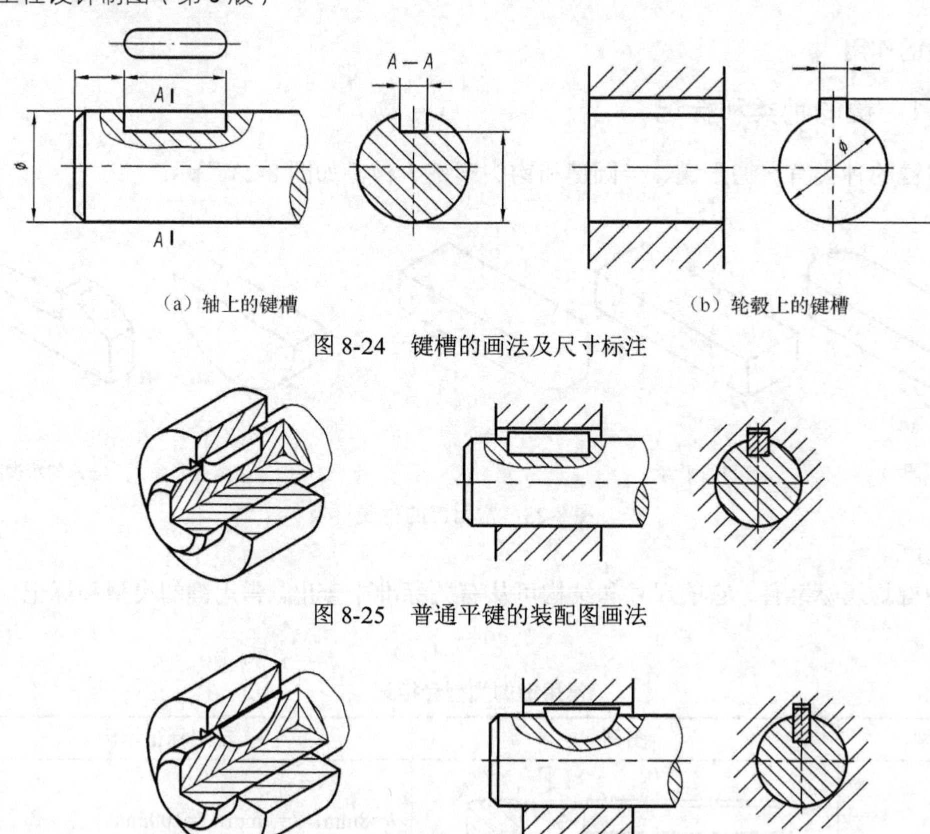

（a）轴上的键槽　　（b）轮毂上的键槽

图 8-24　键槽的画法及尺寸标注

图 8-25　普通平键的装配图画法

图 8-26　半圆键的装配图画法

8.4 销

销在零件之间主要起定位、连接作用。销是标准件，它的尺寸和结构可从附表 14～附表 16 中查出。

8.4.1 销的种类和标记

常用的销有圆柱销、圆锥销、开口销，表 8-4 列举了 3 种销的标记示例。

表 8-4　常用销的类型和标记

类型	图例	规定标记示例
圆柱销 GB/T 119.1—2000		圆柱销公称直径 *d*=6mm，公称长度 *l*=30mm，公差为 m6，材料为 35 钢，不经淬火，不经表面处理的圆柱销，规定标记：销 GB/T 119.1　6m6×30
圆锥销 GB/T 117—2000		圆锥销公称直径 *d*=10mm，公称长度 *l*=60mm，材料为 35 钢，表面氧化处理的 A 型圆锥销，规定标记：销 GB/T 117　10×60
开口销 GB/T 91—2000		开口销公称直径 *d*=5mm，长度 *l*=50mm，材料 Q215 或 235，不经表面处理的开口销，规定标记：销 GB/T 91　5×50

8.4.2　销连接的画法

图 8-27 所示为圆柱销和圆锥销的连接画法，当剖切平面通过销的轴线时，销按不剖处理。用销连接和定位的两个零件上的销孔一般需一起加工，并在图上注写“与某件配制”，如图 8-28 所示。

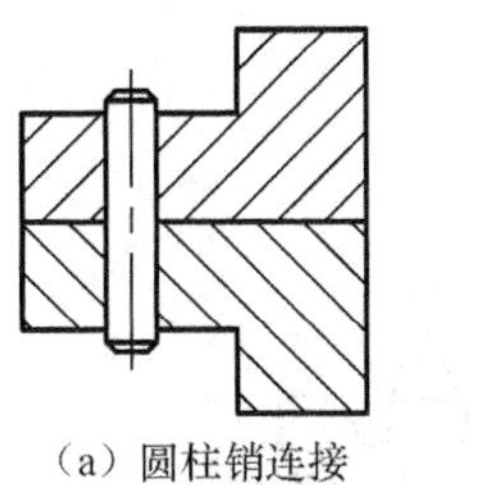

（a）圆柱销连接

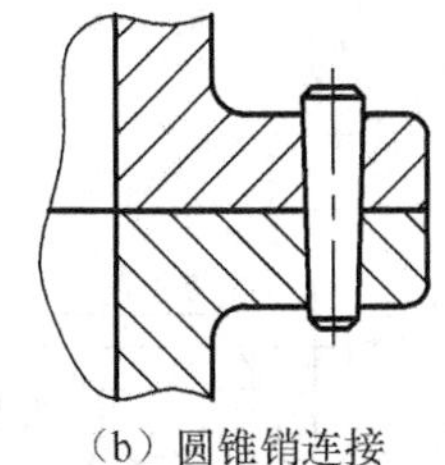

（b）圆锥销连接

图 8-27　圆柱销和圆锥销的连接画法

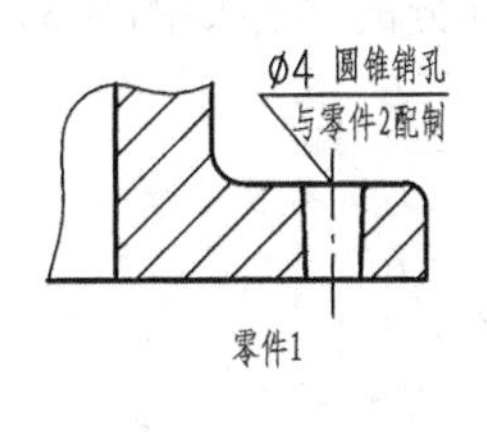

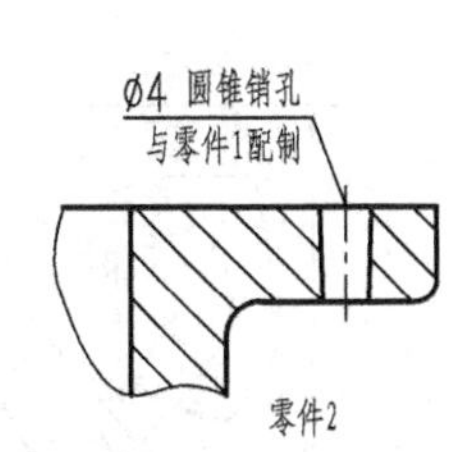

图 8-28　圆锥销孔的尺寸标注

用开口销与六角槽形螺母配合使用，如图 8-29（a）所示，防止螺母松脱。图 8-29（b）所示为用开口销限定零件在装配体中的位置。

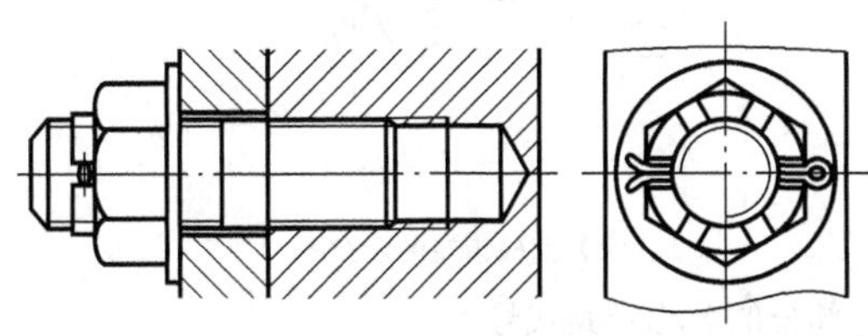

（a）开口销防止螺母松动

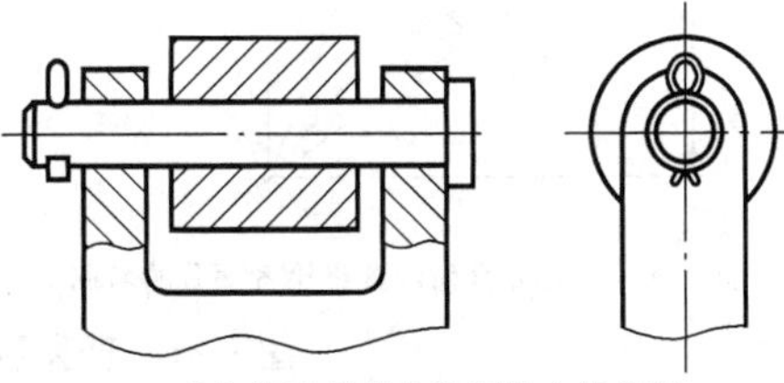

（b）限定零件在装配体中的位置

图 8-29　开口销的连接画法

8.5　齿轮

齿轮是机械传动中广泛应用的零件，齿轮传动常用来改变转速和旋转方向，改变力矩大小等功能。

根据齿轮传动的情况，齿轮可分为以下 3 类。

（1）圆柱齿轮——用于两轴平行时的传动，如图 8-30（a）所示。

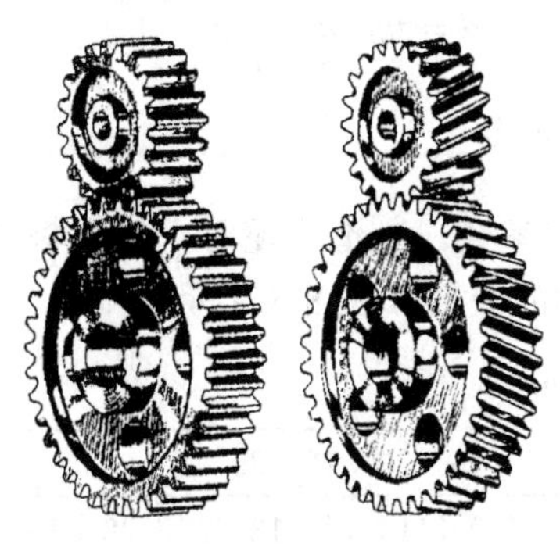

（a）圆柱齿轮

（b）圆锥齿轮

（c）蜗轮蜗杆

图 8-30　齿轮传动形式

（2）圆锥齿轮——用于两轴相交时的传动，如图 8-30（b）所示。
（3）蜗轮蜗杆——用于两轴交叉时的传动，如图 8-30（c）所示。
齿轮分标准齿轮和非标准齿轮，下面仅介绍标准直齿圆柱齿轮的有关知识和规定画法。

8.5.1 直齿圆柱齿轮各部分的名称及有关参数

直齿圆柱齿轮各部分的名称如图 8-31 所示。

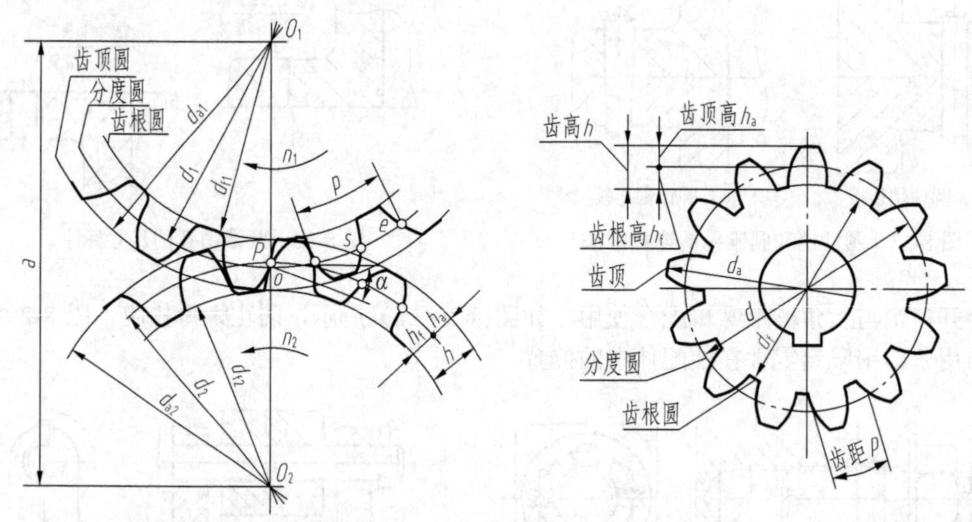

（a）直齿圆柱齿轮各部分的名称　　（b）圆柱齿轮的示意图

图 8-31　直齿圆柱齿轮各部分的名称及其代号

（1）齿顶圆（d_a）——通过轮齿顶部的圆称齿顶圆。
（2）齿根圆（d_f）——通过轮齿根部的圆，称齿根圆。
（3）分度圆（d）——当标准齿轮的齿厚与齿间相等时所在位置的圆称分度圆。
（4）齿顶高（h_a）——分度圆与齿顶圆之间的径向距离称齿顶高。
（5）齿根高（h_t）——分度圆与齿根圆之间的径向距离称齿根高。
（6）齿高（h）——齿顶圆与齿根圆之间的径向距离称齿高。
（7）齿距（p）——分度圆上相邻两齿对应点之间的弧长称齿距。
（8）分度圆齿厚（e）——轮齿在分度圆上的弧长称分度圆齿厚。
（9）模数（m）——当齿轮的齿数为 z，分度圆周长$=\pi d = zp$，$d=\dfrac{p}{\pi}z$

令
$$\frac{p}{\pi}=m \qquad \text{则} d = mz$$

m 称为齿轮的模数，模数是设计和制造齿轮的基本参数。制造齿轮时，根据模数来选刀具，为了设计和制造方便，已将模数标准化，模数的标准数值如表 8-5 所示。

表 8-5　　标准模数 GB 1357—2008

第一系列	1　1.25　1.5　2　2.5　3　4　5　6　8　10　12　14　16　20　25　32　40　50
第二系列	1.75　2.25　2.75（3.25）3.5（3.75）4.5　5.5（6.5）7　9（11）14　18　22　28　36　45

注：选用模数时应优先选用第一系列，其次选用第二系列，括号内的模数尽可能不用。

（10）压力角——两相啮轮齿齿廓在接触点 P 处的公法线（力的传递方向）与两分度圆的公切线的夹角，称压力角，用 a 表示，如图 8-31（a）所示，我国标准齿轮的压力角为20°。

只有模数和压力角都相同的齿轮，才能互相啮合。

8.5.2　直齿圆柱齿轮各基本尺寸的计算

设计齿轮时，先要确定模数和齿数，其他各部分尺寸都可由模数和齿数计算出来。标准直齿圆柱齿轮计算公式如表 8-6 所示。

表 8-6　　标准直齿圆柱齿轮的计算公式

名称	代号	公式	计算举例（已知：模数 m=2，齿数 z=29）
分度圆直径	d	$d = mz$	d=58
齿顶高	h_a	$h_a = m$	h_a =2
齿根高	h_f	$h_f = 1.25m$	h_f =2.5
齿顶圆直径	d_a	$d_a = m(z+2)$	d_a =62
齿根圆直径	d_f	$d_f = m(z-2.5)$	d_f =53
齿距	p	$p=\pi m$	p=6.28
中心矩	a	$a = \frac{1}{2}(d_1+d_2) = \frac{1}{2}m(z_1+z_2)$	a=57.5

8.5.3　圆柱齿轮的规定画法

1．单个圆柱齿轮的规定画法

国家标准（GB 4459.2—2003）对齿轮的画法作了统一的规定。单个圆柱齿轮的画法如图 8-32 所示。

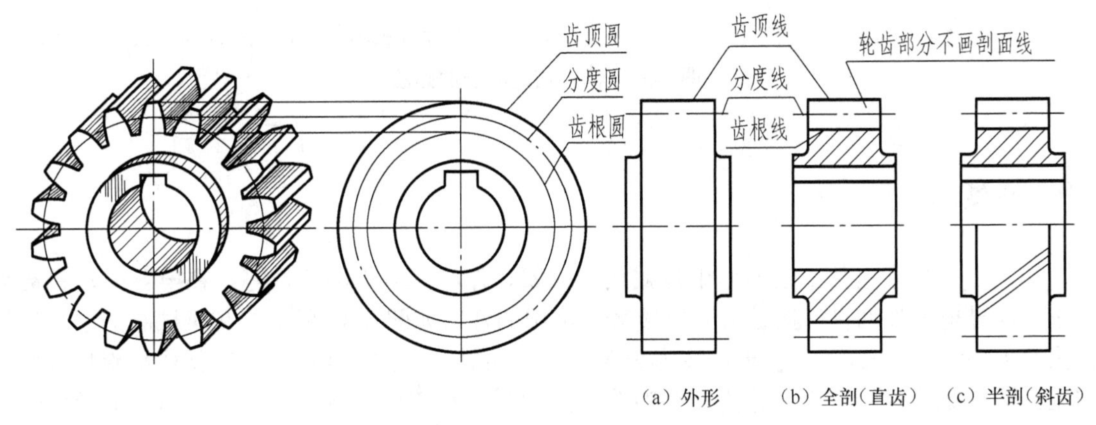

图 8-32　单个圆柱齿轮的画法

（1）在视图中齿顶圆和齿顶线用粗实线表示，分度圆和分度线用点画线表示，齿根圆和齿根线用细实线表示或省略不画，如图 8-32（a）所示。

（2）在剖视图中，轮齿部分不画剖面线，齿根线用粗实线表示，如图 8-32（b）所示。

（3）斜齿轮需在非圆的外形图上用 3 条平行的细实线表示轮齿的方向，如图 8-32（c）所示。

（4）齿轮的其他结构，按投影画出。

2．圆柱齿轮的啮合画法

（1）在投影为圆的视图上的画法：节圆（分度圆）相切，用细点画线画出，齿顶圆用粗实线画出，齿根圆用细实线画或省略不画，如图 8-33（a）所示左视图，或齿顶圆省略不画，如图 8-33（b）所示。

（2）在投影为非圆视图上的画法：在剖视图中，啮合区共画五条线，两齿轮分度线重合，画一条点画线，两齿轮齿根线均画粗实线，两齿轮齿顶线一个画粗实线，另一个齿轮被遮挡的齿顶线画虚线或省略不画，由于齿根高和齿顶高相差 0.25*m*，因此一个齿轮的齿顶线与另一个齿轮的齿顶线之间有 0.25*m* 间隙，主视图如图 8-33（a）所示。

（3）若不画剖视图，其非圆视图啮合区内的齿顶线和齿根线均不画，分度线画粗实线如图 8-33（c）和图 8-33（d）所示。

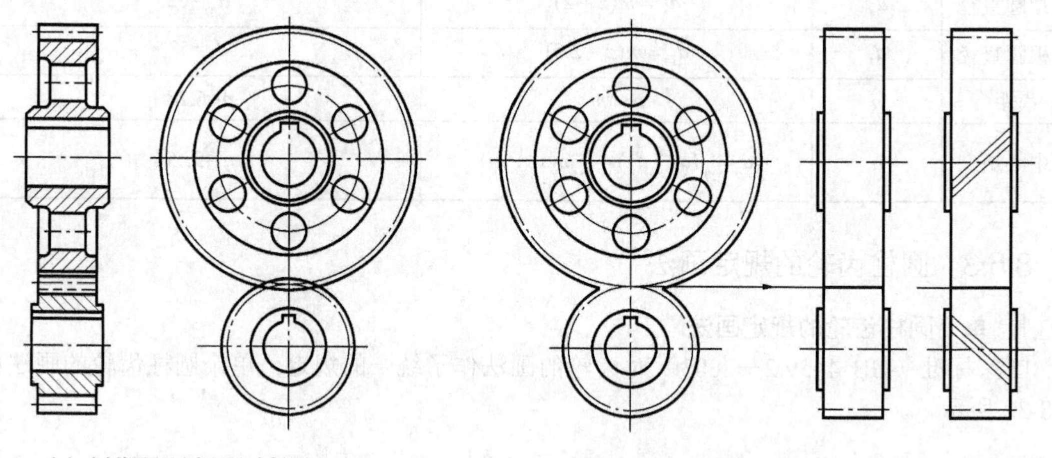

（a）全剖视图的主视图和左视图　（b）左视图的另一种画法　（c）未剖（直齿）（d）未剖（斜齿）

图 8-33　圆柱齿轮啮合的画法

8.6　弹簧

弹簧是一种常用件，它的作用是减震、夹紧、储能、测力、复位等。在电器中，弹簧常用来保证导电零件的良好接触或脱离接触。常用的弹簧如图 8-34 所示，在机械制图中，弹簧应按 GB/T 4459.4—2003《机械制图弹簧表示法》绘制。在各种弹簧中，以圆柱螺旋弹簧最为常见。圆柱螺旋弹簧按用途分为压缩弹簧、拉伸弹簧和扭力弹簧。本节只介绍压缩弹簧的有关尺寸计算和画法，其他类型弹簧的画法，请查阅相关资料。

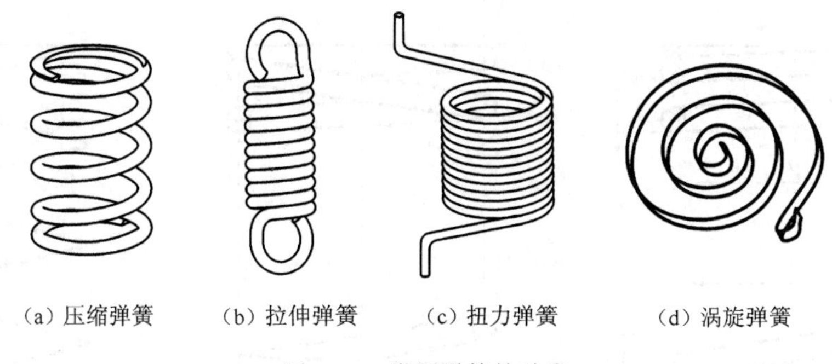

图 8-34　常用弹簧的种类

8.6.1　圆柱螺旋压缩弹簧各部分名称及尺寸计算

圆柱螺旋压缩弹簧的参数及其计算如表 8-7 及图 8-35（a）所示。

表 8-7　　圆柱螺旋压缩弹簧的参数及其计算

名称符号	定义	公式
弹簧丝直径 d	弹簧丝直径	一般取标准值，按（GB/T 1358—1993）选取
弹簧外径 D_2	弹簧的最大直径	$D_2=D+d$
弹簧内径 D_1	弹簧的最小直径	$D_1=D-d$
弹簧中径 D	弹簧的内径和外径的平均直径	$D= D_1+d= D_2-d$
节距 t	除支撑圈外，相邻两圈的轴向距离	
有效圈数 n	计算弹簧刚度时的圈数	取标准值，按（GB/T1358—1993）选取
支撑圈数 n_2	弹簧端部用于支撑或固定的圈数	支撑圈有 1.5 圈、2 圈和 2.5 圈 3 种，常见的是 2.5 圈
总圈数 n_1	沿螺旋轴线两端间的螺旋圈数	$n_1=n+ n_2$
自由高度 H_0	弹簧在不受外力时的高度	$H_0=nt+（n_2-0.5）d$，当支撑圈数分别为 1.5、2、2.5 时，H_0 分别为 $H_0=nt+d$、$H_0=nt+1.5d$，$H_0=nt+2d$，
旋向	弹簧旋向有左旋和右旋之分	
弹簧展开长 L	制造时弹簧丝的长度	$L=n_1\sqrt{(nD)^2+t^2}$

8.6.2　圆柱螺旋压缩弹簧的规定画法及画图步骤

圆柱螺旋压缩弹簧可以采用剖视图、视图和示意图等表示方法，如图 8-35 所示。

1．圆柱螺旋压缩弹簧的规定画法

（1）弹簧在平行于轴线的投影面上的图形，各圈的轮廓线应画成直线，以代替螺旋线的投影。

（2）螺旋弹簧均可画成右旋，但左旋弹簧不论画成左旋或右旋，一律要加注“左”字。

（3）弹簧两端的支撑圈，不论圈数多少和绷紧情况如何，均可按图 8-35 所示的形式绘制。

（4）有效圈数在 4 圈以上的螺旋弹簧，中间部分可以省略，如图 8-35（a）和图 8-35（b）所示，中间部分省略后，允许适当缩短图形的长度。

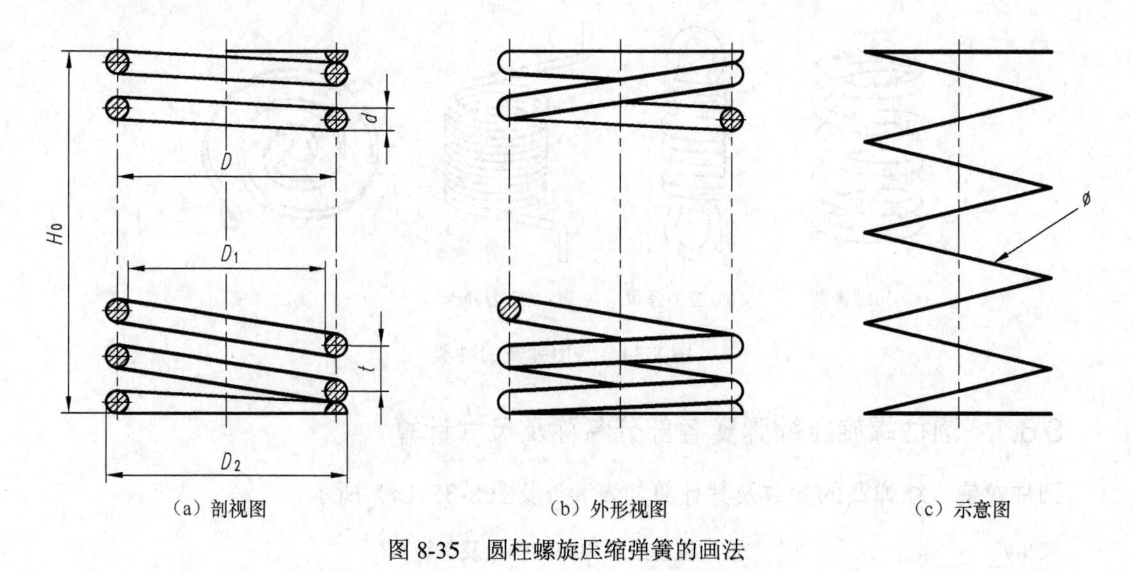

（a）剖视图　　（b）外形视图　　（c）示意图

图 8-35　圆柱螺旋压缩弹簧的画法

（5）在装配图中，型材直径或厚度在图形上等于或小于 2mm 时，螺旋弹簧允许用示意图绘制，如图 8-35（c）所示；当弹簧被剖切时，剖面直径或厚度在图形上等于或小于 2mm 时，可用涂黑表示。

（6）在装配图中，被弹簧遮挡的结构一般不画出，可见部分应从弹簧的外轮廓线或从弹簧钢丝剖面的中心线画起，如图 8-36 所示。

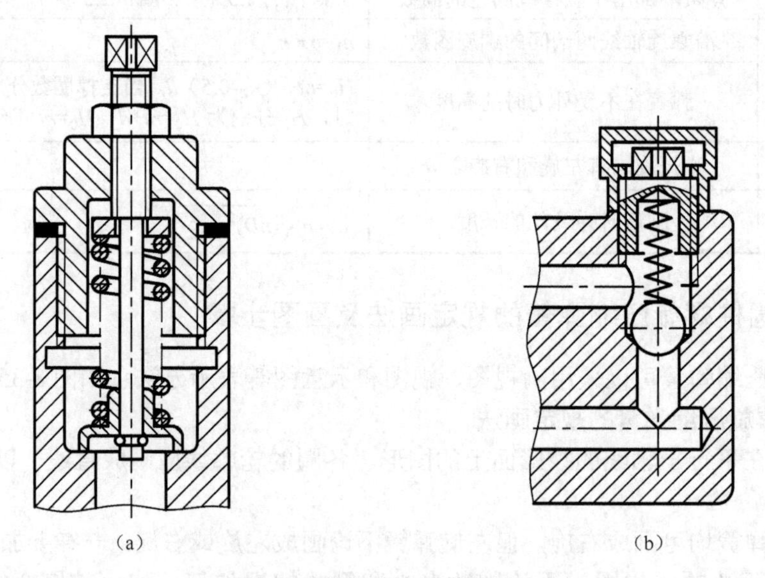

（a）　　（b）

图 8-36　装配图中弹簧的画法

2．圆柱螺旋压缩弹簧的画图步骤

画圆柱螺旋压缩弹簧应根据表 8-6 进行计算，然后作图，画图步骤如图 8-37 所示。

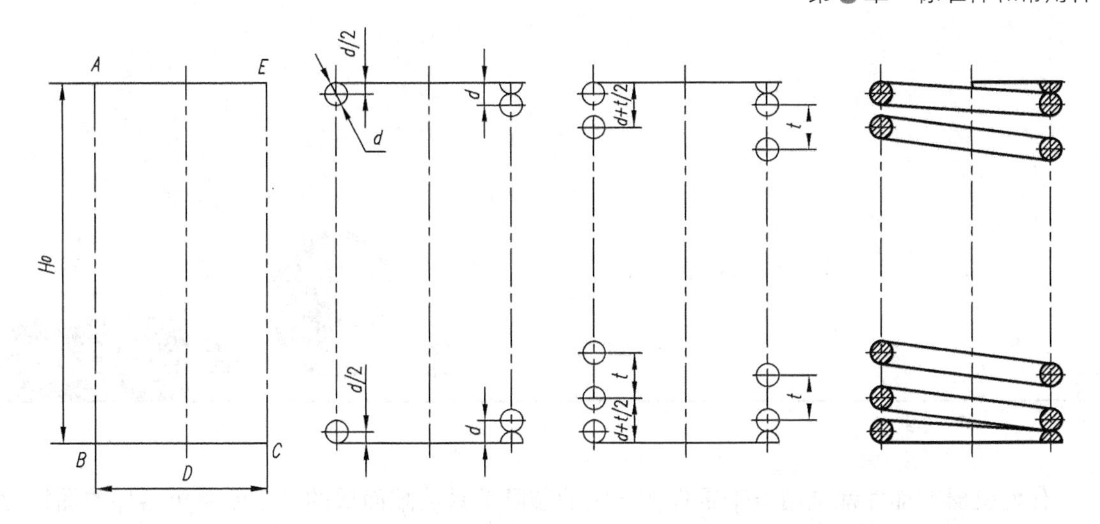

（a）以自由高度H_0和弹簧中径D作矩形$ABCD$ （b）按材料直径d画出支承圈簧丝断面的圆和半圆 （c）根据节距t画出簧丝断面 （d）按右旋方向画簧丝断面切线，校核，加深，画剖面线

图 8-37 圆柱螺旋压缩弹簧的画法步骤

思考题

1．螺纹有哪些要素？

2．试述内、外螺纹的规定画法及内、外螺纹的连接画法。

3．常用螺纹连接件的种类有哪些？其规定标记有哪些内容？

4．如何绘制螺栓、螺钉、螺柱连接装配图的画法？

5．如何根据键、销的规定标记，查表得出画图相关尺寸？

6．简述直齿圆柱齿轮及其啮合的规定画法。

学习方法指导

1．熟练掌握内、外螺纹的规定画法，连接画法及螺纹上常见结构如倒角、不通螺孔等的画法，作图时一定要遵守相关规定，严格按规定线型画图。

2．不同类型的螺纹标注形式不一样，如粗牙螺纹与细牙螺纹标注的区别，管螺纹与普通螺纹标注方法的区别。

3．常用的螺纹紧固件连接有螺栓连接、螺柱连接、螺钉连接，它们在结构上、画法上既有相同部分，也有不同部分，应弄清各自的连接关系和特点，熟练掌握标准件和标准结构的画法，其连接画法还必须遵守装配图的规定画法。

4．键、销起连接定位作用，应了解它们的种类、规定标记和连接装配图画法。

5．圆柱齿轮啮合的剖视图中，啮合区画几条线，分别是哪几条线要分清楚。

6．弹簧的重点是了解圆柱螺旋压缩弹簧的规定画法。

7．该章内容较多，部分内容可根据需要自学，注意培养分析问题和解决问题能力，严格遵守国家标准的规定画法，画图时要多参看书上的相关图例。

第9章 零件图

任何机器或部件都是由若干零件按一定的装配关系装配而成的，表示单个零件的图样称为零件图。本章主要介绍零件图的作用、内容、画法、尺寸标注、技术要求，以及如何读零件图等内容。

9.1 零件图的作用和内容

零件图是表示零件结构形状，大小及技术要求的图样，它是生产过程中，加工制造和检验的依据，是设计和制造过程中的重要技术文件。

图 9-1 所示为端盖零件图，可以看出，一张完整的零件图应包括下列基本内容。

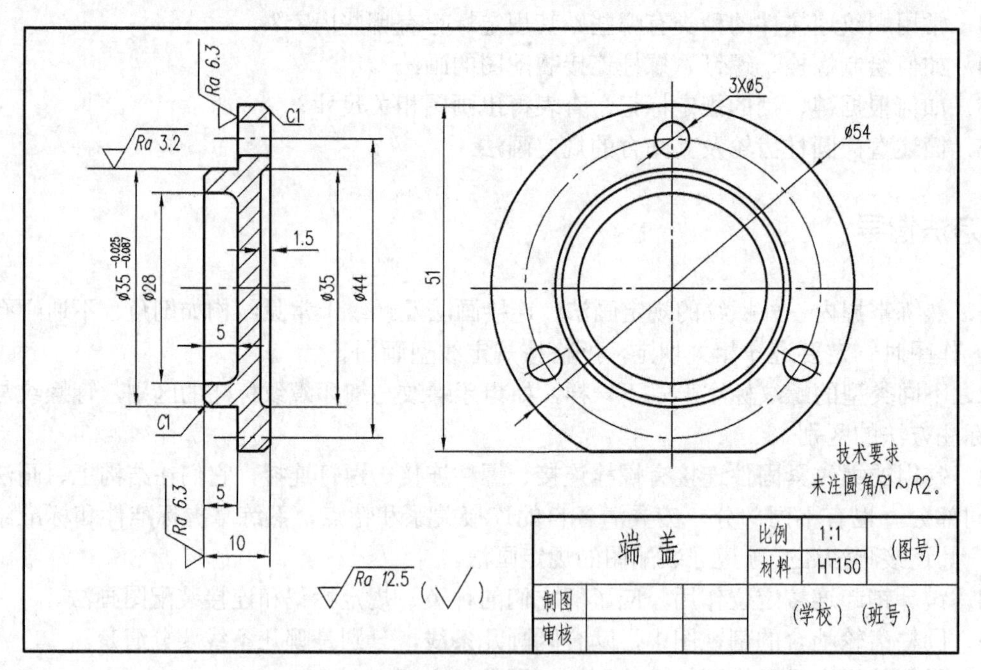

图 9-1 端盖零件图

（1）一组视图：包括视图、剖视图、断面图等，用于表达零件各部分的结构形状。

（2）完整的尺寸：用于确定零件各部分结构形状的大小及相对位置的尺寸。

（3）技术要求：说明零件在制造和检验时应达到的技术指标，如零件的表面结构、尺寸极限偏差、几何公差、材料及热处理等。

（4）标题栏：说明零件的名称、材料、数量、比例、图号及设计、制图、校核人员签名等。

9.2 零件上常见的工艺结构简介

零件的结构形状，不仅要满足零件在机器中使用的要求，而且在制造零件时还要符合制造工艺的要求，下面介绍一些零件常见的工艺结构。

9.2.1 铸造零件的工艺结构

1．铸造圆角

在铸件毛坯各表面的相交处都有铸造圆角，如图9-2所示。这样既便于脱模，又能防止浇铸时铁水将砂型转角处冲坏，还可避免铸件冷却时产生裂纹或缩孔。铸件圆角半径在视图上一般不注出，而集中注写在技术要求中。带有铸造圆角的零件表面交线不明显，这种交线称为过渡线，过渡线的画法与相贯线相同，只是其端点处不与轮廓线接触，且画成细实线，如图9-3所示。

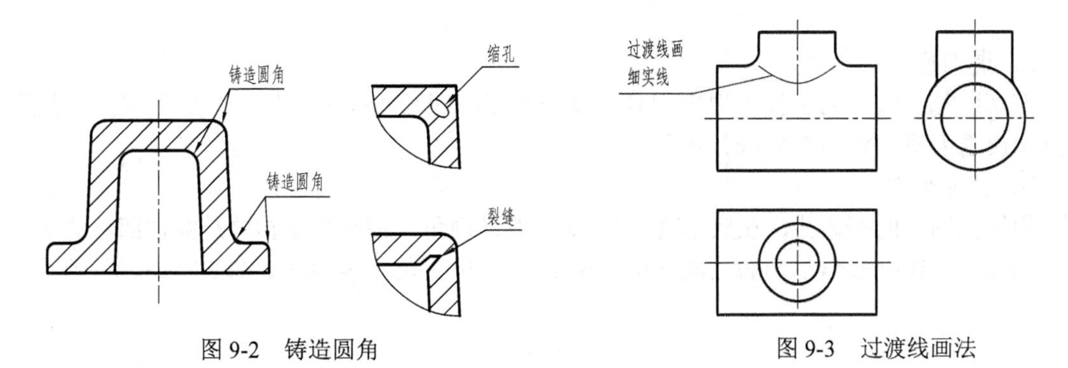

图9-2 铸造圆角　　图9-3 过渡线画法

2．铸造斜度

铸造零件毛坯时，为了便于将铸模从沙型中取出来，一般在沿模型起模斜度方向做成约1∶20的斜度，如图9-4所示。

3．铸件壁厚

铸件的壁厚应尽可能均匀或逐渐过渡，如图9-5（a）和图9-5（b）所示，否则会因浇铸零件时各部分冷却速度不同而产生缩孔或裂纹，如图9-5（c）所示。

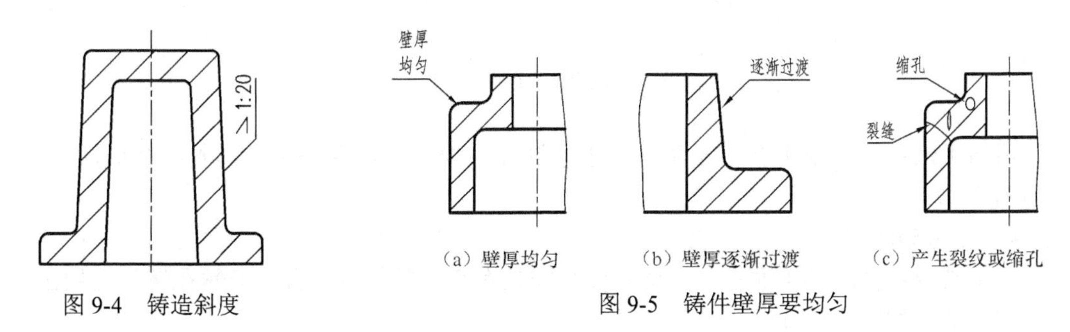

（a）壁厚均匀　（b）壁厚逐渐过渡　（c）产生裂纹或缩孔

图9-4 铸造斜度　　图9-5 铸件壁厚要均匀

9.2.2 零件机械加工工艺结构

1．倒角和倒圆

为了便于装配和去毛刺、锐边，在轴和孔的端部，一般都加工成倒角，为了避免因应力集中而产生裂纹，在轴肩处加工成倒圆。倒角和倒圆的画法及尺寸注法如图 9-6（a）所示。

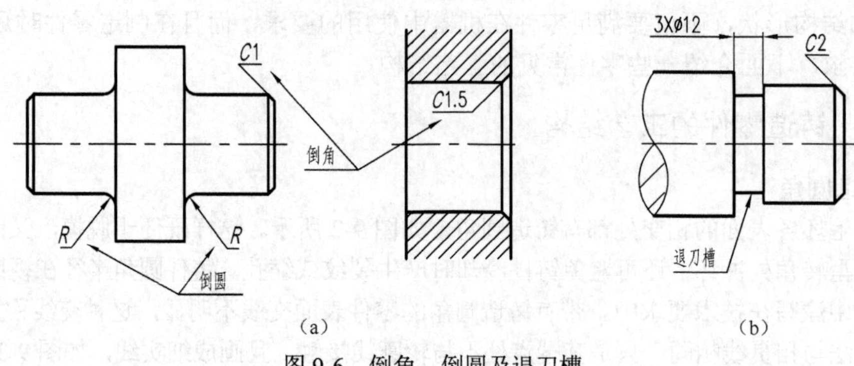

图 9-6 倒角、倒圆及退刀槽

2．退刀槽

在切削加工时，为了便于退出刀具以及在装配时能与相关零件靠紧，加工零件时常要预先加工出退刀槽，如图 9-6（b）所示。

3．钻孔结构

用钻头钻出的不通孔，在底部有一个 120° 的锥顶角，钻孔深度指的是圆柱部分的深度，不包括锥坑。在阶梯形钻孔的过渡处也存在 120° 的钻头角，其画法如图 9-7（a）所示。

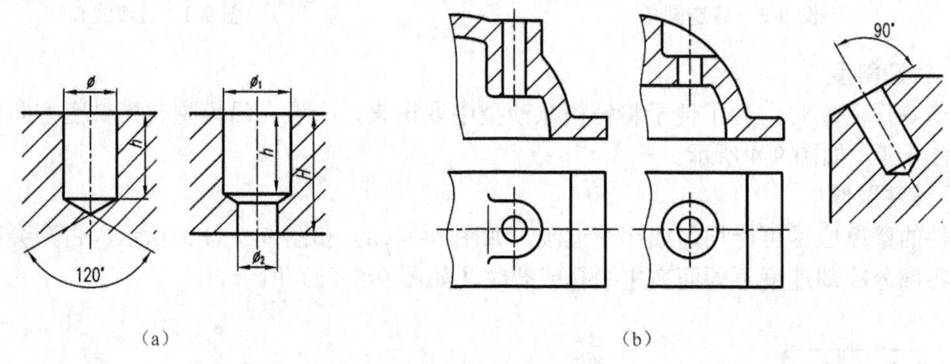

图 9-7 钻孔结构

用钻头钻孔时，要求钻头尽量垂直于被钻孔的端面，以保证钻孔准确和避免钻头折断，如图 9-7（b）所示。

4．凸台与凹坑

为了减少零件的加工面积，并使零件之间具有良好的接触表面，通常在铸件上做出凸台、凹坑或凹槽，如图 9-8 所示。

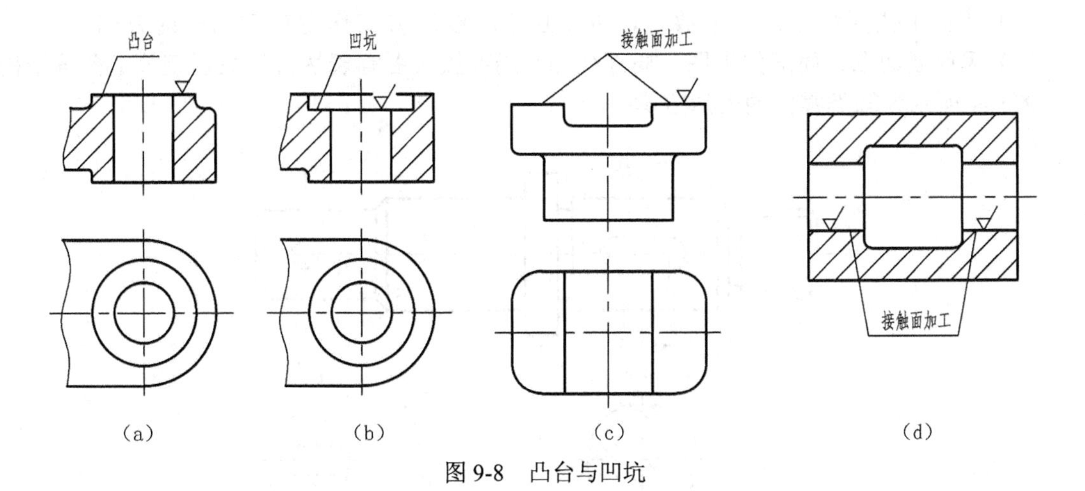

图 9-8 凸台与凹坑

9.3 零件图的表达方案和视图选择

对于一个具体的零件，需要对它的结构形状进行深入细致的分析，选用适当的表达方法，完整、正确、清晰地表达出零件各部分的结构形状。

9.3.1 主视图的选择

在表达零件的各个视图中，主视图是最主要的视图，它选择得合理与否，直接影响到其他视图的表达和看图的方便，选择主视图时应主要考虑以下两个方面。

（1）安放位置。确定零件的安放位置，应尽量符合零件的主要加工位置或工作位置，这样便于根据视图进行加工和安装。通常对轴、套、轮盘等回转体类零件的主视图，选择其按加工位置绘制；对叉架、箱壳类零件选择其按工作位置绘制。

（2）投射方向。主视图的投射方向通常以最能反映零件形状特征及各组成形体之间的相互关系的方向作为主视图的投射方向。

9.3.2 其他视图的选择

主视图选定以后，其他视图的选择可以考虑以下几点。

（1）根据零件的复杂程度和内外结构全面考虑所需要的其他视图，并用各种表达方案使每个视图都有表达的重点。

（2）先选择一些基本视图或在基本视图上取剖视表达零件的主要结构和形状，再用一些辅助视图如局部视图、斜视图、断面图等表达一些局部结构形状。

9.3.3 几类典型零件的视图选择

1．轴套类零件

轴套类零件的结构特点是各组成部分主要是同轴回转体（圆柱体或圆锥体）。根据结构及工艺上的要求，这类零件常带有键槽、轴肩、螺纹、挡圈槽、退刀槽、中心孔等结构。

根据轴套类零件的结构特点，常用的表达方法如下。

（1）按加工位置将轴线水平放置，以垂直于轴线的方向作主视图的投射方向。

（2）采用断面图、局部剖视图、局部视图、局部放大图等表达方法表示键槽、孔等结构。

图 9-9 所示为轴类零件的表达方案。

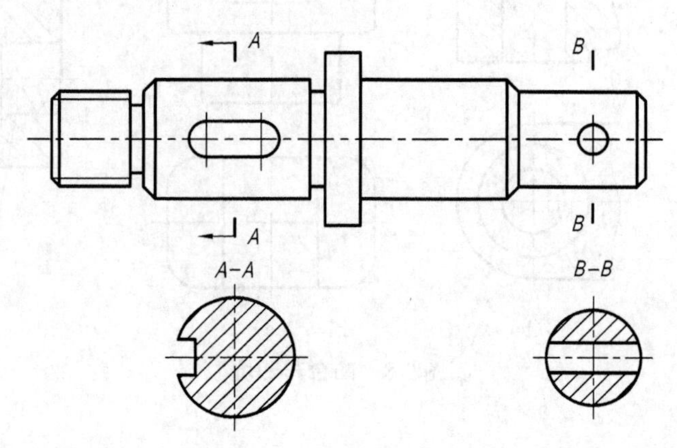

图 9-9　轴的视图表达

2．轮盘类零件

轮盘类零件主体形状也是共轴线回转体，这类零件为了与其他零件连接，常用孔、键槽、螺孔、销孔和凸台等结构，为增加强度，有的要增加肋板、轮辐。

根据轮盘类零件的结构特点，常用的表达方法如下。

（1）主视图一般按其加工位置放置，即将其轴线水平放置，并常画成剖视图。

（2）左（或右）视图表示零件的外形轮廓和各组成部分，如孔、肋、轮辐等的相对位置。

图 9-10 所示为端盖的零件图，将轴线水平放置位置作主视图，左视图主要表达凸台形状、两个螺孔和 4 个台阶孔的分布情况。

3．箱壳类零件

箱壳类零件用于支撑和容纳其他零件，其结构形状一般都比较复杂，常需要用 3 个或 3 个以上的视图表达其内外结构形状，根据箱壳类零件的结构特点，常用的表达方法如下。

图 9-11 所示为柱塞泵的泵体零件，它的内腔可以容纳柱塞零件。左端凸缘上的连接孔用以连接泵盖，底板上有 4 个孔用来将泵体固定在机身上。上端的两个螺纹孔用来安装进出油口的管接头。

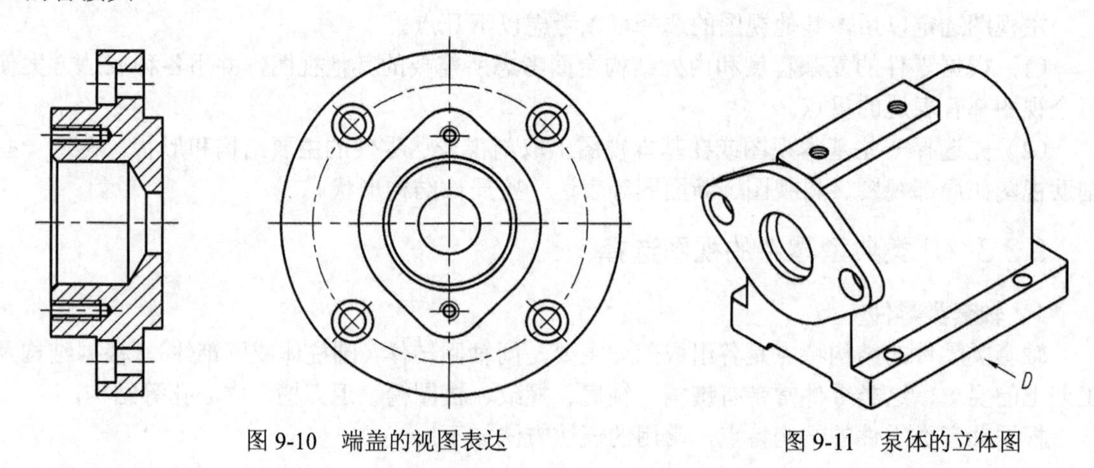

图 9-10　端盖的视图表达　　图 9-11　泵体的立体图

泵体的视图表达方法如图 9-12 所示。根据泵体的结构，选 *D* 向作为主视方向，主视图采用全剖视图，主要表达内腔结构形状；左视图采用半剖视图，可表达内外结构形状；俯视图主要表达外形；俯、左视图用 2 个局部剖，表示孔为通孔。除上述 3 个基本视图外，还画出了 *B* 向视图，表示泵体右端面形状和 3 个均匀分布的螺孔；用 *C* 向视图表示底面的形状。

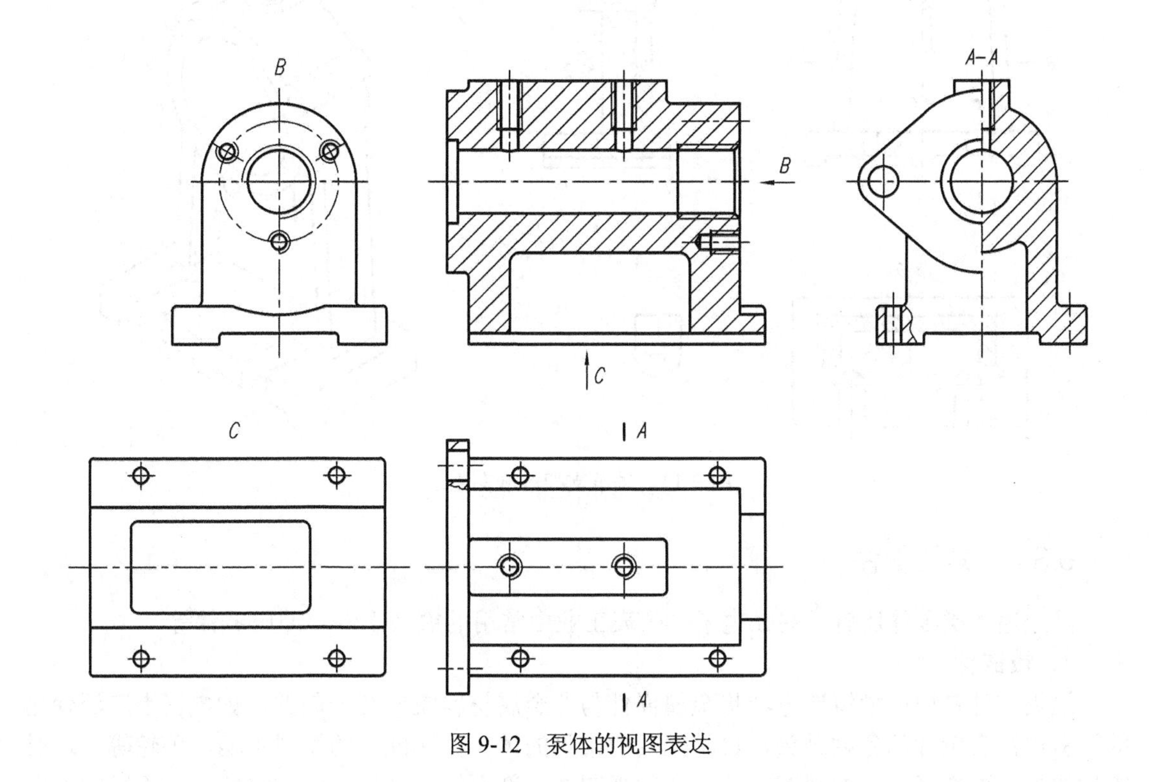

图 9-12 泵体的视图表达

4．叉架类零件

叉架类零件一般有拨叉、连杆、支座等，其结构形状比较复杂，毛坯多为铸造或锻造件，再经机械加工而成。根据叉架类零件的结构特点，常用的表达方法如下。

（1）主视图常根据结构特征选择，以表达它的形状特征、主要结构和各组成部分的相互关系。

（2）根据零件的复杂程度，选择确定其他视图，将其表达完全。

（3）零件上的一些局部结构常用局部剖视图、局部视图、斜视图、断面图等表示。

图 9-13 所示为轴承支座零件图，主视图主要表达了零件的主要形状，但有些部分还未表达清楚，因此还用了全剖视的左视图表达支座的轴承孔的内腔结构及肋板等形状，*B-B* 剖视图表达了底板和肋板的断面形状，*C* 向局部视图表达了凸台形状，移出断面图表达了支撑三角筋板的断面形状。

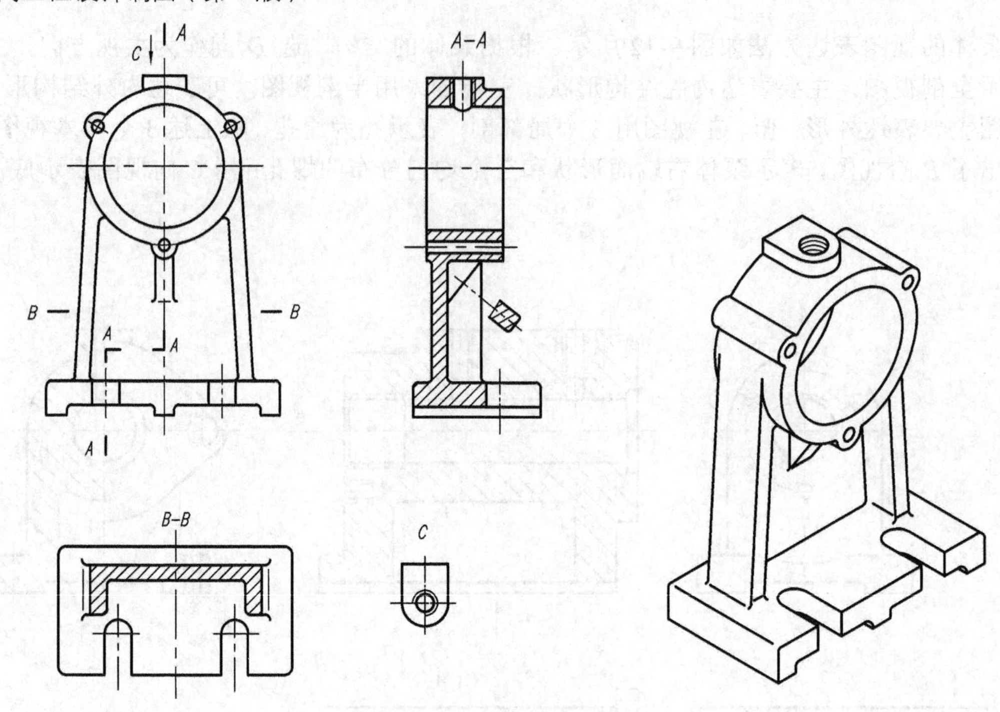

图 9-13　轴承支架的视图表达

9.3.4　其他零件

除上述 4 类零件还有一些在电子，仪表工业中常用的镶嵌零件、冲压零件等。

1．镶嵌件

这类零件是用压型铸造方法将金属嵌件与非金属材料镶嵌在一起的，如电器上广泛使用的塑料内铸有铜片的各种触头，日常生活中常见的铸有金属嵌件的塑料手柄、手轮等。这类零件根据需要选择相应的视图表达，在剖视图中，剖面线应根据不同的材料，画不同的剖面符号以示区分，如图 9-14 所示为旋钮视图表达。

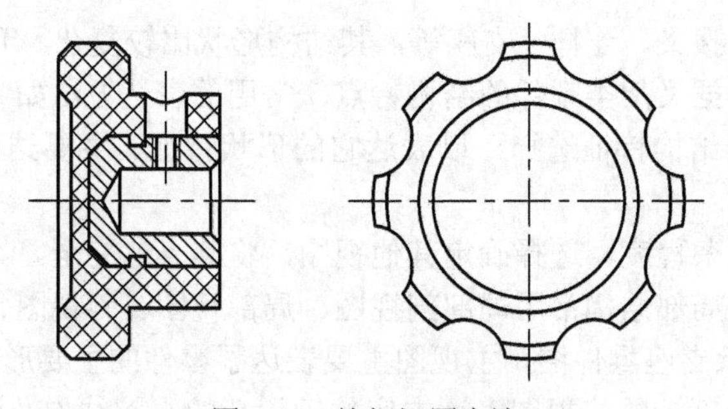

图 9-14　旋钮视图表达

2．冲压类零件

这类零件多由金属薄板冲裁、落料、弯折成形或由型材弯折连接而成，机电设备中的面板、底板、型材框架、支架等零件常用此法形成。

冲压件的壁厚通常很薄，它上面的孔一般都是通孔。因此，对这些孔只要在反映其实形的视图上表示，其他视图中画出轴线即可，不必用剖视或用虚线表示。

如图 9-15 所示为电容卡子零件图，其形状较复杂，经冲压弯曲成型，为了加工制作的需要，往往在零件图上还附有冲压零件的展开图。

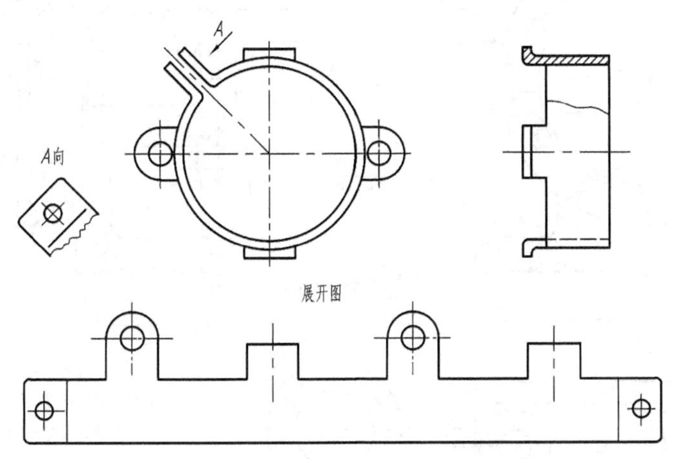

图 9-15　电容卡子零件图

展开图可以是局部要素的展开或整体零件的展开，在展开图形的上方必须标注“展开”字样。

9.4　零件图的尺寸标注

尺寸是零件图的一个重要组成部分，也是制造和检验零件的一项主要依据，除了第 6 章所讲的尺寸标注要正确、完整、清晰外，还要求标注得尽量合理，使所注尺寸既能满足零件在设计上的要求，又能满足在加工检验方面的工艺要求，保证零件的使用性能。本节简单介绍合理标注尺寸的一些基本知识。

9.4.1　尺寸基准选择

基准是指零件在设计、制造和测量时，用以确定其位置的几何元素（点、线、面）。

由于用途不同，基准可分为设计基准和工艺基准。

（1）设计基准：设计时，用以保证零件功能及其在机器中的工作位置所选择的基准。

（2）工艺基准：零件在加工过程中，用于装夹定位、测量而选择的基准。

能够合理地选择尺寸基准，才能合理地标注尺寸，由于每个零件都有长、宽、高尺寸，因而每个方向至少有一个主要基准，但根据设计、加工、测量的要求，一般还需要一些辅助基准，为了减少误差，保证设计要求，应尽可能使设计基准和工艺基准重合。

图 9-16 所示为泵体，其底面是安装基面，选它作为高度方向尺寸的设计基准，注出中心高 $54^{+0.1}_{0}$，同时底面又是加工$\phi60^{+0.03}_{0}$、$\phi15^{+0.018}_{0}$等孔的工艺基准面，因此底面作为高度方向的主要基准满足了工艺基准与设计基准重合的要求，泵体的左、右对称平面为长度方向的主要基准，宽度方向的主要基准选择泵体与泵盖相结合的前端面为基准。

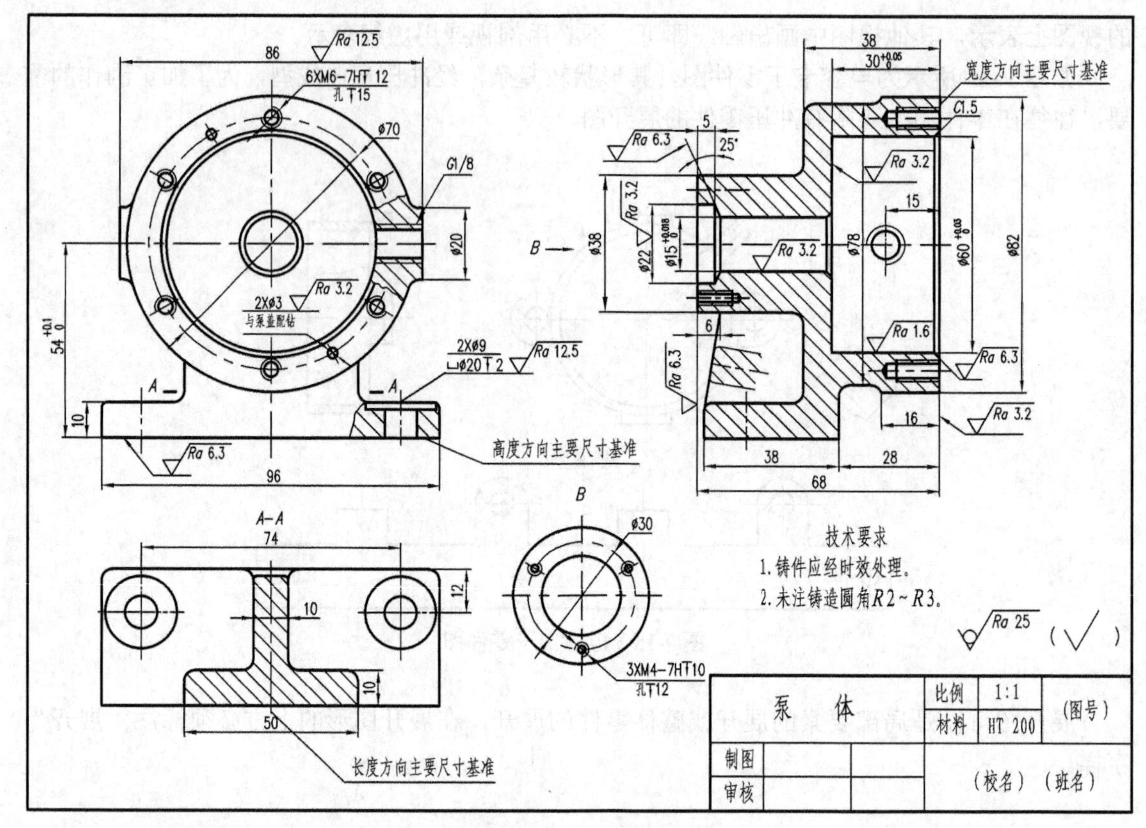

图 9-16　尺寸基准分析

9.4.2　合理标注尺寸应注意的一些问题

要合理地标注尺寸，应注意以下几个问题。

（1）主要尺寸应直接标注。例如配合尺寸、定位尺寸、保证零件工作精度和性能的尺寸等。如图 9-16 所示的中心高尺寸 $54^{+0.1}_{0}$、安装孔的定位尺寸 74 必须直接标注出。

（2）要考虑加工和测量的方便。在满足零件设计要求的前提下，标注尺寸要尽量符合零件的加工顺序，并便于测量，如图 9-16 所示尺寸 $\phi22$ 及孔深 5。

（3）一定不要注成封闭尺寸链。如图 9-17（a）所示的阶梯轴，总长为 A，3 段的长度尺寸分别为 B、C、D，构成了一个封闭的尺寸链，每个尺寸是尺寸链中的一环，这样标注尺寸，在加工时往往难以保证设计要求，因此在实际标注尺寸时，在尺寸链中都选一个不重要的尺寸不注，称它为开口环，使加工误差累计在这个开口环上，从而保证其他各段已注尺寸的精度，如图 9-17（b）所示。

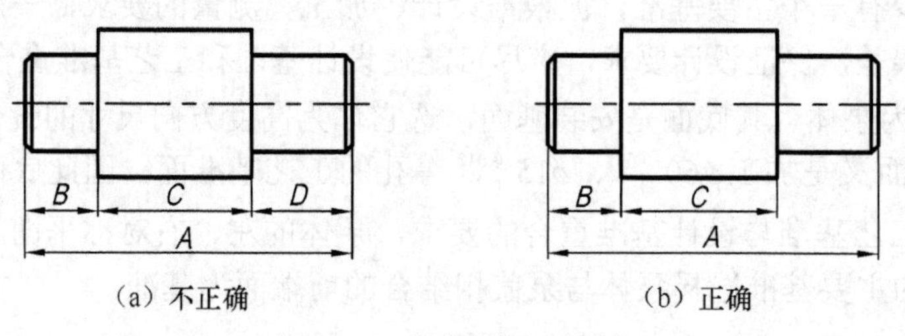

（a）不正确　　（b）正确

图 9-17　封闭环不注尺寸

9.4.3 零件上常见典型结构的尺寸注法

零件上常见典型结构的尺寸注法如表 9-1 所示。

表 9-1　　　　零件上常见典型结构的尺寸注法

零件结构类型		标注方法	说明
螺孔	通孔	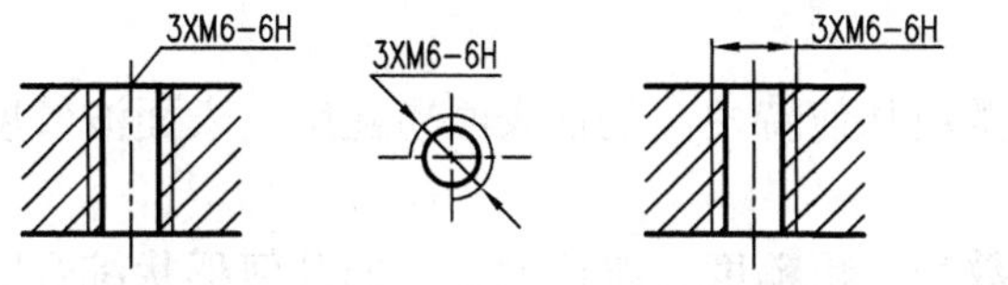 3XM6-6H　3XM6-6H　3XM6-6H	3×M6 表示直径为 6、均匀分布的 3 个螺孔；可以旁注，也可以直接注出
	不通孔	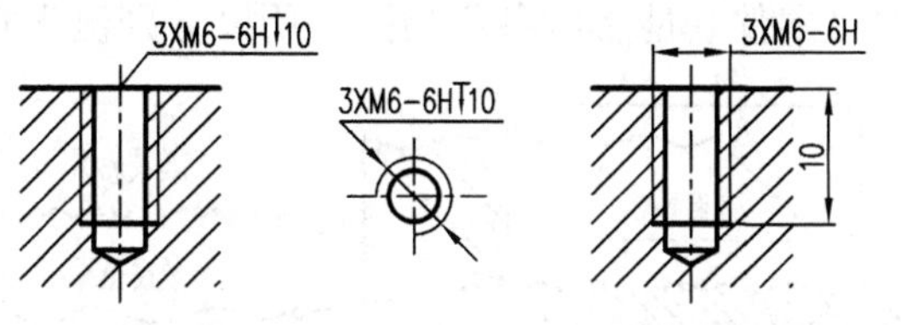 3XM6-6H↧10　3XM6-6H↧10　3XM6-6H　10	螺孔深度可与螺孔直径连注，也可分开注出
	不通孔	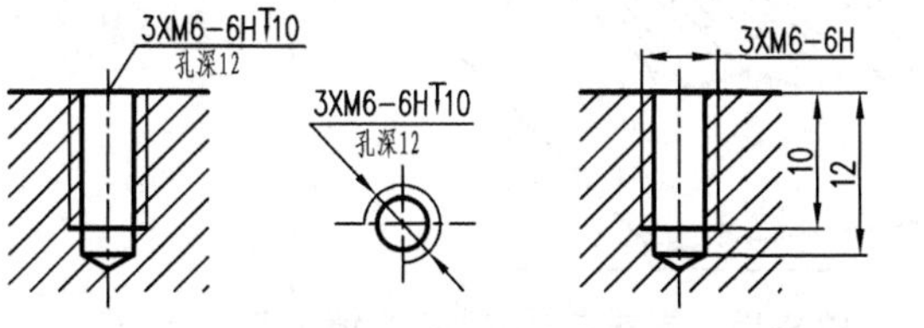 3XM6-6H↧10 孔深12　3XM6-6H↧10 孔深12　3XM6-6H　10　12	需要注出孔深时，应明确标注孔深尺寸
光孔	一般孔	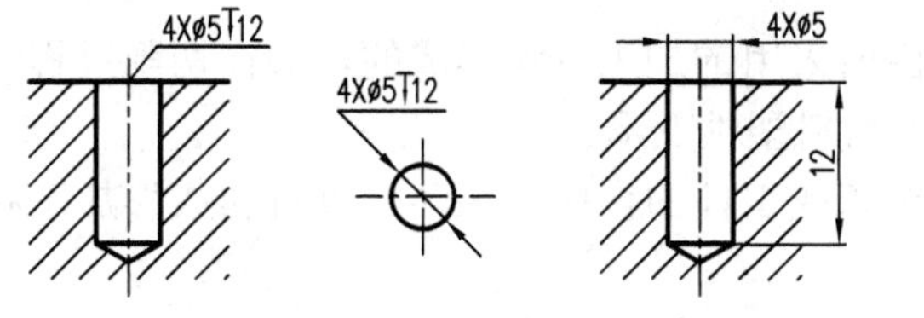 4Xø5↧12　4Xø5↧12　4Xø5　12	4×ϕ5 表示直径为 5、均匀分布的 4 个光孔；孔深可与孔径连注，也可以分开注出
	锥销孔	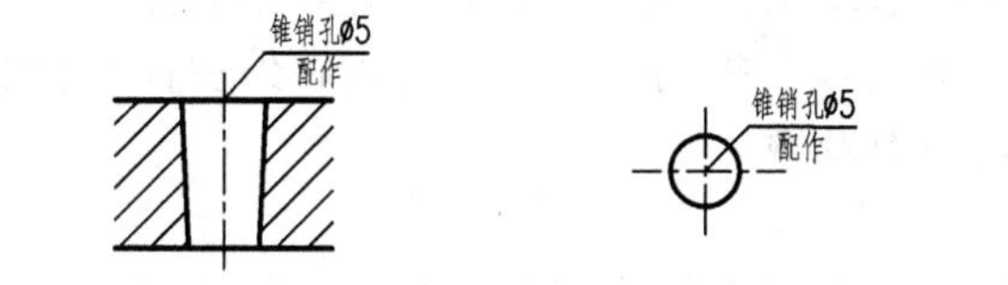 锥销孔ø5 配作　锥销孔ø5 配作	ϕ5 为与锥销孔相配的圆锥销小头直径，锥销孔通常是相邻两零件装在一起时加工的
沉孔	锥形沉孔	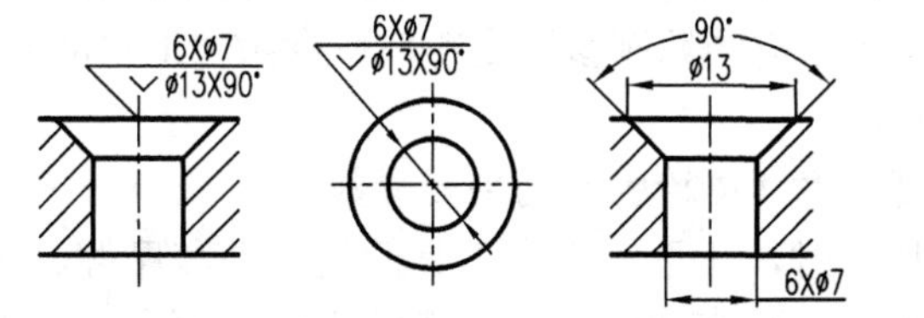 6Xø7 ⌵ø13X90°　6Xø7 ⌵ø13X90°　90°　ø13　6Xø7	6×ϕ7 表示直径为 7、均匀分布的 6 个光孔；锥形部分尺寸可以旁注，也可直接注出
	柱形沉孔	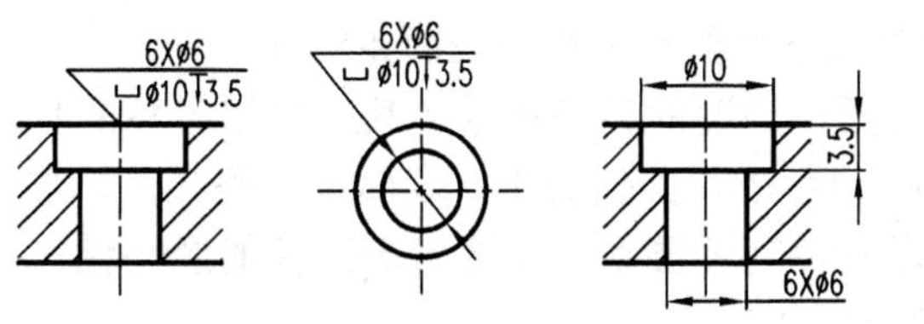 6Xø6 ⌴ø10↧3.5　6Xø6 ⌴ø10↧3.5　ø10　3.5　6Xø6	柱形沉孔的直径为ϕ10，深度为 3.5mm，均需标注

9.5 零件图上的技术要求

零件图上的技术要求包括表面结构、极限与配合、几何公差、热处理及其他有关制造要求等内容。

9.5.1 表面结构

表面结构指零件宏观和微观几何特性，包括表面粗糙度、表面波纹度，表面缺陷，表面几何形状。

零件表面几何特性大多数是由粗糙度、波纹度、表面几何形状综合影响产生的结果，如图 9-18 所示，但由于 3 种特性对零件功能影响各不相同，所以分别测出它们是很有用的。

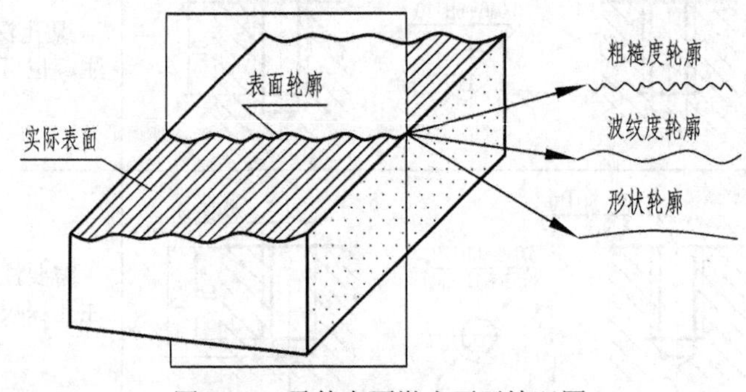

图 9-18 零件表面微小不平情况图

（1）表面粗糙度主要是由所采用的加工方法形成的，如在切削过程中，工件加工表面上的刀具痕迹以及切削撕裂时的材料塑性变形等。

（2）表面波纹度是由于机床或工件的挠曲、振动、颤抖和成形加工材料应变以及其他一些外部影响等形成的。

（3）表面几何形状一般由机器或工件的挠曲或导轨误差引起的。

表面结构对零件的配合、耐磨性、抗腐蚀性、密封性和外观都有影响，应根据机器的性能要求，恰当地选择表面结构参数及数值。

1．表面结构的参数

国家标准 GB/T 131—2006《产品几何技术规范（GBS） 技术产品文件中表面结构的表示法》中均有具体规定，涉及表面结构的轮廓参数是粗糙度参数（R 轮廓）、波纹度参数（W 轮廓）和原始轮廓参数（P 轮廓）。

此处主要介绍评定粗糙度轮廓（R 轮廓）的主要参数。

（1）表面粗糙度。零件加工时，由于零件和刀具间的运动和摩擦、机床的震动以及零件的塑性变形等各种原因，其加工表面在放大镜或显微镜下观察存在着许多微观高低不平的峰和谷，如图 9-19 所示。这种微观不平的程度称为表面粗糙度。

国家标准中规定了评定表面粗糙度的各种参数，其中使用最多的是两种参数，即轮廓算术平均偏差 *Ra* 和轮廓的最大高度 *Rz*，其值越小，表面越平整光滑，加工成本越高，因此在选择表面粗糙度时，既要满足零件功能要求，又要考虑工件的经济性，在满足零件功能要求的前提下，尽量选择数字大的粗糙度。

轮廓算术平均偏差 Ra 是在取样长度 l 内，轮廓偏距绝对值的算术平均值，如图 9-20 所示，可表示为

$$Ra=\frac{1}{l}\int_{0}^{l}|y(x)|\,\mathrm{d}x$$

图 9-19　零件表面微小不平情况图

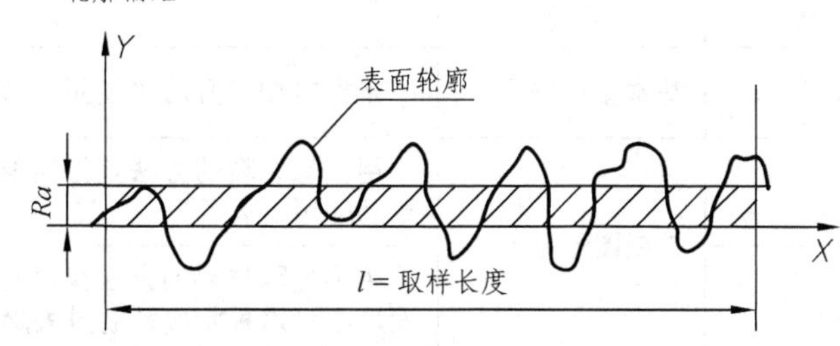

图 9-20　轮廓算术平均偏差

轮廓的最大高度 Rz 是在取样长度 l 内轮廓峰顶线和轮廓峰谷底线之间的距离。

（2）表面结构参数值的选用。表 9-2 列出了 Ra 数值及对应的加工方法及应用。

表 9-2　*Ra* 数值对应的加工方法及应用

Ra	加工方法	应用举例
50	粗车、粗铣、粗刨及钻孔等	不重要的接触面或不接触面，如凸台顶面、穿入螺纹紧固件的光孔表面
25		
12.5		
6.3	精车、精铣、精刨及铰钻等	较重要的接触面、转动和滑动速度不高的配合面和接触面，如轴套、齿轮端面、键及键槽工作面
3.2		
1.6		
0.8	精铰、磨削及抛光等	要求较高的接触面、转动和滑动速度较高的配合面和接触面，如齿轮工作面、导轨表面、主轴轴颈表面及销孔表面
0.4		
0.2		
0.1	研磨、超级精密加工等	要求密封性能较好的表面、转动和滑动速度极高的表面，如精密量具表面、气缸内表面、活塞环表面及精密机床的主轴轴颈表面等
0.05		
0.025		
0.012		

2. 表面结构的代号

（1）表面结构的图形符号。表面结构图形符号的画法如图 9-21 所示。

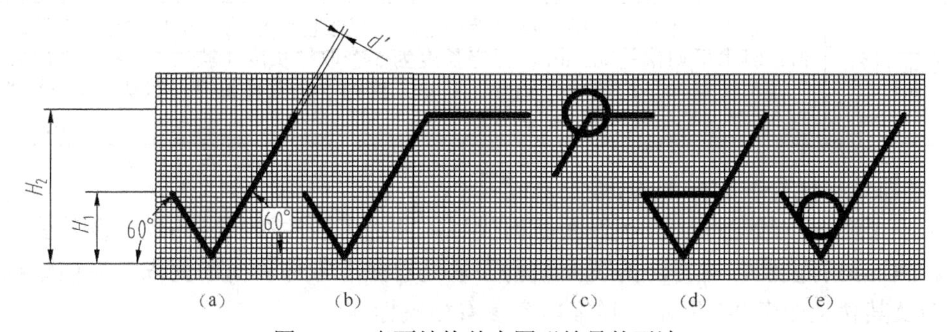

图 9-21　表面结构基本图形符号的画法

图中符号线宽d'=1/10h　高度H_1=1.4　高度H_2=2 H_1字母线宽d_1=图中线宽高度　H_2=2 H_1
h为字体高度

表面结构图形符号的名称及含义，如表9-3所示。

表9-3　　　　　　　　　　　表面结构图形符号的名称及含义

符号	名称	含义
	基本图形符号	未指定加工方法的表面，当通过注释时可以单独使用
	扩展图形符号	用去除材料的方法获得的表面，仅当其含义为"被加工表面"时可单独使用
		用不去除材料的方法获得的表面，也可用于保持上道工序形成的表面，不管这种状况是通过去除材料或不去除材料形成的
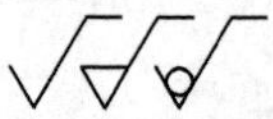	完整图形符号	对上述3个符号的长边加一横线，用于对表面结构有补充要求的标注
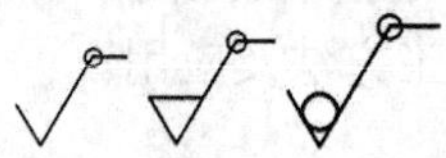		对上述3个符号上加一小圆，表示在图样某个视图上构成封闭轮廓的各表面有相同的表面结构要求
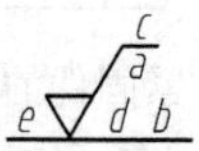 c a e d b	补充要求的注写	位置a：注写表面结构的单一要求 位置a和b：注写两个或多个要求 位置c：注写加工方法 位置d：注写表面纹理和方向 位置e：注写加工余量

（2）表面结构代号。表面结构代号包括图形符号、参数代号及相应的数值等其他有关规定，如表9-4所示。

表9-4　　　　　　　　　　　表面结构代号的标注示例及含义

代号示例	含义
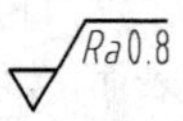 Ra 0.8	表示去除材料，单向上限值，默认传输带，R轮廓，评定长度为5个取样长度（默认5×λc），"16%规则"（默认），算术平均偏差0.8 μm，没有纹理要求
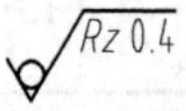 Rz 0.4	表示不允许去除材料，单向上限值，默认传输带，R轮廓，评定长度为5个取样长度（默认5×λc），"16%规则"（默认），粗糙度最大高度0.4 μm
 0.008-0.8/Ra3.2	表示去除材料，单向上限值，传输带0.008～0.8 mm，R轮廓，评定长度为3个取样长度，"16%规则"，算术平均偏差3.2 μm
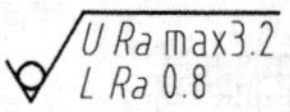 U Ra max3.2 L Ra 0.8	表示不允许去除材料，双向极限值，两极限值均使用默认传输带，R轮廓，上限值：算术平均偏差3.2 μm，评定长度为5个取样长度（默认5×λc），"最大规则"；下限值：算术平均偏差0.8 μm，评定长度为5个取样长度（默认5×λc），"16%规则"（默认）

3．表面结构代号在图样上的标注

要求一个表面一般只标注一次表面结构代号，并尽可能注在相应的尺寸及其公差的同一视图上。除非另有说明，所标注的表面结构要求是对完工零件表面的要求。表面结构代号的标注示例及其含义如表9-5所示，详细内容参看相关标准。

表 9-5 表面结构要求标注示例

序号	标注规则	标注示例
1	表面结构的注写和读取方向与尺寸的注写和读取方向一致	Ra 0.8　Rz 12.5　Rz 3.2　Rp 1.6
2	表面结构要求可标注在轮廓线上，其符号应从材料外指向并接触材料表面	Rz 12.5　Rz 6.3　Ra 1.6　Ra 1.6　Rz 12.5　Rz 6.3
3	可用带箭头或黑点的指引线引出标注	铣 Rz 3.2　车 Rz 3.2　ϕ28
4	在不致引起误解时，表面结构要求可以标注在给定的尺寸线上	ϕ120H7 Rz 12.5　ϕ120h6 Rz 6.3
5	表面结构要求可以直接标注在延长线上	Ra 1.6　Rz 6.3　Rz 6.3　Rz 6.3　Ra 1.6
6	圆柱和棱柱的表面结构要求只标注一次，当每个棱柱表面有不同要求时，应分别单独标注	Ra 3.2　Rz 1.6　Ra 6.3　Ra 3.2

续表

序号	标注规则	标注示例
7	有相同表面结构要求的简化注法：如果工件的多数（包括全部）表面有相同的表面结构要求，则其要求可统一标注在图样的标题栏附近（除全部表面有相同要求的情况外）。此时，表面结构要求的符号后面应有以下内容： ① 在圆括号内给出无任何其他标注的基本符号	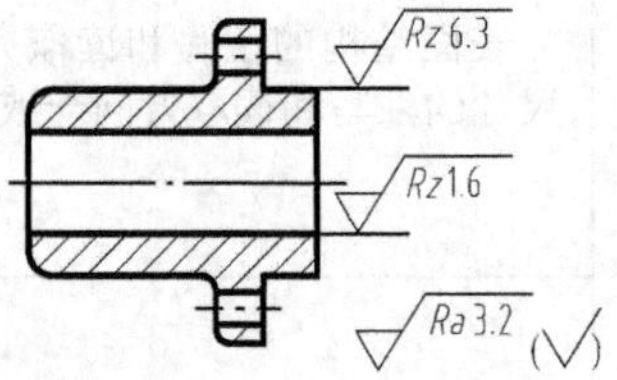 Rz 6.3 Rz 1.6 Ra 3.2 (√)
	② 在圆括号内给出不同的表面结构要求	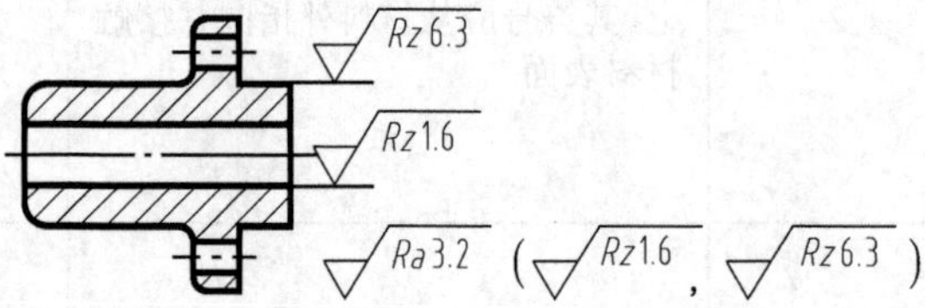 Rz 6.3 Rz 1.6 Ra 3.2 (Rz 1.6, Rz 6.3)
8	多个表面有共同要求的注法： ① 用带字母的完整符号的简化注法	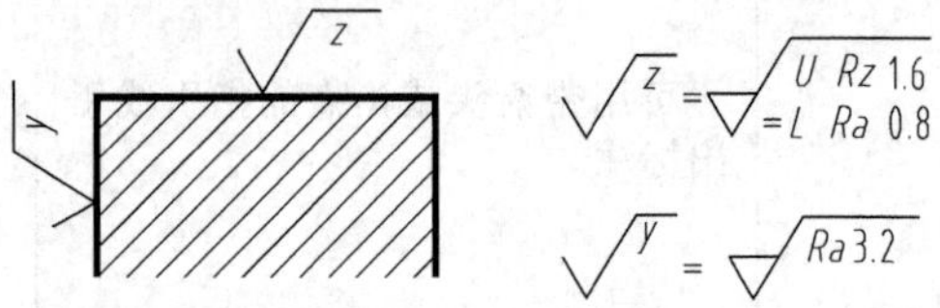 z y z = U Rz 1.6 / L Ra 0.8 y = Ra 3.2
	② 只用表面结构符号的简化注法	 √ = Ra 3.2 (a)  √ = Ra 3.2 (b) 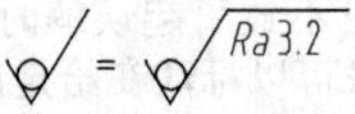 √ = Ra 3.2 (c)
9	由几种不同的工艺方法获得的同一表面当需要指出每种工艺的表面结构时，可将不同工艺的表面结构分别进行标注，图中给出了镀涂前后的表面结构要求	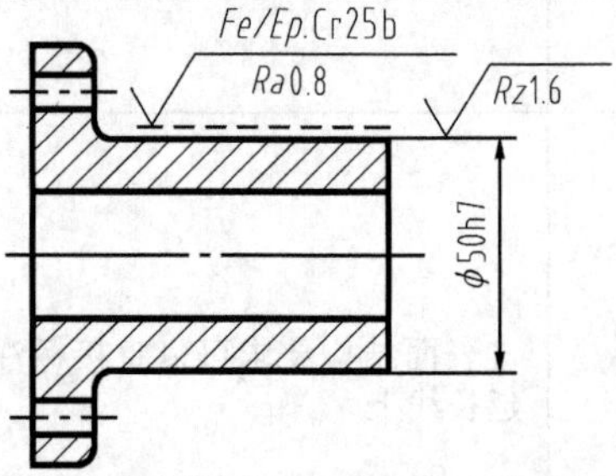 Fe/Ep.Cr25b Ra 0.8 Rz 1.6 φ50h7

9.5.2 极限与配合

1. 零件的互换性

互换性是指在成批或大量生产的零件（或部件）中，不经挑选或修配，便可装到机器或部件上，并达到设计规定的性能指标要求。零件具有互换性，不但给机器装配、修理带来方便，更重要的是为机器的现代化大量生产提供了可能性。

要保证零件的互换性，需要确定配合的合理要求和正确的极限尺寸，即合理的尺寸公差大小，以便确保产品质量，并且在制造上又是经济合理的。

2．公差的有关术语

公差的有关术语如图 9-22 所示。

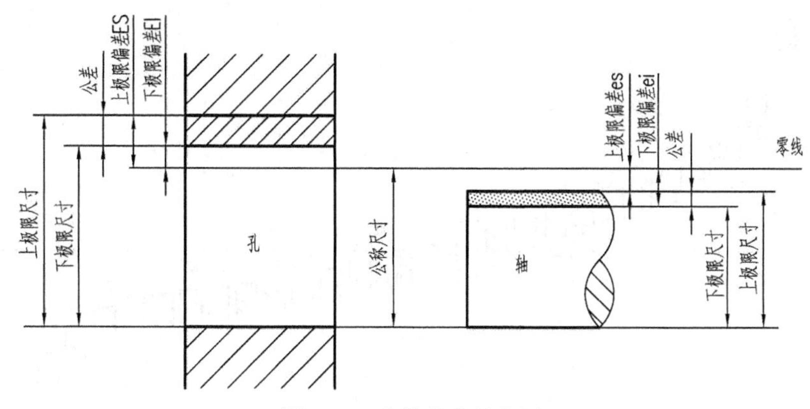

图 9-22　公差的有关术语

（1）公称尺寸：由图样规范确定的理想形状要素的尺寸。设计时根据强度和结构计算或由经验确定。

（2）实际尺寸：实际测量所得到的尺寸。

（3）极限尺寸：尺寸要素允许的两个极限值。尺寸要素允许的最大尺寸称为上极限尺寸，尺寸要素允许的最小尺寸称为下极限尺寸

（4）偏差：极限尺寸减其公称尺寸所得的代数差。

上极限偏差=上极限尺寸−公称尺寸

下极限偏差=下极限尺寸−公称尺寸

上极限偏差和下极限偏差统称为极限偏差，极限偏差可以是正值、负值或零。

国家标准规定孔的上极限偏差代号为 ES，下极限偏差代号为 EI；轴的上极限偏差代号为 es，下极限偏差代号为 ei。

（5）尺寸公差（简称公差）：允许尺寸的变动量。

尺寸公差=上极限尺寸−下极限尺寸=上极限偏差−下极限偏差

（6）零线：在极限与配合图解中，表示公称尺寸的一条直线，以其为基准确定偏差和公差。

（7）公差带和公差带图：公差带是表示公差大小和相对于零线位置的一个区域；为便于分析，一般将尺寸公差与公称尺寸的关系，按放大比例画成简图，称公差带图，如图 9-23 所示；零线是确定偏差的一条基准线，通常以零线表示公称尺寸，偏差的数值单位以 μm 表示。

（8）标准公差：国家标准（GB/T/800.2—2009）所规定的任一公差。标准公差的数值由公称尺寸和标准公差等级来确定，标准公差等级是确定尺寸的精确程度，公差等级分 20 个等级，从 IT01、IT02、IT1～IT18 等级依次降低，其中 IT 表示标准公差，后面的数字表示公差等级，标准公差的数值可查阅附表 1。

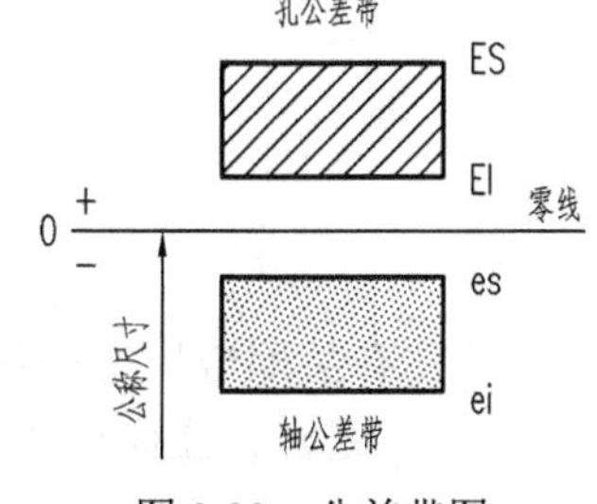

图 9-23　公差带图

例如，ϕ35 的 IT7 的公差值为 0.025，IT9 的公差值为 0.062。尺寸公差等级应根据使用要求确定。

（9）基本偏差：国家标准（GB/T 1800.2—2009）所规定的用

来确定公差带相对零线位置的上极限偏差或下极限偏差，一般是指孔或轴的公差带中靠近零线的那个偏差，如图9-24所示。

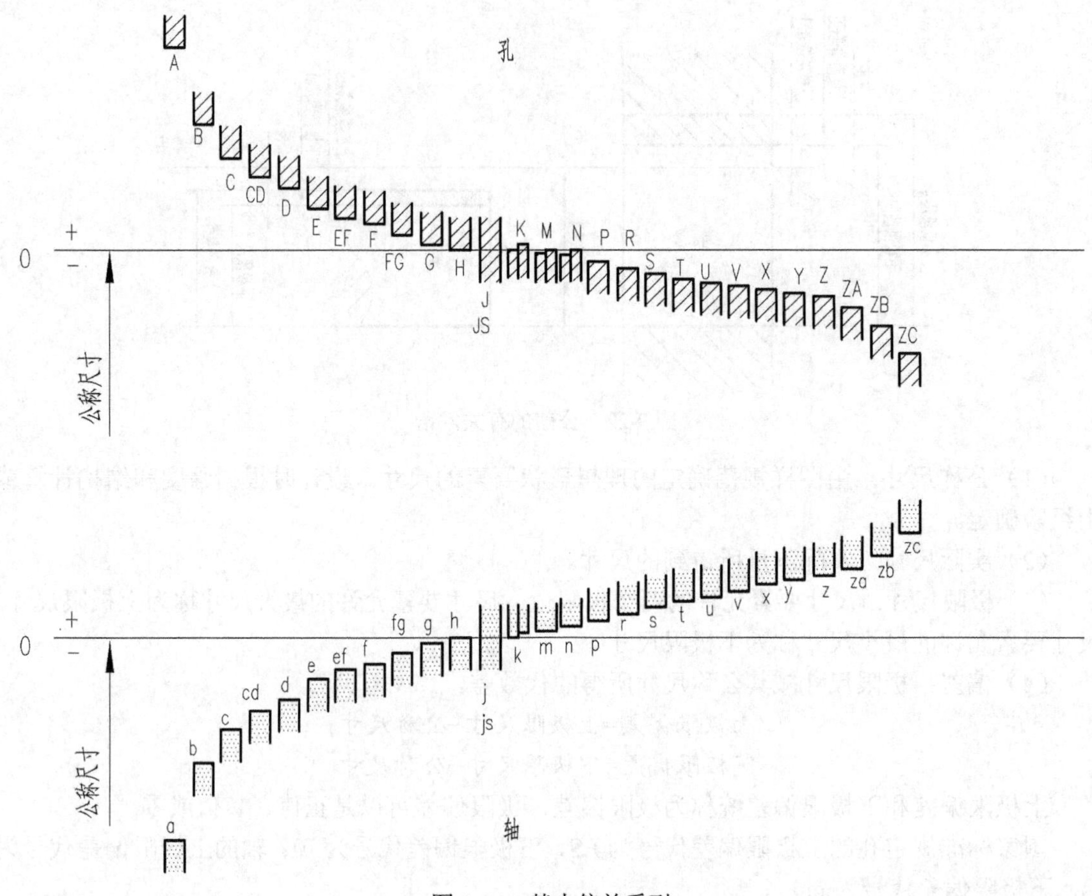

图9-24 基本偏差系列

根据生产的实际需要，国家标准分别对孔和轴各规定了28个不同的基本偏差，用拉丁字母按顺序表示，大写字母代表孔，小写字母代表轴，从而得出基本偏差系列，当公差带在零线的上方时，基本偏差为下偏差；当公差带在零线的下方时，基本偏差为上偏差。

轴和孔的公差代号由基本偏差代号与公差等级代号组成，优先配合的轴和孔的上下极限偏差可直接查阅附表2和附表3。

【例9-1】 说明ϕ40H8的含义。

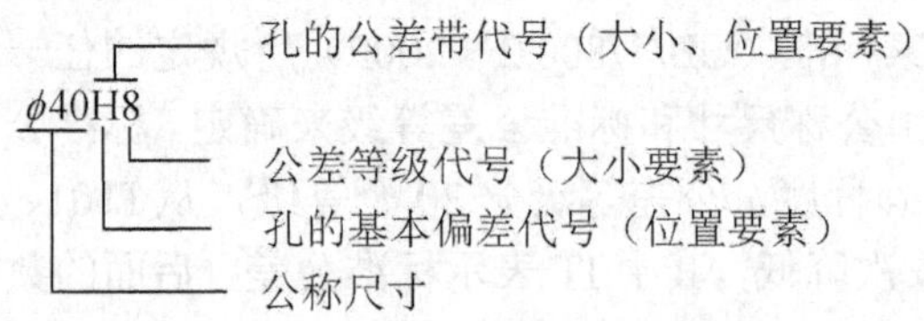

3．有关配合的术语和定义

（1）配合。公称尺寸相同的，相互结合的孔和轴的公差带之间的关系称为配合，国家标准将配合分为以下3大类。

① 间隙配合。具有间隙（包括最小间隙等于零）的配合，这时孔的公差带在轴的公差带

上方，如图 9-25 所示。

② 过盈配合。具有过盈（包括最小过盈等于零）的配合，这时孔的公差带在轴的公差带下方，如图 9-26 所示。

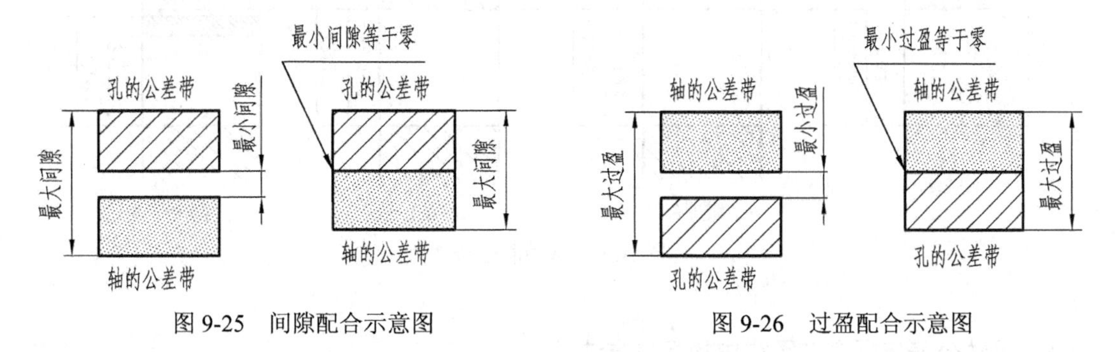

图 9-25 间隙配合示意图

图 9-26 过盈配合示意图

③ 过渡配合。可能具有间隙也可能具有过盈的配合，这时孔的公差带和轴的公差带相互交叠，如图 9-27 所示。

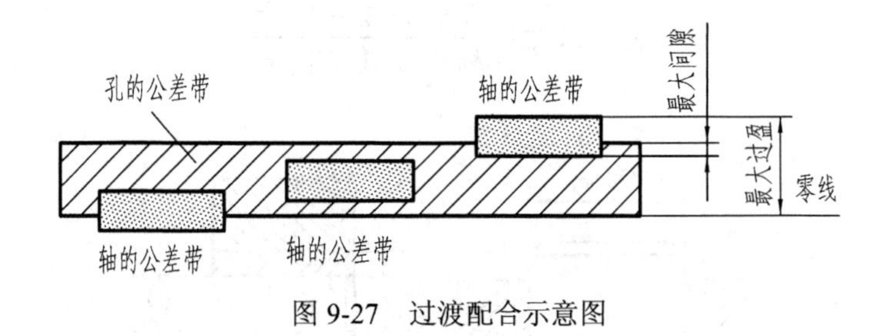

图 9-27 过渡配合示意图

（2）配合的基准制。国家标准规定了两种基准制。

① 基孔制。基本偏差为一定的孔的公差带，与不同基本偏差的轴的公差带形成各种配合的一种制度，如图 9-28 所示。基孔制的孔称为基准孔，用代号 H 表示。

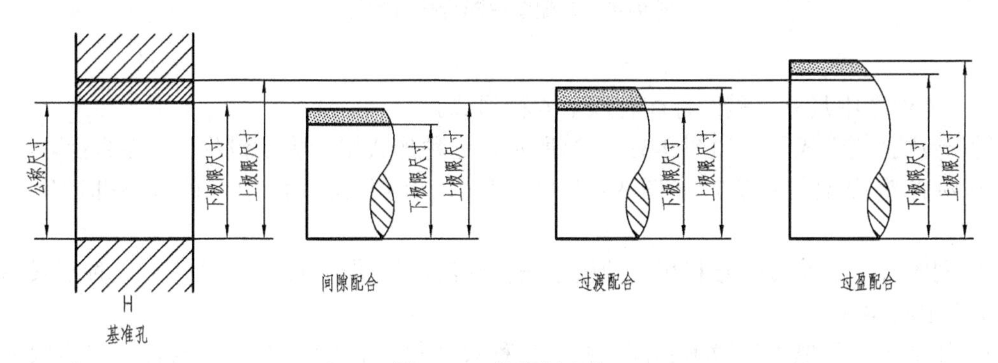

图 9-28 基孔制配合

② 基轴制。基本偏差为一定的轴的公差带，与不同基本偏差的孔的公差带形成各种配合的一种制度，如图 9-29 所示。基轴制的轴称为基准轴，用代号 h 表示。

由于孔比轴更难加工，一般情况下，应优先选用基孔制，只有在不必对轴加工，或在同一基本尺寸的轴上要装配几个配合的零件时，才优先采用基轴制。

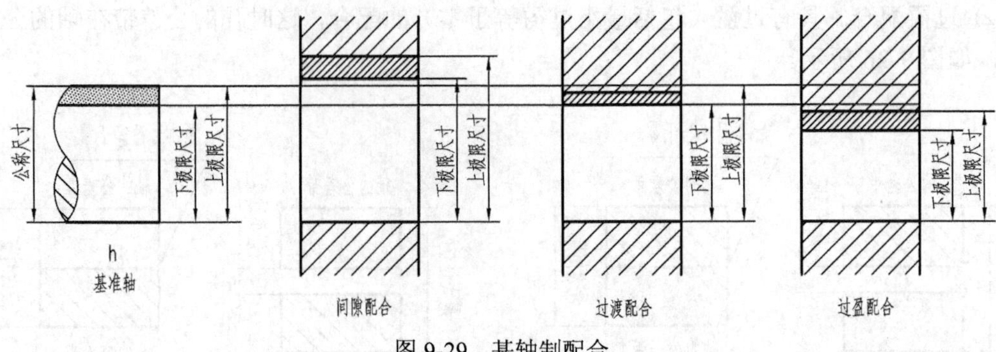

图 9-29 基轴制配合

4．尺寸公差与配合在图样中的标注方法

（1）装配图中配合代号用分数的形式标注，标注的通用形式如下，具体标注方法如图 9-30 所示。

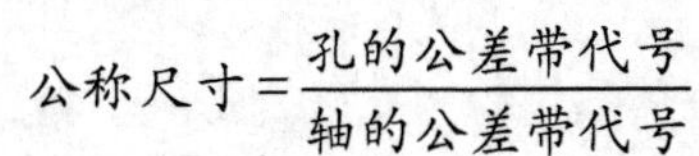

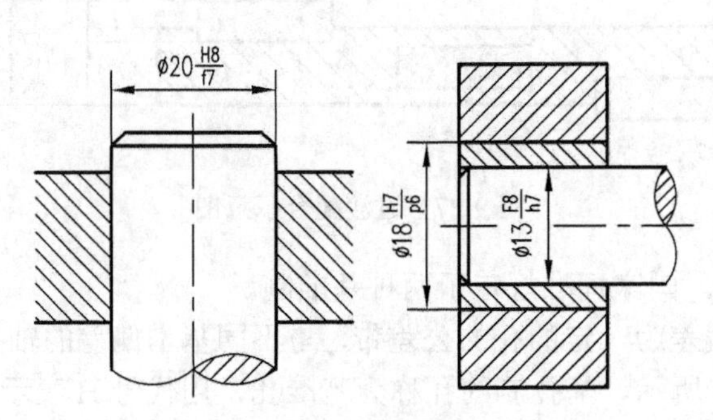

图 9-30 装配图中配合代号的标注

（2）零件图中尺寸公差的标注有以下 4 种形式。

① 标注公差带代号，如图 9-31（a）所示，这种形式用于大批量生产的零件上。

② 标注极限偏差数值，如图 9-31（b）所示，这种形式用于单件和小批量生产的零件上。

③ 同时标注公差带代号和相应的极限偏差数值，如图 9-31（c）所示，这种形式用于生产批量不定的零件上。

④ 如果上、下偏差的数值相同，则在公称尺寸数字后标注“±”符号，再写极限偏差数值，这时数值的字体与公称尺寸数字字体同高，其标注如图 9-31（d）所示。

标注偏差数值，如图 9-31 所示，上（下）偏差注在公称尺寸的右上（下）方，偏差数字应比公称尺寸数字小 1 号。当上（下）偏差数值为零时，可简写为“0”，另一偏差仍标在原来的位置上。

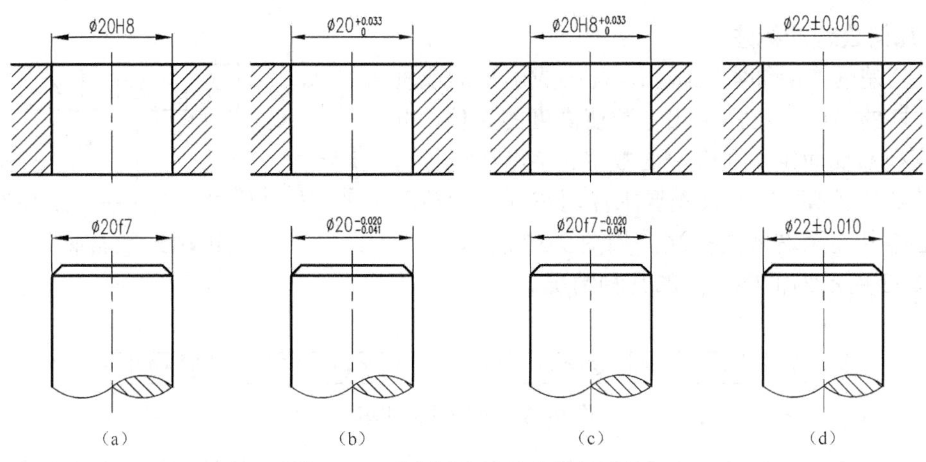

图 9-31　零件图上尺寸公差的注法

9.5.3　几何公差

零件在制造过程中，由于种种因素的影响，不仅尺寸会产生误差，而且还会产生几何形状及各组成部分的相互位置误差，这种误差也是影响零件质量的一项技术指标。因此为了满足使用的要求，必须把这种误差控制在允许的范围内。

1．几何公差的概念

几何公差包括形状公差、方向公差、位置公差和跳动公差。国家标准 GB/T 1182—2008 规定了几何公差特征和符号如表 9-6 所示。

表 9-6　几何公差特征和符号

公差分类	几何特征	符号	有无基准	公差分类	几何特征	符号	有无基准
形状公差	直线度	—	无	位置公差	位置度	⌖	有或无
	平面度	▱	无				
	圆度	○	无		同心度（用于中心线）	◎	有
	圆柱度	⌭	无				
	线轮廓度	⌒	无		同轴度（用于轴线）	◎	有
	面轮廓度	⌓	无				
方向公差	平行度	//	有		对称度	⌯	有
	垂直度	⊥	有		线轮廓度	⌒	有
	倾斜度	∠	有		面轮廓度	⌓	有
	线轮廓度	⌒	有	跳动公差	圆跳动	↗	有
	面轮廓度	⌓	有		全跳动	⌰	有

2．几何公差的标注

（1）公差框格用细实线画出，可画成水平的或垂直的，框格的高度是图样中尺寸数值高度的2倍，框格的长度视需要而定，框格中的数字、字母和符号与图样中的数字等高，几何公差要求注写在划分的矩形框内，各格从左至右依次标注，如图9-32所示。

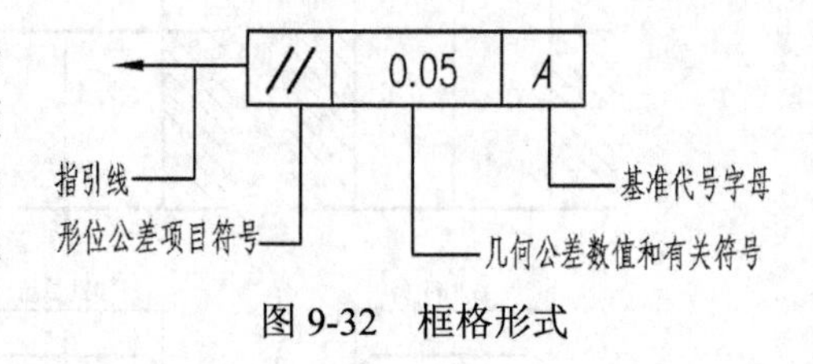

图9-32　框格形式

图9-33所示为框格填写的几种情况。

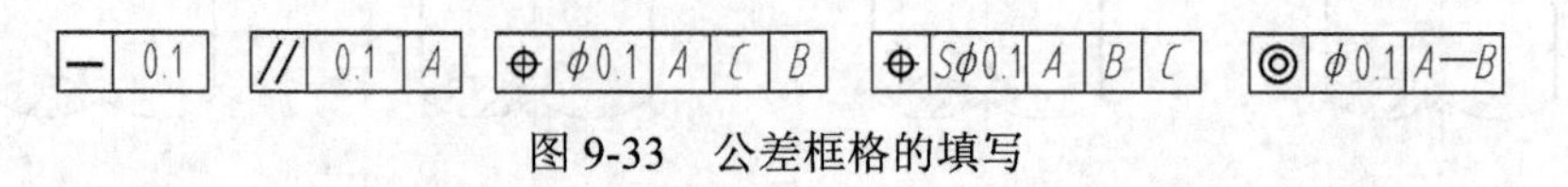

图9-33　公差框格的填写

（2）当被测要素是线或表面时，指引线的箭头在靠近该要素的轮廓线或其引出线上标注，并应明显地与尺寸线错开，如图9-34所示。

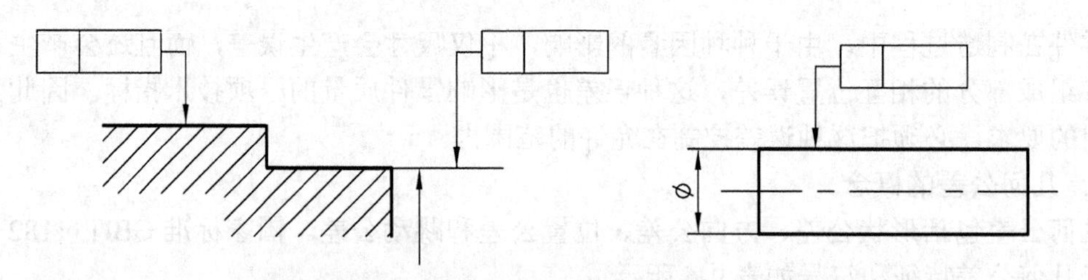

图9-34　被测要素（基准）是线或面时的标注图

（3）基准要素要用基准符号标注，如图9-35所示，符号中正方形线框与三角形间的连线用细实线绘制，且要与基准要素垂直，方框内的大写字母与图样中的数字同高。涂黑的或空白的基准三角形为等边三角形，且含义相同。

（4）当基准要素为轴线、球心或对称平面时，基准符号应与该要素的尺寸线对齐，如图9-36（a）所示。

（5）当基准要素是线或表面时，基准符号应接触该要素的轮廓线，如图9-36（b）所示。

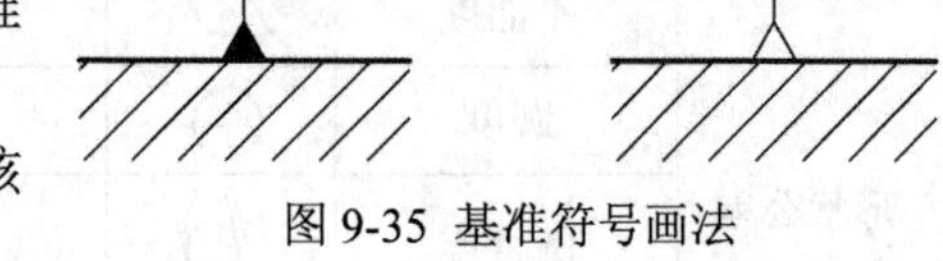

图9-35 基准符号画法

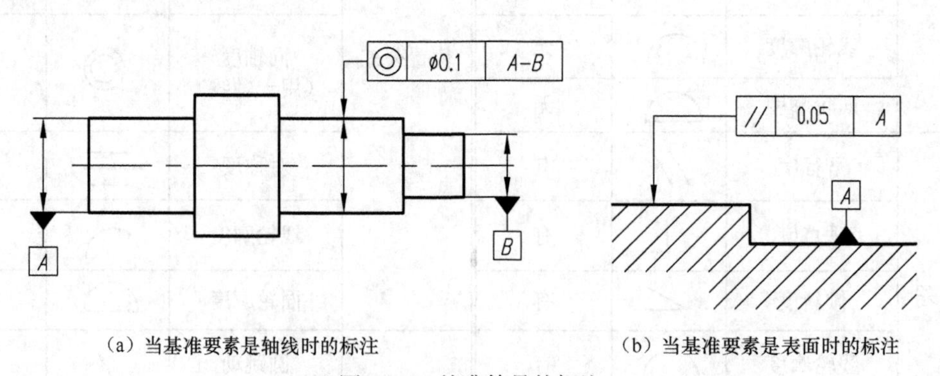

（a）当基准要素是轴线时的标注　　（b）当基准要素是表面时的标注

图9-36　基准符号的标注

图9-37所示为标注形状公差和位置公差的实例，可供标注时参考。

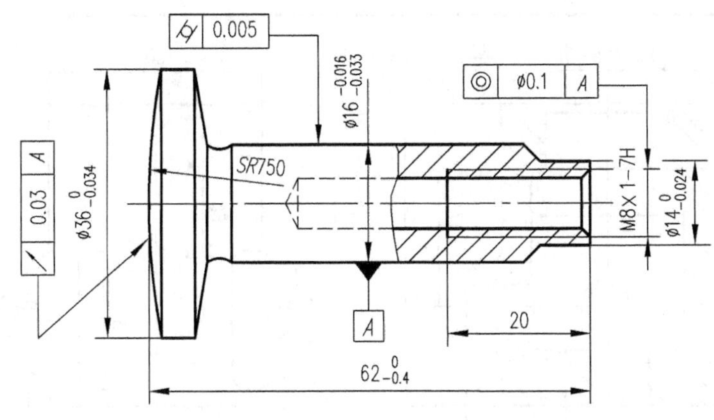

图 9-37 标注形状公差和位置公差

9.6 读零件图

在机械零件设计、制造和检验时，不仅要有绘制零件图的能力，还应有阅读零件图的能力。通过读零件图，应当全面地了解该零件的结构形状，零件的尺寸和技术要求等内容。

9.6.1 读零件图的方法和步骤

（1）概括了解。从标题栏中了解零件的名称、材料和比例等内容，根据名称按前面所学零件分类，判断该零件属于那一类零件，粗略了解零件的用途和大致的特点。

（2）分析视图，想象形状。分析零件各视图的配置以及相互之间的投影关系，应用形体分析法和线面分析法读懂零件各部分结构，想象出零件的形状。读图的一般顺序是先看整体部分、后看次要部分；先看整体结构，后看局部结构；先读简单部分，再分析复杂部分。

（3）分析尺寸和技术要求。根据零件的结构特点找出尺寸基准，分清定形尺寸、定位尺寸和总体尺寸，注意分析尺寸标注的合理及加工精度的要求，读懂零件图上所标注的尺寸公差，几何公差和表面粗糙度等技术要求。

（4）综合归纳。通过上述步骤，分析零件的视图、尺寸、技术要求，对零件的结构形状，功用和特点有了全面了解，经过综合考虑，才能对这个零件形成完整的认识。

9.6.2 读零件图举例

下面以图 9-38 所示的泵体零件图为例，说明读零件图的一般方法和步骤。

1．概括了解

从标题栏可知该零件的名称为泵体，材料是铸铁，比例为 1∶1；该零件是一个箱体类零件，经铸造加工而成。

2．分析视图，想象形状

从图 9-38 中可以看出，该零件采用 3 个基本视图。主视图采用全剖视图，主要用来表达内腔的形状；俯视图采用局部剖视图，可看见在泵壁上有与单向阀体相接的两个螺孔，分别位于泵体的后边和右侧，是泵体的进出油口；从左视图上可见两安装板的形状及其位置。综合以上分析，可以想象出泵体的整体形状及泵体外形，如图 3-39 所示。

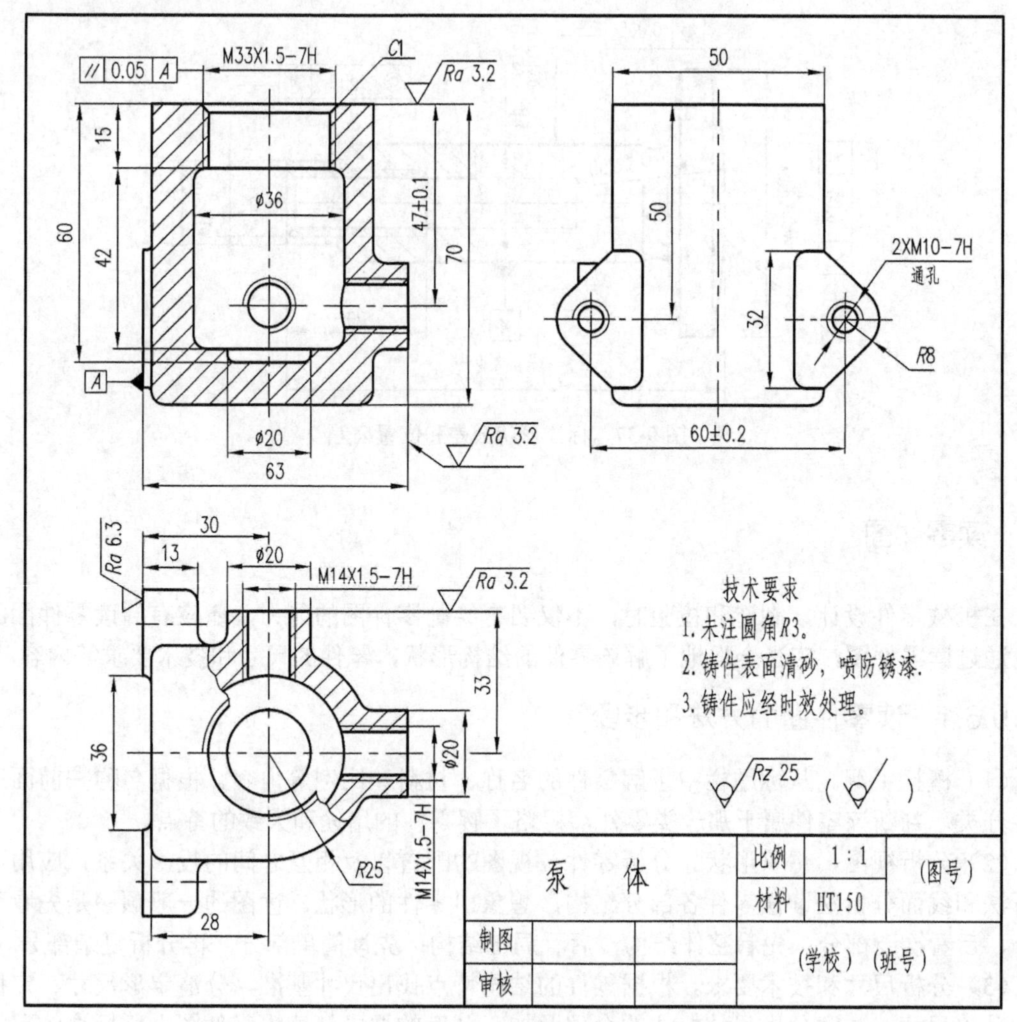

图 9-38 泵体零件图

3．分析尺寸和技术要求

如图 9-38 所示的泵体高度方向的主要尺寸基准为主视图顶面，宽度方向的主要尺寸基准以零件的前后对称平面为主要基准，长度方向以左侧的安装板底面为主要基准，按形体分析法了解各组成部分的定位尺寸和定形尺寸，检查尺寸标注的完整性、合理性。

分析技术要求，从图 9-38 可知该零件为铸件，进出油孔的中心高 47±0.1 和安装板两螺孔的中心距 60±0.2 要求较高，加工时必须保证；顶面与两螺孔端面为零件接触面，粗糙度要求较高，为 3.2；螺孔 M33×1.5-7H 的轴线对安装板平面有平行度的要求。此外还有其他一些技术要求，这些都是制造合格零件所必须达到的技术指标。

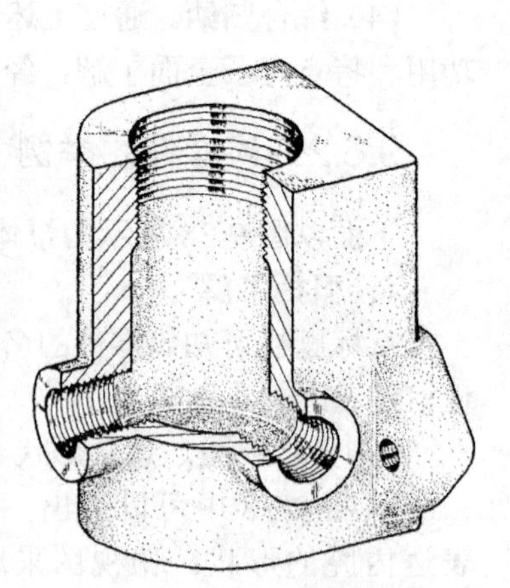
图 9-39 柱塞泵泵体轴测图

4．综合归纳

综合以上分析，可以想象出泵体的整体形状如图 9-39 所示。

思考题

1．零件图应包含哪些内容？
2．零件表达方案应如何考虑？选择主视图时要考虑哪些因素？
3．总结画零件图的方法及步骤。
4．读零件图的方法是什么？它和组合体读图有什么相同和不同之处？
5．什么是表面粗糙度？标注的基本方法是什么？
6．怎样在零件图中标注尺寸公差？怎样在装配图中标注配合代号？
7．合理地标注尺寸，应考虑哪些问题？

学习方法指导

1．在绘制零件图时应根据零件的形状和结构特点选用适当的表达方法，在正确、完全、清晰的表达零件各部分形状的前提下，力求制图简单，表达方案的选择可参照典型零件的视图表达方法，综合考虑所要表达的零件，正确绘制零件图。

2．画4类典型零件的注意要点如下。

（1）轴套类零件。一般只按加工位置画，轴线水平放置画主视图，用局部视图，断面图，和局部放大图来表达局部结构，主要尺寸应直接标注，其他尺寸多按加工顺序标出。

（2）轮盘类零件。一般按加工位置画出主、左两个视图，常用剖视图表达内部结构，用断面图表达局部结构，定形和定位尺寸要标注全，直径尺寸尽量标注在非圆的视图上。

（3）叉架类零件。一般形状比较复杂，需用多个视图表达，根据结构特征选择，以最能表达它的形状特征的视图为主视图，局部结构可用断面图，局部视图、斜视图等表示，定位尺寸较多，注意联系尺寸的标注和尺寸标注的完整性。

（4）箱体类零件。结构复杂，内部结构较多，常按工作位置放置，需用较多的视图，剖视图表示，零件上的一些局部结构常用局部剖视图、局部视图、斜视图、断面图等表示。定位尺寸较多，各孔中心线或轴线的距离要直接标注。

3．零件图的尺寸标注，多看相关图例，掌握一些常见典型结构的尺寸标注方法，了解合理标注尺寸的一般原则。

4．了解技术要求的基本内容，掌握表面结构代号的标注方法，极限与配合公差在图样上的标注方法，了解几何公差的框格标注形式，并初步学会标注，在标注过程中多参看教材图例。

5．看零件图的基础仍然是形体分析法和线面分析法，一般先概括了解，再从投影、尺寸、结构、功能等几方面仔细分析，综合想象出零件的结构形状。

第10章 装配图

装配图是用来表达机器或部件的图样。本章主要介绍装配图的作用、内容、表达方法、装配图的画法以及读装配图和由装配图拆画零件图等内容。

10.1 装配图的作用和内容

在设计产品时，一般先画出装配图，然后根据装配图，设计绘制零件图；当零件制成后，要根据装配图进行组装、检验和调试；在使用阶段，可根据装配图进行维修，因此装配图是表达设计思想进行技术交流的重要技术文件。

图10-1是定位器的装配图，该定位器靠螺钉2的旋紧可将定位器安装在车床导轨上，调整螺杆5伸出的距离来限制刀架移动的位置，调整螺杆5时，应先放松螺母6。

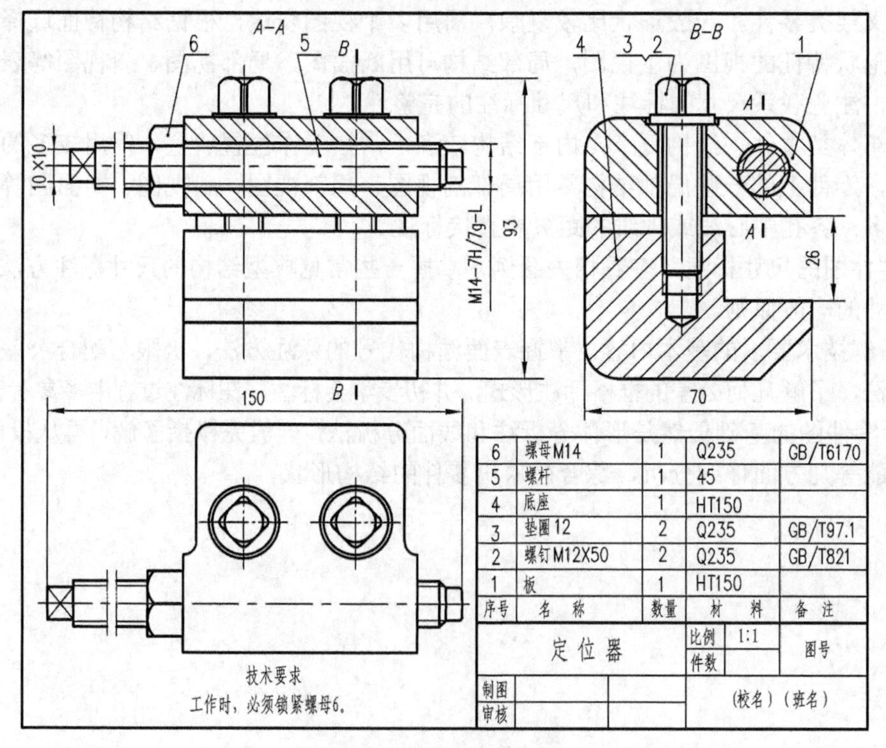

图10-1 定位器装配图

可以看出一张装配图应具有下列内容。

（1）一组视图：用以表达机器或部件的工作原理，零（部）件之间的装配关系和零件的主要结构形状。

（2）必要的尺寸：在装配图中必须标注出机器或部件的性能（规格）尺寸，零件间的配合尺寸，外形尺寸，机器或部件的安装尺寸及设计时确定的其他重要尺寸。

（3）技术要求：用以说明机器或部件在装配、安装、检验等方面应达到的技术指标。

（4）标题栏、序号和明细栏：根据生产组织和管理工作的需要，按一定的格式、内容，将零、部件进行编号，并填写标题栏和明细栏。

10.2 装配图的表达方法

在表达方法上，装配图和零件图基本相同，即采用各种视图、剖视图、断面图等表达方法来表达其结构形状；但它们之间也有不同之处，装配图需要表达的是机器（或部件）的总体情况，特别是零件之间的装配关系，工作原理，而零件图仅表达单个零件的结构形状。针对装配图的特点，对画装配图提出了一些规定画法和特殊的表达方法。

10.2.1 规定画法

（1）两个零件的接触面和公称尺寸相同的配合面，规定只画一条轮廓线；不接触面，即使间隙很小，也必须画出两条线。图 10-2 所示的滚动轴承与轴和机座的配合只画一条轮廓线，而螺钉与端盖上孔为不接触面，必须画出两条线。

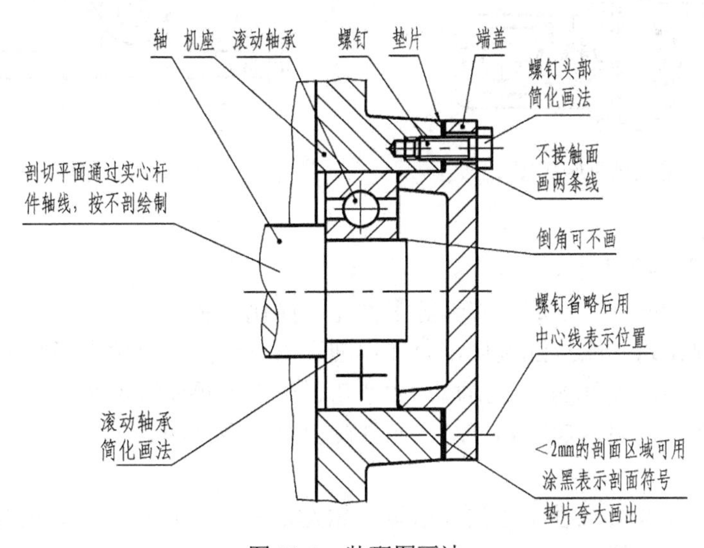

图 10-2 装配图画法

（2）两个或两个以上的金属零件相邻时，其剖面线的方向应相反或采用不同的剖面线间隔，同一零件在各个剖视图中，其剖面线方向和间隔应相同。

（3）在剖视图中，若剖切平面通过标准件（如螺钉、螺母、垫圈等）以及实心杆件（如轴、手柄、连杆、球）等零件的轴线时，这些零件均按不剖绘制，如图 10-2 所示的螺钉，轴均按不剖绘制，如果需要表示这些零件上的局部结构（如键槽、销孔）时，可采用局部剖视图，当剖切平面垂直这些零件的轴线时，则应画剖面线。

10.2.2 特殊画法

1．沿零件结合面剖切或拆卸画法

在装配图中，当某些零件遮住了需要表示的装配关系和结构时，可假想沿着某些零件的结合面剖切或拆卸画法，图10-3所示为滑动轴承装配图，在俯视图上为了表示轴瓦与轴承的装配关系，其右半部分就是沿零件结合面剖切，将上面部分拆去后绘制的，应注意在结合面上不画剖面线。

2．假想画法

如图10-4所示，为了表示与本部件有装配关系但又不属于本部件的其他相邻零、部件时，可采用假想画法，将其他相邻的零、部件用双点画线画出；在表示运动零件的运动范围或极限位置时，可先在一个极限位置上画出该零件，再在另一个极限位置上用双点画线画出其轮廓。

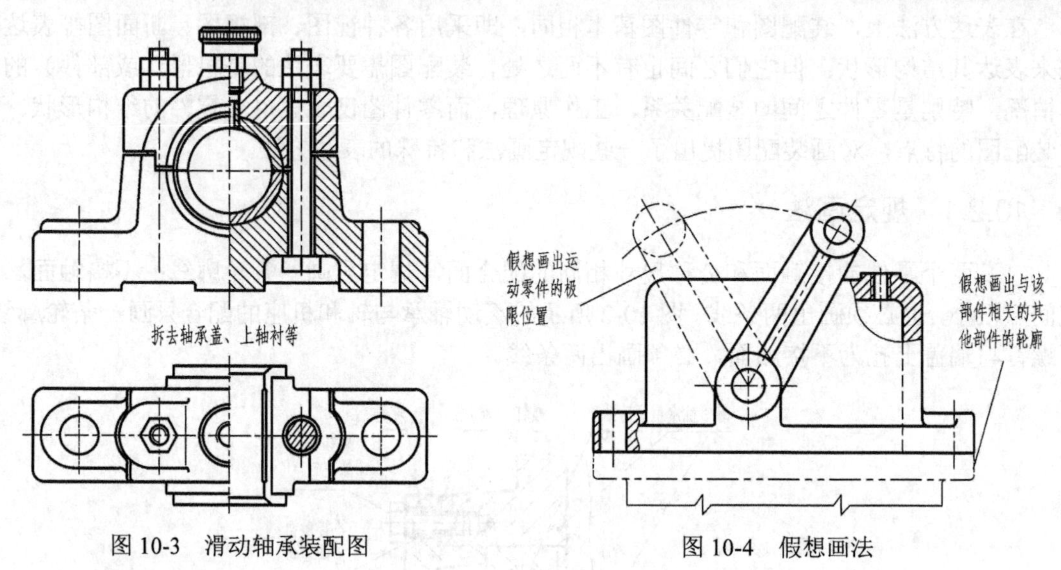

图10-3 滑动轴承装配图　　图10-4 假想画法

3．简化画法

简化画法如图10-2所示。

（1）装配图中的螺栓、螺钉、螺母等零件允许简化表示。

（2）对于重复出现的螺纹连接件，允许详细画出一组，其余用点画线表示出中心位置。

（3）在装配图中，零件的工艺结构，如圆角、退刀槽等允许不画。

（4）在剖视图中，表示滚动轴承时，允许画出对称图形的一半，另一半只画出轮廓。

4．夸大画法

在装配图中，如绘制直径很小的孔或厚度很薄的薄片及很小的间隙或锥度时，可不按实际尺寸而夸大画出，如图10-2所示。

10.3 装配图的视图选择及画图步骤

10.3.1 装配图的视图选择

（1）选择主视图。一般按部件的工作位置选择，并使主视图能够较多地表达出机器或部件的工作原理、传动系统，零件间主要的装配关系及主要零件结构形状的特征。

（2）确定其他表达方法和视图数量。在确定主视图后，还要根据机器或部件的结构、形状特征选用其他表达方法，并确定视图数量，补充视图的不足。

下面以图 10-5 所示的旋塞阀为例，说明如何选择视图方案。

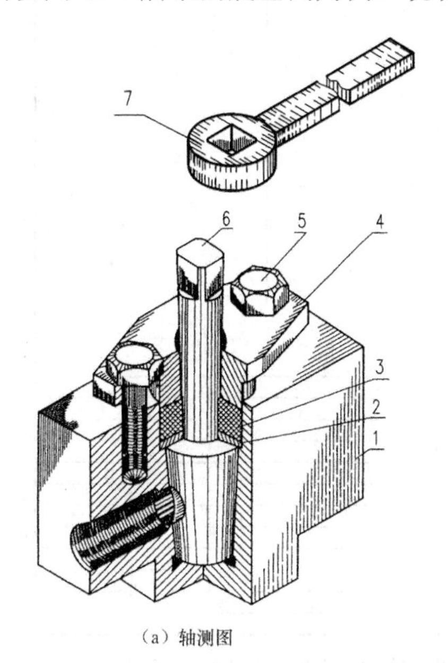

（a）轴测图

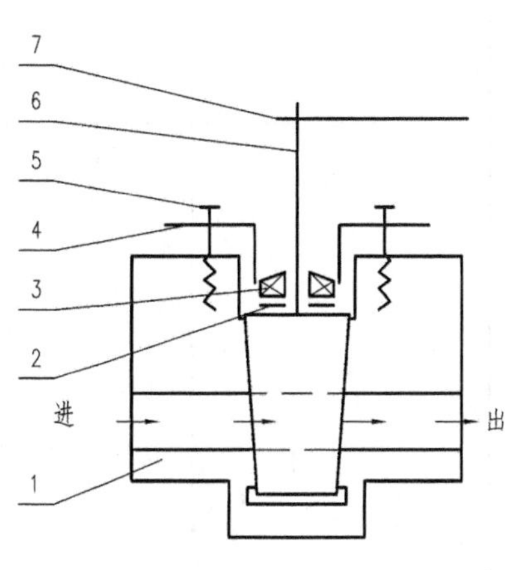

1—阀体；2—垫圈；3—填料；4—填料压盖；5—螺栓；6—阀杆；7—扳手

（b）装配示意图

图 10-5 旋塞阀轴测图及装配示意图

旋塞阀是一种控制流体流量的装置，扳手 7 套入阀杆 6 上部的四棱柱，旋转时带动阀杆 6 转动。当扳手处于图 10-5（a）所示的位置，阀门全部打开，流体从中间通孔进出；当扳手旋转 90°时，阀门全部关闭。根据扳手转动的角度大小可以调节进出口的流量。在阀体 1 与阀杆 6 之间装有填料 3，并用填料压盖 4 压紧，起到密封作用。

根据旋塞阀的结构和工作原理分析，确定旋塞阀表达方案。装配图主视图按它的工作位置放置，采用过轴线取全剖视图的表达方法，这样就把旋塞阀的装配关系和工作原理全部反映出来，并能反映在该方向的内部结构和外部形状；但对填料压盖、阀体等的主要结构还未表达清楚，因此需选用俯视图和左视图用来补充表达旋塞阀的外形和各零件的主要结构形状，左视图采用局部剖视图，进一步表达阀杆形状和零件的装配关系。

10.3.2 画装配图步骤

现以图 10-5 所示的旋塞阀为例，说明画装配图的方法和步骤。

（1）布置视图。根据部件的总体尺寸和所选视图的数量，确定比例、定出图幅、布置视图，画出各视图主要的中心线及基准线，并预先留出标题栏及明细栏的位置，如图 10-6 所示。

（2）画部件的主要结构。如图 10-7 所示，基本方法是按装配顺序，确定零件位置，先画主要零件，后画次要零件，先画主要轮廓后画次要轮廓，按装配关系，依次画齐零件。画图一般从主视图开始，几个视图按投影关系配合画。

旋塞阀的画图顺序为：阀体→阀杆→垫圈→填料→填料压盖→螺栓→扳手。

（3）画部件的次要结构。如图 10-8 所示仍从主视图开始，按零件的相对位置逐个画出每个零件，完成各视图，注意各视图之间的投影关系正确。

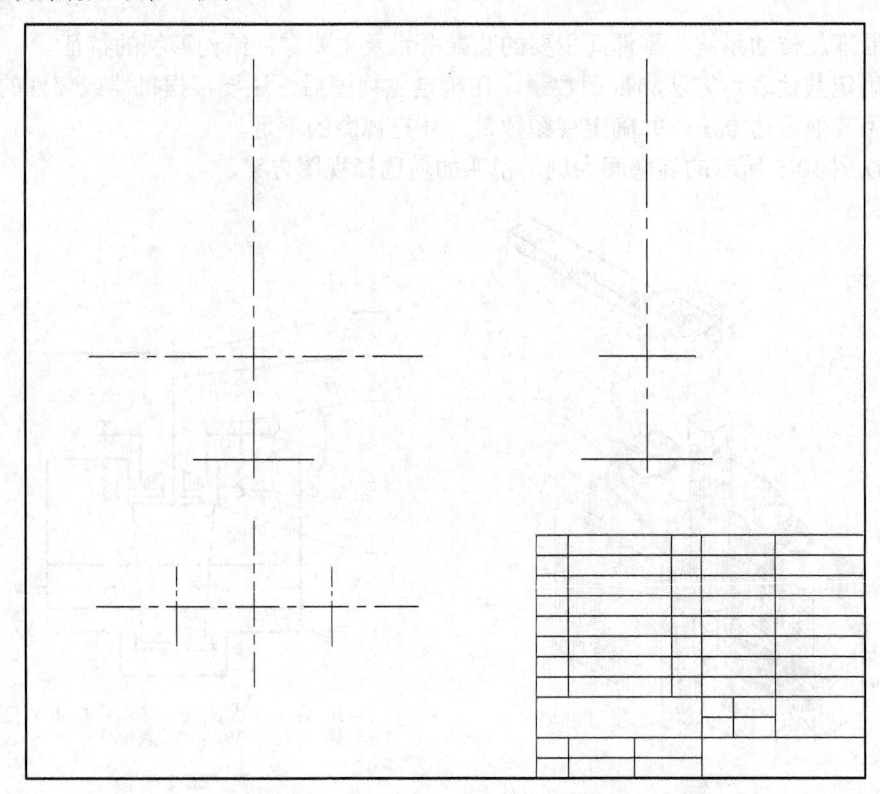

图10-6　旋塞阀装配图画法（1）画标题栏、明细栏、定位线、基准线

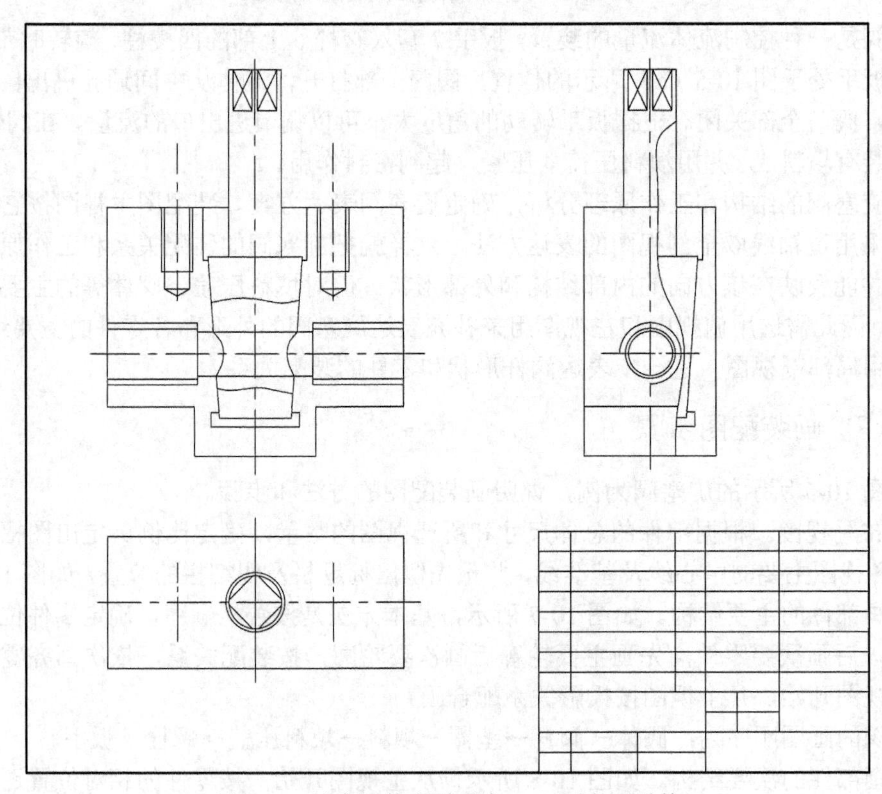

图10-7　旋塞阀装配图画法（2）画主要零件

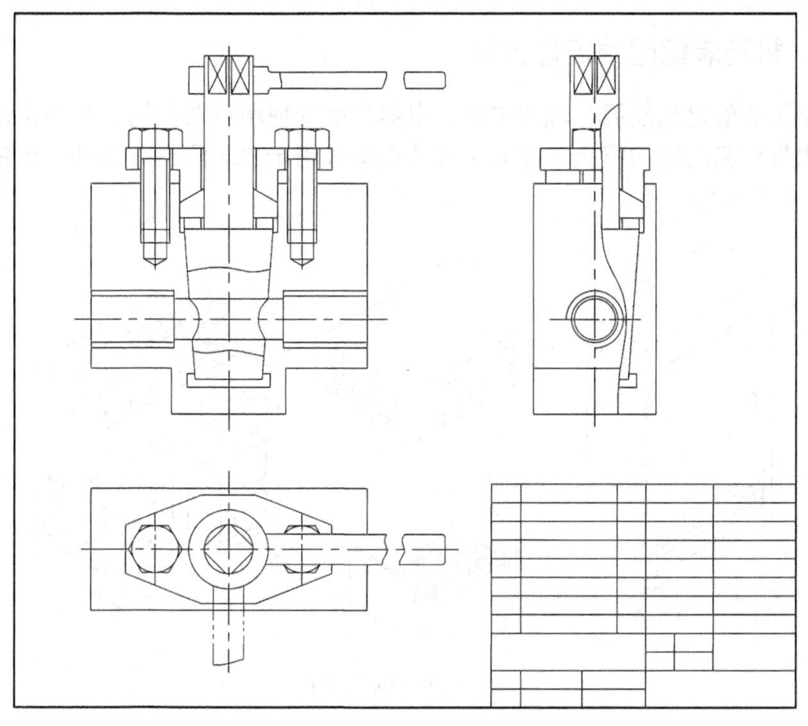

图 10-8 旋塞阀装配图画法（3）根据装配关系逐一画出其他零件

（4）完成装配图。如图 10-9 所示，画剖面符号，标注尺寸、公差配合和技术要求，标注序号；填写标题栏及明细栏，最后检查完成旋塞阀的装配图。

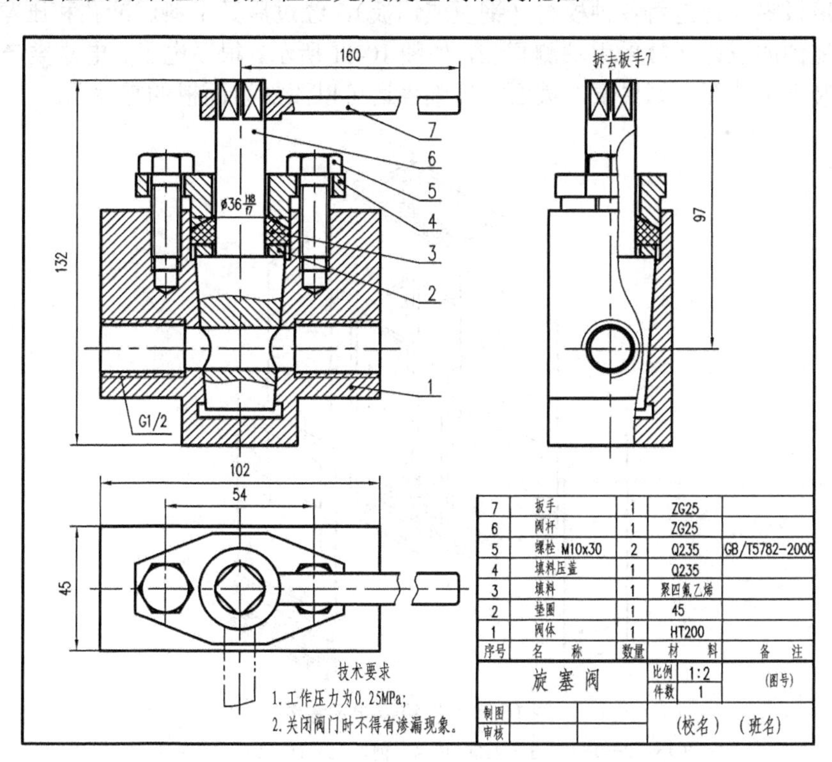

图 10-9 旋塞阀装配图画法（4）完成装配图全部内容

10.3.3 机箱装配图的表达方法

随着电子工业的迅猛发展，现在电子、电器产品的使用日益广泛，其中常常涉及机箱的表达方法。根据机箱的结构特点，在表达方法上除采用一般装配图画法外，还常采用轴测图画法，如图 10-10 所示。

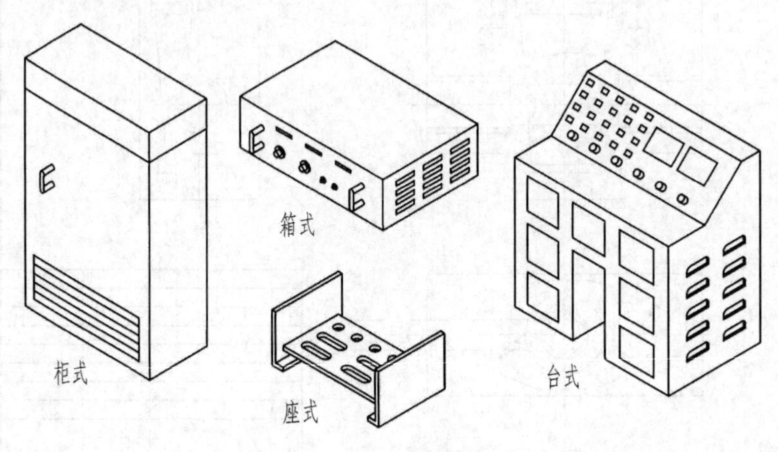

图 10-10 机箱类型

机箱的类型很多，有柜式、台式、箱式、座式等，在设计时要考虑到机箱不仅起到安装和保护电子线路的作用，对于美化产品外观、便于操作都起着重要作用。

由于机箱一般主要是由骨架和薄板零件组装而成，内部是中空的。骨架是用各种型材连接制成的；薄板零件则是用各种板材（钢板或铝板），经过展开下料、冲孔和压弯而制成。

机箱装配图的表达通常采用轴测画法，如图 10-11 所示。很多电子、电器类产品说明书都配有机箱的装配示意图，如果要对某面板详细表达可以添加该面板的零件图。

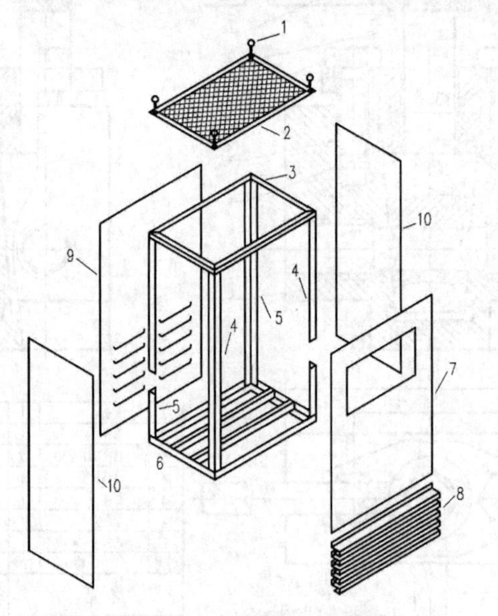

图 10-11 机箱装配示意图

1—吊环；2—顶盖；3—上框架；4—前左右立柱；5—后左右立柱；
6—下框架；7—前门；8—通风栅；9—后门；10—侧壁

10.4 装配图的尺寸标注和技术要求的注写

1．装配图的尺寸标注

在装配图中一般只标注下列几类尺寸。

（1）性能尺寸（规格尺寸）。性能尺寸说明机器或部件的性能和规格的尺寸，这些尺寸在设计时就已确定。它也是设计和选用机器的主要依据。图 10-9 所示旋塞阀的进出口直径为 G1/2。

（2）配合尺寸。配合尺寸是表示零件之间配合性质的尺寸，如图 10-9 所示的ϕ36H8/f7。

（3）安装尺寸。安装尺寸表示机器或部件安装到其他部件或基座上所需要的尺寸，如图 10-19 所示俯视图中的 74、24 等尺寸。

（4）外形尺寸。外形尺寸表示机器或部件外形轮廓的尺寸，即总长、总宽、总高，如图 10-9 所示的 132、45、102、160 等尺寸。

（5）其他重要尺寸。其他重要尺寸是在设计中经过计算确定或选定的尺寸，以及运动零件的极限尺寸等，如图 10-19 所示的 190～210。

上述 5 类尺寸，不一定在每一张装配图上都必须具备，有时一个尺寸会兼有多种意义。在装配图上标注尺寸时，必须根据机器或部件的特点来确定。

2．装配图的技术要求

在装配图上，一般应注写下列技术要求：装配工序应注意事项，装配精度要求，检验、维修、使用等方面的要求。技术要求一般在明细表的上方或左侧用文字加以说明，如图 10-9 所示。

10.5 装配图中零件的编号和明细栏

为了便于读图、画图和生产管理，在装配图中需要给每种不同的零件或部件进行编号，并在标题栏的上方绘制明细栏，详细列出所有零、部件的编号、名称、材料和数量等有关项目。

10.5.1 零件编号

（1）装配图中的每种零件或部件都要编号，形状、尺寸完全相同的零件只编一个号，数量填写在明细栏内；形状相同但尺寸不同的零件，要分别编号。对于标准化组件，如滚动轴承、油杯、电动机等只编写一个号。

（2）零、部件的编号应与明细栏中的编号对应一致。

（3）零件编号的表示方法如图 10-12 所示，指引线应从零件的可见轮廓内引出，并在末端画一圆点，在指引线的水平线（细实线）上或圆（细实线）内，填写零件的编号，编号字高要比尺寸数字大一号，如图 10-12（a）和图 10-12（b）所示。

（4）对于很薄的零件或涂黑的剖面不宜画圆点，可用箭头指向轮廓线，如图 10-12（c）所示。

（5）指引线相互不能相交，当通过有剖面线的区域时，指引线不应与剖面线平行，必要时可画成折线，但只曲折一次，如图 10-13（a）所示。

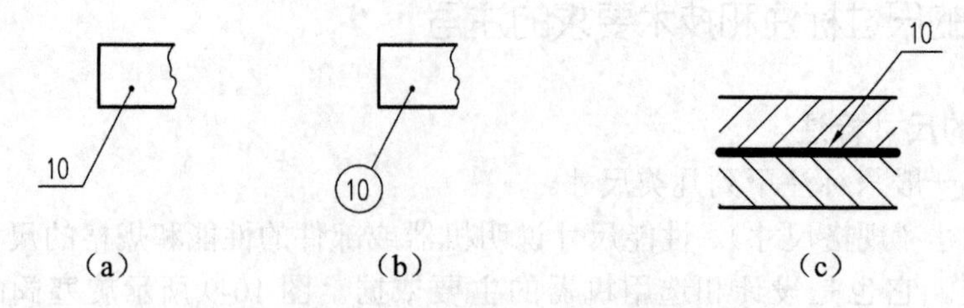

图 10-12　零件编号形式和画法（1）

一组紧固件（如螺栓、螺母和垫圈）及装配关系清楚的零件组，可以采用公共指引线，如图 10-13（b）所示。

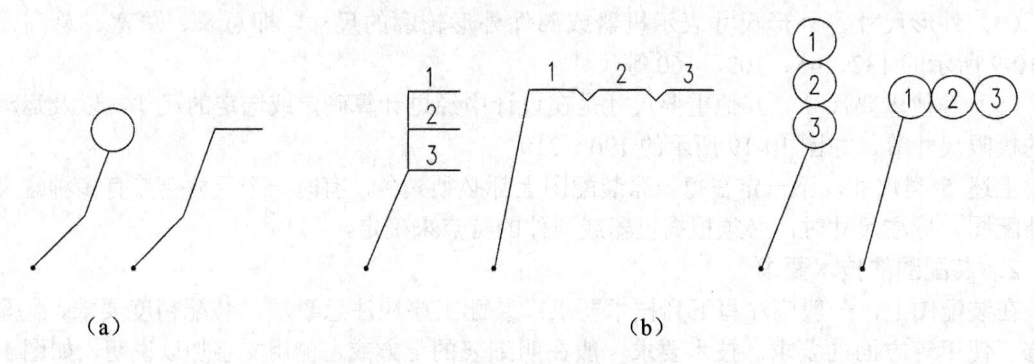

图 10-13　零件编号形式和画法（2）

（6）装配图中的编号应按水平或垂直方向排列整齐，并按顺时针或逆时针方向顺序填写，如图 10-9 所示。

10.5.2　明细栏

零件编号应自下而上按顺序填写在明细栏内。明细栏的格式在国家标准（GB/T 106009.2—2009）中已有规定，学校可采用简化的标题栏和明细栏格式，如图 10-14 所示。

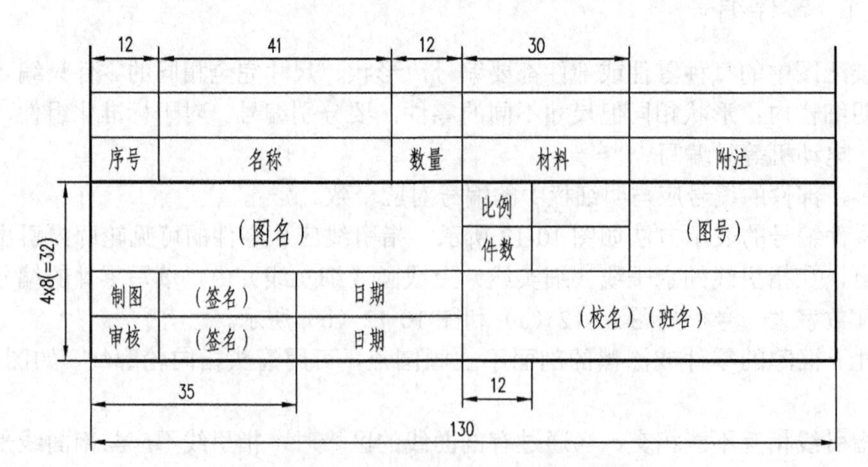

图 10-14　学校用标题栏与明细栏格式

10.6 装配结构简介

为了保证机器或部件达到设计要求，并有利于零件的加工和装拆，要求装配结构应有一定的合理性，下面对常见的装配结构进行简要的介绍。

10.6.1 接触面的数量

一般情况下，两零件在同一方向的接触面或配合面只应有一对，否则保证不了装配质量或给零件的制造增加困难，如图 10-15 所示。

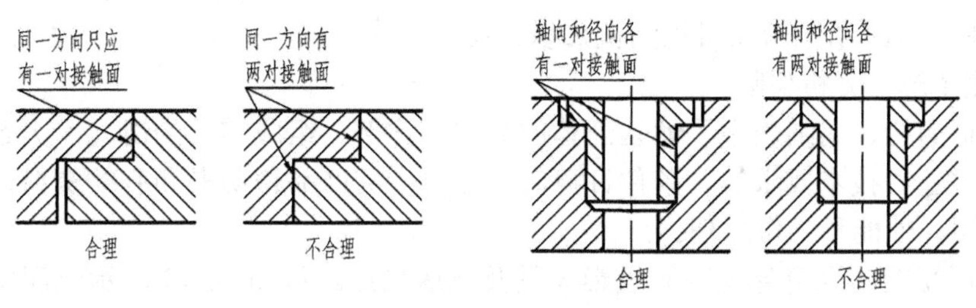

图 10-15 接触面的数量

10.6.2 接触面拐角处结构

两接触零件在拐角处不应以相同的圆角、倒角或尖角接触。为保证接触良好，拐角处应留有一定的空隙，如在孔的接触端面上倒角或倒圆，或在轴肩根部切槽，如图 10-16 所示。

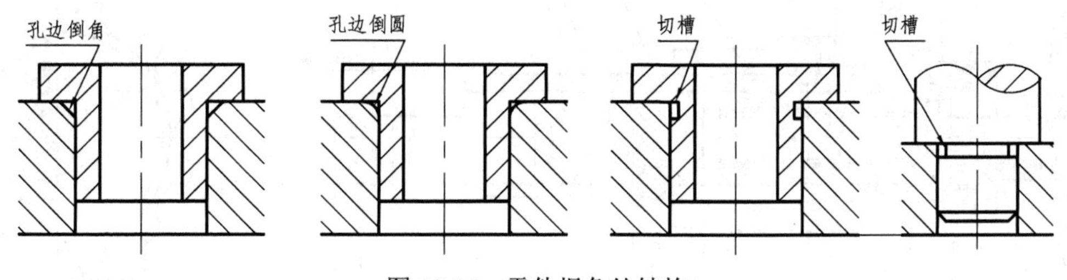

图 10-16 零件拐角处结构

10.6.3 考虑装拆的方便

为了装拆的方便与可能，需留有相应空间，例如，在设计螺栓和螺钉的位置时，应考虑扳手的空间活动范围和螺钉放入时所需要的空间，如图 10-17、图 10-18 所示。

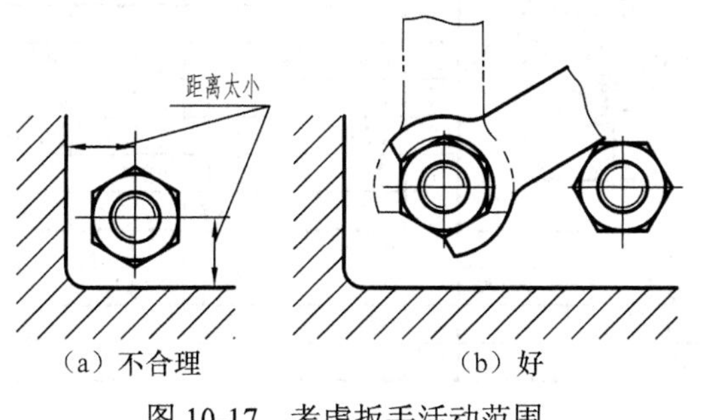

（a）不合理 （b）好

图 10-17 考虑扳手活动范围

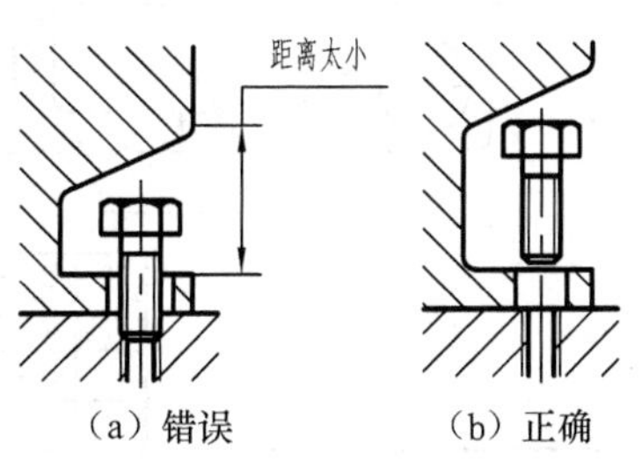

（a）错误 （b）正确

图 10-18 考虑螺钉装拆所需空间

10.7 读装配图及拆画零件图

10.7.1 读装配图的要求

（1）了解装配体的性能、用途和工作原理。

（2）了解各零件之间的装配关系。

（3）读懂每个零件的作用和结构形状。

10.7.2 读装配图的方法和步骤

下面以图 10-19 所示微动机构为例加以说明。

1．概括了解，分析视图

（1）从标题栏、明细表中了解装配体的名称、比例、组成零件的情况，大致阅读一下所有的视图、尺寸、技术要求等，条件许可时，还可参阅产品说明书和有关资料，进一步了解装配体的功用、性能和工作原理。

（2）分析视图，弄清各视图的投影关系及表达重点。从图 10-19 所示装配图可知微动机构是由 12 个零件组成的，主视图为全剖视图，表达了微动机构的形状和主要装配干线的装配关系；左视图为半剖视图，表达了手轮 1 及支座 8 的外形及相关零件的装配关系；俯视图主要表达了支座 8 下部结构的形状；*C*—*C* 剖视图用于表明导套 9 与键 12 和螺钉 11 的连接情况。

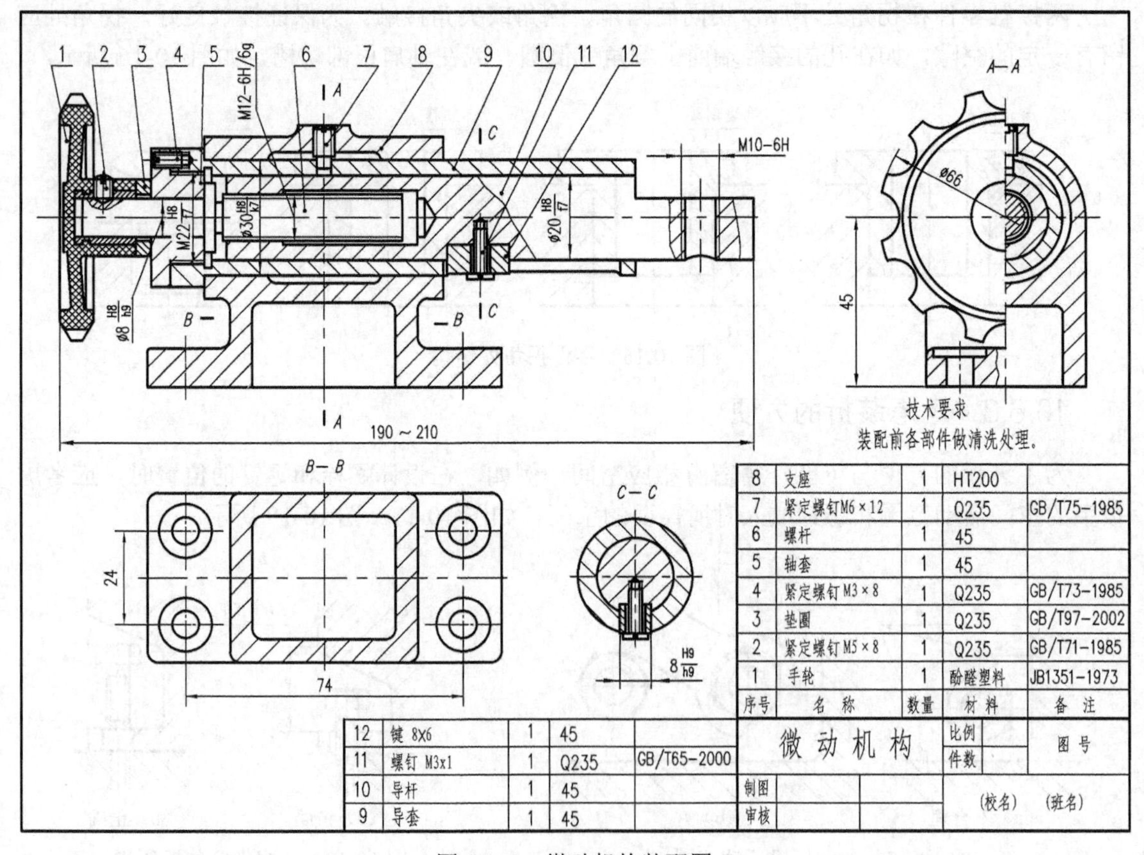

图 10-19 微动机构装配图

2．分析装配关系及工作原理

在概括了解和分析视图后，还要进一步仔细阅读装配图，一般方法如下。

（1）分析可围绕装配体的功用、工作原理进行，从主要装配干线上的主要零件开始，逐步分析其他零件，在分析传动关系时，可根据传动系统的先后顺序进行，然后逐步扩大到其他装配干线。

（2）分析零件间的相互配合关系、连接和定位的方式，及运动件的润滑、密封等内容。

图 10-19 所示微动机构为氩弧焊机的微动装置，系螺纹传动机构。导杆 10 的右端头有一个螺孔 M10，用于固定焊枪，当转动手轮 1 时，螺杆 6 做旋转运动，导杆 10 在导套 9 内做轴向移动，进行微调。导杆 10 上装有平键 12，它在导套 9 的槽内起导向作用，由于导套 9 用紧定螺钉 7 固定，所以导杆 10 只做直线移动。轴套 5 对螺杆 6 起支撑和轴向定位的作用，为了安装方便，它的大端应铣扁，调整好位置后，用紧定螺钉 4 固定，手轮 1 的轮毂部分嵌装一个铜套，热压成形后加工。

（3）分析零件的结构形状时，要从最能表达该零件的视图入手，根据零件的编号和剖面线的方向及疏密度来分离它在各视图中的投影轮廓。

3．归纳总结

在对部件的装配关系和主要零件结构进行分析的基础上，还要对技术要求和尺寸进行分析研究，并系统地对部件的组成、用途、工作原理和装拆顺序进行总结，从而加深对设计意图的理解，对部件有一个完整的概念。

10.7.3 由装配图拆画零件图

由装配图拆画零件图是设计工作的一个重要环节，必须在全面读懂装配图、弄清零件结构形状的基础上进行，按照零件图的内容和要求，拆画出零件图。

拆图时应注意以下几个问题。

1．零件的视图表达

由装配图拆画零件图，其视图表达不应机械地从装配图上照抄，而应根据零件的结构形状进行全面考虑，有的只需对原表达方案做适当调整和补充，有的则需重新考虑。

如图 10-20 所示的支座用区分零件的方法，将支座从装配图中分离出来，并补画分离后应当画出的图线。其表达方案基本和装配图一致。

2．零件图的尺寸标注

（1）凡是在装配图上已注出的与该零件有关的尺寸，直接注在零件图上。

（2）零件上的标准结构如螺纹、键槽、退刀槽和沉孔等，其尺寸应查手册后，选用标准值标注。

（3）零件图上有的尺寸可以通过计算确定。

（4）零件图上其他大量尺寸是由装配图按绘图比例从图中量取所标注的尺寸。

3．零件图中技术要求的确定

零件图中的技术要求如各表面的粗糙度、尺寸公差、形位公差等要求应根据零件的作用和使用要求来制定。

微动机构的主要零件是支座 8，由装配图拆画出的零件形状如图 10-20 所示。根据它在部件中的作用，确定表面粗糙度、尺寸公差及技术要求等内容，完成支座零件图。

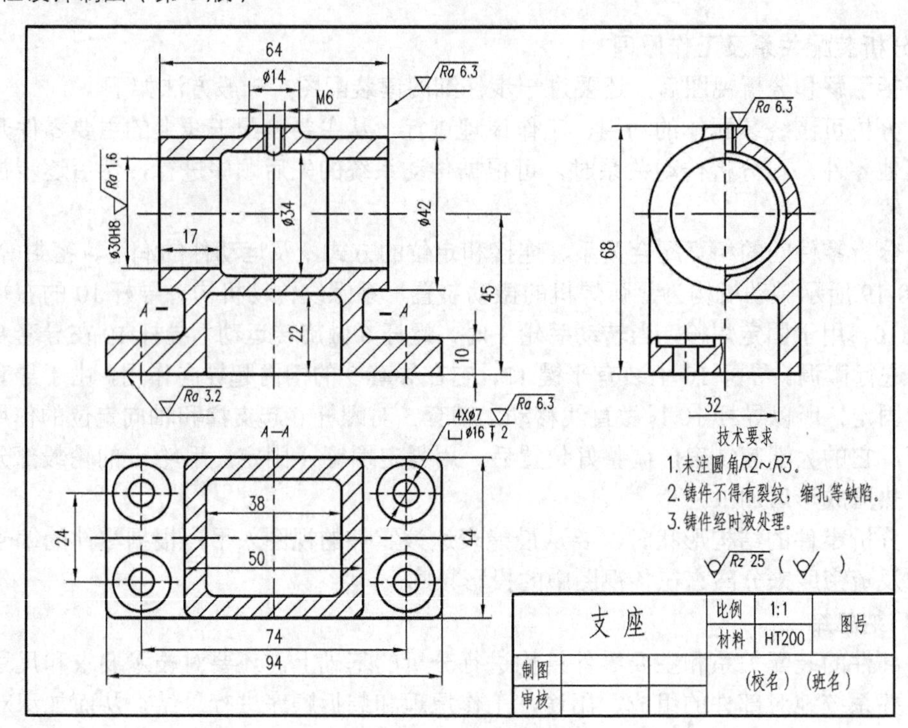

图 10-20　支座零件图

思考题

1．装配图的规定画法和特殊表达方法是什么？
2．装配图的主视图选择原则是什么？
3．装配图中需要标注哪几类尺寸？
4．试述画装配图的方法和步骤。
5．读装配图要求读懂哪些内容？
6．由装配图拆画零件图时，零件的表达方案应按什么原则选择。

学习方法指导

1．画装配图和读装配图的实践性很强，涉及前面所学的许多知识，要求具有分析问题、解决问题及查阅资料的能力，要严格遵守国家标准关于装配图的相关规定。

2．掌握画装配图的规定画法及特殊表达方法，画装配图时，首先应了解部件的工作原理，各组成零件的作用，相互之间的装配关系，定位方式，先进行表达方案的分析和视图的选择，能适当应用各种表达方法，按零件的装配顺序及视图之间的投影关系有序的作图。

3．注意在装配图中不需要标出零件的全部尺寸，一般只标注性能规格尺寸，装配尺寸，安装尺寸，外形尺寸和其他重要尺寸。

4．通过读装配图，了解机器或部件的工作原理，零件间的装配关系，各零件的主要形状和作用，零件的装拆顺序。

5．由装配图拆画零件图，要能正确分离零件，想出其结构形状及在机器或部件中的作用，拆画的零件其表达方案应根据需要确定是否变动，将未表达完全和未确定的结构形状补全，并标注零件的全部尺寸和技术要求。

第 11 章 展开图

将物体的表面按照它们的实际形状和大小依次摊平在同一平面上，所得到的图形称为展开图。本章主要介绍展开图的作用和几种典型画法。

11.1 概述

在工业生产中，经常遇到各种形状的金属板材制件，如防护罩、管道、容器和各种仪器的机框等，如图 11-1 所示。这些零件的制作，一般是先在金属板材上画出零件的表面展开图，然后剪切下料，弯曲成形，最后经过铆接、卷边或焊接等而成。

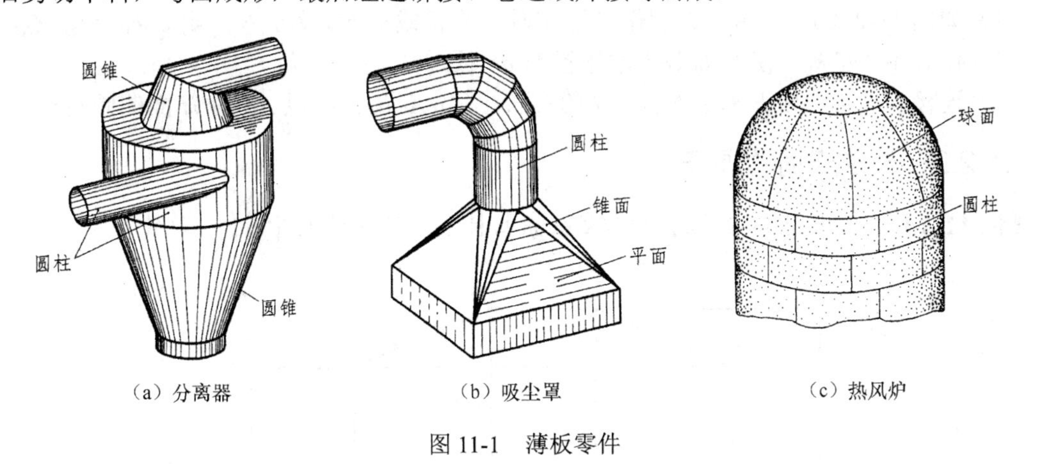

图 11-1 薄板零件

所谓表面展开，就是用图解法或计算法将制件的表面展开为平面图形的作图过程。

立体表面可以分为可展表面和不可展表面两类。平面立体的表面均为可展表面；曲面立体的表面，有的是可展表面，如圆柱面、圆锥面等，有的是不可展表面，如球面。对不可展表面的展开作图是近似的表面展开。

11.2 平面立体的展开

平面立体的表面是由若干个平面多边形构成的，只要求出每个多边形的实形，并将它们依次连续地画在一个平面上，即可作出其展开图，下面用一些例题说明它们的作图方法。

11.2.1 一般位置线段的实长求法

物体表面的展开，常涉及求线段的实长，而一般位置线段的 3 个投影都不反映实长，因此可采用直角三角形法求出线段的实长。

用直角三角形法求线段实长的作图方法如图 11-2 所示，AB 为一般位置线段，在图 11-2（a）中，过 A 点作 $AB_0 /\!/ ab$，则$\triangle ABB_0$为直角三角形，其直角边 $AB_0=ab$，另一直角边 BB_0 等于线段两端点 B 和 A 的 Z 坐标差，即 $BB_0=Z_B-Z_A$。$\angle BAB_0$ 为线段 AB 对 H 面的倾角α，斜边即为线段 AB 的实长。该直角三角形可以由已知线段的投影图作出，作图方法如下。

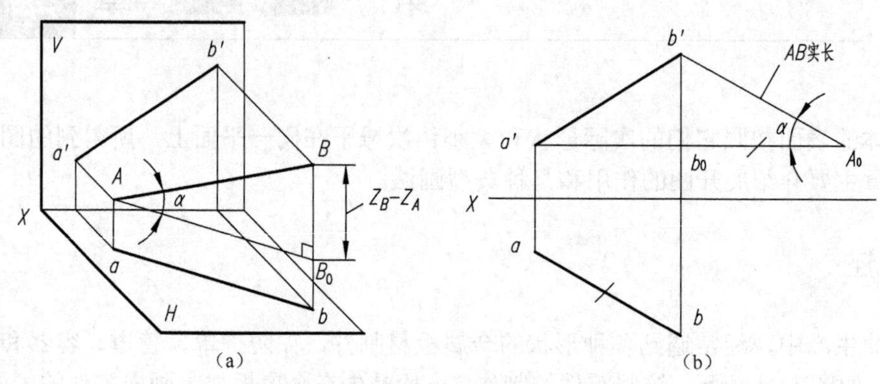

图 11-2 用直角三角形法求线段的实长

（1）如图 11-2（b）所示，过 a'作平行 X 轴的平行线与 $b'b$ 交于 b_0，则 $b'b_0=Z_B-Z_A$。

（2）作 $b_0A_0 \perp b'b_0$，使 b_0A_0 等于水平投影 ab 长。

（3）连接 b'、A_0，则 $b'A_0$ 为线段 AB 的实长，$\angle b'A_0b_0$ 为线段 AB 对 H 面的倾角α。

11.2.2 棱柱表面的展开

【例 11-1】 作出图 11-3（a）所示截头正四棱柱侧棱面的展开图。

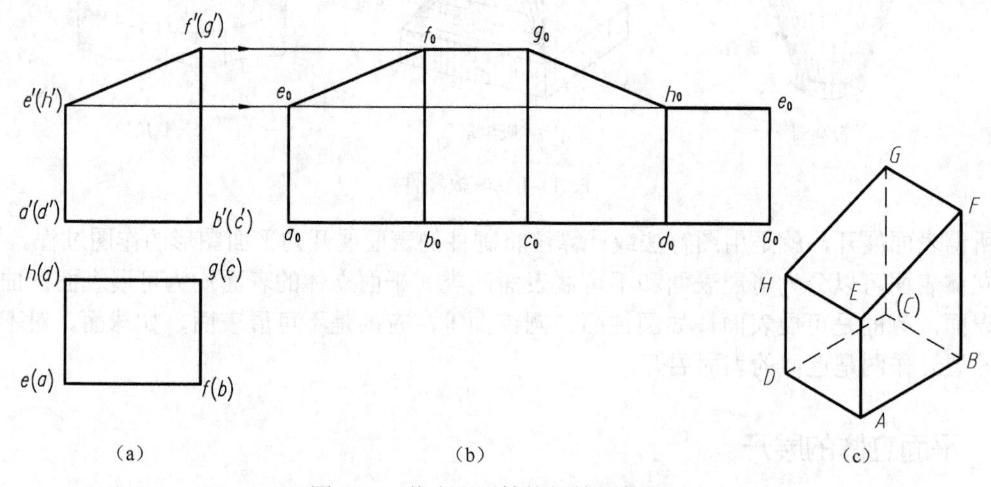

图 11-3 截头正四棱柱侧棱面的展开

分析：正四棱柱的底面是水平面，其水平投影反映实形，各侧棱线为铅垂线，正面投影为实长。根据已知条件，可直接画出侧棱面展开图，作图方法如图 11-3（b）所示。

11.2.3 棱锥表面展开

棱锥的所有侧棱面都是三角形，若已知三角形的三边就可画出实形，其棱边实长可用直角三角形法求出。

【例 11-2】 作出图 11-4（a）所示正四棱台侧棱面的展开图。

分析：图 11-4（a）所示正四棱台底面的水平投影反映实形，而各棱边为一般位置直线，可以用 SOB 所构成的直角三角形来求 FB 实长，由于 4 条棱线的长度相等，所以求出任一棱边的实长即可进行作图。

作图：

（1）如图 11-4（b）所示，用直角三角形法求棱线实长，以 $s'b'$ 的 Z 坐标差为一直角边 s_0o_0，取 $o_0b_0=sb$ 为另一直角边，连接 s_0b_0，则 s_0b_0 即为四棱锥棱线的实长，再由 f' 作水平线与 s_0b_0 交于 f_0，b_0f_0 即为棱边 BF 的实长；

（2）如图 11-4（c）所示，分别以 s_0b_0、ab、bc、cd、da 为边长作出邻接三角形 $s_0a_0b_0$、$s_0b_0c_0$、$s_0c_0d_0$、$s_0d_0a_0$，并分别在 s_0a_0、s_0b_0、s_0c_0、s_0d_0、s_0a_0 上截取 e_0、f_0、g_0、h_0、e_0 各点，使 $a_0e_0=b_0f_0=c_0g_0=d_0h_0$；

（3）依次连接 e_0、f_0、g_0、h_0、e_0，则多边形 $a_0b_0c_0d_0a_0e_0h_0g_0f_0e_0\ a_0$ 即为四棱台侧棱表面的展开图。

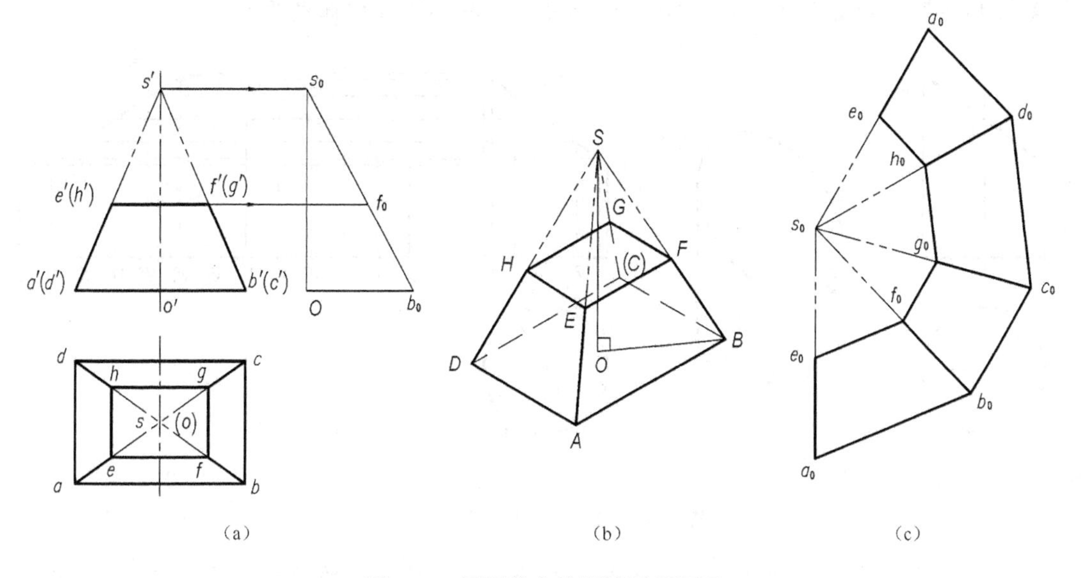

图 11-4 正四棱台的侧棱面的展开

11.3 可展曲面的展开

由直母线组成的曲面，而且曲面上相邻的素线互相平行或相交，此曲面即为可展曲面，最常见的可展曲面是圆柱面和圆锥面。

11.3.1 圆柱面的展开

【例 11-3】 作出图 11-5（a）所示圆柱体上圆柱面的展开图。

分析：圆柱面展开图为矩形，可用计算法求出底圆圆周的展开长度πD（D为圆柱直径），画出其展开图。

作图：以圆柱体高H为矩形一边长，以πD长为另一长边，所作矩形为圆柱面的展开图，如图11-5（b）所示。

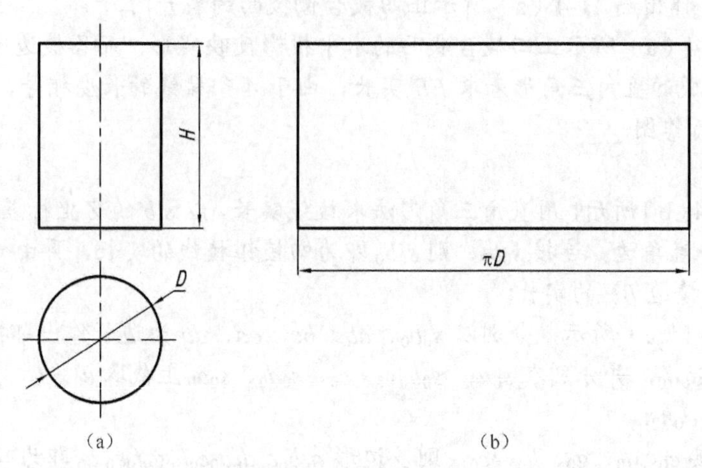

图11-5 圆柱面的展开

【例11-4】 如图11-6（a）所示，作出截头圆柱体中圆柱面的展开图。

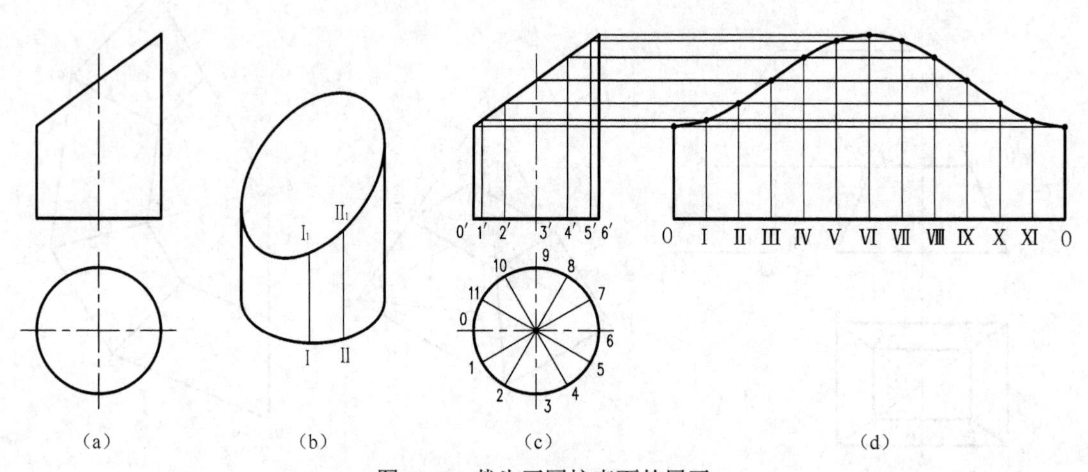

图11-6 截头正圆柱表面的展开

分析：圆柱体所有的素线与轴线平行，截头圆柱体各素线的长度不等，它们的正面投影反映实长，可利用各素线的实长，按圆柱面展开，再确定各素线端点，依次连接。

作图：

（1）将俯视图的圆周分为若干等份，图11-6（c）所示为分成12等份，在主视图将各素线的实长求出；

（2）画出底圆圆周展开长度为πD的直线，并分成相同等份，如图11-6（d）所示；

（3）在各分点画出该点素线实长；

（4）依次光滑连接各素线上的上端点，即为所求截头圆柱面的展开图。

11.3.2　圆锥面的展开

【例11-5】　作出图11-7（a）所示圆锥体的锥面展开图。

分析：完整的圆锥面可按计算法作出展开图，展开图为以圆锥素线之长 L 为半径的扇形，其弧长等于圆锥底圆圆周之长，圆周角 $\alpha=(180^\circ\times D)/L$。

作图：以圆锥素线长为半径作弧，并取圆周角 $\alpha=(180^\circ\times D)/L$，如图11-7（b）所示。

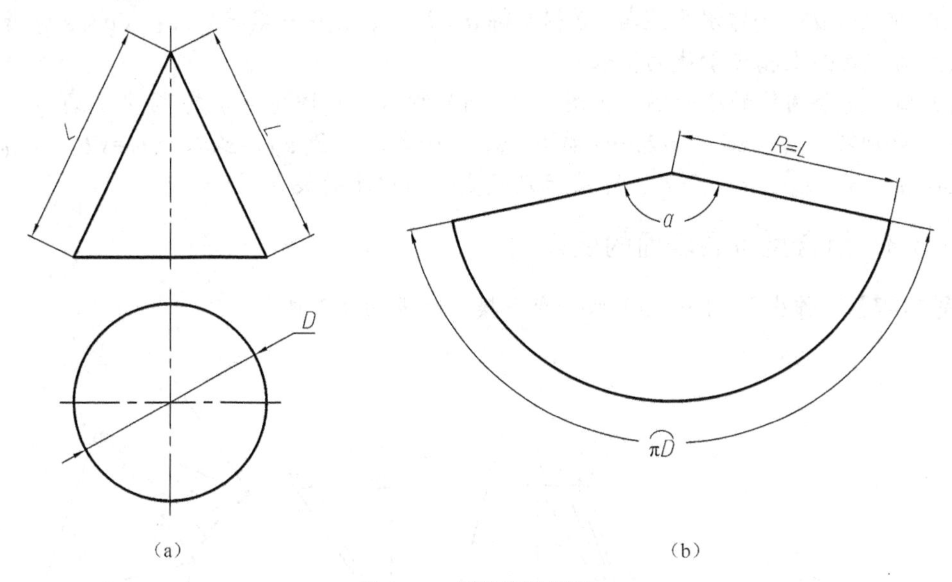

图11-7　圆锥面的展开

【例11-6】　作出图11-8（a）所示截头圆锥面的展开图。

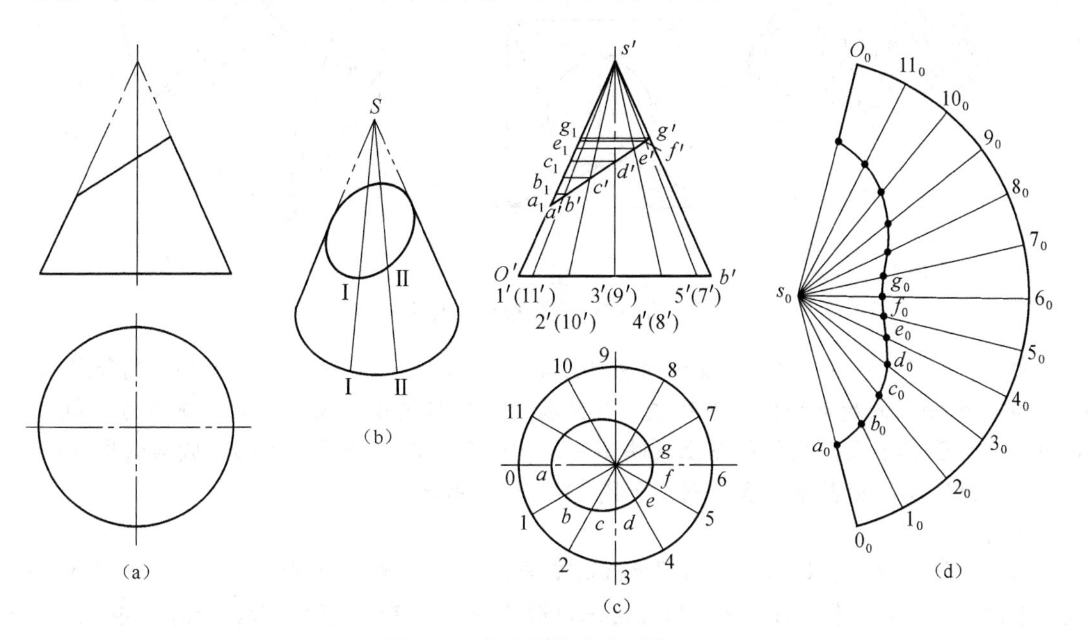

图11-8　截头圆锥的表面展开

分析：先画出完整圆锥的扇形展开图，再求出截口上各点到锥顶的素线长度，光滑连接各点，即得截头圆锥面的展开图。

作图：

（1）如图 11-8（c）所示，将圆锥底圆的水平投影圆分为 12 等份，得各等分点 0、1、2、……并相应地在底圆的正面投影上作出 0′、1′、2′……各点；

（2）作出各素线的正面投影 $s'0'$、$s'1'$、$s'2'$……从而得到与截平面的交点 a'、b'、c'……；

（3）以 $s'0'$ 为圆锥的轮廓线，亦即素线的实长，应用直线上一点分割线段成定比的投影规律，自 a'、b'、c'、d'……作水平线与 $s'0'$ 相交得 a_1、b_1、c_1、d_1……各点，$s'a_1$、$s'b_1$、$s'c_1$、$s'd_1$……即为截头圆锥表面上相应素线的实长；

（4）画出完整圆锥的展开图，如图 11-8（d）所示，并将其等分成 12 个小扇形；

（5）分别在 $s_0 0_0$、$s_0 1_0$、$s_0 2_0$…上截取 a_0、b_0…各点，使 $s_0a_0=s'a_1$、$s_0b_0=s'b_1$、$s_0c_0=s'c_1$…光滑连接 a_0、b_0、c_0…等各分点，即最后完成截头圆锥面的展开图。

11.3.3 组合型可展表面的展开

【例 11-7】 作出图 11-9（a）所示变形接头的表面展开图。

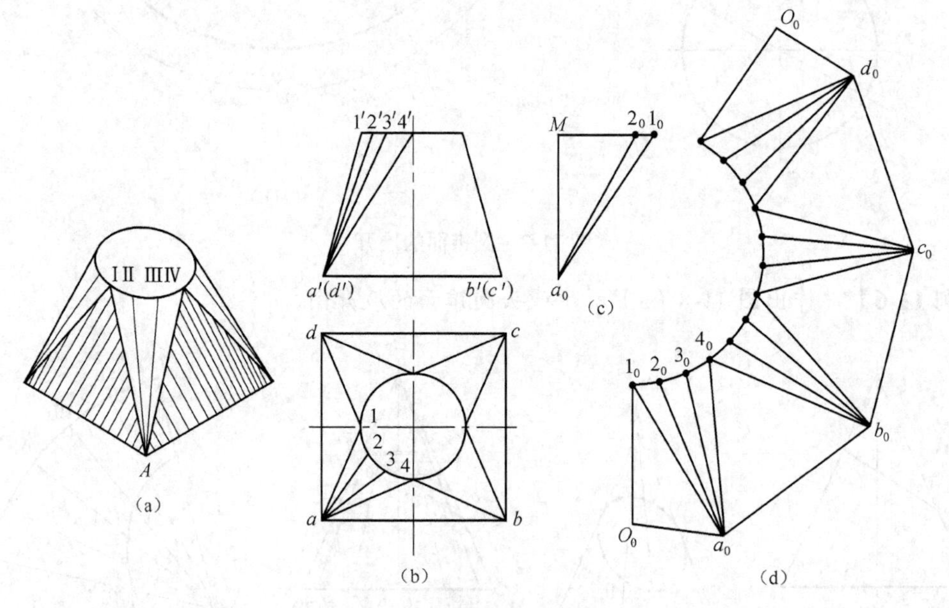

图 11-9 变形接头的展开

分析：图 11-9（a）所示的变形接头（上圆下方），可以看作是由 4 个相同的等腰三角形平面和 4 个相同的局部斜圆锥面组成，它的展开方法与棱锥、圆锥相似，顶部的圆和底面的矩形都平行于水平面，在俯视图上反映实形，所以只需求出等腰三角形的腰与斜圆锥面素线的实长，就可以画出其整个展开图，如图 11-9（d）所示。

作图：

（1）求作局部斜圆锥面上一系列素线的实长，在图 11-9（a）中，首先将 1/4 圆弧ⅠⅣ分成 3 等份，得等分点Ⅱ、Ⅲ，然后用直角三角形法分别求得素线的实长，如图 11-9（c）所示，Ma_0 是素线端点的 Z 坐标差，直角三角形的另一直角边 $M1_0$ 等于素线 AⅠ的水平投影长 $a1$，其斜边长 $a_0 1_0$ 即为 AⅠ素线的实长。同理可求得 AⅡ的实长，AⅡ = AⅢ；

（2）画展开图，如图 11-9（d）所示。作 $a_0 b_0= a b$，分别以 a_0、b_0 为圆心，以 $a_0 1_0$ 为半径画圆弧，交点为 4_0 点，得 $\triangle a_0b_04_0$；再分别以 a_0 为圆心，以 a_02_0 为半径画圆弧，以 4_0 为圆心，以 34 的弧长（近似作图用弦长代替）为半径画圆弧得 $\triangle a_03_04_0$。同理依次展开平面和锥面，光滑连接锥面部分各分点，即得变形接头的展开图。

11.4 不可展曲面的展开

不可展曲面的展开图只能采用近似展开，其方法是将不可展曲面分为若干较小部分，使每一部分的形状接近于某一可展曲面（如柱面或锥面），画出其展开图。下面介绍球面的近似展开法。

【例 11-8】 球面的展开，如图 11-10 所示。

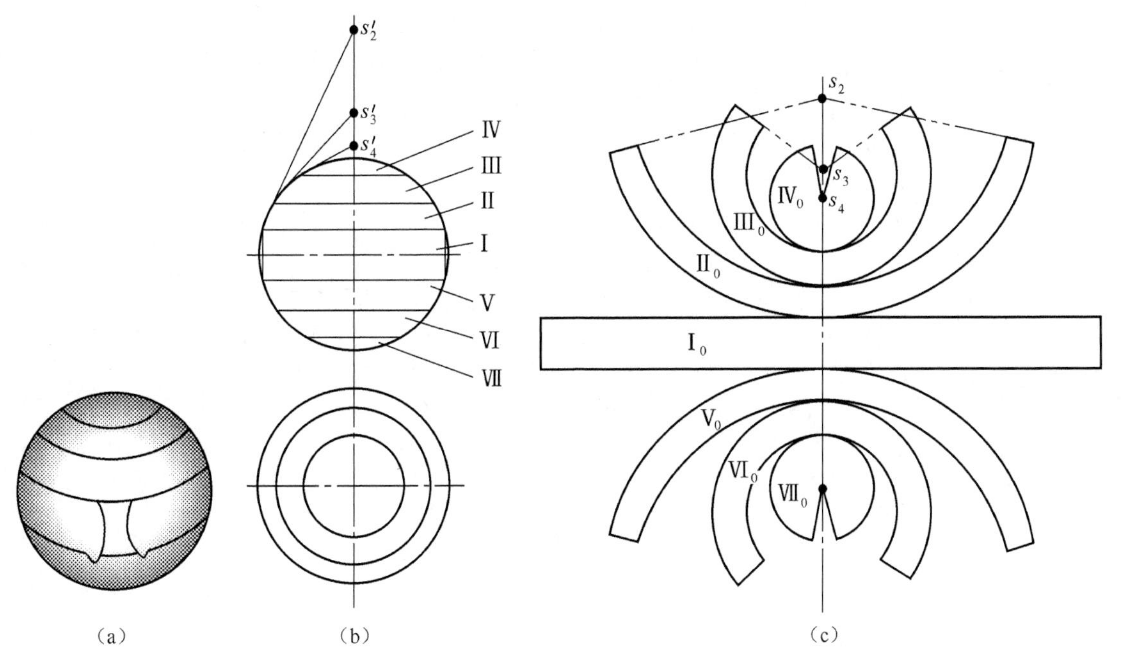

图 11-10 球面的近似展开

分析：可以把球面分为若干部分，每一部分可以近似地作为一种可展曲面（圆柱面或圆锥面），然后依次展开。图 11-10（a）所示为在球面上作出若干纬线而将球面分为若干部分（现为 7 部分）。在图 11-10（b）所示的投影图中分为相应的 7 个部分，将第 I 部分近似为圆柱面，其直径近似于球面的直径；将其余各部分分别近似为圆锥面，各个锥顶分别为圆锥面轮廓线的延长线与中心线的交点 s_2'、s_3'、s_4'。将上述一部分圆柱面和 6 个部分圆锥面依次展开，即得球面的近似展开图，如图 11-10（c）所示。

思考题

1. 可展表面和不可展表面的展开原理和方法是什么？
2. 如何用图解法或计算法将可展表面和不可展表面的形体展开？

学习方法指导

1．平面立体的表面均为可展表面、曲面立体的表面，有的是可展表面如圆柱面、圆锥面等，有的是不可展表面，如球面。

2．作任何表面的展开图都是要画出表面实形，关键是掌握求直线的实长，以及画出空间各种平面的实形，如三角形、矩形、梯形等，将要展开的表面合理的划分成这些图形，并用来拼画成整张表面的展开图。

3．图解法作表面展开图是基础，只有掌握好这一基本方法才能利用计算机进行计算、绘图。

第12章 电气制图

“电气制图”主要指现代工程中的设计、生产、使用到维修过程所用到的电气简图和技术文件。电气制图标准是一套对电气简图、图表和技术文件做出统一规定的系列标准。它从多方面规定了如何在图面上布置图形符号、连接线和标注各种文字、数字（文件代号、参照代号、端子标识和信号代号）；通过各图种如何把一项工业系统、装置与设备以及工业产品的组成和相互关系能够表达清楚。让工程技术人员能够按照电气图样和技术文件进行加工、生产、调试、使用和售后维修。

本章将介绍电气制图的基本知识及几种电气图的识读和绘制方法。

12.1 概述

12.1.1 电气图表达的形式

前面所谈到的机械产品图形是利用正投影的方法，按零件或部件的实际结构而绘制的。这种利用投影关系绘制的图形称为图样。前面所讲到的零件图、装配图以及后面要讲到的结构式线扎图、印制板图等均属于图样。

在电气图中，除采用图样外还广泛采用简图和表格的形式。

简图主要是通过以图形符号表示项目及它们之间关系的图示形式来表达信息，如电路图、接线图、框图等。

表格是以行和列的形式表达信息，它可用来说明系统、成套装置或设备中各组成部分的相互关系或连接关系，也可用来提供工作参数，如接线表等。

12.1.2 电气图的种类

电气图是电气技术领域中各种图的总称。电气图的种类较多，常用的有系统图、电路图、接线图、接线表、线扎图及印制板图等。本教材将对上述的图形内容及绘制做基本介绍。

除上述图形外，电气图还有逻辑图、功能图、功能表图、端子功能图、位置图、维修图及设备元件表等。

12.2 电气制图的基本知识

根据电气技术行业的特点，在电气制图方面已制定了一系列的国家标准，普遍用于电气产品的设计、生产之中。

本节将重点从电气制图的一般规则、电气简图用图形符号、电气技术中的文字符号以及电气技术中的参照代号等几方面介绍各种电气图的基础知识和基本规范，为后续内容的学习奠定基础。

12.2.1 电气制图的一般规则

电气图的种类较多，各种图都从不同的角度说明了产品的工作原理及装配关系。这些图的绘制方法和要求除了有各自的特点外还有其共同之处。

国家标准《电气技术用文件的编制 第1部分 规则》（GB/T 6988.1—2008）规定了电气制图的一般规则，它是绘制和识读各种电气图的基本规范。

1．图纸幅面和格式

（1）图纸幅面尺寸的规定见本书第1章1.1节。

（2）选择图纸幅面时，在保证幅面布局紧凑、清晰和使用方便的前提下，主要考虑下列因素：

① 所设计对象的规模和复杂程度；

② 由简图种类所确定的资料的详细程度；

③ 尽量选用较小幅面；

④ 便于图纸的装订和管理；

⑤ 复印和缩微的要求；

⑥ 计算机辅助设计的要求。

（3）图幅分区如图12-1所示。

① 分区目的：在各种幅面的图纸上均可分区，以便确定图上的内容、补充、更改和组成部分等的位置。

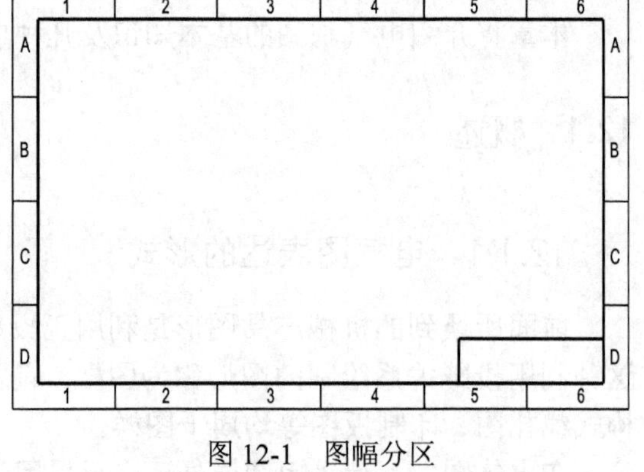

图12-1 图幅分区

② 分区方法：每个分区内竖边方向用大写拉丁字母，横边方向用阿拉伯数字分别编号。编号的顺序从标题栏相对的左上角开始。

③ 分区要求：分区数应该是偶数。在各种幅面的图纸上分区，用于参考的目的，网格尺寸应为10M、16M或20M，其中M为图纸或类似介质的最小单位。

④ 分区表示方法：分区代号用该区域的字母和数字组合表示，如B4、C3。

2．图线、字体和比例

（1）图线形式如表12-1所示。图线宽度的规定见本书第1章1.1节。当两条平行图线宽度相同时，其中心间距应至少为每条图线宽度的3倍。

（2）字体和比例的有关规定见本书第1章1.1节。

3．箭头和指引线

（1）箭头形式及使用对象如表12-2所示。

表 12-1　　图线形式

图线名称	图线形式	一般应用
实线		基本线、简图主要内容用线、可见轮廓线、可见导线
虚线		辅助线、屏蔽线、机械连接线，不可见轮廓线、不可见导线、计划扩展内容用线
点划线		分界线、结构围框线、功能围框线、分组图框线
双点划线		辅助围框线

表 12-2　　箭头形式及其使用对象

箭头类型	开口	实心
箭头图形		
使用对象	信号线，连接线	指引线

（2）指引线应是细实线，指向被注释处，其末端应加标记（见表 12-3）。

表 12-3　　指引线

末端位置	轮廓线内	轮廓线上	电路线上
标记形式	黑点	箭头	短斜线
图示			$4mm^2$　$2.5mm^2$

4．简图的布局规定

简图的绘制，应做到布局合理、排列均匀、图面清晰、便于看图。

表示导线、信号通路、连接线等的图线都应是交叉和折弯最少的直线，可以水平地布置如图 12-2（a）所示，或垂直布置如图 12-2（b）所示。

为了把相应的元件连接成对称的布局，也可以采用斜的交叉线，如图 12-3 所示。

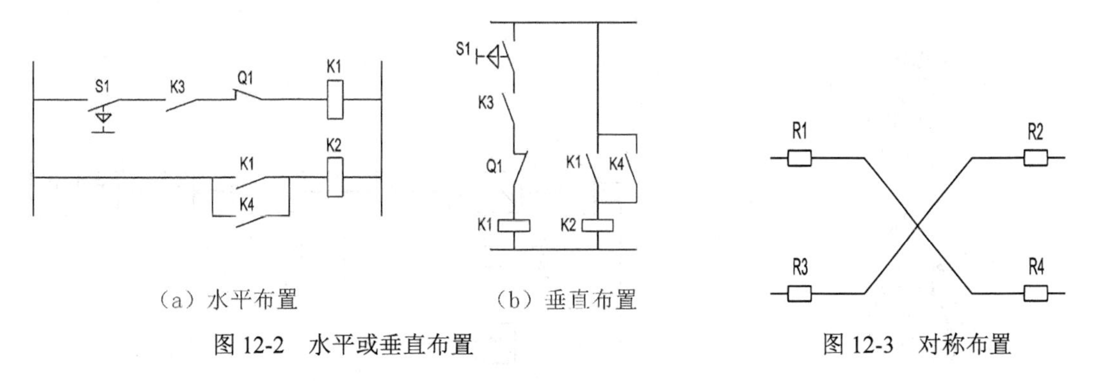

（a）水平布置　　（b）垂直布置

图 12-2　水平或垂直布置　　图 12-3　对称布置

电路或元件应按功能布置，并尽可能按其工作顺序排列。

对因果次序清楚的简图，尤其是电路图和逻辑图，其布局顺序应该是从左到右和从上到下。例如，接收机的输入应在左边，而输出应在右边。如不符合上述规定且流向不明显，应在信息线上画开口箭头。开口箭头不应与其他任何符号（如限定符号）相邻近。

在闭合电路中，前向通路上信号流方向应该从左到右或从上到下。反馈通路的方向则与此相反（见图12-4）。

图的引入线或引出线，最好画在图样边框附近。

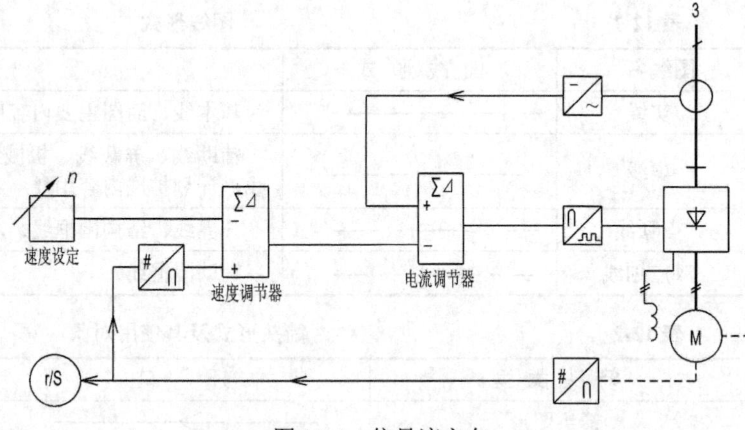

图 12-4　信号流方向

5．连接线和围框的规定

（1）连接线的规定如表12-4所示。

表 12-4　连接线的规定

项目		内容
线型区分	实线	用于连接线
	虚线	用于表示计划扩展的内容
方向改变		一条连接线不应在与另一条线交叉处改变方向，也不应穿过其他连接线的连接点，交叉布置的连接线示例（见图12-5）
导线粗细		为突出或区分某些电路、功能等，导线符号、信号通路、连接线等可采用不同粗细的图线表示（见图12-6）
识别标记		识别标记标注在靠近单根的或成组的连接线的上方，也可断开连接线标注（见图12-7）
中断处理		1．穿越图面的连接线较长或穿越稠密区域时，允许将连接线中断，在中断处加相应标记（见图12-8） 2．连到另一张图上的连接线，应该中断，并在中断处注明图号、张次、图幅分区代号等标记（见图12-9）
多条平行连接线		应按功能分组。不能按功能分组时，可以任意分组，每组不多于3条。组间距离应大于线间距离（见图12-10）

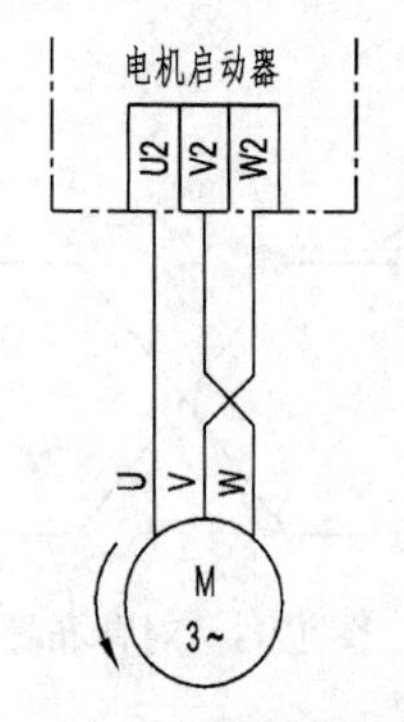

图 12-5　交叉布置的连接线示例

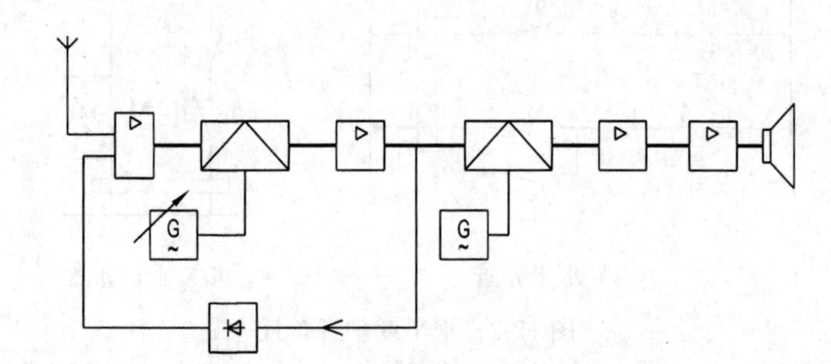

图 12-6　用粗线强调信号通路的示例

（2）可供选择的连接表示法。对可供选择的几种连接法应分别用序号表示，并将序号标注在连接线的中断处，如图12-11所示。图中序号1是电路中串接电阻的第一种连接法，而序号 2 是电路中不串接电阻而改为短接的第二种连接表示法。

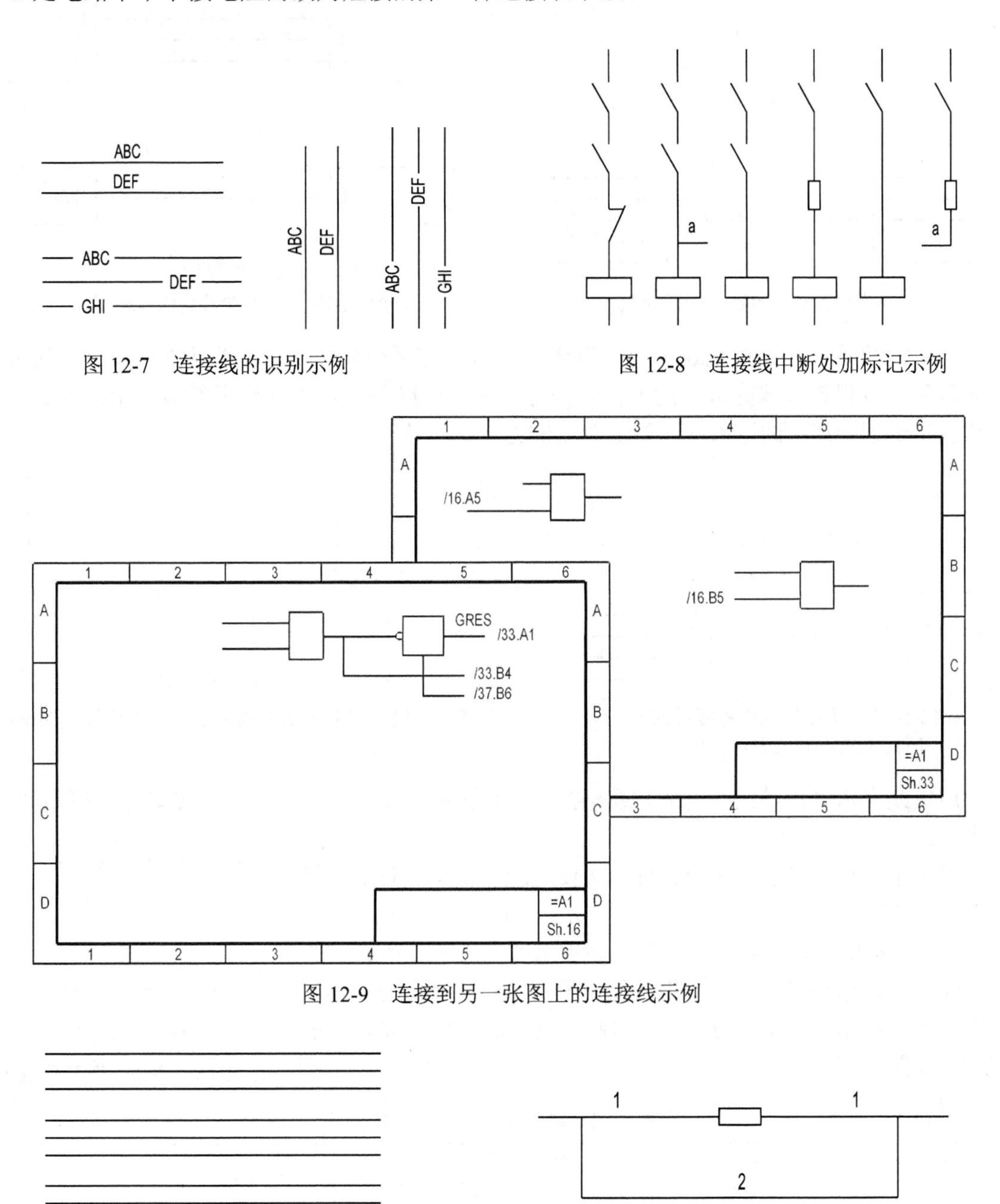

图 12-7　连接线的识别示例

图 12-8　连接线中断处加标记示例

图 12-9　连接到另一张图上的连接线示例

图 12-10　多条平行线连接示例

图 12-11　可供选择的两种连接示例

（3）单线表示法。单线表示法的主要目的是避免平行线太多，如图 12-12 所示。如果有一组线，其两端都各自按顺序号编号，可将多线表示法改为单线表示法如图 12-13（a）和图 12-13（b）所示，则图面更为清晰。

在一组线中，当每一连接线在两端处于不同位置时，应标以相同编号（如 A 线一端在第 1 位置，另一端在第 4 位置），以避免交叉线太多，如图 12-14 所示。

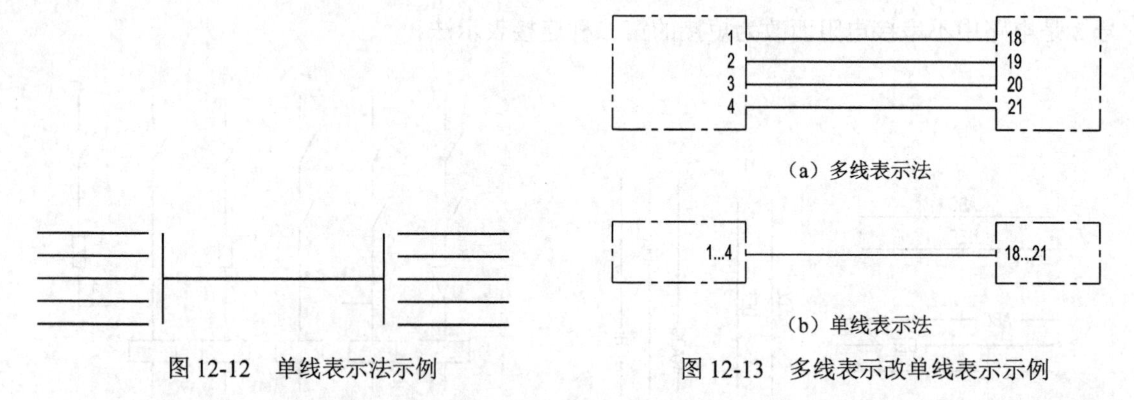

（a）多线表示法

（b）单线表示法

图 12-12　单线表示法示例

图 12-13　多线表示改单线表示示例

当单根导线汇入用单线表示的一组连接线时，应采用如图 12-15 所示方法表示。这种方法通常要在每根连接线的末端注上标记符号，明显的除外。汇接处要用斜线表示，其方向应使读者易于识别连接线进入或离开汇总线的方向。

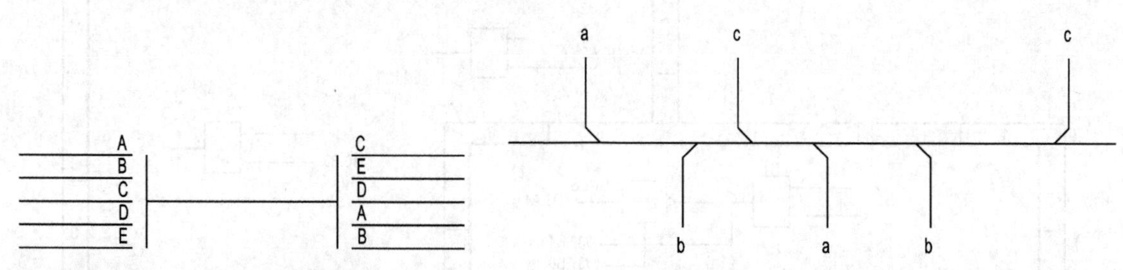

图 12-14　一组连接线中每根线两端所处位置不同的表示示例

图 12-15　单根导线汇入用单线表示的一组连接线的示例

用单线表示多根导线（电缆）或连接线，如需要表示出线数时，可用如图 12-16 所示的方法表示。

用单个图形符号表示多个元件，必要时应表示出元件数，其示例如表 12-5 所示。

（4）围框的规定。当需要在图上显示出图的一部分所表示的是功能单元、结构单元或项目组（如电器组、继电器装置）时，可以用点划线围框表示。为了图面清晰，围框的形状可以是不规则的，如图 12-17 所示。

（a）三芯电缆

5

（b）五芯电缆

图 12-16　多根电缆简化表示

表 12-5　　用单个图形符号表示多个元件的示例

项号	示　例	对应的多线表示	说　明
1	3 3 3		1 个手动三极开关
2	3 3 3		3 个手动单极开关

续表

项号	示　　例	对应的多线表示	说　　明
3	3　3　4		3 根导线，每根都带有一个电流互感器，共有 4 根二次引线引出
4	L1,L2,L3　3　2　3　L1,L3	L1　L2　L3	3 根导线 L1、L2、L3，其中两根各有一个电流互感器，共有 3 根二次引线引出

6. **前后参照**

一份文件（如电路图）、文件的一页或页的一个区域的前后参照，应采用以下形式表示：

- 文件
  - 页
    - 行、列或区域。

如果在不同文件的页面上标识符的表示可能导致混淆时，则应在文件或其支持文件中明确说明哪个文件标识符是用于前后参考。区分的页其前面应有“斜线分隔符”(/)。区域的区分用英文的“句号”(.)，其后是相关的图幅坐标。

如果是在相同的文件中，关于文件的参照可省略。

如果参照是在同一页，参照的文件和页可省略。在此情况下，行、列或区域应用“斜线分隔符（/.）”区分。

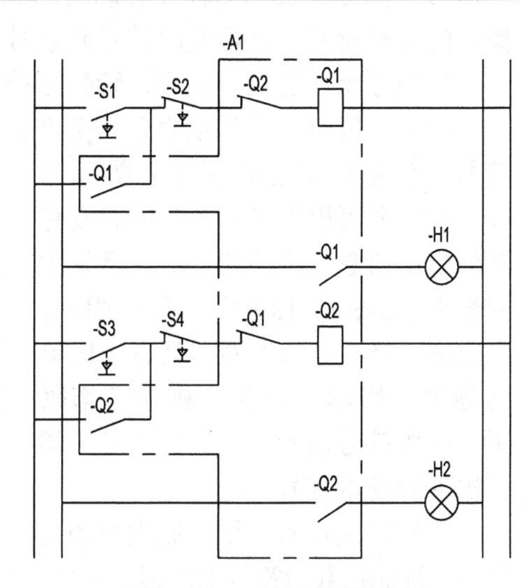

图 12-17　不规则围框示例

关于图中连接线、符号或元件在图上位置的表示方法的前后参照，举例如表 12-6 所示。

表 12-6　　符号或元件在图上位置的表示方法

前后参照示例	表示意思
=EA2=S1&FS/3.B2	描述项目=EA2=S1，参照 FS 类型文件第 3 页 B2 区域
ZAB&FS/3.B2	描述项目 ZAB，参照 FS 类型文件第 3 页 B2 区域
XYZ123456/3.B2	参照文件 XYZ123456 第 3 页 B2 区域
XYZ123456/3	参照文件 XYZ123456 第 3 页
XYZ123456	参照文件 XYZ123456
&FS/3.B2	参照 FS 类型文件第 3 页 B2 区域，描述同一项目
&FS	参照关于同一项目 FS 类型文件集（即电路图）
/3.B2	参照第 3 页上 B2 区域
/2	参照第 2 页
/.B2	参照同一页上 B2 区域
/.2	参照同一页上第 2 列

12.2.2 电气图中的图形符号

图形符号通常是指用于图样或其他文件中以表示一个设备或概念的图形、标记或字符。在电气图中，许多图形是采用有关的元器件图形符号绘制的。因此，图形符号是绘制和识读电气图的基础知识之一。国标《电气简图用图形符号》（GB/T 4728—2005～2008（后面简称GB/T 4728））规定了各类电气产品所对应的图形符号。本节只概括介绍电子产品图中常用的元器件图形符号的有关内容，以便为今后识读和绘制电子产品图打下基础知识。

1．电气简图用图形符号的形成

图形符号一般有 4 种基本形式，即符号要素、一般符号、限定符号和方框符号。在电气图中，一般符号和限定符号较为常用。

（1）符号要素。一种具有确定意义的简单图形，必须同其他图形组合以构成一个设备或概念的完整符号。组合使用符号要素时，其布置可以同符号表示的设备的实际结构不一致。

例如灯丝、栅极、阳极、管壳等符号要素组成电子管的符号。

（2）一般符号。用以表示一类产品和此类产品特征的一种通常很简单的图形符号。一般符号不但从广义上代表了各类元器件，同时也可用来表示一般的、没有其他附加信息（或功能）的各类具体元器件。如图 12-18 中的一般电阻器、电容器、空心电感线圈和具有一般单向导电作用的半导体二极管等都采用了一般符号表示。一般符号是各类元器件的基本符号。

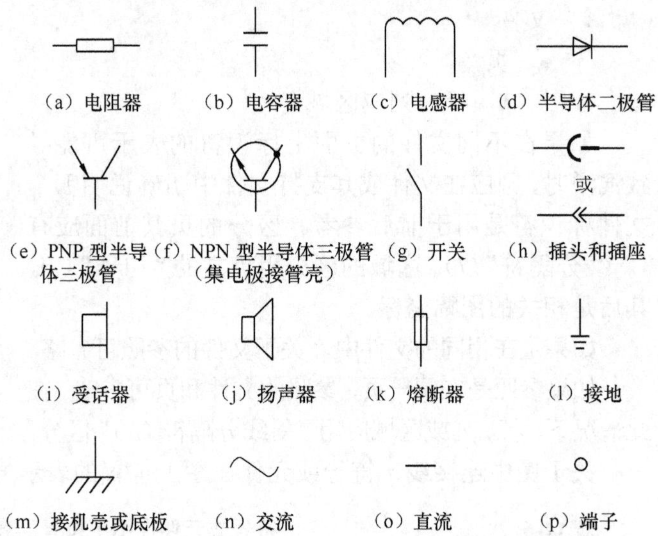

（3）限定符号。用以提供附加信息的一种加在其他符号上的图形符号。

限定符号通常不能单独使用。限定符号与一般符号、方框符号进行组合可派生若干具有附加功能的元器件图形符号。图 12-19 列举了几个常用的图形符号，是由限定符号与一般符号组合而成。

一般符号有时也可用作限定符号，如电容器的一般符号加到传声器符号上即构成电容式传声器的符号。

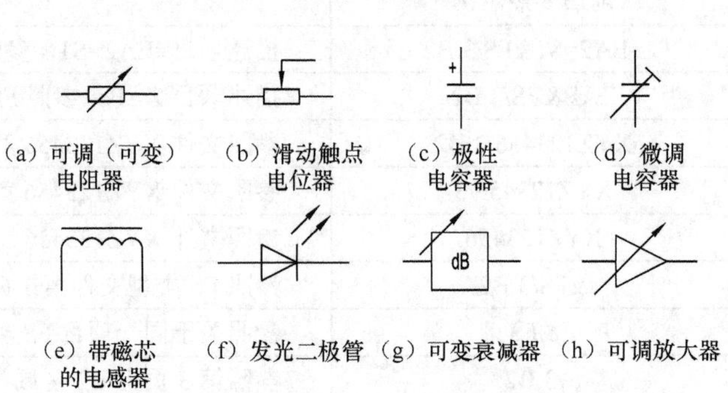

（4）方框符号。用以表示元件、设备等的组合及其功能，既不给出元件、设备的细节也不考虑所有连接的一种简单的图形符号。方框符号通常用在使用单线表示法的电气图中。

（a）电阻器　（b）电容器　（c）电感器　（d）半导体二极管

（e）PNP 型半导体三极管　（f）NPN 型半导体三极管（集电极接管壳）　（g）开关　（h）插头和插座

（i）受话器　（j）扬声器　（k）熔断器　（l）接地

（m）接机壳或底板　（n）交流　（o）直流　（p）端子

图 12-18　常用元器件的一般符号

（a）可调（可变）电阻器　（b）滑动触点电位器　（c）极性电容器　（d）微调电容器

（e）带磁芯的电感器　（f）发光二极管　（g）可变衰减器　（h）可调放大器

图 12-19　限定附加功能的图形符号

2．电气简图用图形符号的绘制

为了使图形符号比较灵活地运用到各种电气图中去，在实际绘图中，图形符号可按实际情况以适当的尺寸进行绘制，并尽量使符号各部分之间的比例适当。

图形符号应按功能，在未激励状态下按无电压、无外力作用的正常状态绘制示出。国家标准对图形符号的绘制原则有一系列的规定，需要时请查阅相关手册。

3．电气简图用图形符号的使用

在绘制电气图时应直接使用 GB/T 4728 规定的一般符号、方框符号、示例符号及符号要素、限定符号和常用的其他符号，这样可以保证在国内行业之间、国际之间的符号通用性。GB/T 4728 中已经给出的各种符号都不允许对其进行修改或重新进行派生，但允许按功能派生 GB/T 4728 中未给出的各种符号。图形符号的应用如表 12-7 所示。

表 12-7　　图形符号的应用

项　目	内　容
符号的大小	符号含义由形式决定，通常符号的大小、图线宽度不影响符号的含义，如图 12-20 所示
符号的取向	任意，为避免导线折弯和交叉，如不引起混淆，允许将符号旋转或镜像布置，如图 12-21 所示
端子表示法	一般不表示端子符号，但如果端子符号是符号的一部分，则必须画出
引线表示法	在不改变图形符号含义的原则下，引线可取不同方向。允许引线处于不同位置符号示例如图 12-22 所示，引线位置影响符号含义示例，如图 12-23 所示

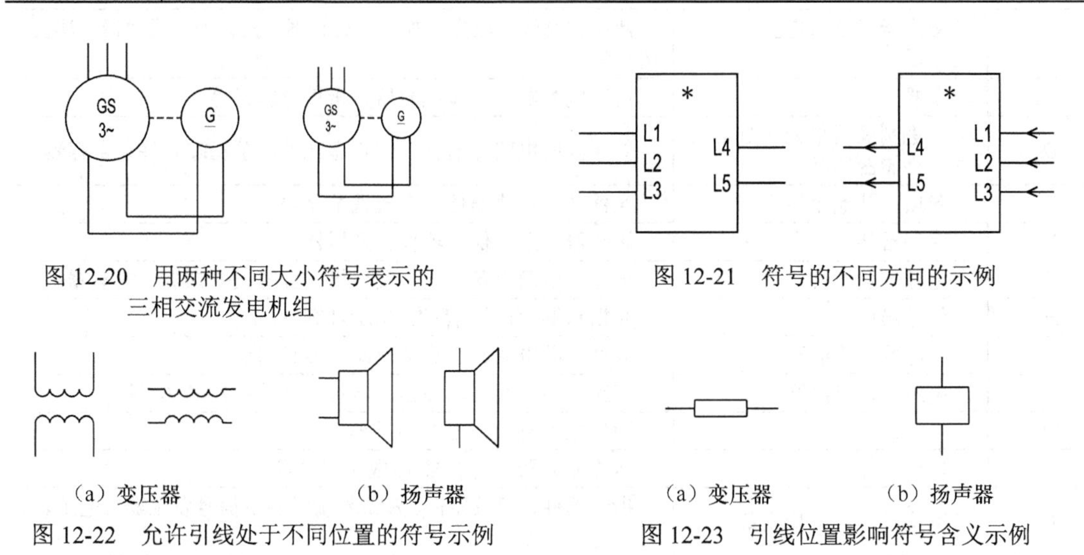

图 12-20　用两种不同大小符号表示的三相交流发电机组

图 12-21　符号的不同方向的示例

（a）变压器　（b）扬声器

图 12-22　允许引线处于不同位置的符号示例

（a）变压器　（b）扬声器

图 12-23　引线位置影响符号含义示例

4．电气简图用图形符号的标注

在电气图中，图形符号均应进行标注。其标注的内容是在图形符号旁注写该元器件、部件等的参照代号及有关的性能参数。

这里所介绍的内容只是有关图形符号的一些基本知识。在实际使用中，应遵照有关国家标准，参考有关手册进一步补充。

12.2.3　电气技术中的文字符号制定通则

电气技术中文字符号分为基本文字符号（单字母或双字母）和辅助文字符号，参见《工业系统、装置与设备以及工业产品——结构原则与参照代号第 2 部分：项目的分类与分类码》（国家标准 GB/T 5094.2—2003）。

文字符号适用于电气技术领域中技术文件的编制，也可表示在电气设备、装置和元器件上或其近旁，以标明他们的名称、功能、状态或特征。

1．文字符号的组成

（1）基本文字符号。

① 单字母符号是按拉丁字母将各种电气设备、装置和元器件划分为 23 大类，每大类用一个专用单字母符号表示。如“C”表示电容器类，“R”表示电阻器类等，如表 12-9 所示。单字母符号应优先采用。

② 双字母符号是由一个表示种类的单字母符号与另一字母组成，其组合形式应以单字母符号在前、另一字母在后的次序列出。如“GB”表示(干) 电池、燃料电池，“G”为电源的单字母符号。只有当用单字母符号不能满足要求、需要将大类进一步划分时，才采用双字母符号，以便较详细和更具体地表述电气设备、装置和元器件。如“F”表示保护器件类，而“FL”表示真空断路器，“FR”表示阳、阴极保护等。按规定双字母符号的第一位字母只允许按表 12-8 中单字母所表示的种类使用。

表 12-8　　项目种类的字母代码表

字母代码	项 目 种 类	举　例
A	组件、部件	分立元件放大器、磁放大器、印制电路板等
B	变换器（从非电量到电量或相反）	热电传感器、压力变换器、送话器、拾音器、扬声器、耳机、磁头等
C	电容器	可变电容器、微调电容器、极性电容器等
D	二进制逻辑单元、延迟器件、存储器件	数字集成电路和器件、双稳态元件、单稳态元件、寄存器等
E	杂项、其他元件	光器件、发热器件、空气调节器等
F	保护器件	熔断器、限压保护器件、避雷器等
G	电源、发电机、信号源	电池、电源设备、同步发电机、旋转式变频机、振荡器等
H	信号器件	光指示器、声指示器、指示灯等
K	继电器、接触器	双稳态继电器、交流继电器、接触器等
L	电感器、电抗器	感应线圈、线路陷波器、电抗器（并联和串联）等
M	电动机	同步电动机、力矩电动机等
N	模拟元件	运算放大器、混合模拟/数字器件等
P	测量设备、试验设备	指示器件、记录器件、积算测量器件、信号发生器、电压表、时钟等
Q	电力电路的开关、器件	断路器、隔离开关、电动机保护开关等
R	电阻器	电阻器、变阻器、电位器、分流器、热敏电阻器等
S	（控制、记忆、信号）电路的开关、选择器	（控制、按钮、限制、选择）开关、（压力、位置、转数、温度、液体标高）传感器等
T	变压器	电压、电流互感器、电力变压器、磁稳压器等
U	调制器、变换器	鉴频器、解调器、变频器、编码器、整流器等
V	电真空器件、半导体器件	电子管、半导体管、二极管、显像管等
W	传输通道、波导、天线	导线、电缆、波导、偶极天线、拉杆天线等
X	端子、插头、插座	插头和插座、测试插孔、端子板、焊接端子片、连接片等
Y	电气操作的机械器件	电磁制动器、电磁离合器、气阀、电动阀、电磁阀等
Z	滤波器、均衡器、限幅器	晶体滤波器、陶瓷滤波器、网络等

（2）辅助文字符号。辅助文字符号是用以表示电气设备、装置和元器件以及线路的功能、状态和特征的。如“SYN”表示同步，“L”表示限制，“RD”表示红色等。辅助文字符号也可放在表示种类的单字母符号后边组成双字母符号，如“SP”表示压力传感器，“YB”表示电磁制动器。为简化文字符号起见，若辅助文字符号由两个以上字母组成时，允许只采用其第一位字母进行组合，如“MS”表示同步电动机等。辅助文字符号还可以单独使用，如“ON”表示接通，“M”表示中间线，“PE”表示保护接地等。

2．补充文字符号

当规定的基本文字符号和辅助文字符号如不够使用，可按文字符号组成规律和相关原则予以补充。

12.2.4　电气技术中的参照代号

在电气图中，图形符号通常只能从广义上表示同一类产品以及它们的共同特征，它不能反映一个产品的具体意义，也不能提供该产品在整个设备中的层次关系及实际位置。

图形符号与参照代号配合在一起，才会使所表示的对象具有本身的意义和确切的层次关系及实际位置。电气技术中的参照代号可参考《工业系统、装置与设备以及工业产品结构原则与参照代号第1部分：基本规则》（GB/T 5094.1—2002）。

1．项目与参照代号

（1）项目。在电气图中，通常把用一个图形符号表示的基本件、部件、组件、功能单元、设备和系统等称为项目。例如，一个图形符号所表示的某一个电阻器、某一块集成电路、某一个继电器、某一部发电机和某一个电源单元等均为一个项目。

（2）参照代号。参照代号是用来识别图、图表、表格中和设备上的项目种类，并提供项目的层次关系、实际位置等信息的一种特定的文字符号。

参照代号可以将图、图表、表格、说明书中的项目和设备中的该项目建立起相互联系的对应关系，为装配和维修提供了极大的方便。

2．参照代号的形式及符号

参照代号应唯一地标识所研究系统内的项目。这些项目如图12-24所示是一种树状结构，节点代表项目，下层项目是上层项目的分解，即子项目。

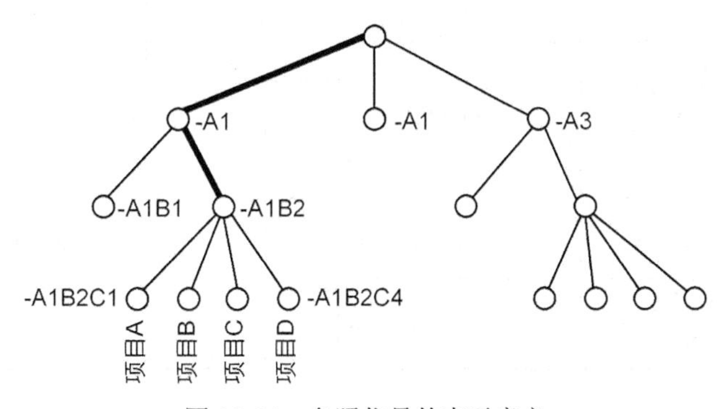

图12-24　参照代号的表示意义

对事件在另一项目内的每一个项目应给予单层参照代号，此单层参照代号对其内事件项目是唯一的，对顶端节点所代表的项目，不应给予单层参照代号。

用来表示各种层面的参照代号的前缀符号的字符有3种，分别为：

（1）=　表示项目的功能面；

（2）–　表示项目的产品面；

（3）+　表示项目的位置面。

单层参照代号为以下任意1种：

（1）仅用拉丁字母，如=ABC，–REL，+RM；

（2）仅用阿拉伯数字，如=123，–561，+101；

（3）用拉丁字母与加阿拉伯数字组合，如=A1，–A1，+G1。

参照代号往往会有多层，多层参照代号的示例如表12-9所示。

表12-9　多层参照代号示例

参照代号种类	功能面多层参照代号	产品面多层参照代号		位置面多层参照代号	
1种参照代号的3种格式	=A1=B2=C3 =A1B2C3 =A1.B2.C3	–A1–1–C–D4 –A1–1C–D4 –A1.1.C.D4	–A1–B2–C–D4 –A1B2C–D4 –A1.B2.C.D4	+G1+111+2 +G1.111.2	+G1+H2+3+S4 +G1H2+3S4 +G1.H2.3.S4

参照代号根据前缀不同分为3种，同一个项目可以标注3种参照代号，分别表示不同的意义，称为参照代号集。实际应用中同一个项目按规定至少标注1种参照代号。

参照代号应由下向上、从右到左阅读，而且应该位于项目符号的上面或左边。

参照代号应单独一行表示，不过参照代号集可以有以下表示方式，如表12-10所示。

参照代号集如何表示，具体说明如下。

（1）参照代号集可在一单独行或连续行上表示。

（2）若参照代号在连续行上表示，每个参照代号应另起一行。

（3）若同一行上有超过一个参照代号，而且不能清楚区分开，如在一个表内，应使用字符"斜线分隔符"（/）作为不同的参照代号之间的分隔符。

（4）参照代号集内的参照代号的先后顺序没有重要的意义。

表12-10　参照代号集示例

项目	参照代号	可能的图形表示	
		均在同一行内表示	每个表示使用一行
项目1	=A1 –B2 +C3	=A1/–B2/+C3	=A1 –B2 +C3
项目2	=D4–E5+F6	=D4–E5+F6	=D4–E5+F6
项目3	=G7–H8 +J9	=G7–H8/+J9	=G7–H8 +J9

3．参照代号的使用

电气图中，图形符号旁的参照代号可以将图中的项目与设备中的实际项目之间建立起对应关系。

在实际使用中，可根据系统、设备、整机等规模的大小，以及所要表示的项目在系统、设备、整机中的层次关系、具体位置等情况，确定参照代号的内容。

在大型复杂系统或成套设备中，基层具体项目的代号内容要涉及多个代号段，通过层层分解可确定该项目的代号内容。

对于较为简单的设备或部件，在能识别各个项目的前提下，可简化参照代号的内容，同时前缀符号也可省略。

在一般的电子产品（如家电产品等）所使用的电路图、逻辑图、接线图等图中，经常在图形符号旁标注产品面参照代号，即采用项目产品面参照代号字母代码后加注数字的形式表示图中的具体项目，如图 12-25（a）所示。

产品面参照代号字母代码后面的数字是用来区别同类项目中每一个具体项目的，此数字按该项目在图中的位置自上而下、从左至右的顺序编排。

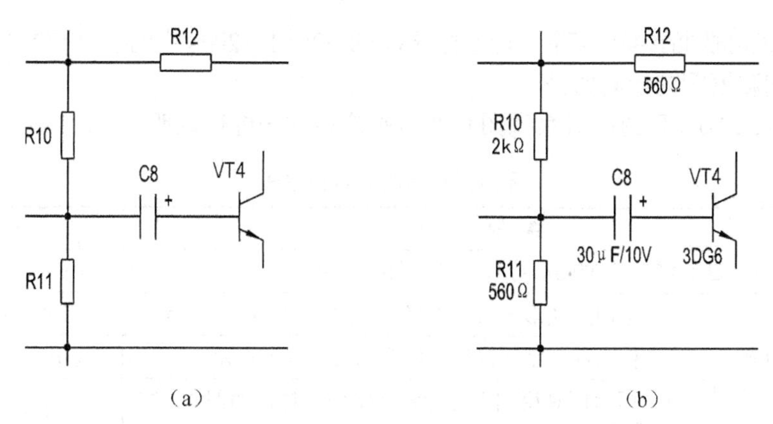

图 12-25 参照代号的简化标注

4．参照代号的标注

参照代号应靠近图形符号标注。当图形符号的连接线是水平布置时，参照代号一般标注在图形符号上方；当图形符号的连接线垂直布置时，参照代号应标注在图形符号左边。

必要时，可在参照代号旁加注该项目的主要性能参数、型号等，如电阻值、电容量、电感量、耐压值和半导体管型号等，如图 12-25（b）所示。

12.3 系统图和框图

系统图和框图是电气系统或设备在设计、生产、安装、使用和维修的过程中经常使用的电气图，参见 GB/T 6988.1—2008。系统图和框图是用符号或带注释的框，概略表示系统或分系统的基本组成、相互关系及其主要特征的一种简图。它们主要用于系统设计，可较为粗浅地、简略扼要地反映电气系统或成套设备的功能关系和特征。

12.3.1 系统图和框图的用途及异同

系统图和框图可用来了解系统或设备的总体概貌和简要工作原理，为进一步编制详细技术文件提供依据；还可与有关的电气图配合使用，以供操作和维修时参考。系统图和框图的用途很接近、类似，为便于清楚地了解和掌握，现将二者的主要用途和异同点列表进行比较（见表 12-11）。

表 12-11　　系统图和框图的用途及异同

项　目		内　容
用途		1．概略了解系统或设备的总体情况
		2．为进一步编制详细的技术文件提供依据
		3．为操作和维修提供参考
系统图和框图的比较	共同点	原则上没有区别，概念和绘制方法基本相同
	不同点	所描述对象的层次有所不同，系统图通常描述系统或成套装置，层次较高，侧重于体系划分。框图通常描述分系统或设备，层次较低，侧重功能划分

12.3.2　系统图和框图的绘制规则

关于系统图和框图的绘制，下面从国家标准 GB/T 6988.1—2008 中的绘制方法和规定进行介绍。

1．系统图和框图的绘制方法

下面结合表 12-12 和图例对系统图和框图的绘制方法进行说明。

表 12-12　　系统图和框图的绘制方法

类别	绘 制 方 法		备　注
方法 1	采用 GB/T 4728 中的图形符号，以方框符号为主		不常用
方法 2	带注释的方框	1．框内用图形符号作注释，如图 12-26（a）所示	有时符号难找全
		2．框内用文字作注释，如图 12-26（b）所示	多用于表示较高层次框图
		3．框内同时用图形符号和文字作注释，如图 12-26（c）所示	方法灵活，较常用
方法 3	带有主要元器件的点划线框		

2．绘制系统图和框图的其他规定

除了应该按照国家标准规定的绘制方法绘制系统图和框图外，还应该遵守国家标准对绘制系统图和框图的一些规定，见表 12-13。

表 12-13　　绘制系统图和框图的其他规定

项　目		规 定 内 容
分层次描述	方法 1	按逐级分层次绘制，即把一个大项目逐层展开，每展开一层画一张图
	方法 2	以框线嵌套形式表达各层次，即在同一张图纸上，用大框套小框的形式表明项目之间层次关系
连接线的绘制		1．图中方框为实线时，各框之间的连接线画到框线为止
		2．图中方框为点划线时，连接线穿过框线与元件符号相连
标注参照代号		遵照 GB/T 5094.1—2002（见本章第 12.2 节 电气技术中的参照代号）的规定（见图 12-27）
布局	要求	图面清晰，易于识别过程和信息的流向，表达功能概况
	方法	过程流向垂直布置，表明流程自上而下，以粗线绘制（见图 12-29）。控制信息流向水平布置，通常方向为从左至右
加注释说明	要求	便于读图，易于理解系统功能，又不影响图面清晰
	方法	标注在连接线上或图的空白处（见图 12-28）

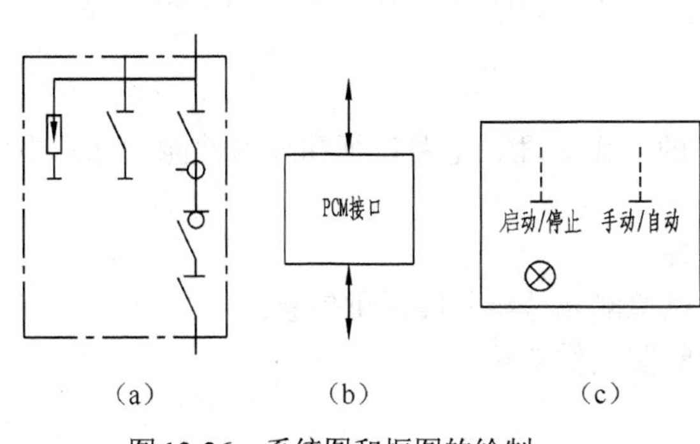

图 12-26 系统图和框图的绘制

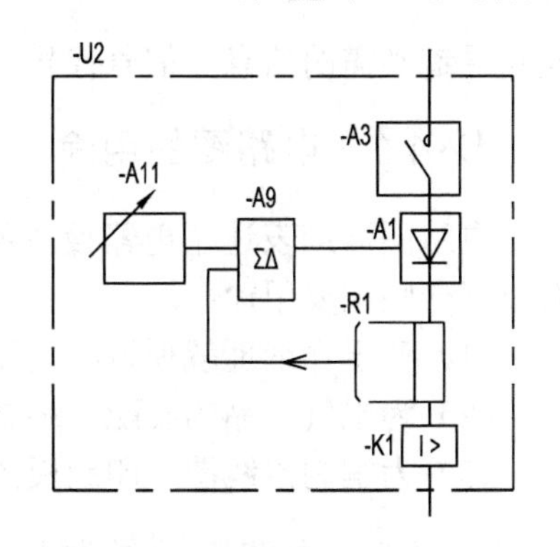

图 12-27 系统图和框图参照代号的标注

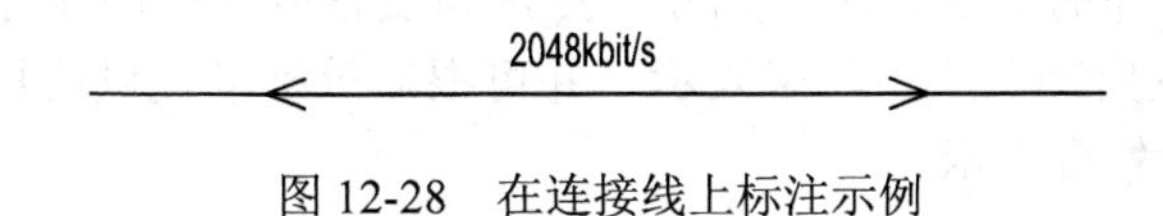

图 12-28 在连接线上标注示例

系统图或框图绘制示例如图 12-29 所示。

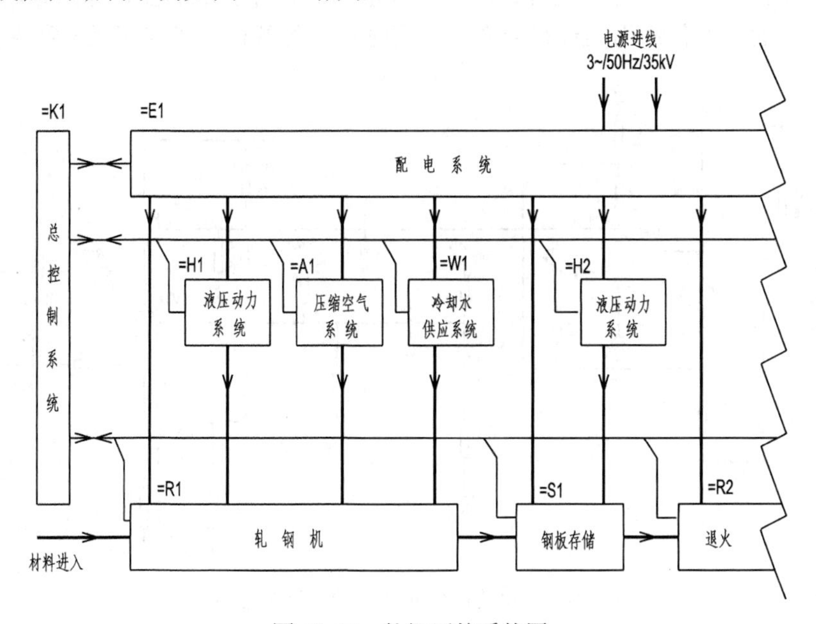

图 12-29 轧钢厂的系统图

12.4 电路图

电路图又称电路原理图（见 GB/T 6988.1—2008），它是表达项目电路组成和物理连接信息的图。

电路图至少应表示项目的实现细节，即：构成元器件及其相互连接，而不考虑元器件的实际物理尺寸和形状。它应便于理解项目的功能、作用原理，分析和计算电路特性。

电路图应包括：图形符号、连接线、参照代号、端子代号、用于逻辑信号的电平约定、电路寻迹必需的信息（信号代号、位置检索）和项目功能必须了解的补充信息。

12.4.1 电路图的用途

电路图详细表述了电器设备各组成部分的工作原理、电路特征和技术性能指标。电路图有以下一些主要用途：

（1）便于详细理解项目的功能、作用原理；

（2）为电气产品的装配、编制工艺、调试检测和分析故障提供信息；

（3）为编制接线图、印制板图及其他功能图提供依据。

12.4.2 电路图的绘制规则

1．电路图绘制的一般规定

（1）电路图中元器件的表示方法。元件、器件和设备应采用国家标准《电气简图用图形符号》（GB/T 4728）规定的各类符号来表示，并可根据该标准提供的规则组合成新符号来表示，必要时可采用简化外形表示。

另外，在符号旁边应标注参照代号，需要时还可标注主要参数或将参数列表示出，此时表格通常列出参照代号、名称、型号、规格、数量和对特殊要求的注释等内容。

图 12-30 中的元器件都用图形符号表示，同时在符号旁标注了参照代号和主要参数。

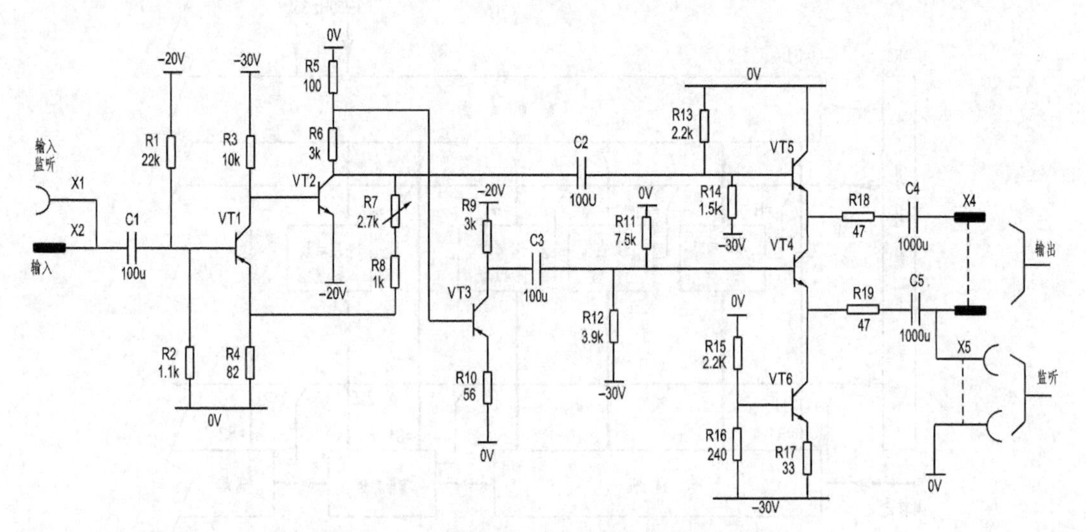

图 12-30 电路图中元器件的表示方法示例

（2）电路图中元器件位置的表示方法，如表 12-14 所示。

表 12-14 电路图中元器件位置的表示方法

类　别	方　法
图幅分区法	按本章 12.2.1 小节（电气制图的一般规则）中对图幅分区的规定
电路编号法	用数字编号表示电路或分支电路的位置，数字顺序为从左至右或从上至下，如图 12-31 所示
表格法	在图的边缘部分绘制一个以参照代号分类的表格，表格中的参照代号与相应的图形符号在垂直或水平方向对齐。图形符号旁仍需标注参照代号，如图 12-32 所示

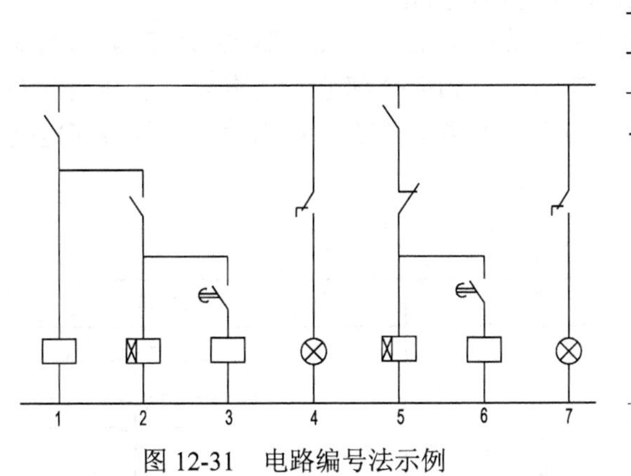

图 12-31 电路编号法示例

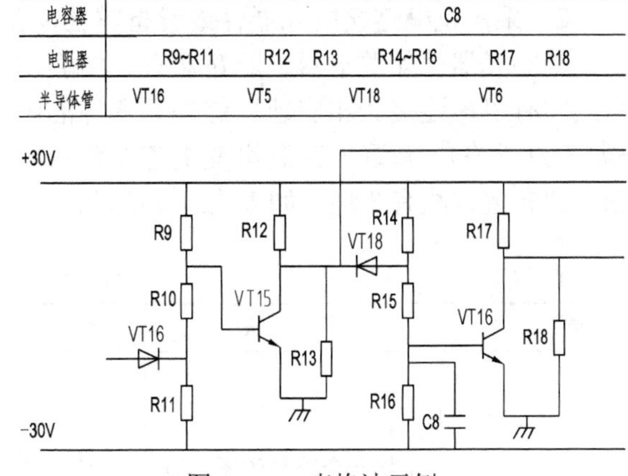

图 12-32 表格法示例

图上的位置标记可用来表示以下几点。

① 导线去向。如图 12-33 所示的三相电源线的 3 根相线 L1、L2 和 L3 应接至配电系统“=E1”的 112 号图纸的 D 行。

② 符号在图上的位置。如图 12-34 所示的触点 43—44 的驱动线圈符号在第 2 张图纸的第 2 列，触点 83—84 的驱动线圈符号在第 2 张图纸的第 6 列。

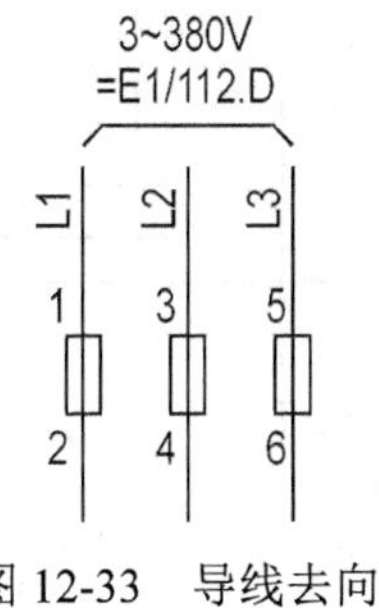

图 12-33 导线去向

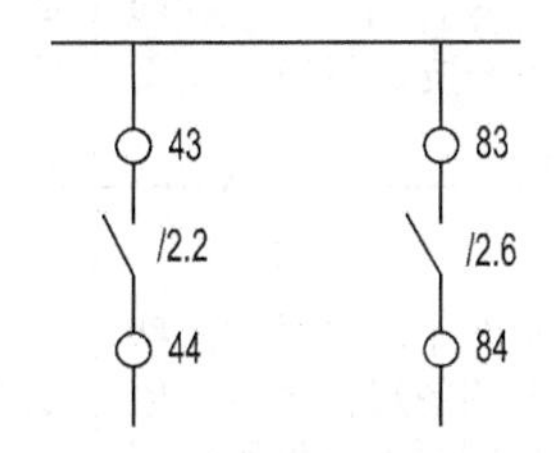

图 12-34 符号在图上的位置

③ 说明对象在图上的位置。例如，图中有下述注释：“反馈电阻 R15（D4）的阻值在调整后应予锁定”，其中的（D4）表示反馈电阻 R15 在图纸的 D4 区。

（3）电路图中元件、器件和设备工作状态的表示方法。在电路中，元件、器件和设备的可动部分的实际工作状态、位置的变动和保持是比较复杂的，规定将这些可动部分在图上表示在非激励或不工作的状态。具体要求如表 12-15 所示。

表 12-15 工作状态的表示

种 类	要 求
继电器、接触器	非激励状态，即所有绕组和驱动线圈上都没有电流通过时的状态
断路器、隔离开关	断开位置。即触头分开不接触的位置
带零位的手动控制开关	零位位置
机械操作开关	在非工作状态或非工作位置（即搁置时的情况）
事故、备用、报警开关	设备正常使用位置

2．采用机械连接的元器件或设备等在电路图中的布置方法

某些元器件如继电器、断路器等，由驱动部分和被驱动部分组成，驱动部分和被驱动部分之间有机械连接。相应地，这些元器件的图形符号也分为两个部分。还有如多重开闭器件（如多刀开关）、双联、三联可变电容器和双联或带开关的电位器等，它们的图形符号在电路图上的布置方法有3种，如表12-16所示。

表12-16　　符号布置表示方法

类　别	方　法	特　点	适用对象
集中表示法	将一个项目的图形符号的组成部分在图中集中画在一起，机械连接符号（虚线）为直线	易于寻找项目的各个部分，但只适于较简单的电路，即图上继电器一类元件和触点组符号较少的图	
半集中表示法	把一个项目中某些部分的图形符号分开画在图上，并用机械连接符号连接各部分，连接线允许分支、折弯、交叉	可以减少电路连线的往返和交叉，使图面清晰，但会出现穿越图面的机械连接线，适用于较复杂的电路图	
分开表示法	把一个项目中的某些部分的图形符号分开绘制在图面上，仅用参照代号表示它们之间的关系而不画连接线	既可减少电路连线的往返和交叉，又不出现穿越图面的机械连接线，但要寻找被分开的各部分需要采用插图或表格等检索手段	K1 K3 K2 K1 K2 K3 H1

3．电路图的规定表示法

在电路图的绘制中，有一些规定的表示法，现分别介绍如下。

（1）电源表示法。电路图中，可以用"+""−"表示电源，如图12-35所示；也可以采用代表电源特定导线的字母和数字来表示，如图12-36所示；还可以用电源的电压值表示电源，如图12-30所示。

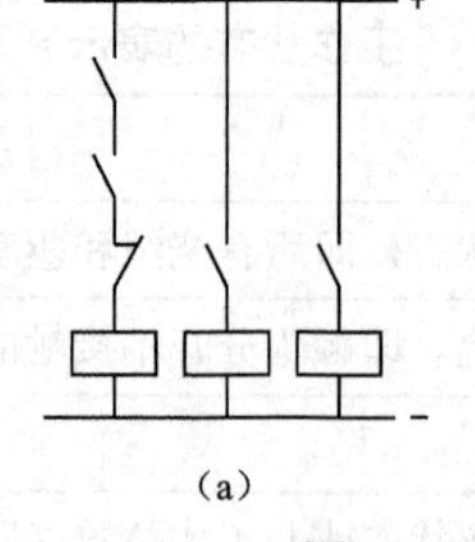

(a)

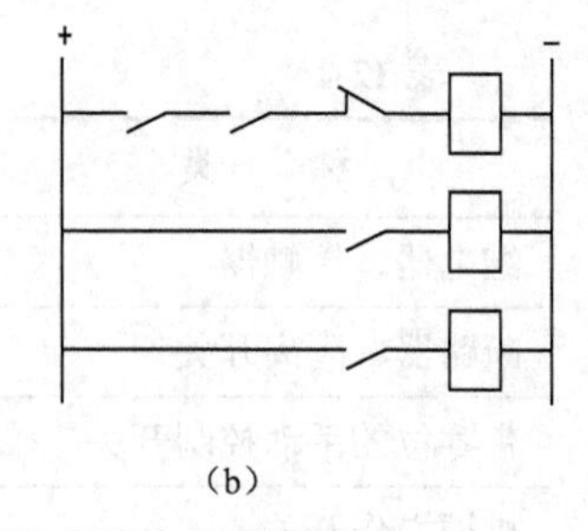

(b)

图12-35　电源表示法及电路布局示例

（2）主电路表示法。电路图中主电路的绘制有以下要求。

① 在绘制时，可将所有的电源线集中绘制在电路的一侧、上部或下部，如图12-36所示。

② 多相交流电源电路通常按相序从上至下或从左至右排列，中性线则绘制在相线的下方或右方，如图12-36所示。

③ 此外，连到方框符号的电源线一般应与信号流向成直角绘制，如图12-36（b）所示。

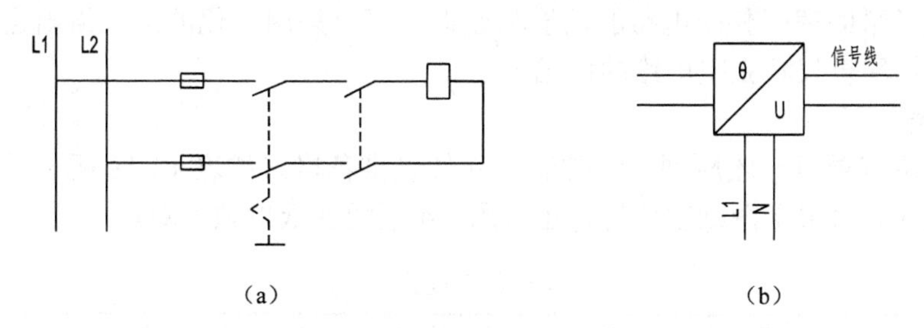

图12-36 用特定导线标记表示电源及主电路表示法示例

（3）电路的布局。为便于识图，对一些常用的基础电路可采用统一的模式来布局，其规定如表12-17所示。

表12-17 电路布局的规定

类　别	规定布局方法
类似项目的排列	电路垂直绘制时，类似项目横向对齐，如图12-35（a）所示； 电路水平绘制时，类似项目纵向对齐，如图12-35（b），图12-30所示
功能相关项目的连接	功能相关项目应靠近绘制、集中表示，如图12-37；同等重要的并联通路，应根据主电路作对称布置如图12-38所示

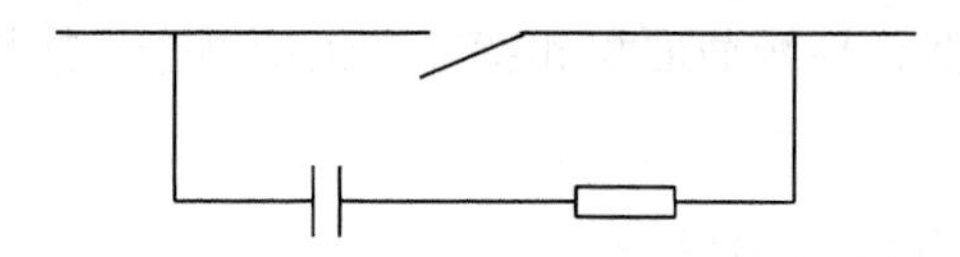

图12-37 功能相关项目集中表示

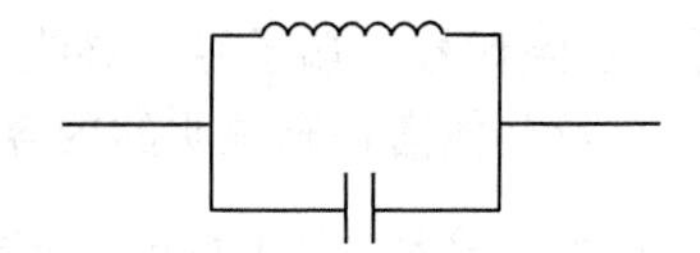

图12-38 同等重要并联电路的布置

（4）电路的简化表示。为使图面简洁清晰，有些电路在绘制电路图时可以简化绘制。

① 并联电路。许多相同的支路并联时，不必画出所有支路，只需画出一个支路，并在其上标上公共连接符号、并联的支路数和各支路的全部参照代号，如图12-39所示。

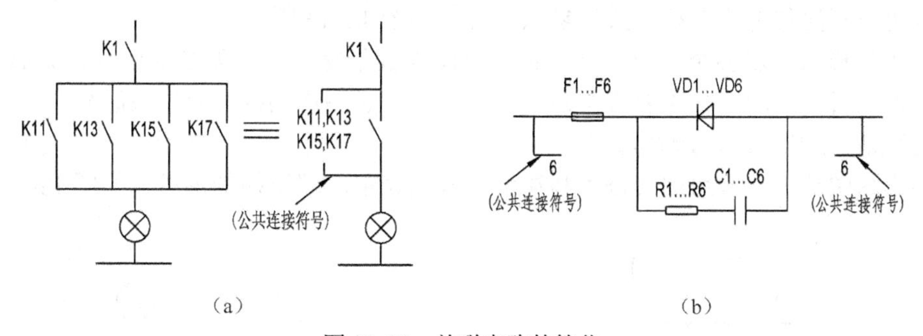

图12-39 并联电路的简化

② 相同的电路。当相同的电路在电路图上多次出现时，不必将每个电路详细地画出，仅需详细地画出其中的一个电路，其余的电路用1个点划线围框来代替，并在框内加以适当的

说明。

③ 外部电路或公共电路。外部电路或公共电路指的是不属于电路图所表达的对象内部的电路，没有必要详细地给出这些外部或公共电路。

但是，为了帮助理解整个电路的功能和原理，可以采用简化的形式给出这种外部或公共电路，同时要加注查找其完整电路的标记。

4．元件表

电路图中所有项目一般应列入元件表。元件表推荐格式如表12-18所示，其尺寸可根据需要而定。元件表可置于图纸空白处，也可用A4幅面图纸单独编制。

表12-18　元件表格式

参照代号	标准代号	名称、型号、规格	数　量	备　注

12.5 接线图和接线表

接线图和接线表（见GB/T 6988.1—2008）主要用于安装接线、线路检查、线路维修和故障处理。

它们必须符合电气设备的电路图、装配图和施工图的要求，并且清晰地表示各个电器元件和设备的相对安装位置及它们之间的电连接关系。它们对于设备的制造和使用都是必不可少的。

接线图和接线表可单独使用，也可结合使用。接线图和接线表通常应该表示出项目的相对位置、参照代号、端子号、导线号、导线类型、导线截面积和特征（包括屏蔽、接地、绞合等），以及其他需补充说明的内容。

12.5.1 接线图中项目、端子和导线的表示方法

1．接线图中项目的表示方法

所谓项目是指元件、器件、零件、部件、组件、设备、成套设备和系统等。它们在接线图中应以简化外形（如正方形、矩形、圆形等）来表示。

对电阻、电容、半导体管等接线较简单的常用元器件，也可用图形符号表示，此时在图形符号旁边应标注与电路图相一致的参照代号，如图12-40所示。

用简化外形来表示各个项目，不宜把项目画得过于复杂，也无必要接近其原形。因为在接线图上各项目之间的区分主要靠参照代号，而不是靠图形的细微差别来区分的。

2．接线图中端子的表示方法

在接线图中端子一般用图形符号和端子代号来表示。端子的图形符号如图12-41所示。

图12-40　项目的表示　　图12-41　端子符号

端子代号一般用数字或大写的拉丁字母表示（特殊情况下也可用小写的拉丁字母表示），如1、2、3、4、5…或A、B、C、D、E…。如果需要区分可拆卸（如电表上的端子）和不可拆卸的连接时，则必须在图或表中予以注明。

如果项目实物上的端子有标记时，端子代号必须与项目上端子的标记一致；如果项目实物上的端子没有标记时，应自行设定并在图上画出端子代号。

用图形符号和端子代号表示端子，如图12-42所示。当项目用简化外形表示时，其中的端子可不画端子符号，只用端子代号表示即可，如图12-43所示。

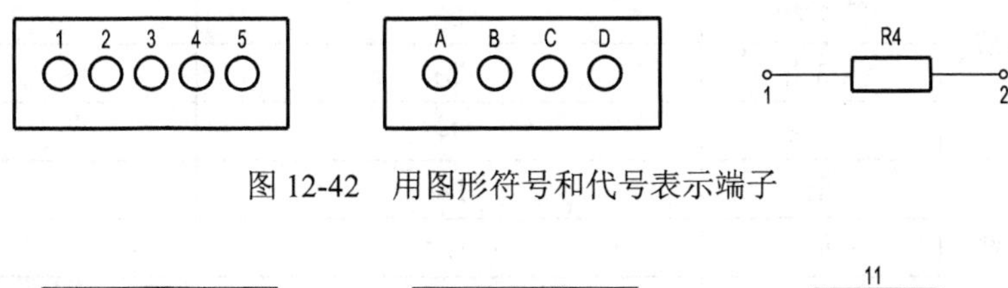

图12-42　用图形符号和代号表示端子

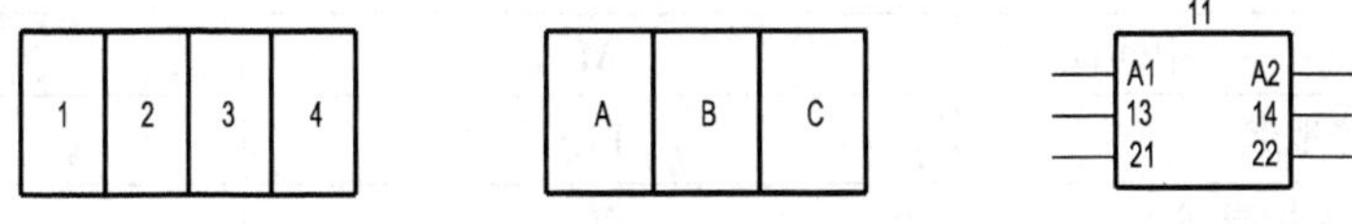

图12-43　用端子代号表示端子

3．接线图中导线的表示方法

接线图中导线的表示规定（见表12-19）。

表12-19　　导线的表示规定

类　别	规定布局方法	备　注
连续线	两个端子之间的连接导线用连续的线条表示，如图12-44（a）所示	表示有布线位置要求的连接导线或线束
中断线	两个端子之间的连接导线用中断的线条表示，如图12-44（b）所示	必须在中断处标明导线的去向
加粗线	用加粗线表示导线子组、电缆、缆形线束等，如图12-44（c）所示	不致引起误解时也可以部分加粗

当一个单元或成套设备包括几个导线组、电缆、缆形线束时，可采用数字或字母标记区分它们，如图12-44（c）所示。

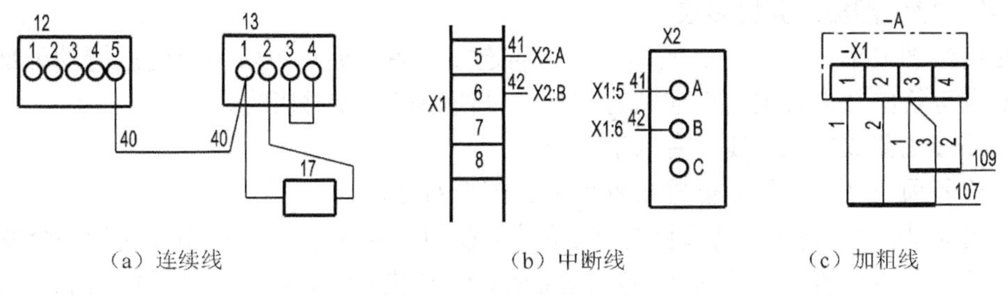

（a）连续线　（b）中断线　（c）加粗线

图12-44　导线的表示

4．接线图中导线的标记方法

对接线图中的导线，应参照国家标准《绝缘导线的标记》和GB/T 4026—2004《人机界面标志标识的基本方法和安全规则设备端子和特定导体终端标识及字母数字系统的应用通则》的有关规定给出标记，必要时也可用颜色标记补充或代替导线标记。

下面将国标 GB/T 4026—2004 中的特定导线的标记列表示出，如表 12-20 所示。

表 12-20　　特定导线的标记

导线名称		标记	
		字母数字符号	图形符号
交流系统的电源线	第 1 相	L1	
	第 2 相	L2	
	第 3 相	L3	
	中性线	N	
直流系统的电源线	正	L+	+
	负	L−	−
	中间线	M	
保护接地线		PE	
不接地的保护导线		PU	
保护接地线和中性线共用一线		PEN	
接地线		E	
无噪声接地线		TE	
机壳或机架		MM	
等电位		CC	

导线颜色标记的代号按照国家标准 GB 7947—2006 执行（见表 12-21）。

表 12-21　　导线颜色标记的代号

颜色	黑	棕	红	橙	黄	绿	蓝（包括浅蓝）	紫（紫红）
文字代号	BK	BN	RD	OG	YE	GN	BU	VT

颜色	灰（蓝灰）	白	粉红	金黄	青绿	银白	绿—黄
文字代号	GY	WH	PK	GD	TQ	SR	GNYE

12.5.2　几种接线图和接线表的绘制规则

1. 单元接线图或单元接线表

单元接线图或单元接线表反映单元内部的连接关系，通常不表现单元之间的外部连接，如有必要也可给出与之有关的互连图的图号，以便查找与核对接线。

对单元接线图或单元接线表有以下要求。

（1）依各项目之间的相对位置布置项目的图形符号。

（2）选择最能清晰地表示各项目端子与布线的视图，对多面布线的单元，可用多个视图表示。

（3）项目层叠放置时，应采用将项目翻转或位移的方法布图，以便清晰地表示出整个电路的连接关系，还应加注说明以便施工识图。

（4）当项目具有多层端子时，可延长被遮盖的端子以标明各层的接线关系。

（5）接线表上的栏目一般包括线缆号、线号、导线型号、规格、长度、连接点号、所属项目的代号、端子号和其他附注说明。

单元接线图和单元接线表的对照示例如图 12-45 和表 12-22 所示。

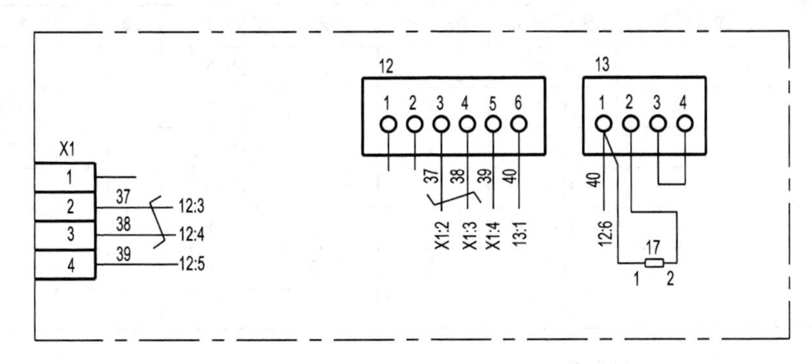

图 12-45 用中断线表示的单元接线图

表 12-22　　表示图 12-45 内容的单元接线表

线缆号	线号	线缆型号及规格	连接点 I		连接点 II		长度（mm）	附注
			参照代号	端子号	参照代号	端子号		
	37	AVR0.5mm² 黄	12	3	X1	2	300	绞合
	38	AVR0.5mm² 红	12	4	X1	3	300	绞合
	39	AVR0.5mm² 蓝	12	5	X1	4	300	
	40	AVR0.5mm² 绿	12	6	13	1	300	
	—	AVR0.5mm² 棕	13	1	17	1	100	
	—	AVR0.5mm² 黑	13	2	17	2	100	
		AVR0.5mm² 灰	13	3	13	4	50	连线

2．互连接线图或互连接线表

互连接线图或互连接线表反映单元的外接端子板之间的连接接线关系，通常不包括单元内部的连接，必要时可给出与之相关的电路图或单元接线图的图号，以便了解单元内部电路的连接情况。对互连接线图有以下要求。

（1）各个视图应画在同一个平面上，以便清晰地表明各单元间的连接接线关系。

（2）各个单元项目的外形轮廓围框用点划线表示。

互连接线图示例如图 12-46 所示，互连接线表示例如表 12-23 所示，二者表示相同的内容。

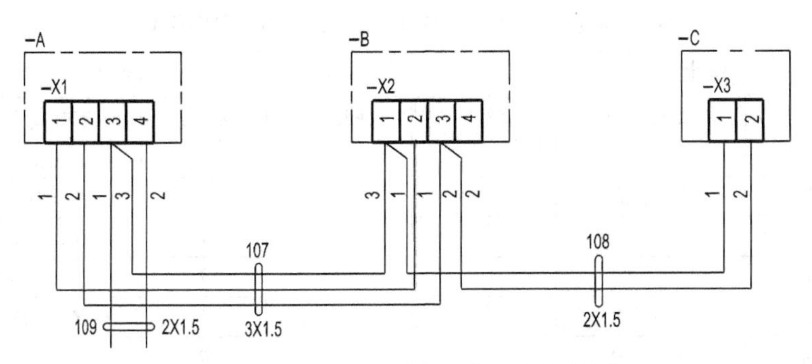

图 12-46 用连续线表示的互连接线图

表 12-23　　表示图 12-46 内容的互连接线表

线缆号	线号	线缆型号及规格	连接点Ⅰ			连接点Ⅱ			附注
			参照代号	端子号	参考	参照代号	端子号	参考	
107	1		–A–X1	1		–B–X2	2		
	2		–A–X1	2		–B–X2	3	108.2	
	3		–A–X1	3	109.1	–B–X2	1	108.1	
108	1		–B–X2	1	107.3	–C–X3	1		
	2		–B–X2	3	107.2	–C–X3	2		
109	1		–A–X1	3	107.3	–D			
	2		–A–X1	4		–D			

3．端子接线图或端子接线表

端子接线图和端子接线表表示单元和设备的端子及其与外部导线的连接关系，通常不反映单元或设备的内部连接，需了解内部连接关系时，可提供相关的图号。

对端子接线图和端子接线表的要求有以下几方面。

（1）各端子（板）应按相对位置布置，端子接线图的视图应与接线面的视图一致。

（2）接线表内的电缆应按单元（如屏、柜、台等）集中填写，以便安排电缆连线和查找各芯线的连接线，其内容一般包括线缆号、线号、端子代号等。

端子接线图示例如图 12-47 所示，端子接线表示例如表 12-24 所示，二者表示的内容是一致的。

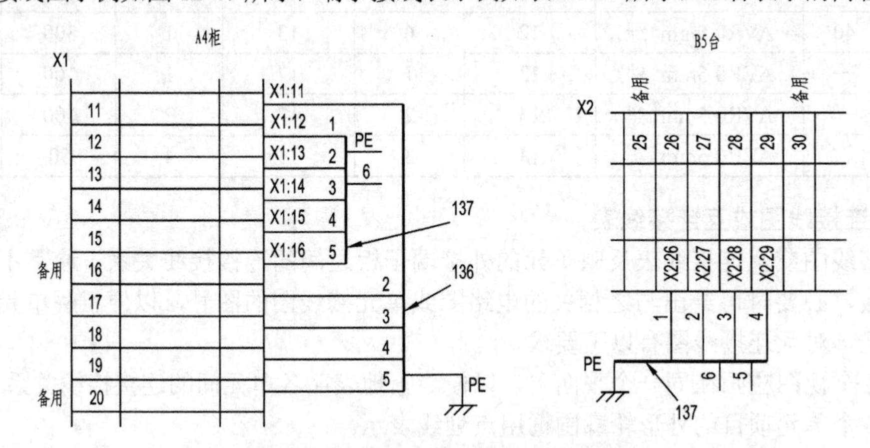

图 12-47　带有本端标记的端子接线图

表 12-24　　表示图 12-47 内容的带有本端标记的端子接线表

A4 柜				B5 台			
线缆号	线号	本端标记	附注	线缆号	线号	本端标记	附注
136		A4		137		B5	
	PE	接地线			PE	接地线	
	1	X1：11			1	X2：26	
	2	X1：17			2	X2：27	
	3	X1：18			3	X2：28	
	4	X1：19			4	X2：29	
	5	X1：20	备用		5	—	备用

续表

A4 柜				B5 台			
线缆号	线号	本端标记	附注	线缆号	线号	本端标记	附注
137		A4		137	6	—	备用
	PE	(—)					
	1	X1：12					
	2	X1：13					
	3	X1：14					
	4	X1：15					
	5	X1：16	备用				
	6	—	备用				

4．电缆配置图或电缆配置表

电缆配置图和电缆配置表是用于表示基建施工铺设配置电缆的相连关系的图及表，也可表示电缆的路径情况。

对它们的要求如下。

（1）应标明各单元（屏、柜、台等）间的电缆相连的配置关系。

（2）各单元外形轮廓围框用实线表示。

（3）电缆配置表一般包括线缆号、线缆类型、连接点的位置代号及其他应说明的内容。

电线配置图示例如图 12-48 所示，电缆配置表如表 12-25 所示，二者表示的内容是一致的。

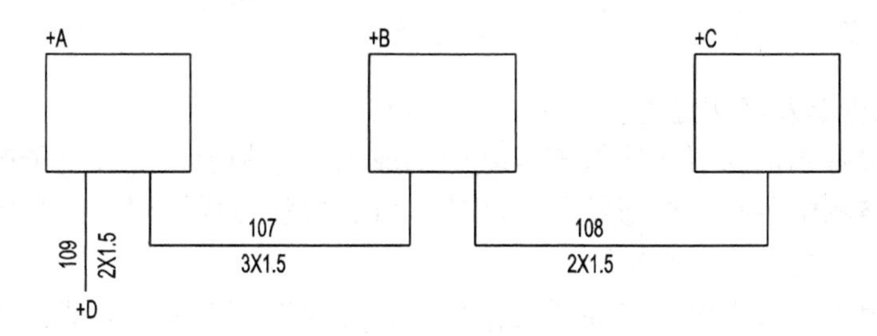

图 12-48　电缆配置图

表 12-25　　表示图 12-48 内容的电缆配置表

线　缆　号	电缆型号及规格	连　接　点		备　　注
107	H07VV-U3×1.5	+A	+B	
108	H07VV-U2×1.5	+B	+C	
109	H07VV-U2×1.5	+A	+D	

前面介绍了几种接线图和接线表的画法和格式，在实际工作中究竟使用哪一种接线图和接线表，要视具体情况来确定。

对于单元接线图或单元接线表与互连接线图或互连接线表来说，它们之间的差别仅在于前者是表示单元内部的连接关系，而后者是表示单元之间的连接关系。但是单元有大有小，一个较大的单元往往又包括许多小的单元，所以一个大的单元内部的连线往往是其中许多小单元的外部的连线。因此单从定义是不能确切区分这两种接线图或接线表的。同样，端子接线图或端子接线表与电缆配置图或电缆配置表有时也能表达单元接线图或单元接线表和互连接线图或互连接线表的同样内容。

所以在实际使用时，原则上这四种接线图和接线表任何一种都可以使用。但是由于施工方法的不同，元器件、部件的来源不同，甚至于习惯的不同，使用接线图和接线表也不同。

如一个控制器，由几个部分组成，其接线关系可以有以下4种情况。

（1）如果控制器是一个整体、一个单元，其内部各部分的连接关系就可用单元接线图或单元接线表表示。

（2）如果将控制器内部的各个部分看作是一个个独立的结构单元，各个独立的结构单元的连接关系就可用互连接线图和互连接线表表示。

（3）如果控制器内部的各个部分都是用端子向外连接的，这时就可用端子接线图或端子接线表来表示其连接关系。

（4）如果控制器内部的各个部分之间的连接是通过电缆来完成的，则可用电缆配置图或电缆配置表来表示其连接关系。

总之，实际工作中，应该根据具体情况和需要，灵活使用接线图和接线表。

12.6 印制板图

当前，印制板已被广泛地应用于各种电子产品之中。印制板图是设计、制作印制板的重要技术资料。了解和看懂印制板图，对从事电子、电信工程的技术人员是非常必要的。

12.6.1 概述

1. 印制板的概念及其优越性

印制板是由覆有铜箔的层压环氧塑料基板制成的。印制板在现代电子产品中的地位十分重要，它可将电路图中各有关图形符号之间的电气连接转变成所对应的实际元器件之间的电气连接，同时也起着结构支撑的作用。

印制板的使用在很大程度上提高了元器件的装配速度，保证了元器件之间电气连接的可靠性，大大缩小了整机的结构尺寸，为设备的调试和维修提供了方便，为装配生产自动化提供了先决条件。

印制板图是采用正投影法和符号法绘制的，绘制印制板图时，除应符合国家标准印制板制图的规则外，还应符合机械制图及其他有关标准的要求。

2. 印制板图的种类

印制板图包括印制板零件图和印制板组装件装配图（以下简称印制板装配图）。

印制板零件图是用来加工、制作印制板的图样，它主要包括结构要素图、导电图形图和标记符号图。根据需要，印制板的导电图形可制成单面、双面或多层几种形式，与之对应的有单面印制板零件图、双面印制板零件图或多层印制板零件图。

印制板装配图是将有关的各种元器件或结构件连接和安装到印制板上去的指导性图样，也是进行设备维修的参考性文件之一。

本节概括介绍印制板制图的基本内容和一般要求，以便对印制板制图有个初步了解。

12.6.2 印制板零件图

根据表达的内容不同，印制板零件图可分别由结构要素图、导电图形图、标记符号图3种形式的图样来表示。3种形式的印制板零件图分别绘制在不同图纸上，但是应标注同一代号。对于简单的印制板零件图，可将结构要素和导电图形合并绘制。

印制板的加工一般是：先根据结构要素图加工出印制板的外形结构，然后根据导电图形图通过照相、制版、印刷和酸洗等工艺过程加工出导电图形，最后在印制板上印制标记符号。

1. 印制板结构要素图

印制板结构要素图实际上是机械加工图，是用来表示印制板外形和板面上安装孔、槽等要素的尺寸及有关技术要求的图样。印制板结构要素图一般包含下列内容。

（1）印制板外形的视图。

（2）印制板外形尺寸、印制插头尺寸、有配合要求的孔、孔距尺寸及公差要求，若印制板中的孔数量较多，可按直径分类涂色标记，然后统一列表表示或加以文字说明。

（3）有关的技术要求和说明。

图12-49所示为一印制板结构要素图，读者可结合上述内容加以分析。

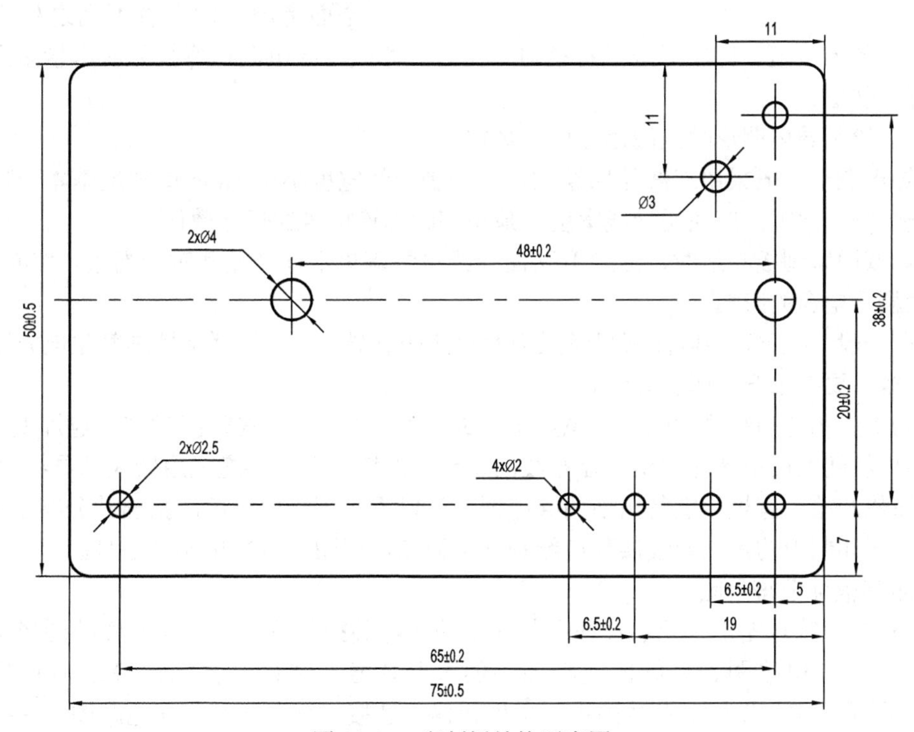

图12-49 印制板结构要素图

2. 印制板导电图形图

印制板导电图形图是在坐标网格上绘制的，现在一般采用计算机绘制。印制板导电图形主要用来表示印制导线、连接盘的形状和它们之间的相互位置，如图12-50所示。

（1）在确定导电图形时，应从以下几方面考虑。

① 依据电路图的工作顺序及连线情况，在坐标网格上布置印制板中所有的元器件和紧固件，从而确定各元器件引线孔和连接盘的位置。引线孔的中心应在坐标网格线的交

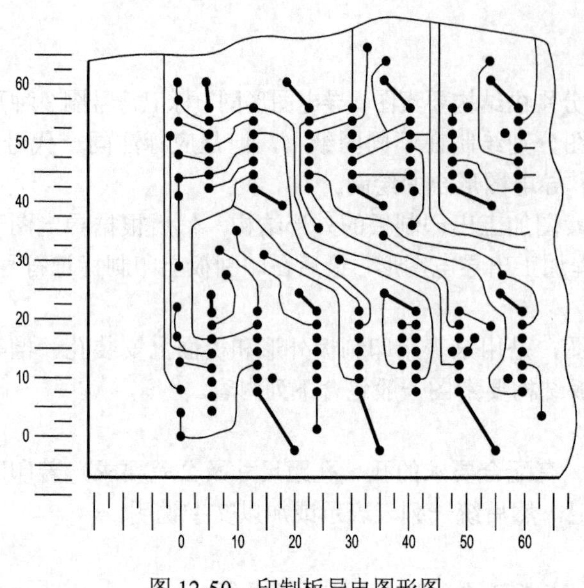

图12-50 印制板导电图形图

点上。

在印制板上布置元器件时，应尽量布置在非焊接的一面。同时，应考虑各元器件之间的电磁干扰、热辐射和寄生耦合等现象。对于磁场较强、发热量较大的元器件（如变压器、大功率电阻、大功率半导体管等）应采取屏蔽和散热措施。

元器件的布置应有利于整机的装配、检验和维修等。

② 在元器件位置确定后，根据电路图中的连线要求，将有电气连接的元器件所对应的连接盘用印制导线连接起来。

③ 对于元器件的布置应进一步作全面考虑，对布置不当之处应进行调整。对布设的连接盘、印制导线进行核对、整理、修改。导电图形弯折处应尽量呈圆弧状，以避免打火现象。

（2）在绘制导电图形时，应遵守以下规定。

① 导电图形一般采用双线轮廓绘制，当印制导线宽度小于1mm或宽度基本一致时，可采用单线绘制。此时，应注明导线宽度、最小间距和连接盘的尺寸数值。

② 对双面印制板布线时，应注意两面导线尽量避免平行（尤其对于高频电路布线），以减少寄生耦合电容的影响。

③ 在一般情况下，导电图形尽量采用宽短的印制导线。对于严格控制寄生电容影响的高阻抗信号线，要使用窄形印制导线。

④ 为防止相邻印制导线间产生电压击穿或飞弧，以及避免在焊接时产生连焊现象，必须保证印制导线间的最小允许间距。在布线面积允许的情况下，尽量采用较大的导线间距。

⑤ 简化画法。有规律重复出现的导电图形可以不全部绘出，但应指出其分布规律。

⑥ 多层印制板的每一导线层都应绘制一个视图，视图上应标出层次序号。

3．印制板标记符号图

印制板标记符号图是按元器件在印制板上的实际装接位置，采用元器件的图形符号、简化外形和它们在电路图、系统图或框图中的参照代号及装接位置标记等绘制的图样，如图12-51所示。印制板标记符号图也可采用元器件装接位置标记及其在电路图、系统图或框图中的参照代号表示。

标记符号图为元器件在印制板上进行插接以及设备测试、维修、检验提供了极大的方便。

绘制印制板标记符号图应遵守以下原则。

（1）图中采用的图形符号、参照代号应符合GB/T 4728和GB/T 5094.1—2002的有关规定。

（2）非焊接固定的元器件和用图形符号不能表明其安装关系的元器件，可采用实物简化外形轮廓绘制，如图12-52所示。

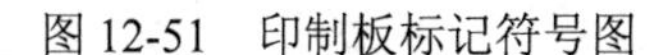

图 12-51 印制板标记符号图

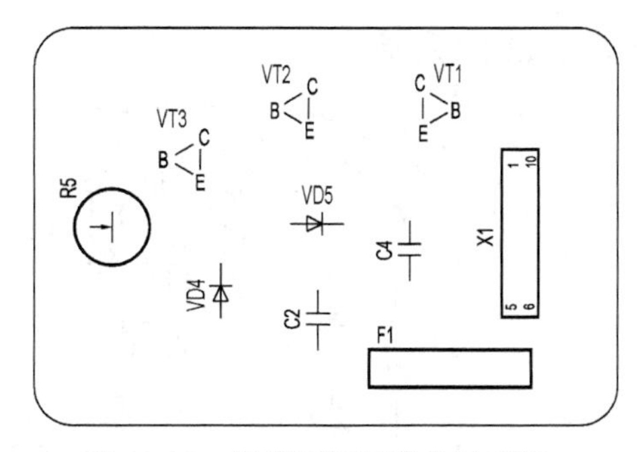

图 12-52 焊接面标记符号图示例

（3）标记符号一般布置在印制板的元件面，并应避开连接盘和孔，以保证标记符号完整清晰。有时为了维修方便，可在印制板焊接面布置有极性和位置要求的元器件图形符号或标记，如图 12-52 所示。

在实际生产中，要求把印制板零件图的结构要素图、导电图形图、标记符号图分别绘制在各张图纸上，便于生产加工。但应标注同一代号。简单的印制板零件图可将印制板结构要素图和导电图形图绘在一张图纸上。

在产品说明书上一般是将上述 3 种图合在一起绘制，便于阅读。

12.6.3 印制板组装件装配图

印制板组装件装配图（简称印制板装配图）是表示各种元器件和结构件等与印制板连接关系的图样。印制板装配图的内容和绘制方法与机械装配图基本一致，这里只介绍其特殊的表达方法。

1．绘制印制板装配图的一般要求

（1）绘制印制板装配图时，应选用恰当的表示方法，完整、清晰地表达元器件、结构件等与印制板的连接关系，并力求制图简便，易于看图。

（2）图样中应有必要的外形尺寸，安装尺寸以及与其他产品的连接位置和尺寸。

（3）各种有极性的元器件，应在图样中标出极性。

（4）有必要的技术要求和说明。

（5）视图选择原则。

① 当印制板只有一面装有元器件和结构件时，应以该面为主视图。一般此情况只画一个视图即可表达清楚。

② 当印制板两面均装有元器件或结构件时，一般可采用两个视图。以元器件或结构件较多的一面为主视图，另一面为后视图。当反面元器件或结构件很少时，可采用一个视图，此时可将反面元器件或结构件用虚线画出。当反面元器件采用图形符号表示时，可只将引线用虚线表示，而图形符号仍用实线画出，如图 12-53 所示。

2．元器件和结构件的画法

（1）在能清楚表示装配关系的前提下，印制板装配图中的元器件或结构件一般采用简化外形或图形符号表示。一般对于常用的电阻器、电容器、电感器、半导体管等电子元器件采用图形符号。对于变压器、可变电容器、电位器、磁棒、多级多位开关、散热片、支架等元器件或结构件可采用简化外形表示。

（2）当元器件在装配图中有方向要求时，应标出定位特征标志，以防在装接时搞错方向，如图 12-54 所示。

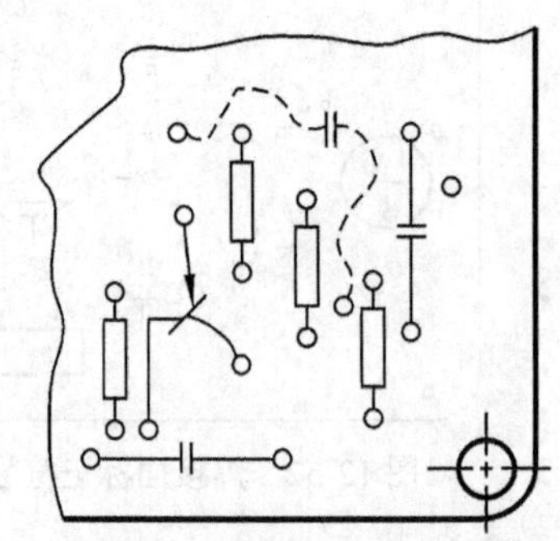

图 12-53　反面元器件表示法示例

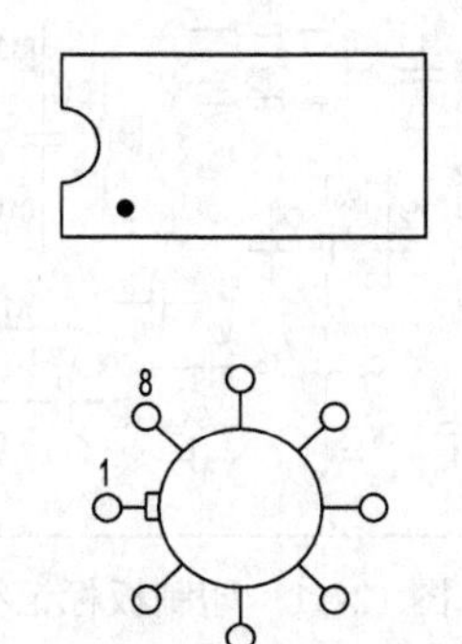

图 12-54　元器件标出定位特征标志图

（3）当需要完整、详细表示装配关系时，印制板装配图中的元器件和结构件可按机械制图中绘制装配图的表示方法和规定绘制。

（4）在印制板装配图中，元器件和结构件采用参照代号、序号和装配位置号的形式进行标注。

3．简化画法

在印制板装配图中，重复出现的单元图形，可以只画出其中一个单元，其余简化绘制。简化图形一般可只画出引线孔、省略元器件的图形符号或简化外形。此时，必须用细实线画出各单元的区域范围，并标注单元顺序号。

如图 12-55 所示为一稳压电源印制板装配图，请结合上述内容分析。

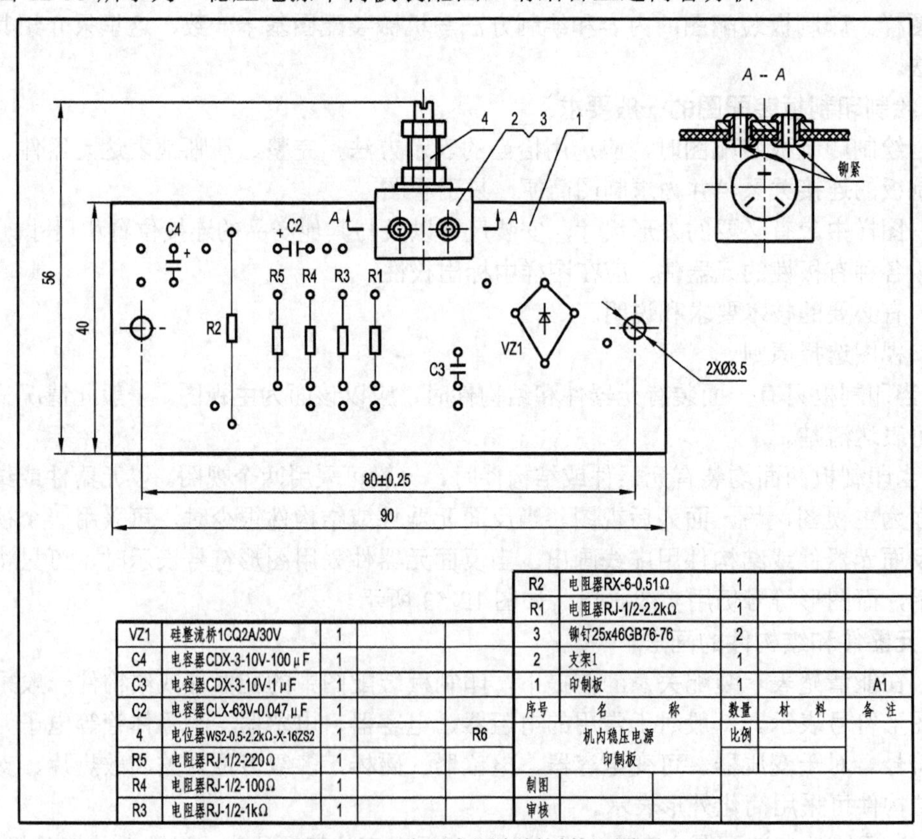

图 12-55　稳压电源印制板装配图

思考题

1．什么是电气制图？表达形式有哪些？
2．常用电气图种类有哪些？
3．电气图中连接线的绘制有哪些规定？
4．电气图中的前后参照是什么意思？举例说明代表的含义。
5．电气图中一些基本的图形符号代表什么含义？它们的绘制有什么要求？
6．电气图中的文字符号有何含义？
7．什么是参照代号？它表达什么含义？如何使用？
8．什么是系统图和框图？它们有什么用途？
9．什么是电路图？它的作用是什么？
10．什么是接线图和接线表？有哪些种类？各有什么用途？
11．什么是印制板图？包含哪些种类？有什么用途？

学习方法指导

1．该部分内容较多，很多都是电气图的知识和绘制规则，不需要死记硬背，主要侧重于电气图的绘制方法和规则的学习和理解。

2．以电气制图的国家标准为指导，展开对各部分的学习和理解，加强对标准化的理解。

3．在学习过程中，充分利用书中的各种例子和图形，可以帮助理解相关内容，加深对知识和规则的掌握。

4．及时完成习题集的相关练习题，可以帮助对本章内容的理解和掌握。

第 13 章 计算机绘图

计算机绘图是应用计算机软硬件来处理图形信息，从而实现图形的生成、显示及输出。目前国内外应用计算机绘图的软件很多，其中最流行的是美国 Autodesk 公司开发的 AutoCAD 计算机辅助设计绘图软件，由于它具有强大的图形绘制和编辑功能，良好的用户界面，以及丰富的二次开发技术，而被广泛应用于机械、电子、建筑和航天等领域。

本章主要介绍 AutoCAD 2016 绘图软件的基本操作及主要命令的使用方法，至于其他内容可参阅 AutoCAD 相关的参考书。

在阅读本章时，对于书中使用的一些惯例，请参考如下内容：（1）输入的内容加下划线（有些地方是用文字说明输入的内容）；（2）命令名可用大小写字母表示；（3）用“↙”代表按 Enter 键（回车键）；（4）程序或命令的解释说明放在“（　　）”内；（5）为了便于学习，英文翻译尽量和 AutoCAD 2016 中的命令关键字保持一致。

13.1 AutoCAD 2016 的基本知识

13.1.1 默认工作空间

初次安装后启动 AutoCAD 2016，建立一个新文件，用户将看到如图 13-1 所示的界面。

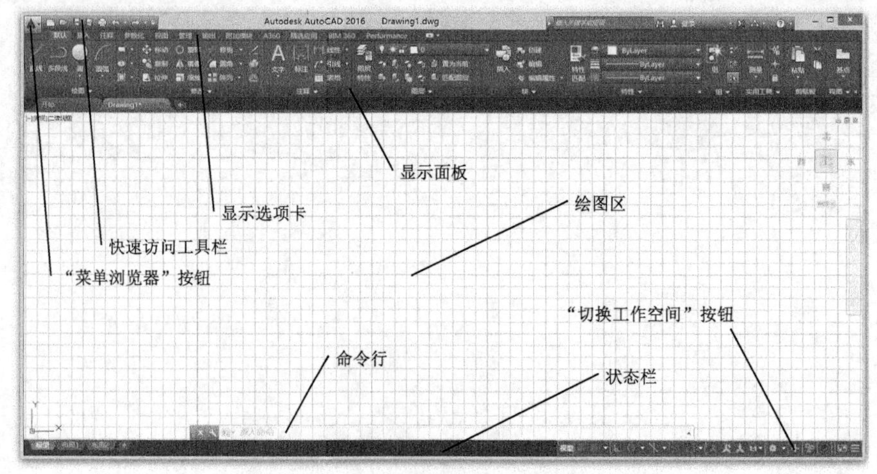

图 13-1　AutoCAD 2016 默认工作空间

这是 AutoCAD 2016 的一种工作空间，叫“草图与注释”空间。AutoCAD 2016 默认自带有 3 种工作空间，分别是：“草图与注释”空间，可以方便地绘制二维图形；“三维基础”空间，主要用于简单三维模型的绘制；“三维建模”空间，集中了三维图形绘制与修改的全部命令，同时也包含了常用二维图形绘制与编辑命令。

单击图 13-1 中的“切换工作空间”按钮可以方便地在多种工作空间之间切换。

13.1.2 “AutoCAD 经典”工作空间

“AutoCAD 经典”工作空间，它沿用以前版本的界面风格，方便老用户，同时为新用户提供多一种选择。下面说明如何设置“AutoCAD 经典”工作空间。

设置“AutoCAD 经典”工作空间步骤如下。

（1）左键单击“快速访问工具栏”最右边的三角按钮“▾”，在弹出的下拉菜单中左键单击“显示菜单栏”。

（2）在“显示选项卡”所在行的最右边空白处单击鼠标右键，然后在弹出的菜单中鼠标左键单击“关闭”按钮，关闭显示面板。

（3）在下拉菜单依次左键单击：“工具”→“工具栏”→“AutoCAD”，弹出工具栏列表，从中选择常用的工具栏即可。

（4）到此得到了“AutoCAD 经典”工作空间，如图 13-2 所示。为了以后调用方便，左键依次单击：“切换工作空间”按钮→“将当前工作空间另存为…”，在弹出的窗口中输入名称“AutoCAD 经典”，然后保存。这样以后就可以在“切换工作空间”按钮那里直接切换为“AutoCAD 经典”工作空间了。

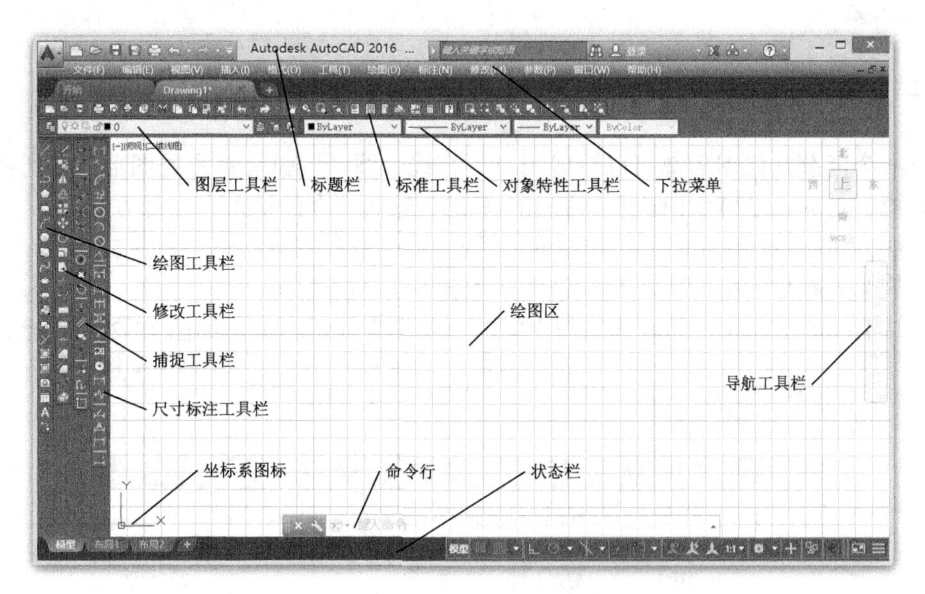

图 13-2 AutoCAD 2016 经典工作空间

AutoCAD 2016 的工作空间是可以自定义的，所以可以把默认工作空间和经典工作空间中的元素根据需要混合搭配使用。AutoCAD 2016 工作空间中常见元素介绍如下。

1．标题栏

位于屏幕最上部，用于显示当前应用程序以及当前图形的名称。

2．菜单栏

AutoCAD 2016 提供了 2 种形式的菜单，即下拉菜单和快捷菜单。下拉菜单提供了一种调用命令的方法，AutoCAD 2016 中几乎所有的命令都可以在下拉菜单里找到。

在 AutoCAD 2016 中，快捷菜单非常有用，用户只要单击鼠标右键就可以将其打开，在不同的区域，针对不同的对象，提供相应功能的快捷菜单，大大提高了工作效率。

3．绘图区

绘图区是显示、编辑图形对象的区域，其大小用绘图单位度量。关闭工具栏，可增加绘图空间。在它的左下角是坐标系图标，表示当前所使用的坐标系以及坐标方向等。

4．命令行

绘图窗口下方是命令行，接受用户命令输入，显示命令的执行信息与提示。

5．状态栏

位于屏幕底部，它可显示绘图状态的标识按钮（SNAP、GRID、ORTHO、MODEL 等），以及一些常用的工具按钮，可用鼠标单击这些按钮来切换绘图模式状态、坐标显示模式以及执行一些常用命令。

6．工具栏

工具栏是 AutoCAD 提供的另一种调用命令的方式，工具栏中包含许多由图标表示的按钮，单击这些图标按钮就可以调用相应的 AutoCAD 命令。

7．显示面板

显示面板是 AutoCAD 2016 提供的又一种调用命令的方式，显示面板可以通过显示选项卡来切换。显示面板中包含许多由图标表示的按钮，单击这些图标按钮就可以调用相应的 AutoCAD 命令。

13.2 基本图形的绘制

任何一个复杂几何图形都可以看成由点、直线、圆、圆弧等基本的图形元素所构成，基本图形的绘制是 AutoCAD 2016 图形制作的基础。绘图命令的输入有 4 种方式。

（1）从 AutoCAD 2016 经典工作空间的“绘图”图标工具栏，如图 13-3（a）所示。

（2）从 AutoCAD 2016 经典工作空间的“绘图”下拉菜单。

（3）从 AutoCAD 2016 的默认工作空间的“绘图”显示面板，如图 13-3（b）所示。

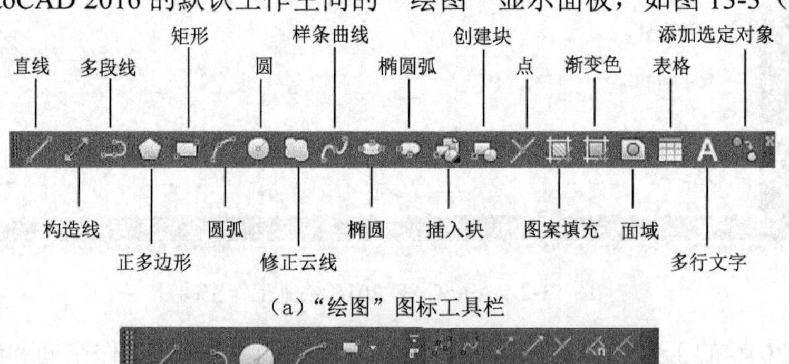

（a）“绘图”图标工具栏

（b）“绘图”显示面板

图 13-3 基本图形的绘制

（4）用键盘输入所需的命令。

说明：本节为基本绘图命令练习，绘制的图形都是几个单位（默认单位为毫米）大小，因此最好将绘图的图幅大小（即当前绘图区）设置成 12×9（长×宽）。初学者若要做以下例题练习并在当前屏幕上看得更清楚，最好先按以下方式设置，然后再做例题练习。

```
命令: LIMITS↙
重新设置模型空间界限:
指定左下角点或 [开(ON)/关(OFF)] <0.0000,0.0000>: 0,0↙
指定右上角点 <420.0000,297.0000>: 12,9↙
命令: ZOOM↙
指定窗口的角点，输入比例因子 (nX 或 nXP)，或者
[全部(A)/中心(C)/动态(D)/范围(E)/上一个(P)/比例(S)/窗口(W)/对象(O)] <实时>: all↙
正在重生成模型。
```

注意：为了练习绝对直角坐标输入方法，请将动态输入模式关闭。操作步骤：左键单击界面右下角的“自定义”按钮“☰”，弹出列表，选中“动态输入”，这样在状态栏就出现了“动态输入”按钮“⊞”，左键单击按钮“⊞”，即可切换动态输入模式的开和关。另外，是否在状态栏动态显示鼠标位置坐标值，也是通过“自定义”列表中的“坐标”进行设置。

13.2.1 绘制直线

可以采用以下 4 种方式之一执行绘制直线的命令。

- “绘图”工具栏中：⁄
- “绘图”显示面板中：⁄
- 下拉菜单：绘图→直线
- 命令行中输入：line↙

Line 命令用来绘制直线，任意两点之间的线段都可用线段端点的坐标来确定。输入 Line 命令后，提示“指定第一个点:”，要求选择这条线的第 1 个点。在第 1 个点指定之后，出现新的提示“指定下一点或[放弃(U)]:”，要求输入第 2 个点或者取消上一步操作，指定这条线的第 2 个点之后，会再次给出提示“指定下一点或[放弃(U)]:”，这时可以继续选择下一个点，也可以按下回车键或者空格键来结束这条画线命令。

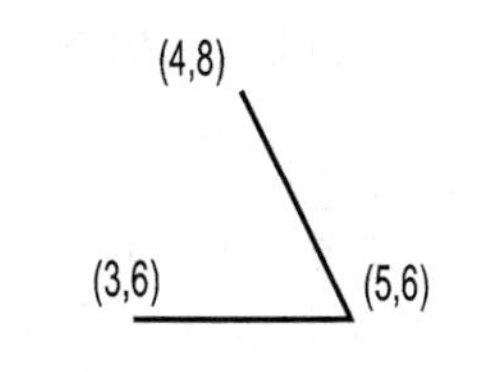

图 13-4 LINE 命令画线

例：下面是画折线的全部提示和输入顺序（见图 13-4）。

```
命令: LINE↙
指定第一个点: 3,6↙
指定下一点或 [放弃(U)]: 5,6↙
指定下一点或 [放弃(U)]: 4,8↙
指定下一点或 [闭合(C)/放弃(U)]: ↙
```

注意：命令提示中往往会出现一些选择项，如上面指令中的“指定下一点或[闭合(C)/放弃(U)]”就包含了 3 个选择项。其中，中括号前的“指定下一点”为默认选择项，中括号内的

选择项可以通过输入相应的大写字母来采用。

LINE 命令有 3 种选择项，即继续（Continue）、闭合（Close）和放弃（Undo）。

1．继续（Continue）

在退出 LINE 命令之后，也许还想从原来那条线的结束点处继续画线，这时可以在输入 LINE 命令后，在要求输入第 1 个点的提示下直接回车，就能从原来线的终点继续画线。

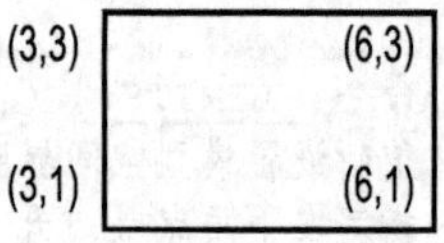

(3,3) (6,3)
(3,1) (6,1)

图 13-5 画封闭多边形

2．闭合（Close）

使用闭合（Close）选项画封闭多边形（见图 13-5）。它把当前点与第 1 条线的起点连接在一起。命令序列如下。

```
命令: LINE↙
指定第一个点: 3,1↙
指定下一点或 [放弃(U)]: 6,1↙
指定下一点或 [放弃(U)]: 6,3↙
指定下一点或 [闭合(C)/放弃(U)]: 3,3↙
指定下一点或 [闭合(C)/放弃(U)]: c↙
```

3．放弃（Undo）

在画线过程中，可以通过放弃（Undo）选项来取消上一步不正确的操作。

13.2.2 绘制射线

RAY 命令功能是绘制一端无限延伸的直线，即射线。

- “绘图”显示面板中：
- 下拉菜单：绘图→射线
- 命令行输入：ray↙

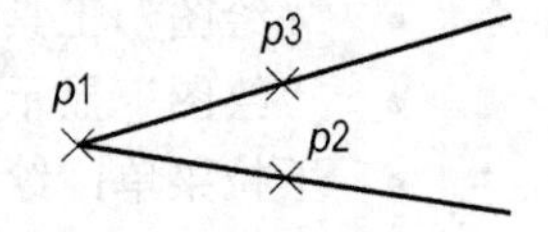

图 13-6 绘制射线

下面画两条射线来说明（见图 13-6）。

```
命令: RAY↙
指定起点: (用鼠标单击屏幕指定起始点 p1)
指定通过点: (用鼠标单击屏幕指定通过点 p2)
指定通过点: (用鼠标单击屏幕指定通过点 p3)
指定通过点: ↙ (按回车或 Esc 键，结束射线命令)
```

13.2.3 绘制构造线

XLINE 命令创建两端无限延伸的构造线。

- “绘图”工具栏中：
- “绘图”显示面板中：
- 下拉菜单：绘图→构造线
- 命令行输入：xline↙

在输入 XLINE 命令后，命令行会出现如下提示。

```
命令: XLINE↙
指定点或 [水平(H)/垂直(V)/角度(A)/二等分(B)/偏移(O)]:
```

下面说明采用命令提示中不同的选项画构造线的方法。

1. 指定点

该选项为默认选项，是通过指定两点来绘制构造线，用户可指定多个通过点来绘制多条交于第一个通过点的构造线（见图 13-7），最后按 Esc 键或者 Enter 键退出构造线绘制。点的输入可以通过键盘输入 *X*、*Y* 坐标，也可以通过鼠标单击屏幕输入。

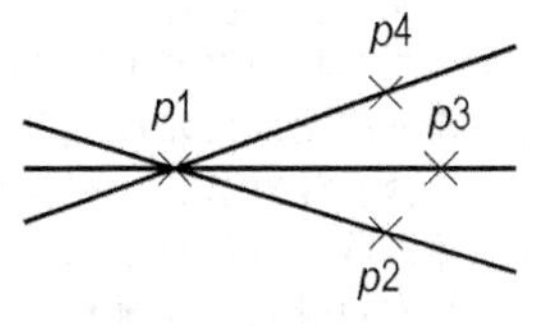

图 13-7 绘制构造线

```
命令: XLINE↙
指定点或 [水平(H)/垂直(V)/角度(A)/二等分(B)/偏移(O)]: (鼠标指定 p1 点)
指定通过点: (鼠标指定通过点 p2)
指定通过点: (鼠标指定通过点 p3)
指定通过点: (鼠标指定通过点 p4)
指定通过点: ↙ (回车结束命令)
```

2. 水平（Hor）

该选项用于绘制一条或多条水平构造线（见图 13-8）。可以指定多个通过点来绘制多条水平构造线。

```
命令: XLINE↙
指定点或 [水平(H)/垂直(V)/角度(A)/二等分(B)/偏移(O)]: h↙
指定通过点: (鼠标指定通过点 p1)
指定通过点: (鼠标指定通过点 p2)
指定通过点: (鼠标指定通过点 p3)
指定通过点: ↙ (回车结束命令)
```

3. 垂直（Ver）

该选项用于绘制一条或多条垂直的构造线。绘制方法类似于水平选项。

4. 角度（Ang）

该选项用于绘制一条或多条按固定角度倾斜于 *X* 轴或参照直线的构造线。

（1）绘制与 *X* 轴成固定角度的构造线，如图 13-9 所示。

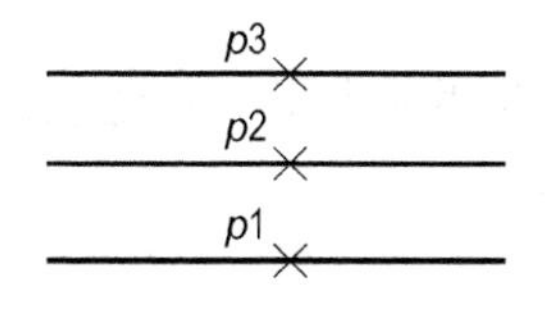

图 13-8 绘制水平构造线

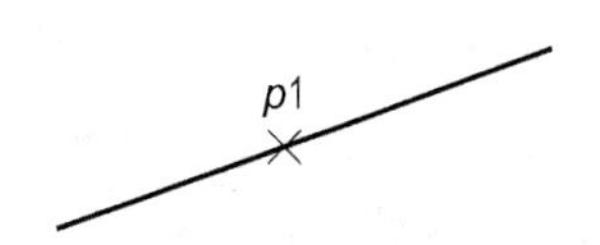

图 13-9 按角度绘制构造线

```
命令: XLINE↙
指定点或 [水平(H)/垂直(V)/角度(A)/二等分(B)/偏移(O)]: a↙
输入构造线的角度 (0) 或 [参照(R)]: 25↙ (与 X 轴成 25°)
指定通过点: (鼠标指定通过点 p1)
指定通过点: ↙ (结束命令)
```

（2）绘制与参照直线成固定角度的构造线，如图13-10所示。参照直线可以先用“Line”命令绘制，然后再按照下面的命令序列绘制与参照线成25°的构造线。

```
命令: XLINE↙
指定点或 [水平(H)/垂直(V)/角度(A)/二等分(B)/偏移(O)]: a↙
输入构造线的角度 (0) 或 [参照(R)]: r↙  （选择参照选项）
选择直线对象: （用鼠标选择参照直线）
输入构造线的角度 <0>: 25↙  （输入与参照直线成25°）
指定通过点: （鼠标指定通过点p1）
指定通过点: ↙  （结束命令）
```

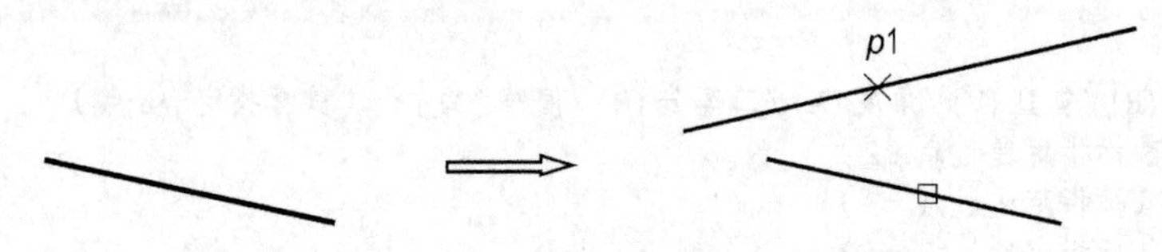

图13-10　按与参照线的角度绘制构造线

5. 二等分（Bisect）

该选项用来绘制作为指定角的角平分线的构造线，如图13-11所示。首先用“Line”命令绘制已知角，再按下面的命令序列绘制角平分线。

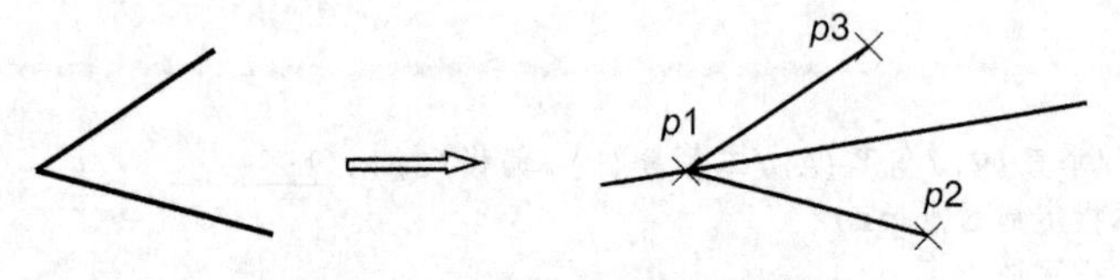

图13-11　按角等分线绘制构造线

```
命令: XLINE↙
指定点或 [水平(H)/垂直(V)/角度(A)/二等分(B)/偏移(O)]: b↙
指定角的顶点: （鼠标指定角的顶点p1）
指定角的起点: （鼠标指定角的起点p2）
指定角的端点: （鼠标指定角的终点p3）
指定角的端点: ↙  （结束命令）
```

13.2.4　绘制矩形

矩形命令直接绘制由两个角点确定的矩形。矩形命令还提供了一些选项，可以方便用户改变矩形的属性。可以通过以下4种方式之一输入命令。

- “绘图”工具栏中：
- “绘图”显示面板中：
- 下拉菜单：绘图→矩形
- 命令行输入：rectang↙

在输入RECTANG命令后，可以看到如下提示：

```
命令: rectang↙
指定第一个角点或 [倒角(C)/标高(E)/圆角(F)/厚度(T)/宽度(W)]:
```

中括号外的“Specify first corner point”（指定第 1 个角点）是绘制矩形命令当前步骤的提示，中括号内的选项可以用于设置所绘制矩形的属性。这时可以输入第一个角点进行矩形的绘制，也可以首先输入中括号内的选项，对矩形的属性进行设置，然后再输入第一个角点进行矩形的绘制。

1. 直接绘制矩形

下面是不设置矩形属性，直接输入第 1 个角点进行绘制矩形的例子。选项“指定第一个角点”为默认选项，通过指定对角点来绘制矩形。

例：下面用（3，3）作为矩形的左下角，以（6，5）作为右上角绘制矩形。

```
命令: RECTANG↙
指定第一个角点或 [倒角(C)/标高(E)/圆角(F)/厚度(T)/宽度(W)]: 3,3↙
指定另一个角点或 [面积(A)/尺寸(D)/旋转(R)]:
```

这时有 4 个选项：指定另一个角点、面积、尺寸或旋转，其中指定另一个角点是默认选项。下面对各个选项举例说明。

（1）指定另一个角点。如果选择这个选项，就直接输入另一个角点的坐标，命令序列如下，得到图 13-12。

```
命令: RECTANG↙
指定第一个角点或 [倒角(C)/标高(E)/圆角(F)/厚度(T)/宽度(W)]: 3,3↙
指定另一个角点或 [面积(A)/尺寸(D)/旋转(R)]: 6,5↙
```

（2）面积（Area）。这个选项是要求给出矩形的面积和长度或者宽度尺寸来绘制矩形，不再举例。

（3）尺寸（Dimensions）。这个选项要求给出矩形的长、宽以及另一个角点的方向（见图 13-13），命令提示如下。

```
命令: rectang↙
指定第一个角点或 [倒角(C)/标高(E)/圆角(F)/厚度(T)/宽度(W)]: 3,3↙
指定另一个角点或 [面积(A)/尺寸(D)/旋转(R)]: d↙
指定矩形的长度 <10.0000>: 3↙
指定矩形的宽度 <10.0000>: 2↙
指定另一个角点或 [面积(A)/尺寸(D)/旋转(R)]: (用鼠标单击图中 p 点)
```

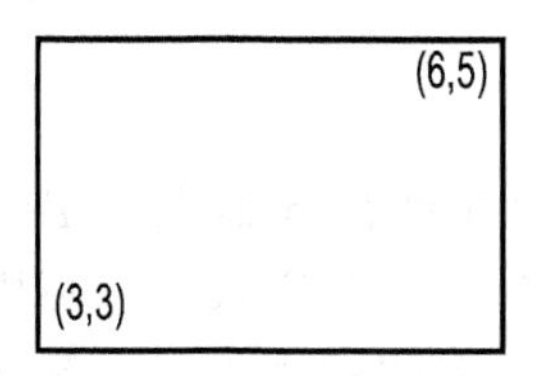

图 13-12 默认选项绘制矩形

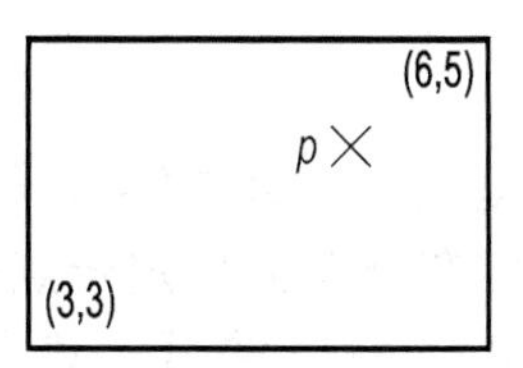

图 13-13 尺寸选项绘制矩形

（4）旋转。这个选项是设置矩形底边与 X 轴的夹角，不再举例。

2. 设置属性并绘制矩形

（1）倒角（Chamfer）。该选项用于设置矩形是否带倒角以及倒角的距离。设定了倒角距离后，命令行返回到刚输入矩形命令时的提示。

（2）圆角（Fillet）。该选项用于设置矩形是否带圆角以及圆角的半径。

（3）宽度（Width）。该选项用于设置矩形的线宽。

下面，绘制一个带倒角的矩形，第一倒角边长为0.6，第二倒角边长为1.0，线宽为0.1，左下角点为（2，2），右上角点为（6，5）的矩形，如图13-14所示。

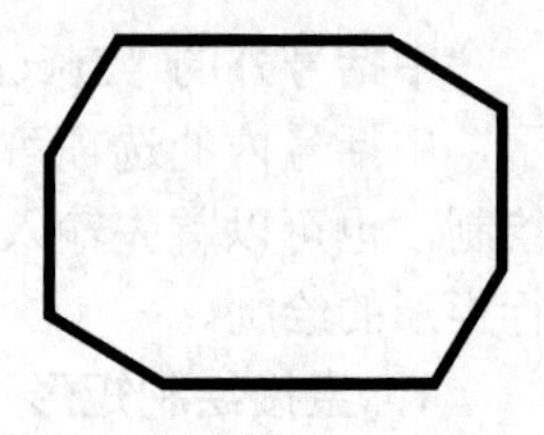

图13-14 多选项绘制矩形

```
命令: rectang↙
指定第一个角点或 [倒角(C)/标高(E)/圆角(F)/厚度(T)/宽度(W)]: c↙  （选择倒角选项）
指定矩形的第一个倒角距离 <0.0000>: 0.6↙
指定矩形的第二个倒角距离 <0.6000>: 1.0↙
指定第一个角点或 [倒角(C)/标高(E)/圆角(F)/厚度(T)/宽度(W)]: w↙  （选择线宽选项）
指定矩形的线宽 <0.0000>: 0.1↙
指定第一个角点或 [倒角(C)/标高(E)/圆角(F)/厚度(T)/宽度(W)]: 2,2↙
指定另一个角点或 [面积(A)/尺寸(D)/旋转(R)]: 6,5↙
```

13.2.5 绘制正多边形

用POLYGON命令画正多边形，用户可以通过以下4种方式之一输入命令。

- “绘图”工具栏中：
- “绘图”显示面板中：
- 下拉菜单：绘图→多边形
- 命令行输入：polygon↙

POLYGON命令可以绘制边数从3～1024的正多边形，正多边形大小可由内切圆或外接圆的大小来确定，也可由一条边的两个端点来确定。下面分别说明它们的操作方法。

1．内切圆或外接圆方式

以圆的半径确定多边形的大小，这个圆内切或者外接于正多边形，如图13-15所示。

```
命令: polygon↙
输入侧面数 <4>: 6↙  （输入边数）
指定正多边形的中心点或 [边(E)]: 5,5↙
输入选项 [内接于圆(I)/外切于圆(C)] <I>: c↙  （输入I按外接圆方式，输入C按内切圆方式绘制正多边形）
指定圆的半径: 1.5↙
```

对于上述提示，可直接输入一个半径值也可以用鼠标在屏幕上指定一点来输入半径值。如果用鼠标在屏幕上指定一点来输入半径值，对于“I”方式，该点就作为多边形的一个顶点，而对于“C”方式，该点将作为多边形的一边的中点，以此来确定多边形的大小和方向。

2．定边方式（Edge Mode）

画一个正八边形，它一条边的第1个端点在（2，4），第2个端点在（2，2.5），如图13-16所示。

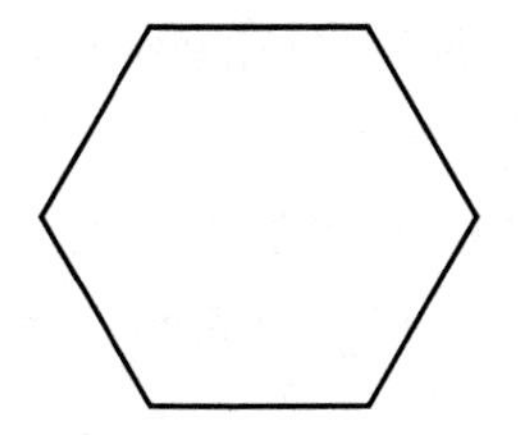

图 13-15 按 I 或 C 方式绘制正多边形

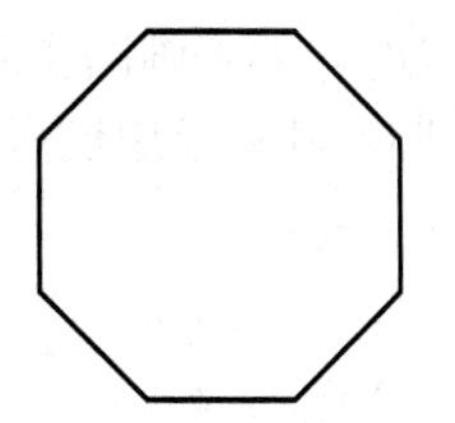

图 13-16 定边方式绘制正多边形

```
命令：POLYGON↙
输入侧面数 <6>：8↙ （输入边数）
指定正多边形的中心点或 [边(E)]：e↙ （选定边方式）
指定边的第一个端点：2,4↙
指定边的第二个端点：2,2.5↙
```

第一、第二端点之间的距离决定多边形的大小，点的输入次序决定正多边形的方向。

13.2.6 绘制圆

用 CIRCLE 命令画圆，可以用以下几种方式之一输入画圆命令：

- “绘图”工具栏中：
- “绘图”显示面板中：
- 下拉菜单：绘图→圆，画圆方式选项（见图 13-17）。
- 命令行输入：circle↙

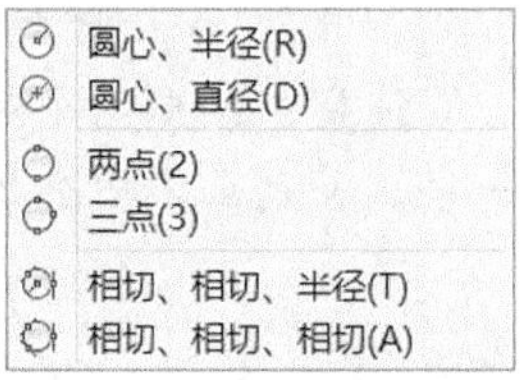

圆心、半径(R)
圆心、直径(D)
两点(2)
三点(3)
相切、相切、半径(T)
相切、相切、相切(A)

图 13-17 绘制圆选项

CIRCLE 命令提供了 6 种画圆的方式。

1. 命令行中的 5 种方法

输入 CIRCLE 命令后，命令行提示如下。

```
命令：CIRCLE↙
指定圆的圆心或 [三点(3P)/两点(2P)/切点、切点、半径(T)]：
```

下面分别说明命令中的不同选项绘制圆的方法。

（1）指定圆的圆心。这是默认选项，根据圆心位置和圆的半径（或直径）来绘制圆，这里包含两种方法。选择该选项，需要依次输入圆心坐标与半径（或直径）。

例：画一个圆心在（3，7）处，半径为 1 个单位的圆。

```
命令：CIRCLE↙
指定圆的圆心或 [三点(3P)/两点(2P)/切点、切点、半径(T)]：3,7↙
指定圆的半径或 [直径(D)]：1↙ （直接输入数字为半径，输入 D 则改为输入直径）
```

（2）3 点（3P）。通过输入圆周上的 3 个点绘制圆。以任何顺序输入这 3 个点都可以。

例：画一个通过（9，3）、（7，2）和（8，4）3 点的圆。

```
命令：CIRCLE↙
指定圆的圆心或 [三点(3P)/两点(2P)/切点、切点、半径(T)]：3p↙ （选 3 点方式画圆）
指定圆上的第一个点：9,3↙
指定圆上的第二个点：7,2↙
指定圆上的第三个点：8,4↙
```

（3）两点（2P）。两点画圆实际上是给定圆的直径，通过直径的两个端点来确定圆。

例：画一个圆，其直径通过点（4，3）和点（4，6）。

```
命令: CIRCLE↙
指定圆的圆心或 [三点(3P)/两点(2P)/切点、切点、半径(T)]: 2p↙  （选择两点方式画圆）
指定圆直径的第一个端点: 4,3↙
指定圆直径的第二个端点: 4,6↙
```

（4）相切、相切、半径（Ttr<tan tan radius>）。该选项以指定的值为半径，绘制一个与两个对象相切的圆。如图13-18所示，绘制一个半径为1.2，同时与直线和小圆相切的大圆。首先绘制左边的直线和圆，然后根据下面的命令序列绘制出需要的圆。

```
命令: CIRCLE↙
指定圆的圆心或 [三点(3P)/两点(2P)/切点、切点、半径(T)]: t↙  （选择Ttr方式绘制圆）
指定对象与圆的第一个切点: （鼠标指定第1个相切目标）
指定对象与圆的第二个切点: （鼠标指定第2个相切目标）
指定圆的半径 <1.5000>: 1.2↙
```

注意：绘制两个对象的公切圆时，输入的公切圆半径必须大于或等于两目标最小距离的一半，否则画不出公切圆，AutoCAD会在命令行提示下列错误信息：“圆不存在”。

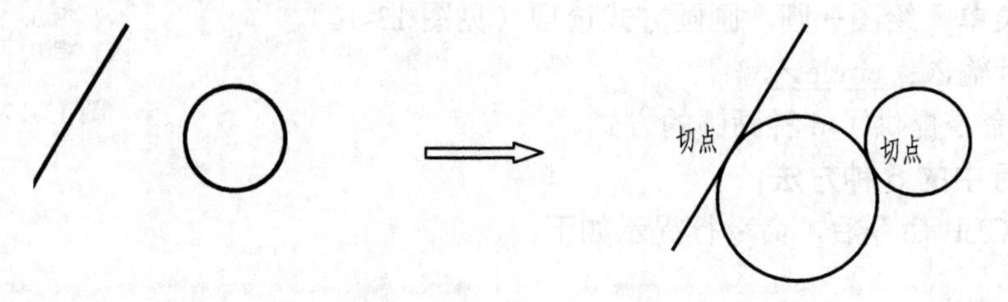

图13-18　Ttr方式绘制圆

2．显示面板或下拉菜单中的第6种方法

除了上述4种选项的5种方法绘制圆外，还可以采用3个切点来绘制圆，即相切、相切、相切（tan tan tan）方式。

如图13-19所示，绘制一个圆，同时与两条直线和大圆相切。方法如下。

下拉菜单：绘图→圆→相切、相切、相切，或者在“绘图”显示面板中“圆”的下拉列表中单击按钮“相切、相切、相切”。

首先绘制出图13-19左边的圆和两条直线，再根据下面的命令序列绘制出要求的圆。

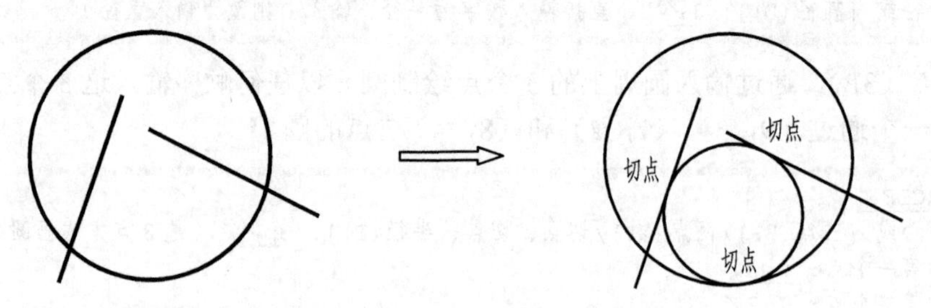

图13-19　ttt方式绘制圆

```
命令: _circle
指定圆的圆心或 [三点(3P)/两点(2P)/切点、切点、半径(T)]: _3p 指定圆上的第一个点: _tan 到  (选择第 1 个相切目标)
指定圆上的第二个点: _tan 到  (选择第 2 个相切目标)
指定圆上的第三个点: _tan 到  (选择第 3 个相切目标)
```

13.2.7　绘制圆弧

和圆的绘制一样，绘制圆弧在 AutoCAD 2016 中提供了 11 种方式。用 ARC 命令画弧，用户可以通过以下 4 种方式之一输入命令。

- “绘图”工具栏中：
- “绘图”显示面板中：
- 下拉菜单：绘图→圆弧，画弧的 11 种模式（见图 13-20）
- 命令行输入：arc↙

下面分别说明 11 种绘制圆弧的方法。

1．三点（3 Points）

在命令行输入 ARC 时，就处于 3P 画弧方式。

例：画一个起点在（3，6），第 2 点在（2，8），终点在（1，7）处的弧（见图 13-21）。

图 13-20　绘制圆弧选项

```
命令: ARC↙
指定圆弧的起点或 [圆心(C)]: 3,6↙  (起点)
指定圆弧的第二个点或 [圆心(C)/端点(E)]: 2,8↙  (第 2 点)
指定圆弧的端点: 1,7↙  (终点)
```

2．起点、圆心、端点（Start、Center、End）

画图时从起点到端点（即是终点）围绕指定的圆心，逆时针方向画弧。指定的终点不一定要在弧上，它的作用只是用来计算弧的终止角。弧的半径取决于圆心到起点之间的距离。

例：画一个起点在（11，6），圆心在（10，7），终点在（8，8）的弧（见图 13-22）。

```
命令: ARC↙
指定圆弧的起点或 [圆心(C)]: 11,6↙  (起点)
指定圆弧的第二个点或 [圆心(C)/端点(E)]: c↙  (选择指定圆心方式)
指定圆弧的圆心: 10,7↙
指定圆弧的端点(按住 Ctrl 键以切换方向)或 [角度(A)/弦长(L)]: 8,8  (终点)
```

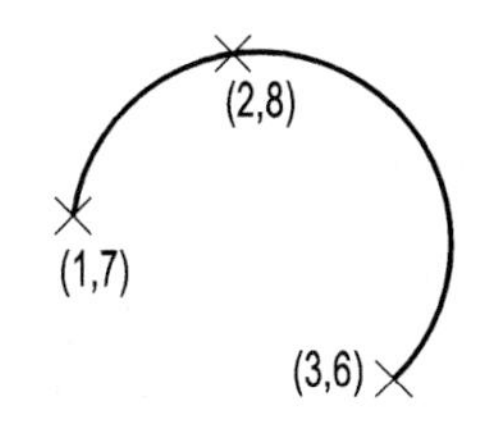

图 13-21　三点绘制圆弧

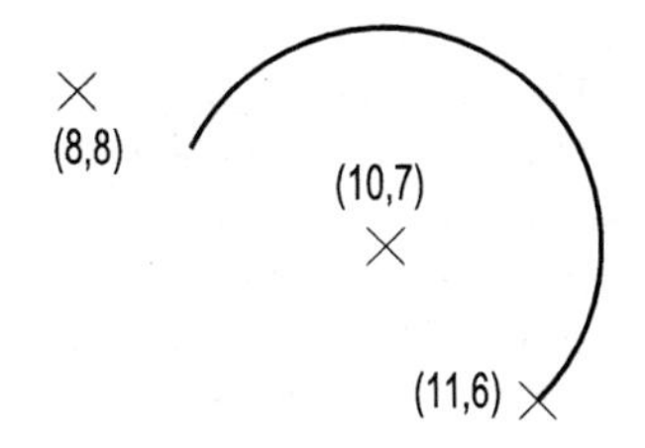

图 13-22　起点，圆心，终点方式绘制圆弧

3．起点、圆心、角度（Start、Center、Angle）

如果用户输入的角度为正值，按逆时针方向画弧。角度是负值，按顺时针方向画弧。

例：画一个起点为（3，2），圆心在（1，3），夹角为60°的弧（见图13-23）。

```
命令：ARC↙
指定圆弧的起点或 [圆心(C)]：3,2↙  （起点）
指定圆弧的第二个点或 [圆心(C)/端点(E)]：c↙  （选择指定圆心方式）
指定圆弧的圆心：1,3↙
指定圆弧的端点(按住 Ctrl 键以切换方向)或 [角度(A)/弦长(L)]：a↙  （选择角度方式）
指定夹角(按住 Ctrl 键以切换方向)：60↙  （输入夹角）
```

4．起点、圆心、长度（Start、Center、Length）

当圆弧的起点和圆心给定以后，也可以通过给定弦长的长度来确定1个圆弧。用户所指定的弦长不得超过起点到圆心距离的两倍。画这种弧时总是从起点开始按逆时针方向画，弦长为正值时绘小圆弧（圆心角小于180°），弦长为负值时绘大圆弧。

例：画图13-24中的弧，起点为（12，2），圆心（10，3），弦长为2。

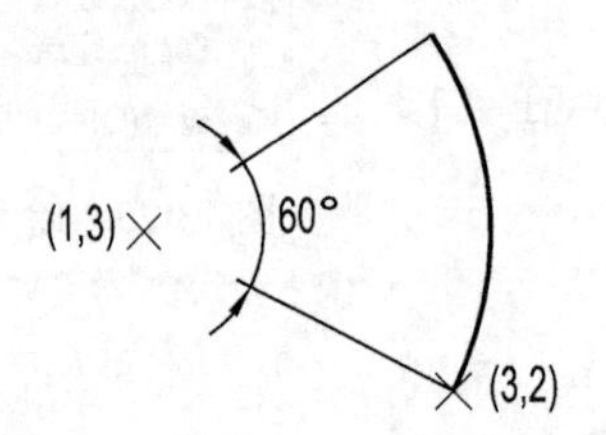

图13-23　起点、圆心、夹角方式绘制圆弧

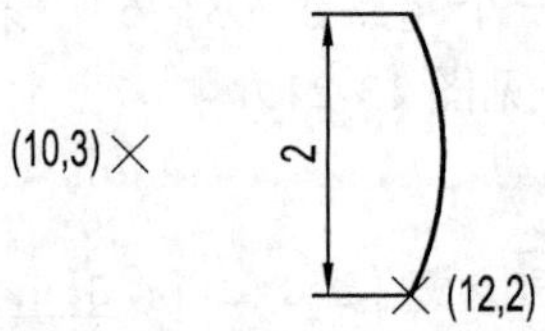

(10,3)
2
(12,2)

图13-24　起点、圆心、弦长方式绘制圆弧

```
命令：ARC↙
指定圆弧的起点或 [圆心(C)]：12,2↙
指定圆弧的第二个点或 [圆心(C)/端点(E)]：c↙  （选择指定圆心方式）
指定圆弧的圆心：10,3↙
指定圆弧的端点(按住 Ctrl 键以切换方向)或 [角度(A)/弦长(L)]：l↙  （选择弦长方式）
指定弦长(按住 Ctrl 键以切换方向)：2↙  （输入弦长）
```

5．起点、端点、角度（Start、End、Angle）

用这个方法画弧，如果当前环境设置逆时针为角度方向，当夹角为正值时，所绘制的圆弧是从起点绕圆心到终点，按逆时针方向绘出。当夹角为负值时，按顺时针方向绘出。

例：画一个起点在（4，1），终点在（2，3），夹角为90°的弧（见图13-25）。

```
命令：ARC↙
指定圆弧的起点或 [圆心(C)]：4,1↙  （起点）
指定圆弧的第二个点或 [圆心(C)/端点(E)]：e↙  （选择指定终点方式）
指定圆弧的端点：2,3↙  （终点位置）
指定圆弧的中心点(按住 Ctrl 键以切换方向)或 [角度(A)/方向(D)/半径(R)]：a↙  （选择角度方式）
指定夹角(按住 Ctrl 键以切换方向)：90↙  （输入夹角）
```

6．起点、端点、方向（Start、End、Direction）

用这个方式画弧时，弧的起点与用户指定的方向相切。弧的尺寸和位置取决于起点和终点之间的距离及指定的方向。这种方式对于绘制与其他实体图形相切的圆弧比较方便。

例：画一个起点为（6，4），终点为（3，7），方向为90°的圆弧（见图13-26）。

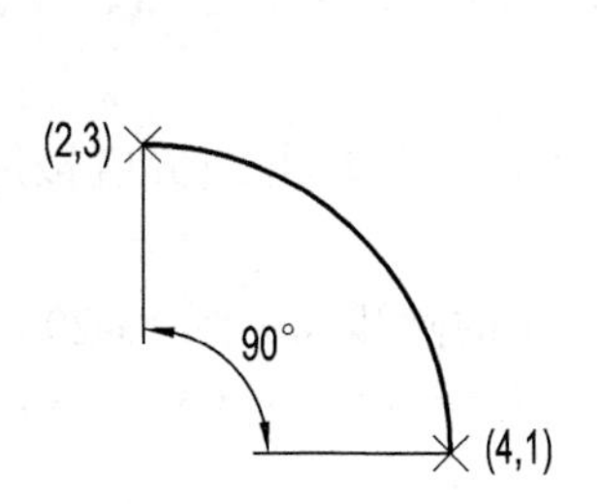

图13-25 起点、终点、夹角方式绘制圆弧

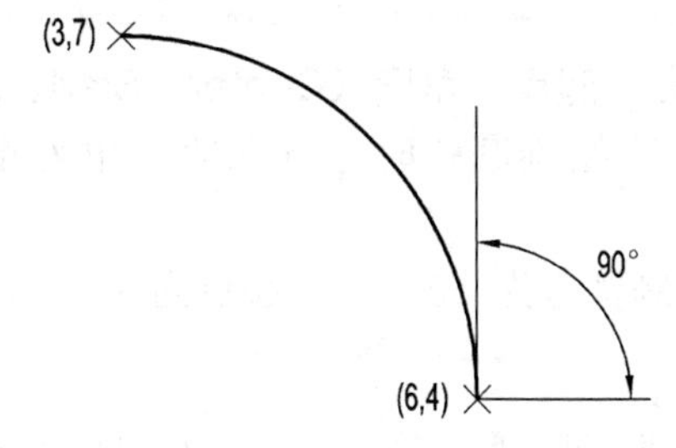

图13-26 起点、终点、起点方向绘制圆弧

```
命令: ARC↙
指定圆弧的起点或 [圆心(C)]: 6,4↙  (起点)
指定圆弧的第二个点或 [圆心(C)/端点(E)]: e↙  (选择终点方式)
指定圆弧的端点: 3,7↙  (终点位置)
指定圆弧的中心点(按住 Ctrl 键以切换方向)或 [角度(A)/方向(D)/半径(R)]: d↙  (选择方向方式)
指定圆弧起点的相切方向(按住 Ctrl 键以切换方向): 90↙  (输入起点切线方向)
```

7．起点、端点、半径（Start、End、Radius）

用这个方法画弧，规定总是由起点开始按逆时针方向画弧。当用户输入的半径为正值时绘制小圆弧（弧的圆心角小于180°），输入的半径为负值时绘制大圆弧。

例：画一个起点为（4，5），终点为（3，7），半径为2的圆弧（见图13-27）。

```
命令: ARC↙
指定圆弧的起点或 [圆心(C)]: 4,5↙  (起点)
指定圆弧的第二个点或 [圆心(C)/端点(E)]: e↙  (选择终点方式)
指定圆弧的端点: 3,7↙  (终点位置)
指定圆弧的中心点(按住 Ctrl 键以切换方向)或 [角度(A)/方向(D)/半径(R)]: r↙  (选择半径方式)
指定圆弧的半径(按住 Ctrl 键以切换方向): 2↙  (输入半径)
```

8．圆心、起点、端点（Center、Start、End）

该方式绘制圆弧，从起点到终点围绕指定的圆心总是按逆时针方向绘出。

例：以（10，6）为圆心，以（12，5）为起点，（9，6）为终点画弧（见图13-28）。

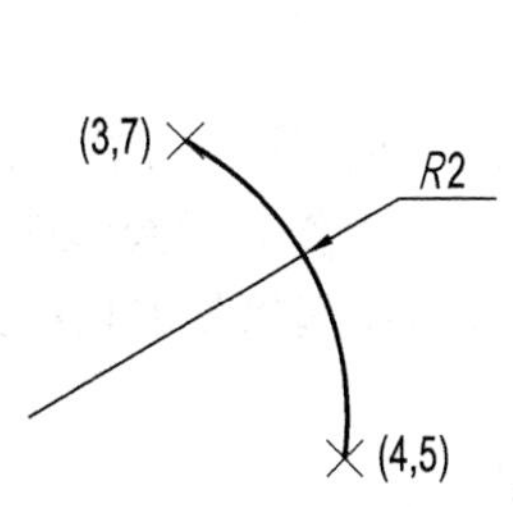

图13-27 起点、终点、半径方式绘制圆弧

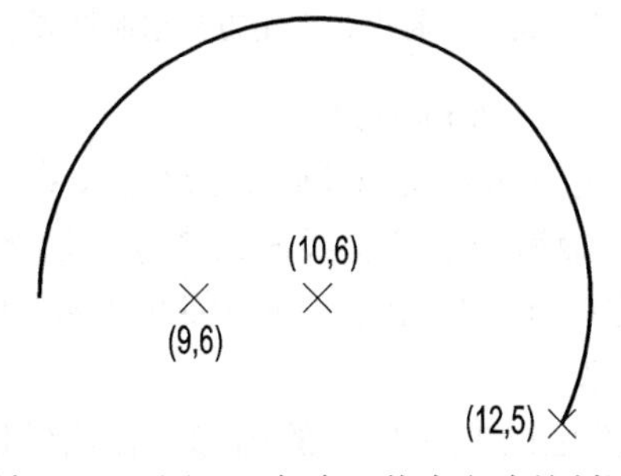

图13-28 圆心、起点、终点方式绘制圆弧

```
命令: ARC↙
指定圆弧的起点或 [圆心(C)]: c↙  (选择圆心方式)
```

```
指定圆弧的圆心: 10,6↙
指定圆弧的起点: 12,5↙
指定圆弧的端点(按住 Ctrl 键以切换方向)或 [角度(A)/弦长(L)]: 9,6↙  （终点）
```

9．圆心、起点、角度（Center、Start、Angle）

该方式在绘制圆弧时，输入的夹角为正值时按逆时针方向绘出，负值按顺时针方向绘出。

例：绘制圆心为（5，6），起点为（4，4），夹角是120°的圆弧（见图13-29）。

```
命令: ARC↙
指定圆弧的起点或 [圆心(C)]: c↙  （选择圆心方式）
指定圆弧的圆心: 5,6↙
指定圆弧的起点: 4,4↙
指定圆弧的端点(按住 Ctrl 键以切换方向)或 [角度(A)/弦长(L)]: a↙  （选择角度方式）
指定夹角(按住 Ctrl 键以切换方向): 120↙  （输入夹角）
```

10．圆心、起点、长度（Center、Start、Length）

该方式绘制圆弧，当输入的弦长为负值时，则将该值的绝对值作为对应的整圆的空缺部分圆弧的弦长。

例：以圆心为（2，2），起点为（4，3），弦长为3画弧（见图13-30）。

```
命令: ARC↙
指定圆弧的起点或 [圆心(C)]: c↙  （选择指定圆心方式）
指定圆弧的圆心: 2,2↙
指定圆弧的起点: 4,3↙
指定圆弧的端点(按住 Ctrl 键以切换方向)或 [角度(A)/弦长(L)]: l↙  （选择指定弦长方式）
指定弦长(按住 Ctrl 键以切换方向): 3↙  （输入弦长）
```

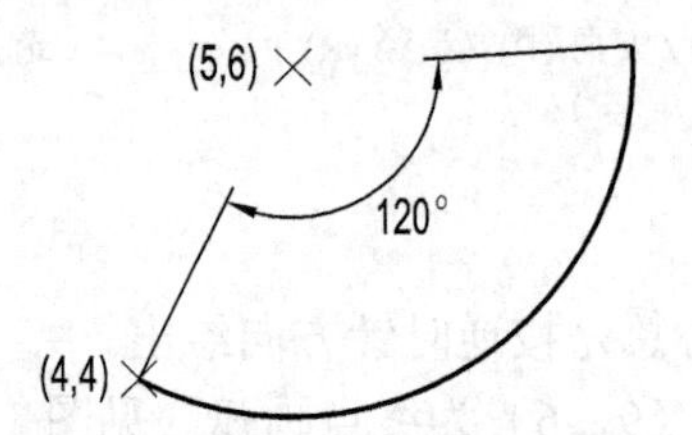

图13-29　圆心、起点、夹角方式绘制圆弧

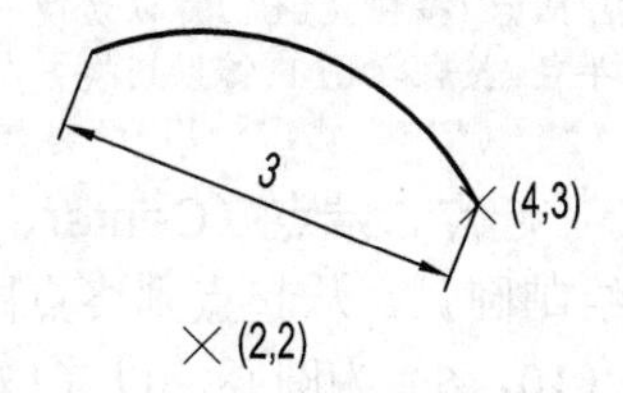

图13-30　圆心、起点、弦长方式绘制圆弧

11．继续（Continue）

该选项是当输入绘制圆弧的命令后，在提示“指定圆弧的起点或 [圆心(C)]:”下直接回车，AutoCAD以最后一次绘制线段或者绘制圆弧过程中确定的最后一点作为新圆弧的起点，以最后所绘线段方向或者所绘制圆弧终止点处的切线方向作为新圆弧在起始处的切线方向，开始绘制新的圆弧。

例：绘制图13-31所示的图形，使所绘制圆弧与直线相切。

```
命令: LINE↙
指定第一个点: 2,2↙
指定下一点或 [放弃(U)]: 4,3↙
```

```
指定下一点或 [放弃(U)]: ↙
命令: ARC↙
指定圆弧的起点或 [圆心(C)]: ↙  (选择 Continue 方式画弧)
指定圆弧的端点(按住 Ctrl 键以切换方向): 4,5↙
```

例：绘制图 13-32 所示的图形，使所绘制圆弧与前面的圆弧相切。

```
命令: ARC↙
指定圆弧的起点或 [圆心(C)]: 7,3↙
指定圆弧的第二个点或 [圆心(C)/端点(E)]: e↙
指定圆弧的端点: 9,4↙
指定圆弧的中心点(按住 Ctrl 键以切换方向)或 [角度(A)/方向(D)/半径(R)]: r↙
指定圆弧的半径(按住 Ctrl 键以切换方向): 2↙
命令: ARC↙
指定圆弧的起点或 [圆心(C)]: ↙  (选择 Continue 方式画弧)
指定圆弧的端点(按住 Ctrl 键以切换方向): 10,3↙
```

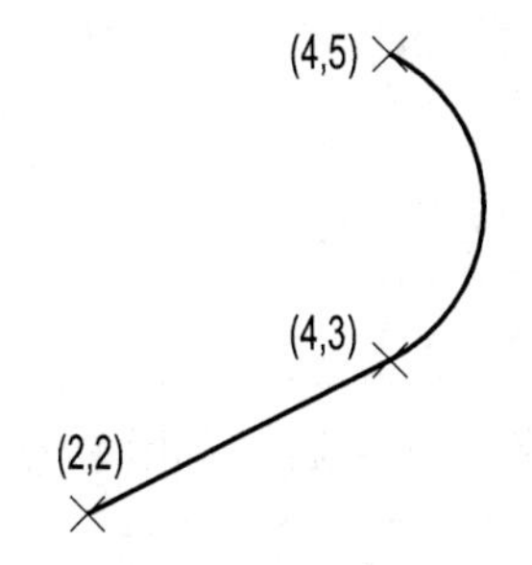

图 13-31 绘制圆弧与直线相切

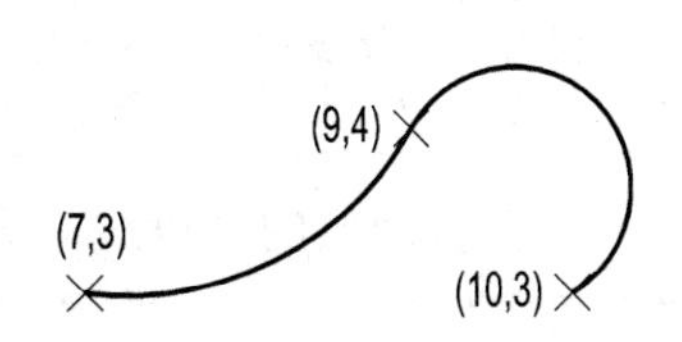

图 13-32 绘制圆弧与圆弧相切

13.2.8 绘制多段线

在 AutoCAD 中绘制多段线，用户可以通过以下 4 种方式之一输入命令。

- “绘图”工具栏中：
- “绘图”显示面板中：
- 下拉菜单：绘图→多段线
- 命令行输入：pline↙

多段线可以由多段直线段或者圆弧段组成，而且这些线段是一个组合体，它们既可以一起编辑，也可以分别编辑，还可以具有不同的宽度。

输入 PLINE 命令，指定起点后，命令行提示如下：

```
命令: PLINE↙
指定起点: 2,2↙
当前线宽为 0.0000
指定下一个点或 [圆弧(A)/半宽(H)/长度(L)/放弃(U)/宽度(W)]:
```

对于上述提示，若用户要输入某一选项，只需输入提示中的大写字母即可，PLINE 命令提供给用户的各选项内容分为两种方式绘图，即为直线方式和圆弧方式。分别介绍如下。

1．直线方式（Line Mode）

该方式是绘制多段线的默认方式，它的各个选项表示的含义分别叙述如下。

（1）指定下一个点。这个选项为缺省选择，用来指定当前多段线线段的下一个端点，允许连续画直线。

（2）圆弧（Arc）。切换到绘制圆弧的方式。

（3）宽度（Width）。如果下一段多段线的宽度需要修改，输入 W（宽度）选项，起点和终点的线宽可以不等。

（4）闭合（Close）。这个选项将画一条直线段，把线段当前点和它最初的起点连接在一起，并且形成封闭图形，并在完成连接后退出 PLINE 命令。

例：绘制一条等宽的多段线，见图 13-33（a）。线宽为 0.15 个单位，起点在（3，5），到点（7，5），终点（2.5，6.5）。

```
命令: PLINE↙
指定起点: 3,5↙
当前线宽为 0.0000
指定下一个点或 [圆弧(A)/半宽(H)/长度(L)/放弃(U)/宽度(W)]: w↙
指定起点宽度 <0.0000>: 0.15↙
指定端点宽度 <0.1500>:↙ （表示终止宽度取尖括弧里的值）
指定下一个点或 [圆弧(A)/半宽(H)/长度(L)/放弃(U)/宽度(W)]: 7,5↙
指定下一点或 [圆弧(A)/闭合(C)/半宽(H)/长度(L)/放弃(U)/宽度(W)]: 2.5,6.5↙
指定下一点或 [圆弧(A)/闭合(C)/半宽(H)/长度(L)/放弃(U)/宽度(W)]: ↙
```

例：绘制一条变宽闭合的多段线，见图 13-33（b）。各个端点通过鼠标单击输入。

```
命令: PLINE↙
指定起点: （鼠标随意指定起始点）
当前线宽为 0.1500
指定下一个点或 [圆弧(A)/半宽(H)/长度(L)/放弃(U)/宽度(W)]: w↙
指定起点宽度 <0.1500>: 0.15↙ （起点线宽）
指定端点宽度 <0.1500>: 0.05↙ （终点线宽）
指定下一个点或 [圆弧(A)/半宽(H)/长度(L)/放弃(U)/宽度(W)]: （鼠标指定一个点）
指定下一点或 [圆弧(A)/闭合(C)/半宽(H)/长度(L)/放弃(U)/宽度(W)]: w↙
指定起点宽度 <0.0500>: ↙ （起点线宽取尖括弧里的值）
指定端点宽度 <0.0500>: 0.015↙ （终点线宽）
指定下一点或 [圆弧(A)/闭合(C)/半宽(H)/长度(L)/放弃(U)/宽度(W)]: （鼠标指定一个点）
指定下一点或 [圆弧(A)/闭合(C)/半宽(H)/长度(L)/放弃(U)/宽度(W)]: （鼠标指定一个点）
指定下一点或 [圆弧(A)/闭合(C)/半宽(H)/长度(L)/放弃(U)/宽度(W)]: w↙
指定起点宽度 <0.0150>: ↙ （起点线宽取尖括弧里的值）
指定端点宽度 <0.0150>: 0.15↙ （终点线宽）
指定下一点或 [圆弧(A)/闭合(C)/半宽(H)/长度(L)/放弃(U)/宽度(W)]: c↙ （闭合并结束）
```

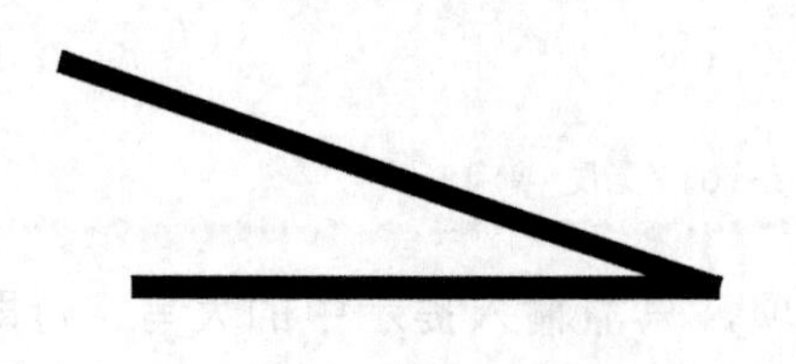

（a）等宽多段线

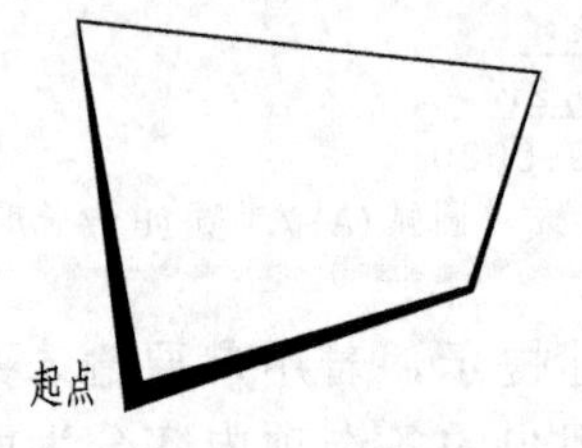

（b）不等宽闭合多段线

图 13-33　多段线的绘制

2. 圆弧方式（Arc Mode）

该选项用于从绘制多段线直线方式切换为绘制多段线弧的方式，并提供一些绘制弧的选项。输入 PLINE 命令，指定起点后，命令行提示如下：

```
命令: PLINE↙
指定起点: 2,2↙
当前线宽为 0.0000
指定下一个点或 [圆弧(A)/半宽(H)/长度(L)/放弃(U)/宽度(W)]:
```

输入 *A* 来调用圆弧（Arc）选项，切换为绘制弧的方式，则出现如下提示。

```
指定圆弧的端点(按住 Ctrl 键以切换方向)或
[角度(A)/圆心(CE)/方向(D)/半宽(H)/直线(L)/半径(R)/第二个点(S)/放弃(U)/宽度(W)]:
```

下面说明提示中部分选项的含义。

（1）指定圆弧的端点（即终点）。该选项为默认选项，绘制的弧段与前面的多段线线段相切。

（2）角度（Angle）。根据圆弧对应的圆心角来绘制圆弧段。

（3）圆心（Center）。该选项根据圆弧的圆心位置来绘制圆弧段。

（4）直线（Line）。将多段线命令由绘制圆弧方式切换到绘制直线的方式。

（5）半径（Radius）。根据半径来绘制圆弧。

（6）宽度（Width）。同直线方式的宽度含义。

例：绘制一个起点在（7，5），终点在（9，7），起始宽度为 0.30 个单位，终点宽度为 0.15 单位的弧（见图 13-34）。

```
命令: PLINE↙
指定起点: 7,5↙
当前线宽为 0.0000
指定下一个点或 [圆弧(A)/半宽(H)/长度(L)/放弃(U)/宽度(W)]: w↙
指定起点宽度 <0.0000>: 0.3↙
指定端点宽度 <0.3000>: 0.15↙
指定下一个点或 [圆弧(A)/半宽(H)/长度(L)/放弃(U)/宽度(W)]: a↙
指定圆弧的端点(按住 Ctrl 键以切换方向)或
[角度(A)/圆心(CE)/方向(D)/半宽(H)/直线(L)/半径(R)/第二个点(S)/放弃(U)/宽度(W)]: 9,7↙
指定圆弧的端点(按住 Ctrl 键以切换方向)或
[角度(A)/圆心(CE)/闭合(CL)/方向(D)/半宽(H)/直线(L)/半径(R)/第二个点(S)/放弃(U)/宽度(W)]: ↙
```

例：绘制一条由直线段和圆弧段组成，且具有不同宽度的多段线。如图 13-35 所示，直线的宽度是 0.02，圆弧段的宽度是 0.3 个单位。

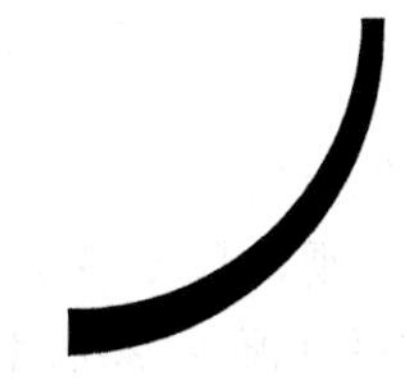

图 13-34　变宽多段线

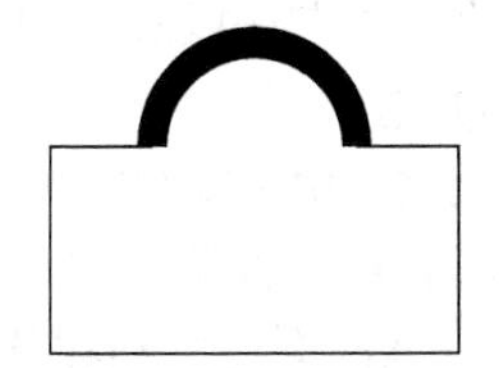

图 13-35　不等宽闭合多段线

```
命令: PLINE↙
指定起点: 9,3↙
当前线宽为 0.1500
指定下一个点或 [圆弧(A)/半宽(H)/长度(L)/放弃(U)/宽度(W)]: w↙
指定起点宽度 <0.1500>: 0.02↙
指定端点宽度 <0.0200>: ↙
指定下一个点或 [圆弧(A)/半宽(H)/长度(L)/放弃(U)/宽度(W)]: 8,3↙
指定下一点或 [圆弧(A)/闭合(C)/半宽(H)/长度(L)/放弃(U)/宽度(W)]: @0,-2↙
指定下一点或 [圆弧(A)/闭合(C)/半宽(H)/长度(L)/放弃(U)/宽度(W)]: @4<0↙
指定下一点或 [圆弧(A)/闭合(C)/半宽(H)/长度(L)/放弃(U)/宽度(W)]: @0,2↙
指定下一点或 [圆弧(A)/闭合(C)/半宽(H)/长度(L)/放弃(U)/宽度(W)]: @-1,0↙
指定下一点或 [圆弧(A)/闭合(C)/半宽(H)/长度(L)/放弃(U)/宽度(W)]: a↙
指定圆弧的端点(按住 Ctrl 键以切换方向)或
[角度(A)/圆心(CE)/闭合(CL)/方向(D)/半宽(H)/直线(L)/半径(R)/第二个点(S)/放弃(U)/宽度
(W)]: w↙
指定起点宽度 <0.0200>: 0.3↙
指定端点宽度 <0.3000>: ↙
指定圆弧的端点(按住 Ctrl 键以切换方向)或
[角度(A)/圆心(CE)/闭合(CL)/方向(D)/半宽(H)/直线(L)/半径(R)/第二个点(S)/放弃(U)/宽度
(W)]: r↙ （半径选项）
指定圆弧的半径: 1↙ （半径值为1）
指定圆弧的端点(按住 Ctrl 键以切换方向)或 [角度(A)]: a↙ （角度选项）
指定夹角: 180↙
指定圆弧的弦方向(按住 Ctrl 键以切换方向) <180>:↙ （指定圆弧的弦与X轴正方向的角度，这里回车
表示去尖括号里面的值）
指定圆弧的端点(按住 Ctrl 键以切换方向)或
[角度(A)/圆心(CE)/闭合(CL)/方向(D)/半宽(H)/直线(L)/半径(R)/第二个点(S)/放弃(U)/宽度
(W)]: ↙ （回车结束命令）
```

13.3 绘图辅助工具

与其他图形设计软件相比较而言，AutoCAD 2016 最大的特点及优势就在于它提供了精确绘制图形的方法。另外，AutoCAD 2016 还为用户提供了一系列显示图形的辅助工具。

这部分包含以下主要内容：①坐标输入方法；②栅格与捕捉；③正交绘图；④对象捕捉；⑤图形缩放；⑥图形平移。

13.3.1 坐标输入方法

在绘图的过程中，AutoCAD 经常提示用户给定一些点，如线段的端点、圆和圆弧的圆心等，确定这些点有不同的方法，另外在不同的坐标系中点的坐标的表示方式也不同。本节将分别介绍确定点的各种方法以及点的坐标输入方式。

1．确定点的方法

在使用 AutoCAD 2016 绘图时，可以有以下 4 种确定点的方法。

（1）用鼠标在屏幕上直接拾取点。这种方法最简便、最直观，只要移动鼠标，将光标移到所需位置（AutoCAD 会动态地在状态行显示出当前光标的坐标值），然后单击鼠标即可。

（2）用对象捕捉方式捕捉一些特殊点。对于已有对象上的点，它的坐标往往很难确定。

AutoCAD 提供了对象捕捉功能，用户可以方便地捕捉到对象的特征点，如圆心、切点、中点和垂足等。

（3）通过键盘输入点的坐标。通过键盘输入点的坐标是最直接的方式，能准确给定点。

（4）在指定的方向上通过给定距离确定点。在正交（ORTHO）绘图状态下，当 AutoCAD 提示用户输入一个点时，通过定标设备（如鼠标）将光标放置在希望输入点的方向上，然后直接输入一个距离值，那么在该方向上距当前点为该距离值的点即为输入点。

2．坐标输入方式

用户可以用绝对（或相对）直角坐标、绝对（或相对）极坐标 4 种方式来输入点的坐标。

（1）绝对直角坐标方式。当前点的坐标是用相对于直角坐标系原点来确定的。在 AutoCAD 中，默认原点（0，0，0）位于屏幕左下角，点的绝对直角坐标的给定方式是（x，y，z），如（10，100，345）。

（2）相对直角坐标方式。当前点的坐标是根据前一点来确定的，而不是参考坐标原点，在 AutoCAD 中，用符号“@”来表示相对直角坐标，输入相对直角坐标的方式为：@dx，dy，dz。如 $p1$ 点的坐标为（10，12，16），$p2$ 点的坐标为（8，13，20），$p2$ 点用相对于 $p1$ 点的坐标表示为@（–2，1，4）。

（3）绝对极坐标方式。

绝对极坐标系是一种以极径和极角来表示点的坐标系，点的表示方式为：$R<\theta$，其中 R 为点到原点的直线距离，θ为点与原点连线和水平直线的夹角，逆时针为正，顺时针为负。

（4）相对极坐标方式。极坐标也有相对方式，当前点的坐标是根据前一点来确定的，而不是参考坐标原点，其表示方式为：@$R<\theta$。

13.3.2 捕捉与栅格

栅格是 AutoCAD 在绘图区显示的一系列网格，所起的作用就像是坐标纸，用户可以方便地捕捉隐含的栅格点，从而提高绘图效率。

通常可以通过下面的方式打开或者关闭捕捉和栅格功能。

（1）在 AutoCAD 状态栏中单击“▦”（显示图形栅格）和“▦”（捕捉模式）按钮。

（2）用 F7 功能键控制栅格功能的开关，用 F9 功能键控制捕捉模式功能的开关。

（3）从下拉菜单“工具”菜单中选择“绘图设置...”选项，打开“草图设置”对话框，如图 13-36 所示，在“捕捉和栅格”选项卡中选择“启用捕捉”（F9）和“启用栅格”（F7）复选框。

用户还可以在图 13-36 中的选项卡中设置栅格的间距和捕捉的间距。

13.3.3 正交绘图

该功能控制是否以正交方式绘图。在正交方式下，用户可以方便地绘出与当前 X 轴或 Y 轴平行的线段。通常可以通过下面方式打开或关闭正交绘图功能。

（1）在 AutoCAD 状态栏中单击“▦”（正交限制光标）按钮。

（2）用 F8 功能键打开或关闭正交方式。在该功能打开的情况下，绘图过程中，输入第一点后，当移动光标准备给出第二点时，引出的橡皮筋线已不再是这两点之间的连线，而是起点到光标十字线的垂直线中的较长的那段线，此时单击鼠标拾取键，该橡皮筋线就变成所绘直线。也就是说，正交方式下绘图，利用鼠标拾取点，很容易绘制水平线和垂直线。

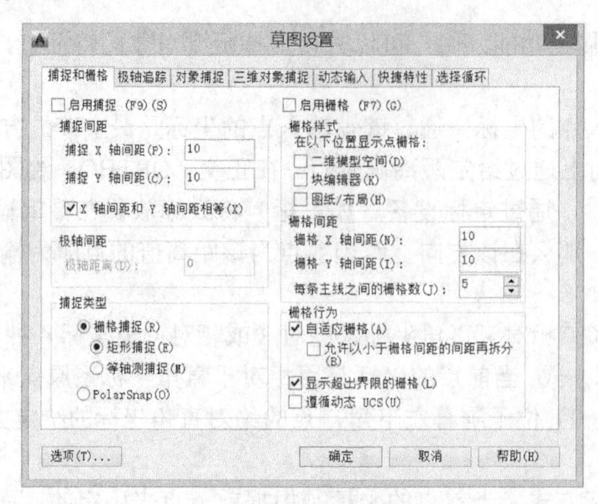

图 13-36　捕捉和栅格

13.3.4　对象捕捉

用户在使用 AutoCAD 绘图的过程中，经常要指定一些点，而这些点是已有的对象上的点（如端点、圆心或两个对象的交点等）。AutoCAD 提供了对象捕捉功能来解决这个问题。利用该功能，用户可以迅速、准确地捕捉到某些特殊点，从而能够精确地绘制图形。

1．对象捕捉功能

通常可以通过 3 种方式调用对象捕捉功能。

（1）对象捕捉工具栏。“对象捕捉”工具栏如图 13-37 所示。在绘图过程中，当命令行要求指定点时，单击该工具栏相应的特征点按钮，再把光标移动到要捕捉对象上的特征点附近，即可捕捉到相应的对象特征点。

图 13-37　对象捕捉工具栏

表 13-1 对“对象捕捉”工具栏中各种捕捉模式的名称和功能进行了简要介绍。

表 13-1　　**对象捕捉工具**

图　标	名　称	功　能
	临时追踪点	创建对象捕捉所使用的临时点
	捕捉自参照点	在命令中获取某个点相对于参照点的偏移
	捕捉到端点	捕捉到对象的最近端点
	捕捉到中点	捕捉到对象的中点
	捕捉到交点	捕捉到两个对象的交点
	捕捉到外观交点	捕捉到两个对象的外观交点
	捕捉到延长线	捕捉到圆弧或直线的延长线
	捕捉到圆心	捕捉到圆弧、圆、椭圆或椭圆弧的中心点
	捕捉到象限点	捕捉到圆弧、圆、椭圆或椭圆弧的象限点

续表

图　标	名　称	功　能
	捕捉到切点	捕捉到圆弧、圆、椭圆、椭圆弧或样条曲线的切点
	捕捉到垂足	捕捉到垂直于对象的点
	捕捉到平行线	捕捉到指定直线的平行线
	捕捉到插入点	捕捉文字、块或属性等对象的插入点
	捕捉到节点	捕捉到点对象
	捕捉到最近点	捕捉到对象的最近点
	无捕捉	禁止对当前选择执行对象捕捉
	对象捕捉设置…	设置执行对象自动捕捉模式

（2）对象捕捉快捷菜单。当命令行要求用户指定点时，可以按住 Shift 键或者 Ctrl 键，同时单击鼠标右键，即可弹出对象捕捉快捷菜单。从该菜单上选择需要的菜单项，再把光标移动到要捕捉对象上的特征点附近，即可捕捉到相应的对象特征点。

（3）自动对象捕捉。AutoCAD 允许用户设置自动对象捕捉，使得 AutoCAD 命令行一旦提示用户指定点，即能自动捕捉对象上最近的特征点。

2．自动对象捕捉

在绘制图形的过程中，使用对象捕捉的频率是非常高的，如果在每捕捉一个对象特征点时都要先选择捕捉模式，工作效率将大大降低。AutoCAD 提供了一种自动对象捕捉模式，只要将光标定位在特征点附近，就会自动使用相应的捕捉模式，而不必用户再去选取。

（1）自动对象捕捉模式的设置。设置工作是在“草图设置”对话框中的“对象捕捉”选项卡中完成的，如图 13-38 所示。

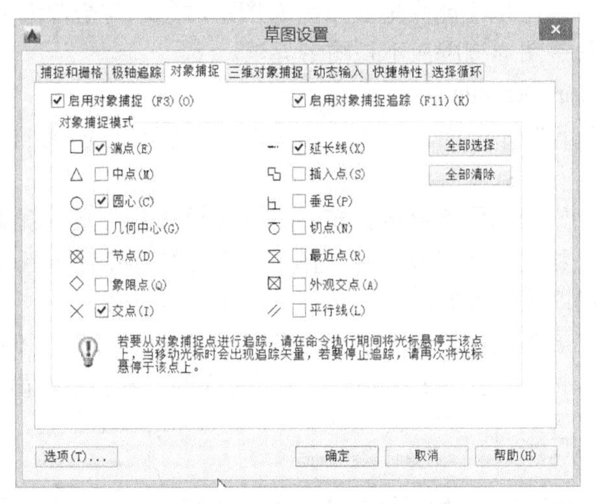

图 13-38　“草图设置”对话框中的“对象捕捉”选项卡

在图 13-38 中的“对象捕捉模式”选项区中，用户可以选择一种或者多种对象捕捉模式，只要单击选中相对应的复选框即可。

（2）自动捕捉的打开和关闭。对自动捕捉的打开和关闭，可以通过状态栏的“”（将光标捕捉到二维参照点）按钮来切换。

13.3.5 图形缩放

在 AutoCAD 中，图形缩放可以增加或减少图形对象的屏幕显示尺寸，同时对象的真实尺寸保持不变。通过改变显示区域和图形对象的大小，用户可以更准确和更详细地绘图。

通常可以用 4 种方式打开图形缩放功能：

- “缩放”工具栏（见图 13-39）
- “导航”工具栏中的缩放弹出菜单
- 下拉菜单：视图→缩放
- 命令行输入：zoom↙

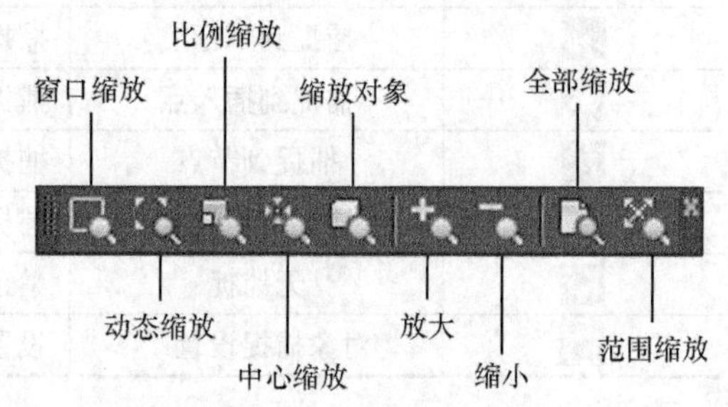

图 13-39 “缩放”工具栏

下面介绍几种常用的图形缩放模式。

1．窗口缩放（Zoom Window）

该模式是通过用户在屏幕上拾取两个对角点以确定一个矩形，之后 AutoCAD 将矩形范围内的图形放大至整个屏幕。

2．比例缩放（Zoom Scale）

比例缩放模式是以一定的比例来缩放视图。它要求用户输入一个数字作为缩放的比例因子，该比例因子适用于整个图形。输入大于 1 的数字为放大；输入 1 为显示整个视图；输入小于 1 的数字（必须大于 0）则为缩小。

3．全部缩放（Zoom All）

该模式可以显示整个图形，即显示所有的对象。在平面视图中，它以图形界限或当前图形范围为显示边界，在具体情况下，哪个范围更大就将其作为显示边界。如果图形延伸到图形界限以外，则仍将显示图形中的所有对象，即此时的显示边界是图形范围。

4．范围缩放（Zoom Extents）

范围缩放可以在屏幕上尽可能大地显示所有图形对象。与全部缩放模式不同的是，范围缩放使用的显示边界只是图形范围而不是图形界限。

5．实时缩放（Zoom Realtime）

实时缩放命令的执行除了上面说的 4 中方式以外，还可以从“标准”工具栏图标按钮：执行。

实时缩放是一种很常用的图形缩放模式。打开该模式后，光标就变为放大镜符号。此时按住鼠标左键垂直向上移动光标可放大整个图形；按住鼠标左键垂直向下移动光标可缩小整个图形；松开鼠标左键即停止缩放。

当放大到最大时，屏幕光标就变为放大镜带“-”的符号，表示不能再进行放大；相反，当缩小到最小时，屏幕光标就变为放大镜带“+”的符号，表示不能再进行缩小。

13.3.6 图形实时平移

PAN 命令对图形的操作是一种平移操作，它不改变视图的大小，只是在绘图区中显示图形的不同部分。可以用以下方式打开实时平移功能。

- “标准”工具栏的图标按钮：
- “导航”工具栏的图标按钮：
- 下拉菜单：视图→平移→实时
- 命令行输入：pan↙

进入实时平移状态后，光标变成一只小手。按住鼠标左键，往需要的方向移动光标，窗口内的图形就可按光标移动的方向移动。如要退出实时平移状态，可以按 Esc 键或 Enter 键，或者单击鼠标右键，激活快捷菜单，从中选择“Exit”（退出）项来退出实时平移状态。

13.4 图形的编辑

图形编辑就是对图形对象进行移动、旋转、缩放、复制、删除和参数修改等操作的过程。AutoCAD 2016 具有强大的图形编辑功能，可以帮助用户合理地构造和组织图形，保证绘图的准确性，简化绘图操作，从而极大地提高绘图效率。

本部分包括以下主要内容：①对象选择；②通用编辑命令；③夹点编辑；④属性编辑。

13.4.1 选择对象

用户在对图形进行编辑操作之前，首先需要确定被编辑的对象。当选择了对象后，AutoCAD 会突出显示它们，而这些对象也就构成了选择集。

在 AutoCAD 2016 中，有些编辑命令针对的是单个对象，有些则针对的是多个对象，而且在不同的图形环境中，单一的对象选择方式可能导致不同的选择结果，从而为编辑工作带来不良影响。因此 AutoCAD 2016 提供了多种选择对象的方式，这些选择方式基本上覆盖了所有用户和所有图形环境的需要。下面介绍几种主要的对象选择方式。

1. 直接拾取

这是一种默认的选择对象方式。选择过程为：通过鼠标拖动拾取框，使其移动至要选择的对象上，然后单击鼠标，该对象会突出显示，表示已被选中。

2. 选择全部对象

在命令行出现“选择对象：”的提示下输入“ALL”并按回车键，AutoCAD 会自动选中当前图形中的全部对象。

3. 默认窗口方式

在选择对象时，可将鼠标移到当前视图中，并在屏幕上某一位置拾取一点，然后拖动鼠标到另一个位置再拾取一点，此时系统以拾取的两点的连线为对角线，确定了一个矩形区域作为选择框。当该选择框为从左向右拉动所得到时，其边界以实线显示，此时只有全部位于选择框内的对象才能被选中；当选择框为由右向左拉动所得到时，其边界以虚线显示，此时位于选择框内部及与选择框边界相交的对象都被选中。用该方式选择对象的实例如图 13-40 所示。

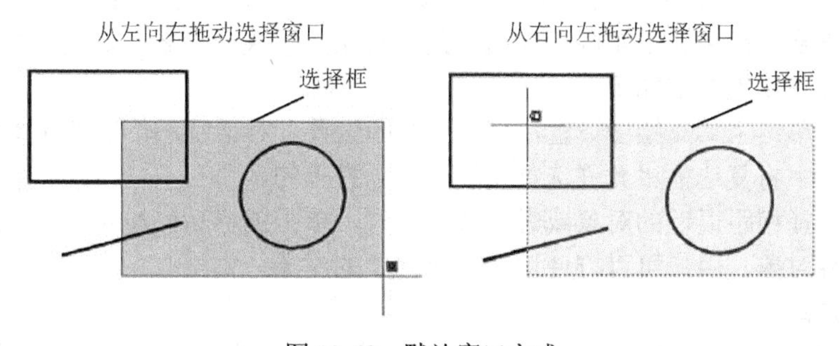

图 13-40 默认窗口方式

4．窗口方式

在命令行出现“选择对象：”提示下输入“W”并按回车键，AutoCAD会依次提示：

```
指定第1个角点：
指定对角点：
```

在上述提示下用户用鼠标或键盘确定拾取窗口的两个对角点。

窗口方式与默认窗口方式的区别是：在“指定第1个角点：”提示下确定矩形窗口的第1个角点位置时，拾取框无论是否在图形对象上，AutoCAD均将拾取点看成拾取窗口的第1个顶点，而不会拾取该对象。

5．交叉窗口方式

该方式不仅选择位于拾取窗口内的对象，同时还选择和窗口边界相交的对象。

在命令行出现“选择对象：”提示下输入“C”并按回车键，AutoCAD会依次提示：

```
指定第1个角点：
指定对角点：
```

该方式和窗口方式一样，都与默认窗口方式有同样的区别。

6．构造选择集

在AutoCAD 2016中，构造选择集有以下两种模式。

（1）加入模式。在“选择对象：”提示下输入A并按回车键，AutoCAD提示：

```
选择对象：
选择对象：
……
```

在上述提示下选中的对象均被加入选择集中。

（2）扣除模式。在“选择对象：”提示下输入R并按回车键，AutoCAD提示：

```
删除对象：
删除对象：
……
```

在上述提示下选中的对象均被排除出选择集。

7．循环选择方式

当在“选择对象：”提示下选择某一个对象时，如果该对象与其他一些对象相距很近，甚至部分或全部重合，那么就很难准确地拾取到此对象。解决办法之一是使用循环选择方式。

循环选择方式设置方法如下。

通过下拉菜单：工具→绘图设置，打开“草图设置”对话框，单击“选择循环”选项卡，在打开的对话框中将复选框“允许选择循环”一项打上勾。

这样，在选择相距很近的对象或者重叠对象时，单击鼠标后，AutoCAD会循环选中拾取框所压住的重叠对象，用户可以方便地选择所需要的对象。

8．取消选择

在“选择对象：”提示下输入“U”并按回车键，可取消最后进行的选择操作。取消操作可连续进行，依次取消上次进行的选择操作。

13.4.2　通用编辑命令

在 AutoCAD 2016 中，有许多编辑命令具有通用性，即对各种类型的对象都适用，例如删除（Erase）、移动（Move）、复制（Copy）、镜像（Mirror）、旋转（Rotate）、修剪（Trim）和旋转（Rotate）等。

通用编辑命令位于“修改”工具栏，如图 13-41 所示。

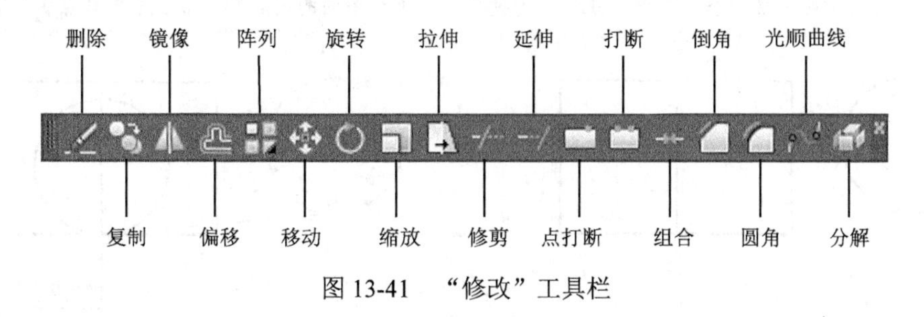

图 13-41　“修改”工具栏

练习通用编辑命令前，首先设置好常用的自动捕捉方式。

1．删除（Erase）

删除对象的方法如下：

- “修改”工具栏：
- “修改”显示面板：
- 下拉菜单：修改→删除
- 命令行输入：erase↙

在绘图过程中，有时需要删除先前的图形。使用 Erase 命令可以方便地删除图形对象。

先用 Line、Arc、Rectang 命令绘制出一系列的对象，通过执行 Erase 命令即可执行删除操作。当 AutoCAD 提示行变为“选择对象：”时，即可开始选择要删除的对象。注意，此时十字光标已经变为一个小方框。直接用鼠标选取一个对象，按回车键即可删除，如图 13-42 所示。

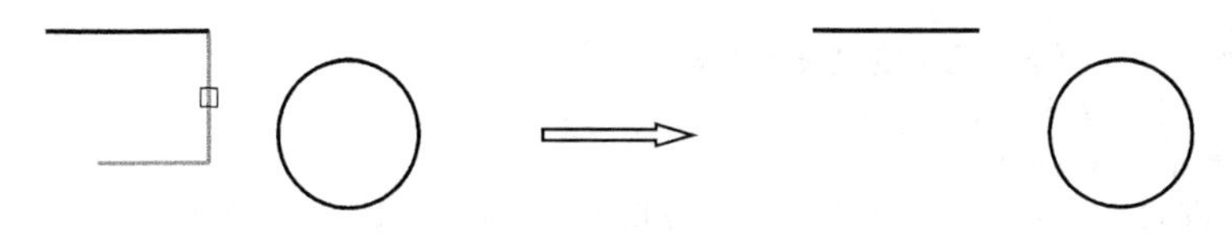

图 13-42　ERASE（删除）对象

2．移动（Move）

- “修改”工具栏：
- “修改”显示面板：
- 下拉菜单：修改→移动
- 命令行输入：move↙

这个命令使用户能把单个图形或多个图形从它们当前位置移动到一个新的位置上。

在输入这个命令之后，AutoCAD 会提示选择要移动的对象，接着 AutoCAD 会提示指定一个基点，下一个提示要求选择第 2 个位移点，这样选择的目标将从指定的基点移动到第 2

个位移点。

例：将图 13-43 中矩形左边的圆移动到矩形里面，同时保证圆的最下点和矩形下面一条边中间的交点重合。

```
命令：move↙
选择对象：找到 1 个  （选择圆作为被移动对象）
选择对象：↙  （回车表示选择完毕）
指定基点或 [位移(D)] <位移>:  （捕捉被复制圆的最下点作为基点）
指定第二个点或 <使用第一个点作为位移>:  （捕捉矩形下边中间的端点作为第 2 个位移点）
```

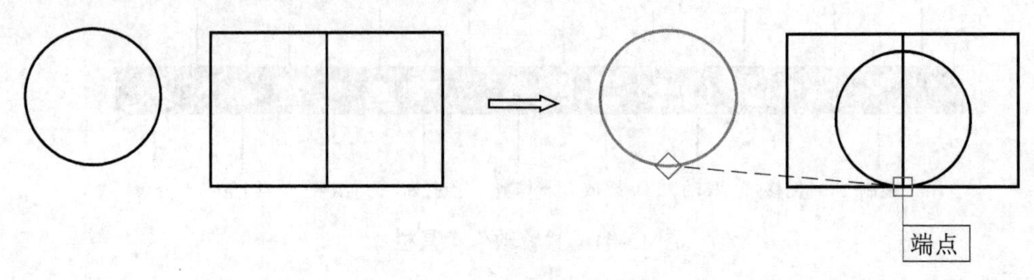

图 13-43 移动对象

3．复制（Copy）

- “修改”工具栏：
- “修改”显示面板：
- 下拉菜单：修改→复制
- 命令行输入：copy↙

复制（Copy）命令可用来将所选择的目标进行一次或多次复制，并把它们放到指定的位置。它与 MOVE 命令是相似的，只不过原来的目标还保留。在这个命令中，也需要选择目标，然后指定基点。下一步需要指定第 2 个点，也就是要复制目标所到的位置。

（1）一次复制。

例：复制图 13-44 中矩形左边的圆，复制所得圆的圆心和矩形上面一条边的中点重合。

```
命令：copy↙
选择对象：找到 1 个  （选择圆作为被复制对象）
选择对象：↙  （回车表示选择完毕）
当前设置：  复制模式 = 多个
指定基点或 [位移(D)/模式(O)]`<位移>:  （捕捉被复制圆的圆心作为基点）
指定第二个点或 [阵列(A)] <使用第一个点作为位移>:  （捕捉矩形上边中点作为第 2 个位移点）
指定第二个点或 [阵列(A)/退出(E)/放弃(U)] <退出>: ↙  （回车结束命令）
```

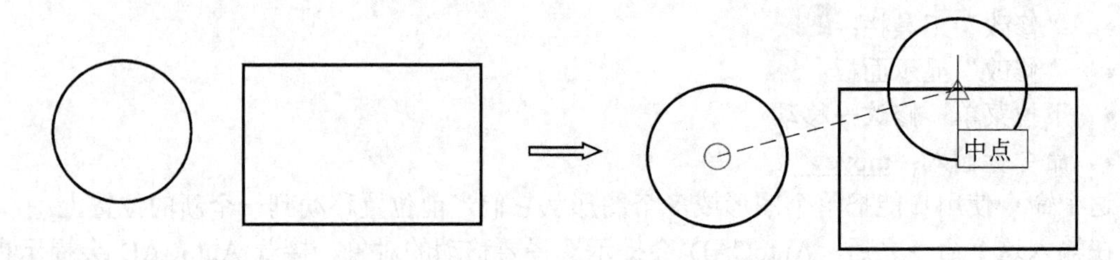

图 13-44 一次复制

（2）多次复制。Copy 命令也可以用来多次复制所选择的对象，与一次复制一样操作。只是多次重复，直到按下回车键结束 Copy 命令为止。

例：将图 13-45 中的圆和点划线复制到正六边形的各个顶点上，且顶点和圆心重合。

```
命令: copy↙
选择对象: 指定对角点: 找到 3 个   (通过窗口方式选择对象)
选择对象:  (回车表示选择完毕)
当前设置:  复制模式 = 多个
指定基点或 [位移(D)/模式(O)] <位移>:  (捕捉被复制圆的圆心作为基点)
指定第二个点或 [阵列(A)] <使用第一个点作为位移>:  (捕捉正六边形的顶点作为第 2 个位移点)
指定第二个点或 [阵列(A)/退出(E)/放弃(U)] <退出>:  (捕捉正六边形的另一个顶点作为第 2 个位移点)
……  (重复操作)
指定第二个点或 [阵列(A)/退出(E)/放弃(U)] <退出>: ↙  (结束命令)
```

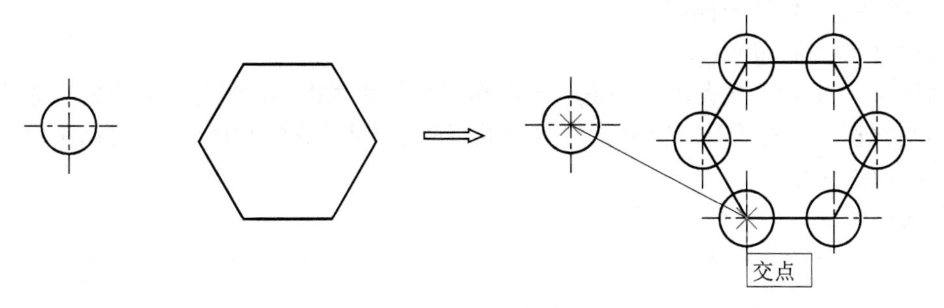

图 13-45　多次复制

4．镜像（Mirror）

- “修改”工具栏：
- “修改”显示面板：
- 下拉菜单：修改→镜像
- 命令行输入：mirror↙

镜像（Mirror）命令可以生成被选择目标的镜像复制。在画对称图形时，MIRROR 命令是很有用的。当调用了这个命令之后，AutoCAD 会提示用户先选择目标，然后选择镜像线，即对称线。可以用拾取点的方法或者输入点的坐标的方法来指定镜像线上的点。在指定了第 1 个端点之后，AutoCAD 会显示出选择对象在镜像后的图形，下一步需要指定镜像线的第 2 个点。之后，AutoCAD 提示，是保留原始的目标，还是把原始目标删除，只保留镜像图形。

例：如图 13-46 所示，将直线左边的两条线段和圆镜像复制到直线右边。

```
命令: mirror↙
选择对象: 找到 1 个  (鼠标单击选择对象)
选择对象: 找到 1 个, 总计 2 个  (鼠标单击选择对象)
选择对象: 找到 1 个, 总计 3 个  (鼠标单击选择对象)
选择对象: ↙  (回车表示选择完毕)
指定镜像线的第一点:  (鼠标在屏幕上拾取镜像线一个端点)
指定镜像线的第二点:  (鼠标在屏幕上拾取镜像线另一个端点)
要删除源对象吗? [是(Y)/否(N)] <否>: ↙  (回车表示选择尖括号里的默认值“N”, 不删除原来的对象并结束命令)
```

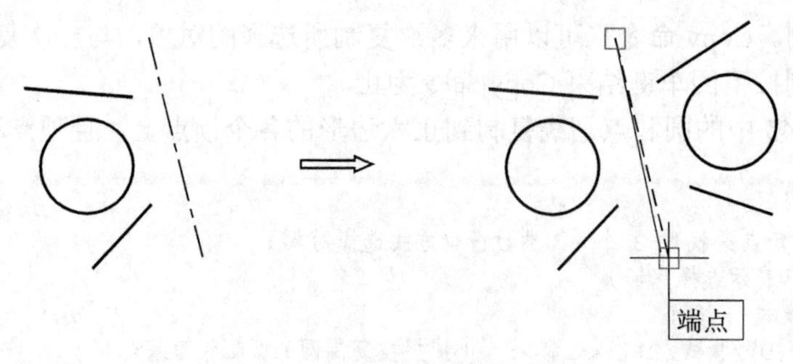

图 13-46 镜像

5. **偏移（Offset）**

- “修改”工具栏：
- “修改”显示面板：
- 下拉菜单：修改→偏移
- 命令行输入：offset↙

使用偏移（Offset）命令可以构造一个与指定对象形状相同，平行、等距的放大或缩小的图形。当要偏移一个对象时，需要指出等距偏移的距离和偏移的方向；也可以指定一个使偏移后的目标通过的点。

输入偏移命令后，命令行提示：

```
命令：Offset↙
当前设置：删除源=否  图层=源  OFFSETGAPTYPE=0
指定偏移距离或 [通过(T)/删除(E)/图层(L)] <通过>:
```

此时，有 4 个选项，前两种是操作方式选项，后两种是参数设置选项，说明如下。

（1）指定偏移距离。这个选项是要求给出偏移距离，然后按照给定的距离进行偏移操作。

（2）通过（Through）。这个选项的操作方式是要求给出一个点，让偏移后的对象通过给定的点。

（3）删除（Erase）。这个选项是设置偏移命令的参数。它设置偏移命令执行后，是否删除原来的对象。

（4）图层（Layer）。这个选项也是偏移命令的参数设置，设置偏移后的对象位于哪一个图层。

下面举例说明前两种操作方式。

（1）指定距离方式。可以输入一个数值来指定等距偏移的距离，或者输入两个点，AutoCAD 会测量出这两个点之间的距离，把该距离作为等距偏移距离。

例：将图 13-47 中的对象进行等距偏移，其中标注了尺寸的是原有对象。

```
命令：Offset↙
当前设置：删除源=否  图层=源  OFFSETGAPTYPE=0
指定偏移距离或 [通过(T)/删除(E)/图层(L)] <通过>: 20↙ （输入偏移距离）
选择要偏移的对象，或 [退出(E)/放弃(U)] <退出>: （选择对象——圆）
指定要偏移的那一侧上的点，或 [退出(E)/多个(M)/放弃(U)] <退出>:（选择圆内或圆外一点确定偏移方向）
选择要偏移的对象，或 [退出(E)/放弃(U)] <退出>: （选择对象——矩形）
指定要偏移的那一侧上的点，或 [退出(E)/多个(M)/放弃(U)] <退出>: （选择矩形内或矩形外一点确定偏移方向）
```

```
选择要偏移的对象，或 [退出(E)/放弃(U)] <退出>:  （选择对象——直线）
指定要偏移的那一侧上的点，或 [退出(E)/多个(M)/放弃(U)] <退出>:  （选择直线某一侧的一点确定偏移方向）
选择要偏移的对象，或 [退出(E)/放弃(U)] <退出>: ↙  （回车结束命令）
```

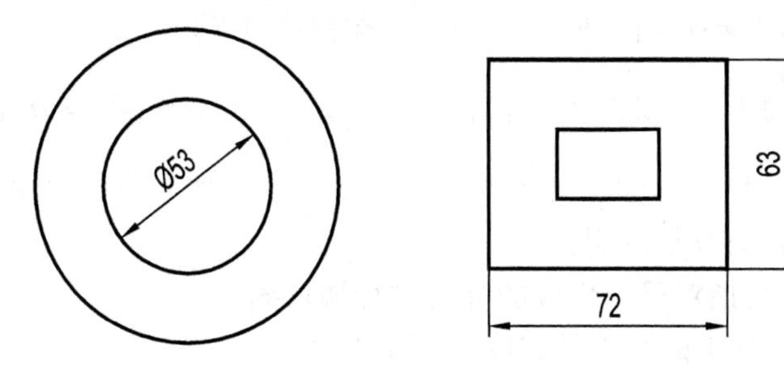

图 13-47　指定距离偏移

（2）通过方式（Through）。用 Through 方式时，偏移距离由用户指定一个点来确定，即偏移的对象通过给定点。

例：将图 13-48 中内部多段线对象向外偏移，偏移后的对象位置由鼠标单击确定。

```
命令: offset↙
当前设置: 删除源=否  图层=源  OFFSETGAPTYPE=0
指定偏移距离或 [通过(T)/删除(E)/图层(L)] <20.0000>:  t↙  （选择通过方式）
选择要偏移的对象，或 [退出(E)/放弃(U)] <退出>:  （鼠标单击选择多段线对象对象）
指定通过点或 [退出(E)/多个(M)/放弃(U)] <退出>:  （用鼠标单击确定通过点 P）
选择要偏移的对象，或 [退出(E)/放弃(U)] <退出>: ↙  （回车结束命令）
```

6．阵列（Array）

- “修改”工具栏：
- “修改”显示面板：
- 下拉菜单：修改→阵列
- 命令行输入：array↙

该命令有 3 种形式，分别为矩形阵列、路径阵列和环形阵列，如图 13-49 所示。以下主要介绍矩形阵列和环形阵列，路径阵列不再讲述。

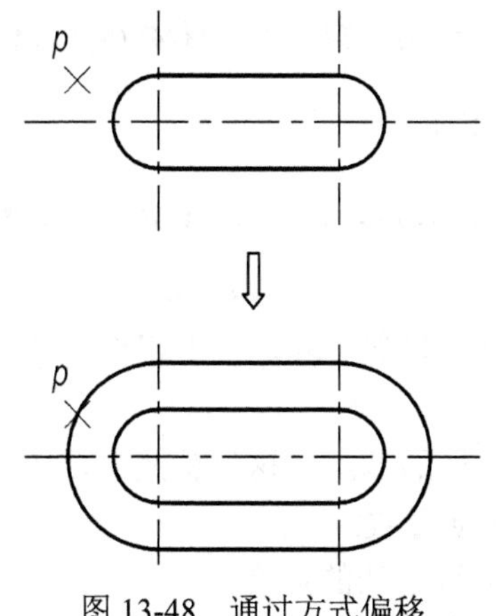

图 13-48　通过方式偏移

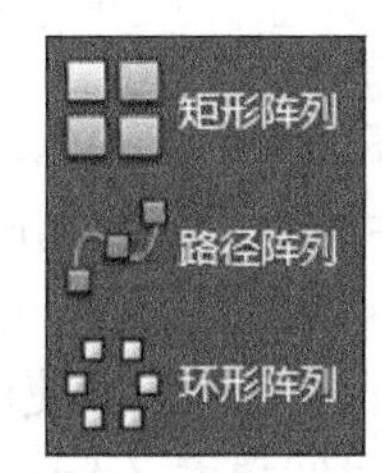

图 13-49　阵列命令 3 种形式

（1）矩形阵列（ARRAYRECT）。输入阵列命令，选择矩形阵列后，命令行提示为：

```
命令: ARRAY↙
选择对象: 找到 1 个  （鼠标选择对象）
选择对象: ↙  （回车表示选择完毕）
输入阵列类型 [矩形(R)/路径(PA)/极轴(PO)] <极轴>: r↙  （选择矩形阵列）
类型 = 矩形  关联 = 是
选择夹点以编辑阵列或 [关联(AS)/基点(B)/计数(COU)/间距(S)/列数(COL)/行数(R)/层数(L)/退出(X)] <退出>:
```

此时，出现了有9个选项，下面分别说明。

① 选择夹点以编辑阵列，这是指对已经生成的阵列进行加点编辑。

② 关联（Associate），指定阵列中的对象是关联的还是独立的。

③ 基点（Base-point），指定用于在阵列中放置项目的基点。

④ 计数（Count），指定行数和列数并使用户在移动光标时可以动态观察结果（一种比“行和列”选项更快捷的方法）。

⑤ 间距（Space），指定行间距和列间距并使用户在移动光标时可以动态观察结果。

⑥ 列数（Columns），指定阵列中的列数和列间距。

⑦ 行数（Rows），指定阵列中的行数、它们之间的距离以及行之间的增量标高。

⑧ 层数（Layers），指定三维阵列的层数和层间距。

⑨ 退出（Exit），退出阵列命令。

下面举例说明矩形阵列的使用（见图13-50）。首先绘制一个长为40，宽为20的矩形作为源对象，然后使用矩形阵列，命令序列如下，复制出4行3列，行距为30，列距为60的多个矩形。

```
命令: _arrayrect  （鼠标单击矩形阵列图标按钮）
选择对象: 找到 1 个  （鼠标选择矩形源对象）
选择对象: ↙  （回车表示选择完毕）
类型 = 矩形  关联 = 是
选择夹点以编辑阵列或 [关联(AS)/基点(B)/计数(COU)/间距(S)/列数(COL)/行数(R)/层数(L)/退出(X)] <退出>: cou↙  （选择计数选项设置行数和列数）
输入列数数或 [表达式(E)] <4>: 4↙  （列数）
输入行数数或 [表达式(E)] <3>: 3↙  （行数）
选择夹点以编辑阵列或 [关联(AS)/基点(B)/计数(COU)/间距(S)/列数(COL)/行数(R)/层数(L)/退出(X)] <退出>: s↙  （选择间距选项设置行间距和列间距）
指定列之间的距离或 [单位单元(U)] <60>: 60↙  （列间距）
指定行之间的距离 <30>:30↙  （行间距）
选择夹点以编辑阵列或 [关联(AS)/基点(B)/计数(COU)/间距(S)/列数(COL)/行数(R)/层数(L)/退出(X)] <退出>: ↙  （回车退出命令）
```

（2）环形阵列（ARRAYPOLAR）。环形阵列和矩形阵列一样，也有很多选项，下面分别说明，其中与矩形阵列相同的不再叙述。

① 基点（Base-point），指定用于在阵列中放置项目的基点，这里就是旋转中心。

② 项目（Items），使用值或表达式指定阵列中的项目数。

③ 项目间角度（Angle），使用值或表达式指定项目之间的角度。

④ 填充角度(Filling Angle)，使用值或表达式指定阵列中第一个和最后一个项目之间的角度。

⑤ 旋转项目（Rotate），控制在排列项目时是否旋转项目。

下面举例说明环形阵列的使用，如图 13-51 所示。首先绘制出左边的图形，然后采用下面的命令序列完成右边的图形。也就是采用环形阵列将小圆和中心线复制出 4 个，且以点划线圆的圆心为旋转中心。

```
命令: _arraypolar  (鼠标单击环形阵列图标按钮)
选择对象: 指定对角点: 找到 2 个  (窗口方式选择小圆和中心线)
选择对象: ↙  (回车表示选择完毕)
类型 = 极轴  关联 = 是
指定阵列的中心点或 [基点(B)/旋转轴(A)]:  (鼠标选择点划线圆的圆心作为阵列中心点)
选择夹点以编辑阵列或 [关联(AS)/基点(B)/项目(I)/项目间角度(A)/填充角度(F)/行(ROW)/层(L)/旋转项目(ROT)/退出(X)] <退出>: i↙  (选择项目个数)
输入阵列中的项目数或 [表达式(E)] <6>: 4↙  (项目数)
选择夹点以编辑阵列或 [关联(AS)/基点(B)/项目(I)/项目间角度(A)/填充角度(F)/行(ROW)/层(L)/旋转项目(ROT)/退出(X)] <退出>: f↙  (选择填充角度)
指定填充角度(+=逆时针、-=顺时针)或 [表达式(EX)] <360>: 360↙  (填充角度)
选择夹点以编辑阵列或 [关联(AS)/基点(B)/项目(I)/项目间角度(A)/填充角度(F)/行(ROW)/层(L)/旋转项目(ROT)/退出(X)] <退出>: ↙  (回车退出命令)
```

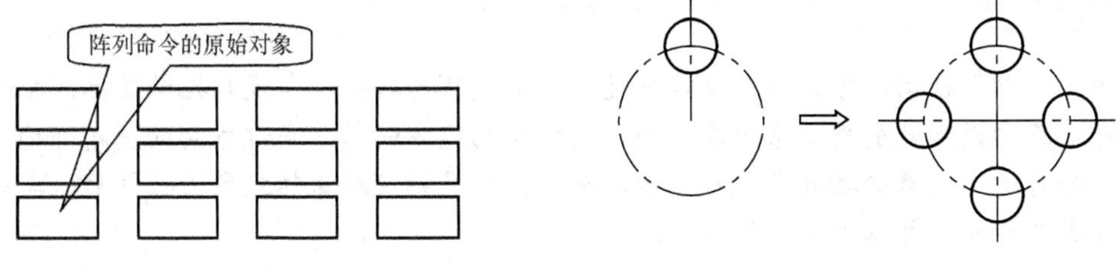

图 13-50　矩形阵列　　　　图 13-51　环形阵列

（3）阵列的编辑。在执行阵列命令的过程中，可以设置阵列参数，如间距、项目数和阵列层级等，用户也可以在刚刚生成阵列后，还没有退出命令时对阵列进行编辑。这里只以矩形阵列来说明，如图 13-52 所示，可以使用选定路径阵列上的夹点来更改阵列配置。

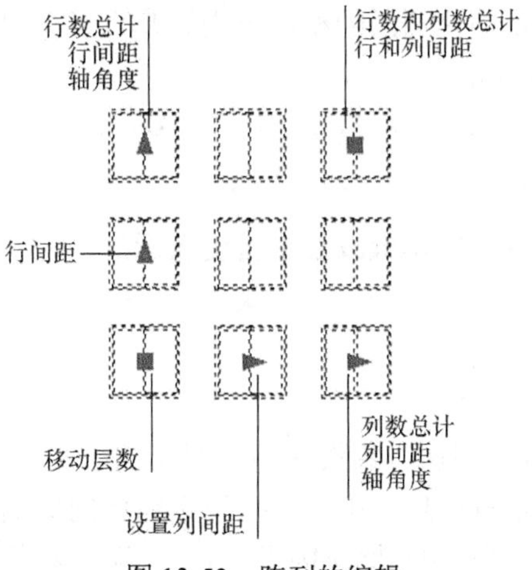

图 13-52　阵列的编辑

某些夹点具有多个操作。当夹点处于选定状态（并变为红色），您可以按 Ctrl 键来循环浏览这些选项。命令提示将显示当前操作。夹点编辑在后面会专门讲述。

7．旋转（Rotate）

- “修改”工具栏：
- “修改”显示面板：
- 下拉菜单：修改→旋转
- 命令行输入：rotate↙

该命令可将对象绕指定的基点旋转指定的角度。输入正角度使目标按逆时针方向旋转，负角度使对象按顺时针方向旋转。此处只讲“指定旋转角度”方式。

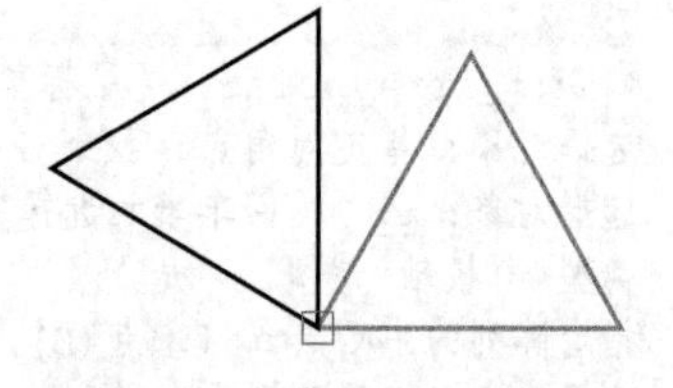

图 13-53　直接给定角度方式旋转

例：首先用 Line 命令绘制一个三角形，然后采用下面的命令序列将三角形逆时针旋转 90°，如图 13-53 所示。

```
命令：rotate↙
UCS 当前的正角方向： ANGDIR=逆时针 ANGBASE=0
选择对象：指定对角点：找到 3 个  （通过窗口方式选择对象）
选择对象：↙  （回车表示选择完毕）
指定基点：  （捕捉三角形左下角点作为基点）
指定旋转角度，或 [复制(C)/参照(R)] <0>:  90↙  （输入旋转角度）
```

说明：可以用拖动的方式确定旋转角度。方法是在要求输入角度时拖动鼠标，AutoCAD 会从旋转基点向光标处引出一条橡皮筋线。该橡皮筋线方向与零角度方向的夹角即为要转动的角度，同时所选对象会按此角度动态地转动。拖动鼠标使对象转到所需位置后，单击鼠标左键即可实现旋转，并结束命令的执行。

8．缩放（Scale）

- “修改”工具栏：
- “修改”显示面板：
- 下拉菜单：修改→缩放
- 命令行输入：scale↙

该命令可将对象按照指定的比例因子相对于指定基点进行尺寸缩放。

输入命令后，AutoCAD 提示：

```
选择对象：
```

需要用户选择对象，直到按回车键或者空格键表示选择完毕，AutoCAD 接着依次提示：

```
指定基点：  （指定基点）
指定比例因子或 [复制(C)/参照(R)]：
```

其中“指定比例因子或[复制(C)/参照(R)]”提示的含义如下。

（1）指定比例因子。这是默认项，用于直接指定缩放的比例因子。AutoCAD 将对象根据该比例因子相对于基点缩放，当（0＜比例因子＜1）时缩小对象，当（比例因子＞1）时放大对象。

（2）复制（Copy）。这是参数设置选项，设置此选项后，缩放命令将以复制方式执行，也就是放大或者缩小后，原来的对象保留，重新得到放大或者缩小的对象。

（3）参照（Reference）。选择该选项，将对象按参考的方式缩放。AutoCAD 接着依次提示：

```
指定参照长度 <1.0000>:
指定新的长度或 [点(P)] <1.0000>:
```

需要用户依次输入参考长度的值和新的长度值，这两个长度也可以通过指定图中的两点来确定。AutoCAD 根据参考长度与新长度的值自动计算比例因子（比例因子=新长度值/参考长度值），然后进行相应的缩放。

例：将图 13-54 中的圆和矩形放大 1.5 倍，矩形左下角点为基点。

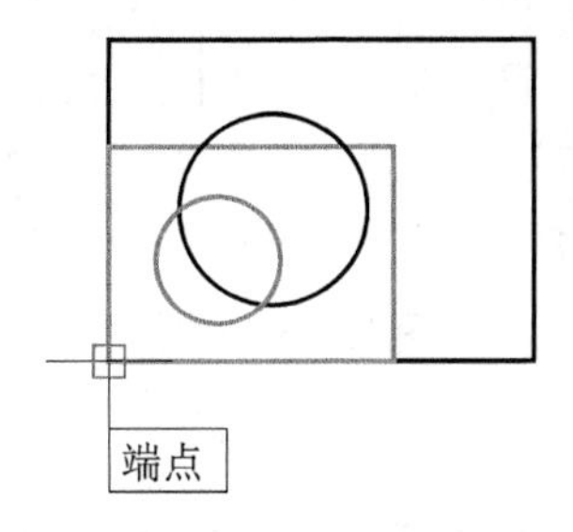

图 13-54 缩放

```
命令: _scale  （鼠标单击缩放按钮）
选择对象: 指定对角点: 找到 2 个  （通过窗口方式选择对象）
选择对象: ↙  （回车表示选择完毕）
指定基点:  （捕捉矩形左下角点作为基点）
指定比例因子或 [复制(C)/参照(R)]: 1.5↙  （输入放大系数）
```

9. 拉伸（Stretch）

- “修改”工具栏：
- “修改”显示面板：
- 下拉菜单：修改→拉伸
- 命令行输入：stretch↙

该命令用于移动或拉伸对象。它与 Move 命令类似，也可以移动部分图形。但用 STRETCH 命令移动图形时，移动部分的图形与其他图形的连接元素，如直线、圆弧和多段线等，有可能被拉伸或者压缩。

输入命令后 AutoCAD 提示：

```
命令: stretch↙
以交叉窗口或交叉多边形选择要拉伸的对象...
选择对象:
```

上面提示的第二行表示需要以交叉窗口方式或者交叉多边形方式选择对象。在“选择对象:”提示下用这两种中的一种方式选择对象后，AutoCAD 接着提示：

```
指定基点或 [位移(D)] <位移>:
指定第二个点或 <使用第一个点作为位移>:
```

此处有两种拉伸方式：一是依次指定两点来确定位移进行拉伸；二是指定一个点，以该点和原点之间的位移作为拉伸位移。拉伸时，AutoCAD 将全部位于选择窗口之内的对象移动，而将与选择窗口边界相交的对象按规则拉伸或压缩。

例：首先绘制图 13-55 中的 1 个矩形、1 个圆弧和 2 个圆，然后采用拉伸命令将右边圆移动，圆弧和矩形拉伸，矩形左下角点为基点。

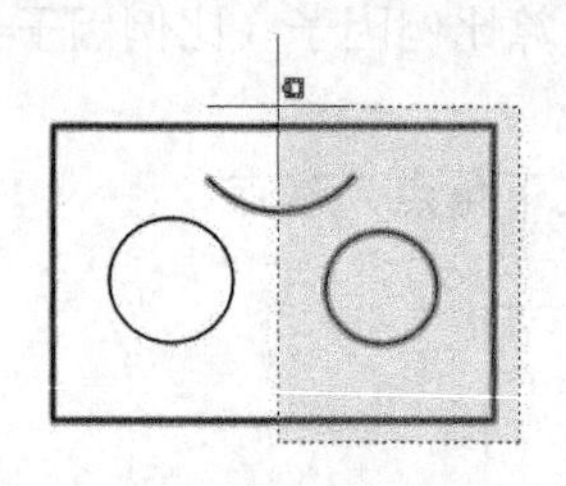

交叉窗口方式选择对象

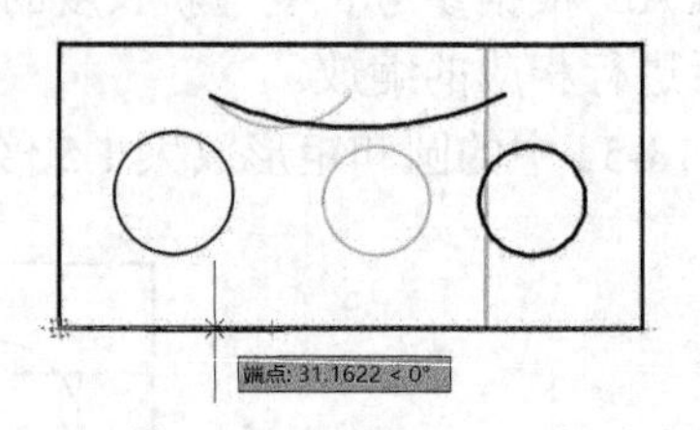

图形被移动或拉伸

图 13-55　拉伸

命令序列如下。

```
命令: _stretch  (鼠标单击拉伸按钮)
以交叉窗口或交叉多边形选择要拉伸的对象...
选择对象: 指定对角点: 找到 3 个  (通过交叉窗口方式选择对象)
选择对象: ↙  (回车表示选择完毕)
指定基点或 [位移(D)] <位移>:  (捕捉矩形左下角点作为基点)
指定第二个点或 <使用第一个点作为位移>:  (用鼠标单击指定第 2 个点)
```

10. 拉长（Lengthen）

- “修改”显示面板：
- 下拉菜单：修改→拉长
- 命令行输入：lengthen↙

该命令用于修改线段或圆弧的长度。输入命令后 AutoCAD 提示：

```
命令: LENGTHEN↙
选择要测量的对象或 [增量(DE)/百分比(P)/总计(T)/动态(DY)] <总计(T)>:
```

这里只对动态（Dynamic）选项进行说明。该选项允许用户动态地改变圆弧或者直线的长度，选择该选项，AutoCAD 接着提示：

```
选择要修改的对象或 [放弃(U)]:
```

需要用户选择要修改的对象，选择以后，AutoCAD 绘出一根橡皮筋，动态显示对象的长短变化，同时 AutoCAD 提示：

```
指定新端点:
```

在该提示下确定圆弧或直线的新端点位置后，圆弧或直线长度发生相应改变。

例：将图 13-56 中的直线段动态拉长（也可以缩短，操作方法相同）。

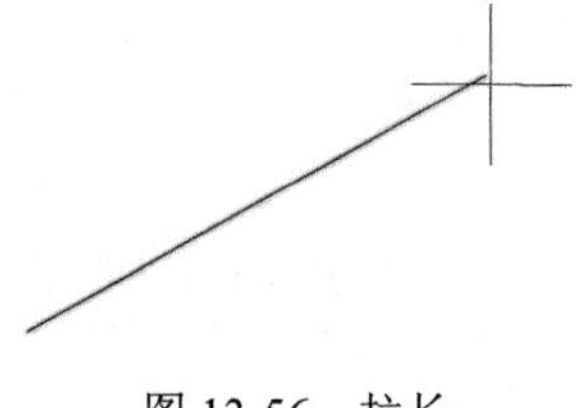

图 13-56　拉长

```
命令: LENGTHEN↙
选择要测量的对象或 [增量(DE)/百分比(P)/总计(T)/动态(DY)] <总计(T)>: dy↙ (选择动态拉长选项)
选择要修改的对象或 [放弃(U)]: (用鼠标拾取直线段)
指定新端点: (用鼠标拾取直线段新的端点)
选择要修改的对象或 [放弃(U)]: ↙ (回车结束命令)
```

11. 修剪（Trim）

- “修改”工具栏：
- “修改”显示面板：
- 下拉菜单：修改→修剪
- 命令行输入：trim↙

该命令用于将所选对象的一部分切断或切除。输入命令后 AutoCAD 提示：

```
命令: _trim (鼠标单击修剪按钮)
当前设置:投影=UCS, 边=无
选择剪切边...
选择对象或 <全部选择>:
```

上面提示的第二行说明当前的修剪模式。“选择对象”提示要求用户选择作为剪切边的对象。用户可以选择多个对象，直到按回车键或者空格键，AutoCAD 接着提示：

```
选择要修剪的对象，或按住“Shift”键选择要延伸的对象，或
[栏选(F)/窗交(C)/投影(P)/边(E)/删除(R)/放弃(U)]:
```

提示中的部分选项含义如下。

（1）选择要修剪的对象。这是默认项，选择要修剪的对象，即选择被剪掉的线段。用户在该提示下选择被剪对象后，AutoCAD 以剪切边为界，将被剪切对象上拾取对象的那一侧部分剪切掉。

（2）按住 Shift 键选择要延伸的对象。提供延伸功能。如果用户按下 Shift 键，同时选择与修剪边不相交的对象，修剪边将变为延伸边界，将选择的对象延伸至与边界相交。

（3）栏选（Fence）。一种选择对象的模式。要求给出一系列的点，形成一条折线，与折线相交的对象被选中，AutoCAD 以剪切边为界，将被选中对象的那一侧部分剪切掉。

（4）窗交（Crossing）。也是一种选择对象的模式。该方式不仅选择位于拾取窗口内的对象，同时还选择和窗口边界相交的对象。AutoCAD 以剪切边为界，将被选中对象的那一侧部分剪切掉。

例：将图 13-57 中两条平行线之外的线段部分修剪掉。

```
命令: trim↙
当前设置:投影=UCS, 边=无
选择剪切边...
选择对象或 <全部选择>:  找到 1 个  （用鼠标拾取第 1 条修剪边）
选择对象: 找到 1 个, 总计 2 个  （用鼠标拾取第 2 条修剪边）
选择对象: ↙  （回车表示修剪边选择完毕）
选择要修剪的对象, 或按住 Shift 键选择要延伸的对象, 或
[栏选(F)/窗交(C)/投影(P)/边(E)/删除(R)/放弃(U)]:  （选择上面多出部分）
选择要修剪的对象, 或按住 Shift 键选择要延伸的对象, 或
[栏选(F)/窗交(C)/投影(P)/边(E)/删除(R)/放弃(U)]:  （选择下面多出部分）
选择要修剪的对象, 或按住 Shift 键选择要延伸的对象, 或
[栏选(F)/窗交(C)/投影(P)/边(E)/删除(R)/放弃(U)]: ↙  （回车结束命令）
```

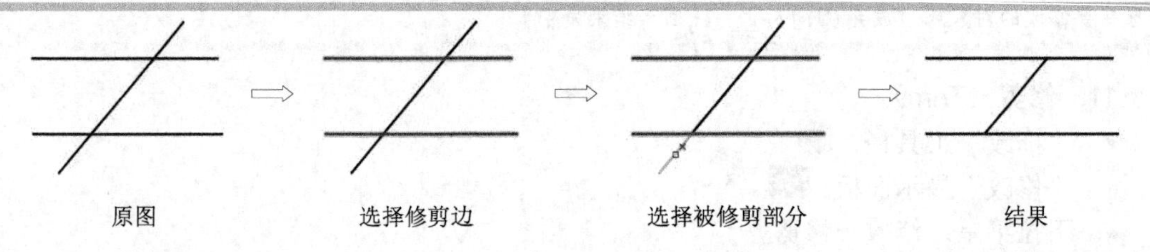

图 13-57 修剪

12．延伸（Extend）

- “修改”工具栏：
- “修改”显示面板：
- 下拉菜单：修改→延伸
- 命令行输入：extend↙

该命令用于将指定的对象延长至另一对象，执行方式与修剪命令（Trim）完全类似。在 AutoCAD 2016 中，修剪命令和延伸命令已经融为一体了。使用延伸命令时，如果按下 Shift 键同时选择对象，则执行修剪命令，反之亦然。

13．打断（Break）

- “修改”工具栏：
- “修改”显示面板：
- 下拉菜单：修改→打断
- 命令行输入：break↙

该命令可部分删除对象或把对象分解为两个部分。输入命令后，AutoCAD 提示：

```
选择对象:
```

需要选择要打断的对象。选择对象后，AutoCAD 接着提示：

```
指定第二个打断点 或 [第一点(F)]:
```

该提示的各个选项含义如下。

（1）指定第二个打断点。AutoCAD 将选择对象时的拾取点作为第 1 个断点，这时需要指定第 2 个断点。用户直接选择对象上的另一点或者在对象之外拾取一点，AutoCAD 将第 2 个断点相对于对象的垂足作为对象上的实际断点，然后把位于两个断点之间的那部分对象删除。

（2）第一点（First point）。重新确定第一断点。选择该选项，AutoCAD 接着依次提示：

```
指定第一个打断点:
指定第二个打断点:
```

AutoCAD 将两个断点相对于对象的垂足作为对象上的实际断点，然后将对象上位于两个实际断点之间的那部分对象删除。如果第 1 断点和第 2 断点重合，对象将被一分为二。

例：将图 13-58 中的直线段打断。

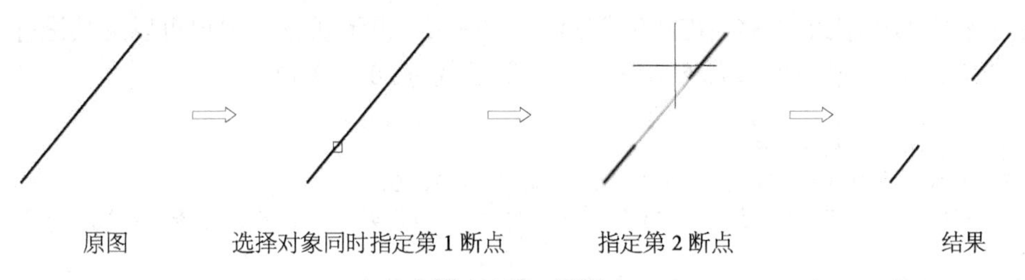

原图　　选择对象同时指定第 1 断点　　指定第 2 断点　　结果

图 13-58　打断

```
命令: _break  (鼠标单击打断按钮)
选择对象:  (用鼠标选择对象同时指定第 1 断点)
指定第二个打断点 或 [第一点(F)]:  (用鼠标指定第 2 断点)
```

说明：用户也可以在“指定第二个打断点或[第一点(F)]:”提示下输入“@”(相对坐标值为零)，使得第 1、第 2 断点重合，这实际上就是“打断于点”(从一个点打断)的操作。

14．倒角（Chamfer）

- “修改”工具栏：
- “修改”显示面板：
- 下拉菜单：修改→倒角
- 命令行输入：chamfer↙

该命令用于给对象绘制倒角。输入命令后，AutoCAD 提示：

```
命令: chamfer↙
("修剪"模式) 当前倒角距离 1 = 0.0000, 距离 2 = 0.0000
选择第一条直线或 [放弃(U)/多段线(P)/距离(D)/角度(A)/修剪(T)/方式(E)/多个(M)]:
```

上面提示的第 2 行说明当前的倒角模式。第 3 行提示的部分选项含义如下。

（1）选择第一条直线。要求选择进行倒角的第 1 条直线。直接选择一直线，AutoCAD 接着提示：

```
选择第二条直线，或按住“Shift”键选择直线以应用角点或 [距离(D)/角度(A)/方法(M)]:
```

在该提示下选择相邻的另一条直线，AutoCAD 按当前的倒角设置对这两条线进行倒角。如果按住“Shift”键选择另一条直线，则相当于倒角距离为零进行倒角。

（2）多段线（Polyline）。对整条多段线的交角进行倒角。选择该项，AutoCAD 接着提示：

```
选择二维多段线或 [距离(D)/角度(A)/方法(M)]:
```

在该提示下选择多段线后，AutoCAD 对该多段线的各顶点（交角）以当前倒角模式倒角。

（3）距离（Distance）。设置倒角距离尺寸。选择该选项，AutoCAD 接着依次提示：

```
指定 第一个 倒角距离 <0.0000>:
指定 第二个 倒角距离 <0.0000>:
```

在上面的提示下依次确定距离值后，AutoCAD 2016 返回到“选择第一条直线或 [放弃(U)/多段线(P)/距离(D)/角度(A)/修剪(T)/方式(E)/多个(M)]:”提示状态，用户可以继续进行倒角。

例：将图 13-59 中的矩形右下角倒角，倒角距离为 20 个单位。

```
命令: _chamfer  （鼠标单击倒角按钮）
（“修剪”模式）当前倒角距离 1 = 0.0000，距离 2 = 0.0000
选择第一条直线或 [放弃(U)/多段线(P)/距离(D)/角度(A)/修剪(T)/方式(E)/多个(M)]: d↙  （选择倒角距离）
指定 第一个 倒角距离 <0.0000>: 20↙  （指定第 1 个倒角距离）
指定 第二个 倒角距离 <20.0000>: ↙  （回车表示第 2 个倒角距离取尖括弧里的值）
选择第一条直线或 [放弃(U)/多段线(P)/距离(D)/角度(A)/修剪(T)/方式(E)/多个(M)]:  （选择第 1 条倒角边）
选择第二条直线，或按住 Shift 键选择直线以应用角点或 [距离(D)/角度(A)/方法(M)]:  （选择第 2 条倒角边）
```

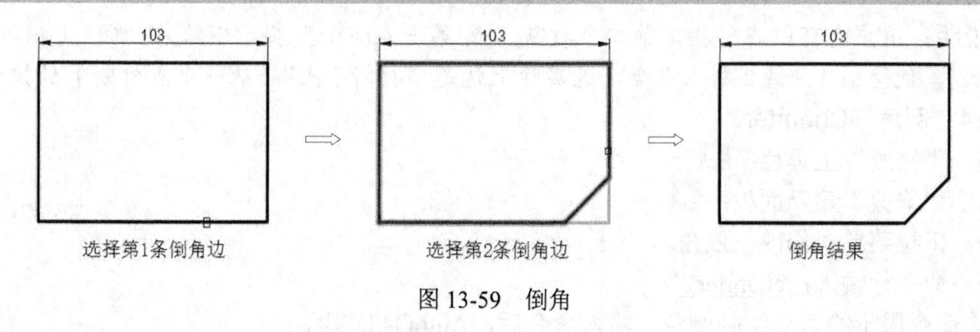

图 13-59　倒角

说明：

（1）倒角时，若设置的倒角距离太大，AutoCAD 会给出相应的提示；

（2）如果两条直线平行，不能进行倒角，AutoCAD 会给出相应提示；

（3）当两个倒角距离均为零时，也同样执行倒角命令；

（4）即使两条线没有相交，也可以进行倒角。

15. 圆角（Fillet）

- “修改”工具栏：

- “修改”显示面板：
- 下拉菜单：修改→圆角
- 命令行输入：fillet↙

该命令可在对象上绘制圆角。当输入命令后，AutoCAD 提示：

```
命令：FILLET↙
当前设置：模式 = 修剪，半径 = 0.0000
选择第一个对象或 [放弃(U)/多段线(P)/半径(R)/修剪(T)/多个(M)]:
```

上面提示的第 2 行说明当前的圆角模式，第 3 行提示中的部分选项含义如下。

（1）选择第一个对象。这是默认项。用户选择第 1 个对象后，AutoCAD 接着提示：

```
选择第二个对象，或按住 Shift 键选择对象以应用角点或 [半径(R)]:
```

在此提示下选择另一个对象，AutoCAD 按当前的圆角设置绘制圆角。如果按住“Shift”键选择另一对象，则按照圆角半径为零进行圆角操作。

（2）多段线（Polyline）。对二维多段线各个交角画圆角。选择该选项，AutoCAD 接着提示：

```
选择二维多段线或 [半径(R)]:
```

在提示下选择二维多段线后，AutoCAD 按当前的圆角设置在多段线各顶点处画圆角。

（3）半径（Radius）。设置圆角的半径值。选择该选项，AutoCAD 接着提示：

```
指定圆角半径 <0.0000>:
```

要求用户输入圆角半径值。之后 AutoCAD 返回到“选择第一个对象或 [放弃(U)/多段线(P)/半径(R)/修剪(T)/多个(M)]:”提示状态，用户可以继续进行圆角操作。

例：将图 13-60 中的角画成圆角，圆角半径为 20 个单位。

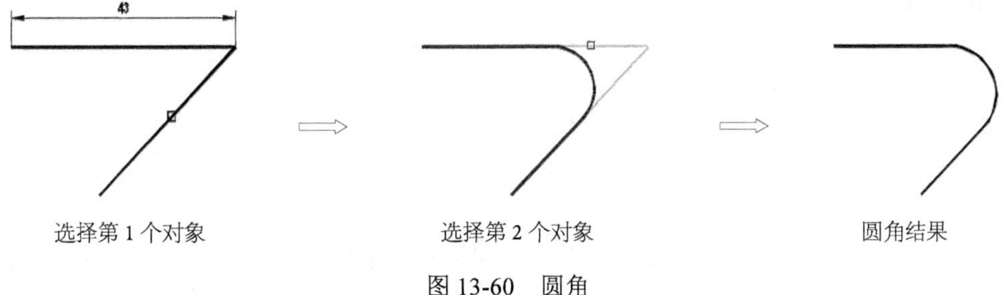

图 13-60 圆角

```
命令：_fillet （鼠标单击圆角按钮）
当前设置：模式 = 修剪，半径 = 0.0000
选择第一个对象或 [放弃(U)/多段线(P)/半径(R)/修剪(T)/多个(M)]: r↙ （选择半径选项）
指定圆角半径 <0.0000>: 8↙ （输入圆角半径）
选择第一个对象或 [放弃(U)/多段线(P)/半径(R)/修剪(T)/多个(M)]: （选择第 1 个对象）
选择第二个对象，或按住 Shift 键选择对象以应用角点或 [半径(R)]: （选择第 2 个对象）
```

说明：

（1）若圆角半径设置太大，将画不出圆角，AutoCAD会给出相应的提示；

（2）AutoCAD允许对两条平行线的两端画圆角，圆角的半径被自动设为两条平行线距离的一半。

16．分解（Explode）

- “修改”工具栏：
- “修改”显示面板：
- 下拉菜单：修改→分解
- 命令行输入：explode↙

该命令用于将组合的对象分解成一个个独立的对象，例如将矩形或正多边形分解成许多独立的线条。当用户想要对矩形的一条边进行编辑时（例如删除或者延长），在没有对矩形分解之前，是不能达到目的的。按照下面的方法分解后，则可以实现。

输入EXPLODE命令后，AutoCAD提示：

```
选择对象：（要求选择将被分解的对象，选择完毕按回车键）
```

17．放弃操作（U、Undo）

用AutoCAD进行绘图、编辑以及其他操作的过程中，难免操作有误。用户就可以取消已有的操作。可以采用U命令来实现。

- 快捷访问工具栏中：
- 快捷键：Ctrl+Z
- 下拉菜单：编辑→放弃…
- 命令行输入：u↙

该命令可以取消上一次操作。调用U命令后，AutoCAD会取消最后一次所进行的操作。U命令可以连续调用，从而依次往回取消操作。

18．重做（Redo）

- 快捷访问工具栏中：
- 快捷键：Ctrl+Y
- 下拉菜单：编辑→重做…
- 命令行输入：redo↙

该命令用于恢复刚由U命令或UNDO命令所放弃的操作。

13.4.3 夹点编辑

在AutoCAD 2016中，用户可以使用夹点编辑完成前面某些编辑命令的功能。夹点编辑与通常所使用的修改方法是完全不同的。用户可使用夹点对选中的对象进行移动、拉伸、旋转、复制、缩放及镜像编辑，而不必激活通常相应的修改命令。

当用户在选择对象时，所选对象一般呈高亮显示，并在所选对象上出现若干小方框，这些小方框所确定的点即为对象的特征点，在AutoCAD中称为夹点。对选择对象实现某些编辑操作，都可以通过对夹点的控制来完成。

在所选对象上激活夹点后，拾取要修改的夹点，使其变为红色填充状态，然后单击鼠标右键，弹出快捷菜单，如图 13-61 所示。

下面介绍夹点快捷菜单的部分编辑功能。具体应用举例不再讲述。

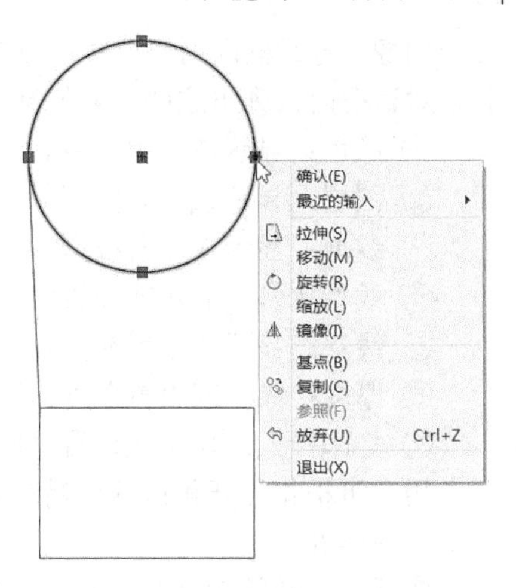

图 13-61 夹点编辑快捷菜单

1．移动（Move）

利用该功能不但可以移动对象，还可以对所选对象进行多次复制。

2．镜像（Mirror）

该命令用来将所选对象按指定的镜像线作镜像操作，也可对选中的对象进行多次复制。

3．旋转（Rotate）

该命令用来将所选对象绕基点旋转，同时还可将所选对象进行多次复制。

4．缩放（Scale）

该命令用于将所选对象相对于所选基点进行缩放，同时还可对所选对象进行多次复制。

5．拉伸（Stretch）

该命令用于对所选对象进行拉伸操作，并可对所选对象进行多次复制。

13.4.4 属性修改

用户在绘制图形时，经常需要改变对象的一个或多个属性，甚至对象本身。

对象属性包含一般信息和几何属性。对象的一般属性是指对象的颜色、线型、图层和线宽等，几何属性定义了对象的尺寸和位置。用户可以直接在“特性（PROPERTIES）”对话框中修改这些属性。

“特性（PROPERTIES）”对话框显示当前选择集中对象的所有属性和属性值，选中多个对象时，将显示它们共有的属性。用户可以修改单个对象的属性以及由快速选择操作构造的选择集中对象共有的属性和多个选择集中对象的共同属性。

可以使用以下任一种方法执行该命令：

- “标准”工具栏：
- “特性”显示面板右下角：
- 下拉菜单：修改→特性
- 命令行输入：properties↙

执行该命令后，AutoCAD 弹出如图 13-62 所示的“特性”对话框。“特性”对话框主要用于浏览、修改 AutoCAD 对象的特性。AutoCAD 的“特性”对话框有如下特点。

（1）“特性”对话框不影响用户在 AutoCAD 环境中的工作，即打开“特性”对话框后，用户仍可以执行 AutoCAD 命令，进行各种操作。

（2）打开“特性”对话框，在没有对象被选中时，对话框显示整个图纸的特性及它们的当前设置；选择了一个对象，对话框内列出该对象的全部特性及其当前设置；选择同一类型的

图 13-62 “特性”对话框

多个对象，对话框内列出这些对象的共有特性及当前设置；选择不同类型的多个对象，在“特性”对话框内只列出这些对象的基本特性以及它们的当前设置，这些基本特性包括如下内容。

① 颜色：显示或设置颜色。

② 图层：显示或设置图层。

③ 线型：显示或设置线型。

④ 线型比例：显示或设置线型比例。

⑤ 线宽：显示或设置线宽。

⑥ 厚度：显示或设置厚度。

⑦ 打印样式：显示或设置打印样式。

用户可根据需要修改这些特性。除了这些基本特性以外，一旦有对象被选中，则会显示其他一些属性。

实际上，在绘图区双击某一对象，就可以在选择对象的同时打开简化特性对话框，选中的对象的特性反映到“特性”对话框中。

（3）“特性”对话框的大小可以改变，并且可以锁定在主窗口上（双击它的标题栏即可）。

13.5 文字

文字对象是 AutoCAD 图形中很重要的图形元素，也是机械工程图形中不可缺少的组成部分，例如，机械工程图形中的技术要求、装配说明、加工要求、工程制图中的材料说明和施工要求等。本部分包括以下主要内容：①文字样式；②单行文字；③多行文字；④编辑文字。

13.5.1 文字样式

在 AutoCAD 2016 中，所有文字都有与之相关联的文字样式。AutoCAD 通常使用当前的文字样式，用户也可以重新设置样式，或者创建新的样式。使用以下任一种方法输入命令。

- “注释”显示面板中：
- 下拉菜单：格式→文字样式
- 命令行输入：style↙

AutoCAD 弹出如图 13-63 所示的“文字样式”对话框，利用此对话框可以定义文字的样式。

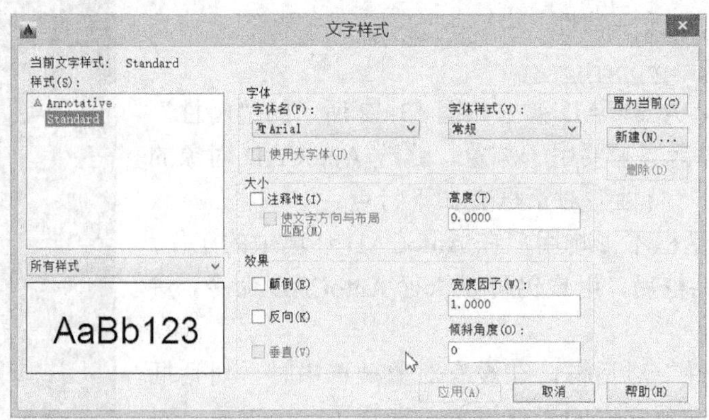

图 13-63 “文字样式”对话框

其中部分选项的含义和功能介绍如下。

1．样式（Style）

在该选项组中，用户可以建立新的文字样式，也可对已有的文字样式进行更名或删除。各选项的含义和功能如下。

（1）“样式”（Styles）列表框。在该列表框中，列出了已有的文字样式名。AutoCAD 提供的默认文字样式为Standard，它使用基本字体，字体名为：Arial。

（2）“新建”（New）按钮。单击“新建”按钮，打开“新建文字样式”对话框，如图13-64所示。在“样式名”文本框中输入新的文字样式名后，单击“OK”按钮，即可建立新文字样式。

图13-64 “新建文字样式”对话框

（3）重命名样式名。具体操作过程为：在“样式”列表框中选中要更名的字体样式（“Standard”样式除外），再次单击该样式按钮（或右键单击该样式名称弹出快捷菜单），即可修改其名称。

（4）“删除”（Delete）按钮。单击该按钮可以用来删除已有的字体样式。具体操作过程为：在“样式”列表框中选中要删除的字体样式，单击“删除”（Delete）按钮，在打开的“删除文字样式”对话框中单击“确定”按钮，即可删除选中的字体样式。

2．字体（Font）

在“字体”选项组中，可以从中选择系统提供的字体文件。各选项的含义和功能如下。

（1）“字体名”下拉列表框。在该下拉列表框中，可以选择所需要的字体文件名。只有已注册的Truetype字体及AutoCAD型（.shx）字体才在下拉列表框中出现。

（2）“高度”文本输入框。在该输入框中，可以设置当前使用的字体的大小。

3．“应用”（Apply）按钮

单击该按钮，可以将当前确定的字体样式应用于当前图形中。

13.5.2 单行文字

在许多情况下，我们创建的文字内容都是很简短的，比如标签，因此AutoCAD 2016把此类文字归为单行文字。下面介绍单行文字的创建方法。

使用以下任一种方法输入命令。

- “注释”显示面板中：A
- 下拉菜单：绘图→文字→单行文字
- 命令行输入：text（或dtext或dt）↙

AutoCAD提示：

```
命令: text↙
当前文字样式: "Standard"  文字高度: 2.5000 注释性: 否  对正: 左
指定文字的起点 或 [对正(J)/样式(S)]:
```

上面提示的第2行说明当前的文字样式设置，第3行“指定文字的起点”是默认项，指定单行文字行基线的起点位置。确定文字的起点位置后，AutoCAD接着依次提示：

```
指定高度 <2.5000>:
指定文字的旋转角度 <0>:
```

在用户依次输入文字的高度、文字行的旋转角度后就可以在屏幕上输入文字内容了。输入文字的过程中，一次回车是换行，接连的两次回车则结束命令。

说明：如果当前文字样式的“高度”没有设置（即为0），在执行单行文字命令时，AutoCAD会提示“指定高度 <2.5000>:”，否则不给出该提示，而用样式设置的字高。

13.5.3 多行文字

多行文字是指由两行以上的文字组成。使用以下任一种方法输入命令。

- “绘图”工具栏中：A
- “注释”显示面板中：A
- 下拉菜单：绘图→文字→多行文字
- 命令行输入：mtext↙

AutoCAD 提示：

```
命令: _mtext   （鼠标单击多行文字图标按钮）
当前文字样式: "Standard"  文字高度: 2.5  注释性: 否
指定第一角点:
```

在上面的提示中，第2行的内容根据用户当前定义的文字样式和文字高度的不同而不同。用户指定放置多行文字矩形区域的一个角点，然后 AutoCAD 接着提示：

```
指定对角点或 [高度(H)/对正(J)/行距(L)/旋转(R)/样式(S)/宽度(W)/栏(C)]:
```

这里只对提示中第1个选项进行说明，其余选项的功能均可以在“多行文字编辑器”对话框中实现。

“指定对角点”，这是默认项。如果用户直接指定一点，AutoCAD 将以这两个点作为对角点形成的矩形区域的宽度作为文字行的宽度，以第1个角点作为文字行顶线的起始点，并且弹出如图13-65所示的“多行文字编辑器”对话框。

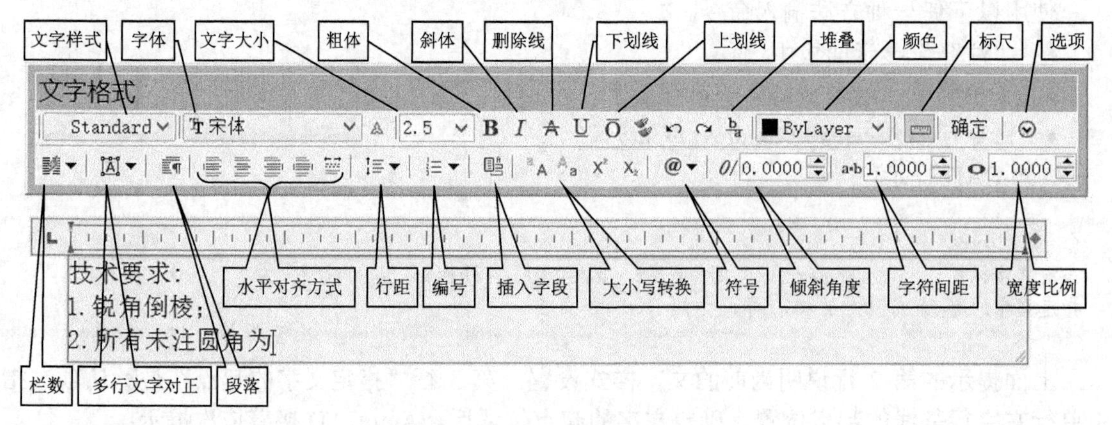

图13-65 “多行文字编辑器”对话框

用户可以利用该对话框进行文字标注设置、字符串的输入和编辑等操作，在后面将详细介绍该对话框。

表 13-2 是 AutoCAD 的常用控制符。

表 13-2　　　　　　　　　　　　AutoCAD 控制符

符　号	含　义
%%o	打开或关闭文字上划线
%%u	打开或关闭文字下划线
%%d	标注“度”（°）符号
%%p	标注加/减符号（±）
%%c	标注“直径”（Φ）符号

说明：在实际设计绘图中，往往需要标注一些特殊的字符，这些特殊字符不能从键盘上直接输入，AntoCAD 提供了相应的控制符，以实现这些标注要求。AutoCAD 的控制符由两个百分号（%%）以及在后面紧接一个字符构成。

13.5.4　编辑文字

创建了文字对象之后，就要根据需要对文字进行编辑，而单行文字和多行文字的编辑方法是不同的。使用以下任一种方法输入文字编辑命令。

- 鼠标左键双击文字对象
- 下拉菜单：修改→对象→文字→编辑…
- 命令行输入：edit（或 ed）↙

AutoCAD 提示：

```
选择注释对象：
```

1．编辑单行文字

如果用户选择单行文字，AutoCAD 将用户选择的单行文字变成可编辑状态，如图 13-66 所示。框内显示的是文字内容，可以直接修改。

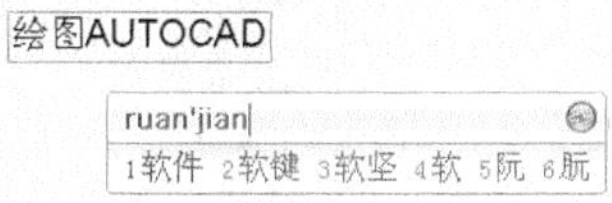

图 13-66　单行文字编辑对话框

2．编辑多行文字

如果用户选择的文字对象是多行文字，AutoCAD 会弹出如图 13-65 所示的“多行文字编辑器”对话框。下面对该对话框主要编辑功能进行介绍。

（1）字体设置区域。在该区域中，可以设置字体样式、字体、字体大小，还可以设置字体的属性，如粗体/非粗体、斜体/非斜体、有/无下划线、有/无上划线、堆叠/非堆叠以及文字颜色。

堆叠/非堆叠的操作，举例说明如下。

例：要求输入一个尺寸 20 及其上下偏差，上偏差为+0.02，下偏差为−0.01；要求上下偏差按照工程图样的格式标注。

操作步骤如下。

① 先在多行文本编辑器中输入：20+0.02^−0.01；

② 然后选中：＋0.02^−0.01；

③ 用鼠标单击堆叠按钮 $\frac{b}{a}$，则操作完成。

操作过程如图 13-67 所示。

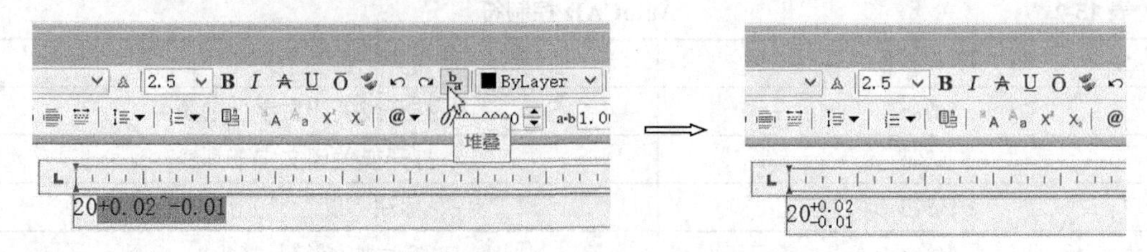

图 13-67 “堆叠”操作

（2）文字对齐方式设置区域。在该区域中，用户可以设置文字的水平对齐方式。水平对齐方式有：左对齐、右对齐、居中对齐、对正和分布。

（3）编号区域。该区域作用是，当用户要对相关主题的多个内容进行列举时，可以用这个区域进行按顺序的编号或者用项目符号进行标记。

（4）插入字段。单击图 13-65 中的“插入字段”按钮，可以弹出一个对话框，通过该对话框用户可以插入需要的字段，这些字段分为几类：日期时间类、打印类、文档类、图纸集类等。

（5）符号。单击“符号”按钮弹出如图 13-68 所示的插入字符菜单，由此用户可以插入各种需要的特殊符号。

（6）文字特殊属性设置区域。该区域包括倾斜角度、追踪（即字符间距）、宽度因子，分别设置字体相对于 *Y* 坐标轴的倾斜角度，字符与字符之间的距离大小，字体宽度方向的缩放比例系数。

（7）选项。单击“选项”按钮弹出如图 13-69 所示的“选项”菜单。

度数(D)	%%d
正/负(P)	%%p
直径(I)	%%c
几乎相等	\U+2248
角度	\U+2220
边界线	\U+E100
中心线	\U+2104
差值	\U+0394
电相角	\U+0278
流线	\U+E101
恒等于	\U+2261
初始长度	\U+E200
界碑线	\U+E102
不相等	\U+2260
欧姆	\U+2126
欧米加	\U+03A9
地界线	\U+214A
下标 2	\U+2082
平方	\U+00B2
立方	\U+00B3
不间断空格(S)	Ctrl+Shift+Space
其他(O)...	

图 13-68 插入字符菜单

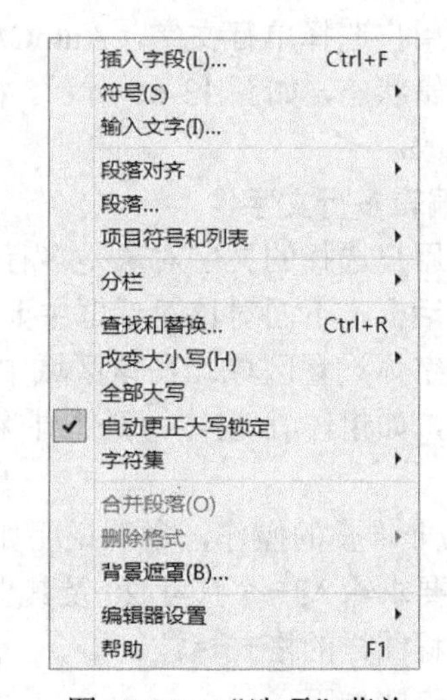

图 13-69 “选项”菜单

通过该菜单除了可以实现多行文本编辑器工具栏按钮的一些功能外，还可以定制多行文本编辑器的工具栏，还具有一些功能，如输入文字、段落对齐、项目符号和列表、查找和替换、背景遮罩等。

13.6 图层

在 AutoCAD 2016 中，所有图形对象都具有图层、颜色、线型和线宽这 4 个基本属性。用户可以使用不同的图层、颜色、线型和线宽绘制不同的对象和元素。充分利用这 4 种属性功能有助于提高绘制复杂图形的效率和准确性。

13.6.1 图层的概念

按照国家标准规定，工程图样需使用不同形状、粗细的图线，如实线、虚线、点划线等。若令不同的图线具有不同的颜色，则图形更加清晰。如果每次绘制对象时都定义图线的线型、颜色，则要频繁、重复地操作，不但费时，也容易造成同种线型的不统一。

最好能够同种线型的图线一次定义好，使用时简单调出即可。AutoCAD 中的图层具有这个功能。图层可以理解为一张张透明的胶片，每个图层分别定义好线型与颜色，绘图时只需在对应的图层上绘制各自的对象，在各层上绘制的对象叠加在一起就可得到完整的工程图样。

13.6.2 图层特性管理器

要使用图层，首先需要创建图层，此外还需要对图层进行管理。这些工作都可以通过图层特性管理器来完成。通过下列任一种方式都可以输入命令：

- “图层”工具栏：
- “图层”显示面板：
- 下拉菜单：格式→图层…
- 命令行输入：layer↙

AutoCAD 弹出如图 13-70 所示的“图层特性管理器”对话框，其中部分选项含义如下。

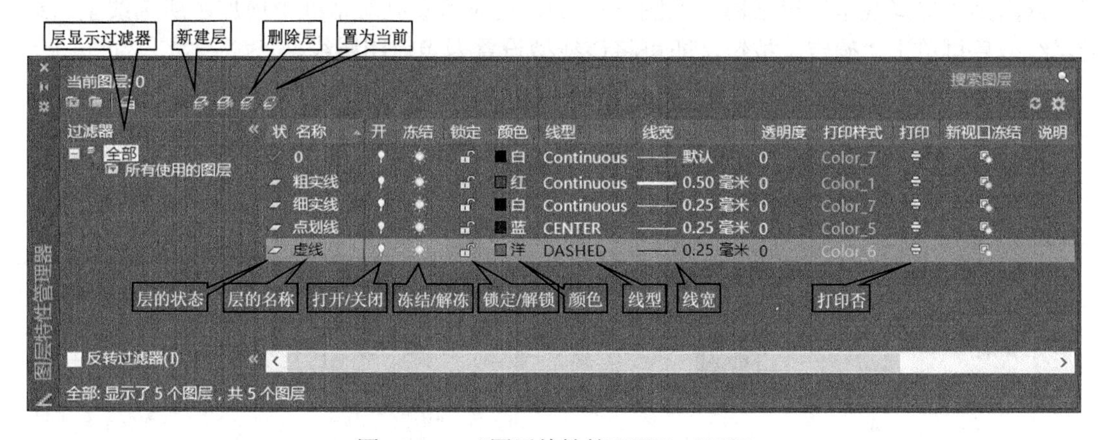

图 13-70 “图层特性管理器”对话框

1. 新建图层

默认情况下，AutoCAD 只有一个图层即 0 层，用户单击“新建图层”按钮，创建一个新图层。

2．删除图层

先在图层列表框中选择要删除的图层，然后单击“删除图层”按钮，待删除的图层即被打上删除标记，再单击“应用”按钮，就可以将打了删除标记的图层删除了。

说明：要删除的图层必须是空图层，即该图层上没有对象。此外，“0”图层也不能删除。

3．置为当前

先在图层列表框中选择要设置为当前的图层，然后单击“置为当前”按钮，之后所有的绘图命令操作都是在该图层上进行的。

4．名称

图层的名称可以修改。方法是先选中一个图层，然后单击该图层的名称部分，即可修改。

5．开关状态

开关状态指图层处于打开或关闭状态。如果图层被打开，则该图层上的图形可以在显示器上显示，也可以在输出设备上打印。反之不能。

6．冻结/解冻

如果图层被冻结，则该图层上的图形对象不能被显示出来，也不能打印输出，而且也不参加图形之间的操作和不能被编辑（例如，不能将该图层上的对象复制到其他的图形上）。

7．锁定/解锁

锁定状态并不影响该图层上图形对象的显示，但用户不能编辑锁定图层上的对象。

8．颜色

“颜色”列对应的各小方图标的颜色反映该图层的颜色。如果要改变某一图层的颜色，单击对应的图标，AutoCAD 弹出如图 13-71 所示的“选择颜色”对话框，用户从中选择即可。

9．线型

“线型”列显示各图层的线型名称。如果要改变线型，单击该线型名称，AutoCAD 弹出如图 13-72 所示的“选择线型”对话框，用户从中进行选择线型即可。

如果没有需要的线型，可以单击该对话框的“加载”按钮，出现如图 13-73 所示的“线型列表”对话框。用滚动条浏览所列出的线型，从中选择所需的线型。然后单击“确定”按钮，返回到“选择线型”对话框（见图 13-72），这时可看到对话框中增加了所选线型。选中所需线型后再单击“确定”按钮，即可将该线型设置为当前图层线型。

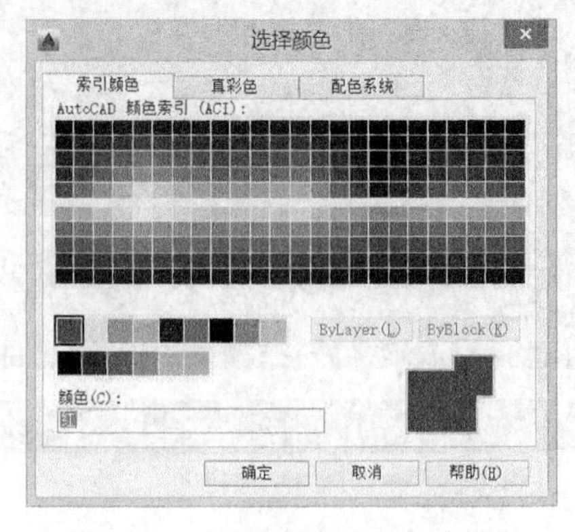

图 13-71 “选择颜色”对话框

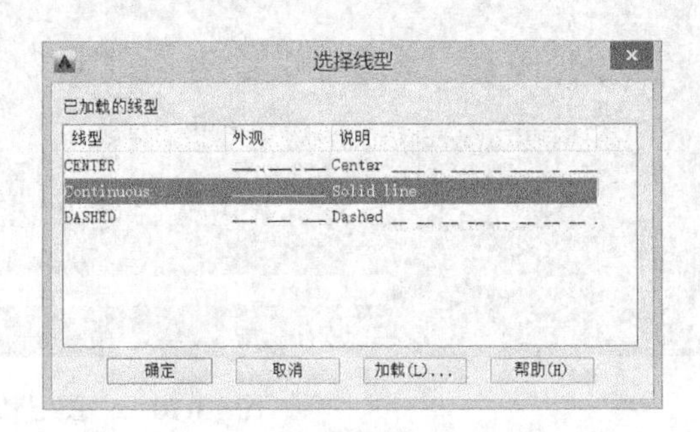

图 13-72 “选择线型”对话框

为了正确地在图中显示出虚线、点划线等线型，还需要对线型比例进行设置。线型比例设置命令如下。

- 命令行输入：LTSCALE↙
- 下拉菜单：格式→线型...→（弹出对话框）单击“显示细节”按钮→修改“全局比例因子”

第二种方法比较慢，尤其在需要多次重复修改的情况下，更加明显。这里只对第一种方法作具体说明。输入命令序列如下。

```
命令: ltscale↙
输入新线型比例因子 <1.0000>:  5↙  （根据具体情况输入合适的线型比例因子）
```

注意：为了尽快找到合适的线型比例，清楚地在图上显示虚线、点划线等，一般是 5 倍地增加或者减少线型比例因子，等到基本能够看得出是虚线或者点划线后，再进行微调。

10．线宽

“线宽”列显示各图层的线宽值。如果要改变某一图层的线宽，单击该层对应的线宽列的图标，AutoCAD 会弹出如图 13-74 所示的“线宽”对话框，用户可从中选择所需的线宽。

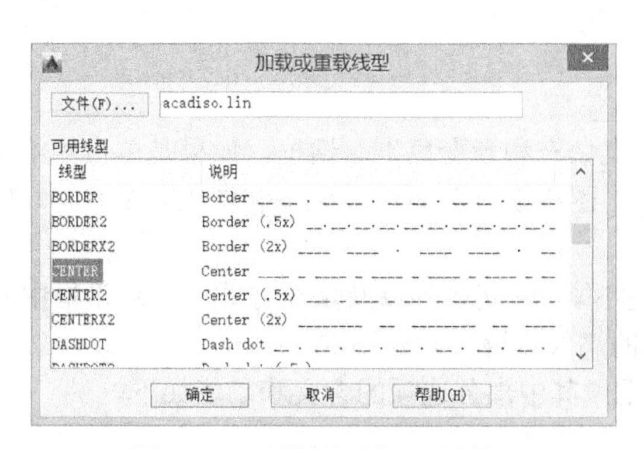

图 13-73 “线型列表”对话框

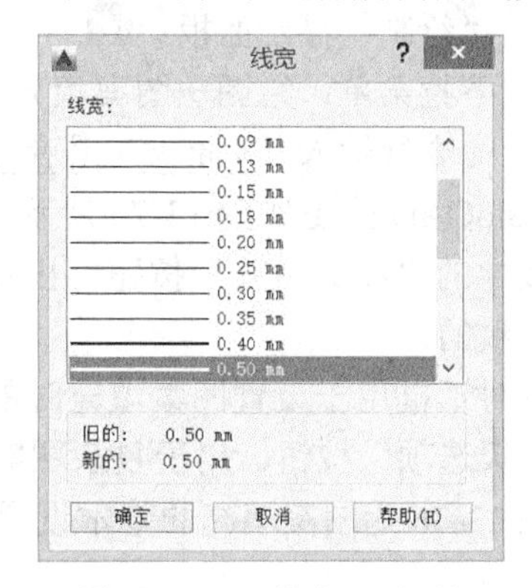

图 13-74 “线宽”对话框

图层设置的线宽特性是否显示在视图上，还需要通过“线宽设置”对话框来设置。可以采用如下方式输入命令。

- 状态栏的“显示/隐藏线宽”按钮，单击鼠标左键开或关，单击鼠标右键打开对话框
- 下拉菜单：格式→线宽...
- 命令行输入：lineweight↙

AutoCAD 弹出如图 13-75 所示的“线宽设置”对话框，将图中复选框“显示线宽”打上勾，则视图中显示线宽，并且线宽显示粗细还可以通过“调节显示比例”进行调节。

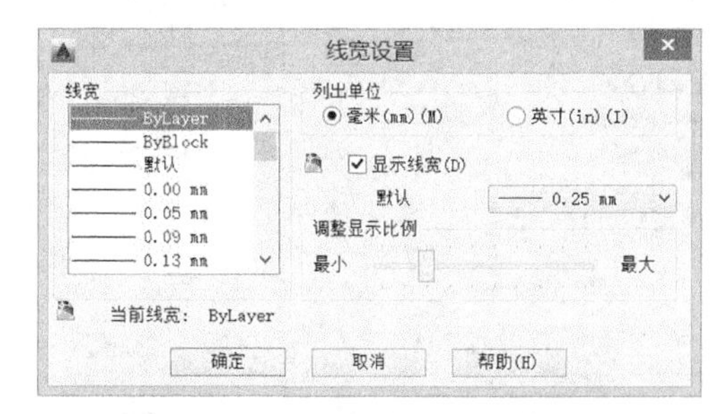

图 13-75 “线宽设置”对话框

13.7 图案填充

用户在绘制图形时经常要重复绘制某些图案去填充图形中的一个区域，以表达该区域的特征，从而增加图形的可读性，例如，在机械工程图中绘制物体的断面图或剖视图中的剖面线，这样的填充操作在 AutoCAD 中称为图案填充。

图案填充在 AutoCAD 中的应用非常广泛，图案填充用于表达一个剖切的区域，而不同的图案填充则表达不同的零部件或者材料。

13.7.1 创建图案填充

创建图案填充通常可以通过两种方式：对话框和命令行。但对话框更加直观方便，因此只介绍用对话框创建图案填充。

通过下列任一种方式都可以输入命令。

- “绘制”工具栏：
- “绘制”显示面板：
- 下拉菜单：绘图→图案填充...
- 命令行输入：bhatch（或者 hatch）↙

AutoCAD 弹出如图 13-76 所示的“图案填充和渐变色”对话框。如果是单击“绘图”显示面板中的“图案填充”按钮，出现的是“图案填充”面板，风格和图 13-76 不同，但是内容是一致的。

该对话框用于设置图案填充时的图案类型、填充边界以及填充方式等。对话框中右下角有“高级选项”按钮，用于复杂图案填充的高级设置，此处不讲。

图 13-76 为图案填充的基本设置对话框，其中部分选项的含义和功能如下。

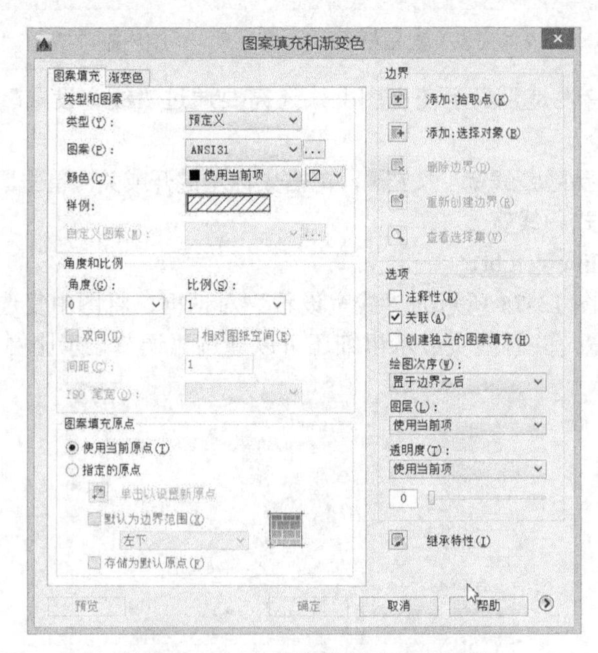

图 13-76　“边界图案填充”对话框

1. 类型

设置填充的图案的类型。有“预定义”“用户定义”和“自定义”3 种类型。其中“预定义”为 AutoCAD 提供的图案；“自定义”为用户事先定义好的图案；“用户定义”为用户临时定义图案。

2. 图案

当“类型”设置为“预定义”时，此选项有效，用于设置填充的图案。用户可以从“图案”下拉列表框中根据图案名来选择，也可单击右边的按钮，从弹出的“填充图案选项板”对话框中选择，如图 13-77 所示。

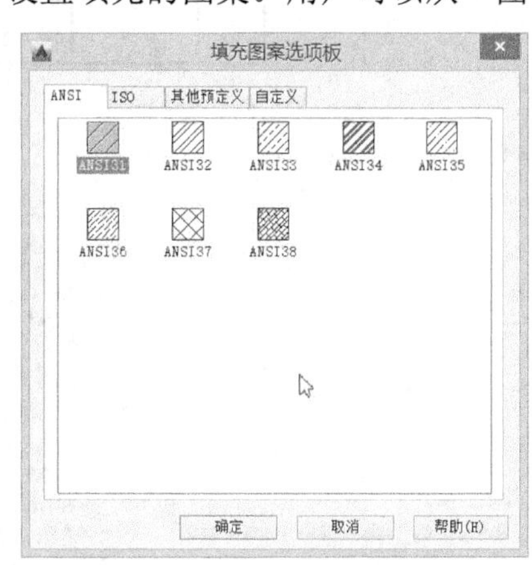

图 13-77 “填充图案控制板”对话框

3. 样例

显示当前选中的图案样例。单击样例图案，AutoCAD 弹出类似于如图 13-77 所示的对话框，供用户选择图案。

4. 角度

设置填充的图案的旋转角度。用户可以直接在“角度”文本框内输入旋转角度，也可以从相应的下拉列表框中选择。

5. 比例

设置图案填充时的比例值。每种图案在定义时的初始比例为 1，用户可以根据需要放大或缩小。比例因子可以直接在“比例”文本框内输入，也可以从相应的下拉列表框中选择。

6. 间距

当填充类型采用“用户定义”类型时，该选项可用。该选项用于设置填充平行线之间的距离。用户在“间距”文本框内输入值即可。

7. 添加：拾取点

该按钮提供用户以拾取点的形式来指定填充区域的边界。单击该按钮，AutoCAD 切换到绘图窗口，并在命令行窗口中提示：

```
拾取内部点或 [选择对象(S)/删除边界(B)]:
```

需要用户在准备填充的区域内任意指定一点，AutoCAD 自动计算出包围该点的封闭边界，并亮显这些边界。如果在拾取点后 AutoCAD 不能形成封闭的边界，会给出错误信息。

8. 添加：选择对象

该按钮以选择对象的方式来定义填充区域的边界。单击该按钮，AutoCAD 切换到绘图窗口，并在命令行窗口中提示：

```
选择对象或 [拾取内部点(K)/删除边界(B)]:
```

用户在此提示下选择构成填充区域的边界。同样，被选择到的边界也会亮显。

例：将图 13-78 中的全剖视图内填充上 45° 的斜线。

操作步骤如下。

（1）用鼠标单击“绘图”工具栏的按钮，弹出如图 13-76 所示的对话框。

（2）将对话框中的“类型”设为“用户定义”，“角度”设为“45”，“间距”设为“8”（间距根据实际图形大小来设置），如图13-79所示。

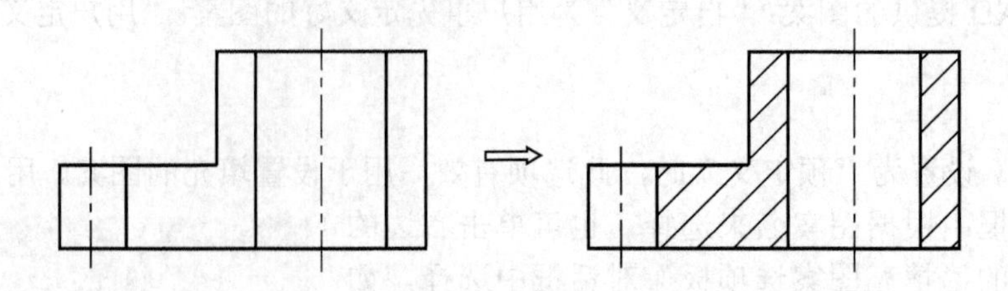

图13-78　图案填充举例

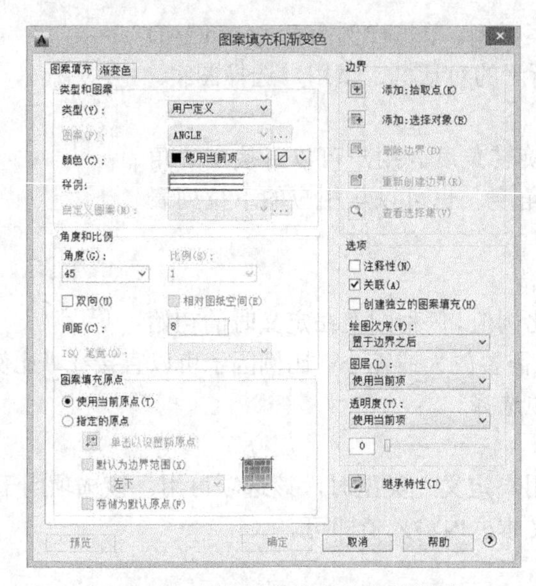

图13-79　图案填充举例的参数设置

（3）用鼠标单击图13-79中的“添加：拾取点”按钮，AutoCAD切换到绘图窗口，并在命令行窗口中提示：

```
拾取内部点或 [选择对象(S)/删除边界(B)]:
```

用鼠标在图13-78中的两个剖切区域内各单击一下，AutoCAD亮显边界。

（4）按回车键，切换到图13-79，用鼠标单击“确定”按钮结束命令，得到填充后的图形。

这个例子也可以选择另外的填充类型，如：“预定义”来进行图案填充，此处不再做具体讲述。

13.7.2　编辑填充图案

对于已有的图案填充对象，用户可以进行编辑，修改图案或关联性等。

通过下列任一种方式都可以输入命令。

- “修改”显示面板：
- 下拉菜单：修改→对象→图案填充...

- 命令行输入：hatchedit↙

AutoCAD 提示：

```
命令: _hatchedit
选择图案填充对象:
```

选择了已有的图案填充后，AutoCAD 弹出与图 13-76 几乎完全相同的“图案填充编辑”对话框。“图案填充编辑”对话框与“图案填充与渐变色”对话框的内容相同，只是删除填充边界和重新建立边界的按钮变为可用，即图案填充操作只能修改图案、比例、旋转角度和关联性等，而不能修改它的边界，但是图案填充编辑却可以。

13.8 图块

常见的绘图任务是在一幅图中几次放置同一组对象。块是用户保存和命名的一组对象，可以在绘图中所需要的任何地方插入它们。不管用来创建块的个体对象的数目有多少，它都是一个对象。由于它是一个对象，因此用户可以更容易地移动、拷贝、缩放或旋转它。如果有必要的话，用户还可以分解一个块，以获得原来的单独对象。

块的优点是它减小了图形文件的存储空间大小，减少了许多重复性的绘图工作。AutoCAD 对每个块仅存放一份，随着每次对块的引用进行插入，而不是在图形数据库中的各个块中存放各个独立的对象。

一旦在图中有一个块，用户就可以像处理其他对象一样处理它。虽然用户不能编辑块中各个对象，但可以捕捉它们。

图块的操作主要分为以下两步。

图块的创建。图块创建的两个主要命令是 BLOCK 和 WBLOCK。

图块的插入。图块插入相应的命令有 INSERT 及 DDINSERT。

13.8.1 图块的创建

BLOCK 和 WBLOCK 的最大区别，就在于 BLOCK 创建的块只能在当前文件使用；WBLOCK 创建的块被存储为一个文件，可以用于其他文件的图块插入操作，WBLOCK 也可以将已经创建的块存储为一个文件。所以，对于常用的图块，如一些常用标准件、常用件，最好使用 WBLOCK 命令，这样就可以建立一个小型的图块库，在画装配图等图样的时候，就十分方便。很多在 AutoCAD 基础上二次开发的软件就主要是带有类似这样的一些图样库，成为专业软件。

BLOCK 命令可以有以下 4 种输入方式。

- “绘图”工具栏中：
- “块”显示面板中：
- 下拉菜单：绘图→块→创建…
- 命令行输入：block↙

WBLOCK 命令只有一种输入方式：

- 命令行输入：wblock↙

下面举例说明图块的创建操作。

1．创建图块（Block）

首先绘制出如图 13-80 所示左边的图形，然后输入 BLOCK 命令，AutoCAD 弹出图块创建对话框（见图 13-81）。

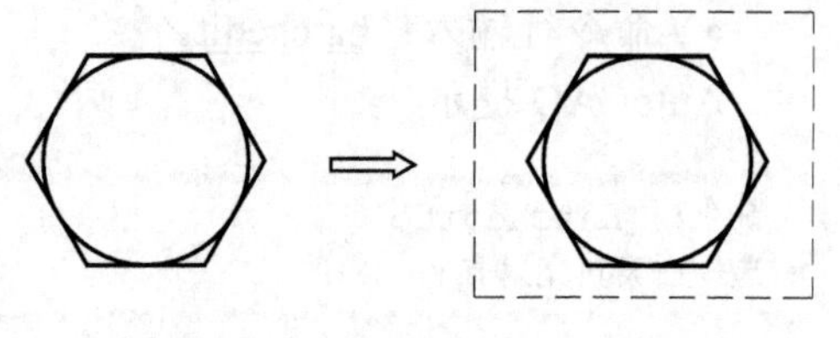

图 13-80　“图块创建”示例

操作步骤如下。

（1）输入将要创建的图块名称。

（2）用鼠标单击“拾取点”按钮，然后在屏幕上选择将来图块在插入时的基点（或者在基点组的坐标输入框中输入坐标值）。

（3）用鼠标单击“选择对象”按钮，然后在屏幕上选择将要创建为图块的图形对象，如图 13-80 右图所示，可以采用交叉窗口方式选择，选择完后按 Enter 键。

（4）对象组下面的 3 个选项根据需要任意选择即可，用鼠标单击“确定”按钮即完成了图块的创建。

2．创建、保存图块（WBlock）

WBLOCK 可以创建图块，同时保存图块；也可以将已经创建的图块存储为一个文件，这样的图块可以用于其他文件的图块插入操作。

WBLOCK 可以将 3 种来源的图块存储为文件，如图 13-82 所示。当图块的来源选择“对象”时，创建图块的操作步骤和 BLOCK 命令相同。另外，WBLOCK 命令还要求给出存储图块的文件名和路径。

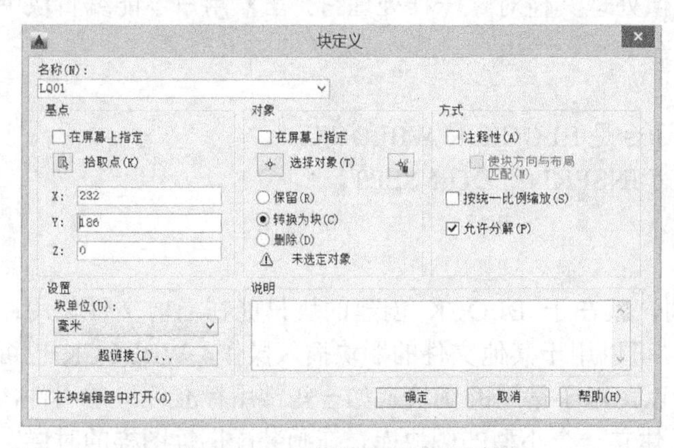

图 13-81　“图块创建”对话框

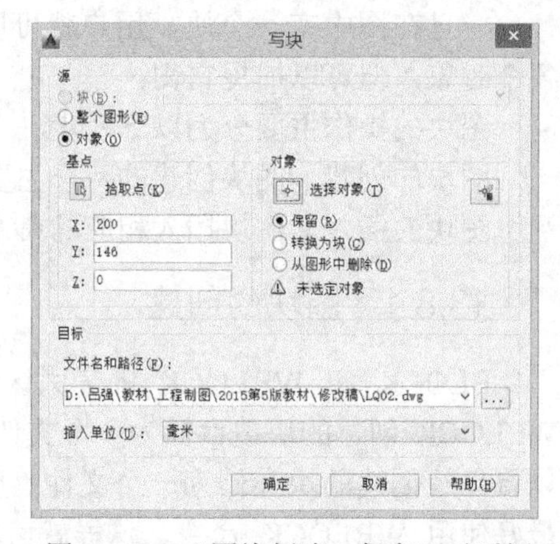

图 13-82　“图块创建、保存”对话框

13.8.2　图块的插入

当需要插入某个图块时，可以通过以下 4 种方式输入图块插入命令。

- “绘图”工具栏中：
- “块”显示面板中：
- 下拉菜单：插入→块...
- 命令行输入：insert（或 ddinsert）↙

输入插入图块命令后，AutoCAD 弹出如图 13-83 所示的对话框。

插入图块的操作步骤如下。

（1）用鼠标单击“名称”下拉列表框，从中选择已经创建的图块，或者用鼠标单击“浏览...”按钮，选择已经存储的图块文件。

（2）指定图块的插入点，可以选择在屏幕上指定插入点，也可以直接输入插入点的 *X*、*Y*、*Z* 坐标值。

（3）指定图块的比例系数，可以选择在屏幕上指定比例系数，也可以直接输入图块插入时 *X*、*Y*、*Z* 方向的伸缩比例系数（3 个方向的比例系数是否一致，可以通过是否选中复选框“统一比例”来决定）。

（4）指定插入图块的旋转角度，可以选择在屏幕上指定旋转角度，也可以直接输入旋转角度。

（5）用鼠标单击“确定”按钮，回到 AutoCAD 的绘图窗口。如果在如图 13-83 所示对话框中选择了“在屏幕上指定”，那么需要按照命令行的提示依次完成插入点、插入比例或旋转角度的输入，这样就完成了图块的插入。

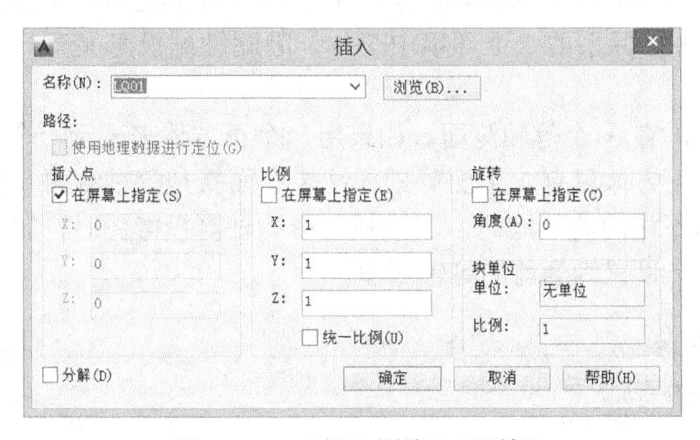

图 13-83 “插入图块”对话框

13.9 轴测投影图的绘制

AutoCAD 系统提供了绘制轴测投影图（正等测）的工具，使用该工具可方便地绘出物体的轴测图。但所绘轴测图只提供立体效果，不是真正的三维图形，它只是用二维图形来模拟三维对象。由于 AutoCAD 绘制的轴测投影图比较简单，并且具有较好的三维真实感，因此被广泛应用于机械和建筑等专业设计中。

13.9.1 轴测投影模式

AutoCAD 可以通过以下 3 种方式打开轴测投影模式。

- 下拉菜单：工具→绘图设置...（弹出对话框）→捕捉和栅格→等轴侧捕捉。
- 状态栏：鼠标右键单击“显示图形栅格”按钮→网格设置...（弹出对话框）→捕捉和栅格→等轴侧捕捉。
- 命令行输入：snap↙，并按提示操作。

1．使用“草图设置”对话框

通过下拉菜单选择：工具→绘图设置...（或者状态栏：鼠标右键单击“显示图形栅格”按钮→网格设置...），AutoCAD 弹出“草图设置”对话框，如图 13-84 所示。选择“捕捉和栅格”标签，然后选中“捕捉类型”组中的“等轴侧捕捉”选项，单击“确定”按钮，就可以打开轴测投影模式。

2．使用“捕捉”（Snap）命令

使用 Snap 命令的“样式”（Style）选项可以在轴测投影模式和标准模式之间进行切换。

在命令行输入 Snap 命令后，根据 AutoCAD 提示如下操作：

```
命令：snap↙
指定捕捉间距或 [打开(ON)/关闭(OFF)/纵横向间距(A)/传统(L)/样式(S)/类型(T)] <10.0000>: s↙
(选择样式选项)
输入捕捉栅格类型 [标准(S)/等轴测(I)] <S>: i↙  （选择等轴测选项）
指定垂直间距 <10.0000>: ↙  （回车结束命令）
```

如进行了上述设置后，就进入轴测投影模式。轴测投影是对三维空间的模拟，实际上用户仍在未改变的 *X*、*Y* 坐标系的二维环境中工作。因此轴测投影又有一些不同于二维图形的特点。

在等轴测模式下，有 3 个等轴测面。如果用一个正方体来表示一个三维坐标系，那么，在等轴测图中，这个正方体只有 3 个面可见，这 3 个面就是等轴测面（见图 13-85）。这 3 个面的平面坐标系是各不相同的，因此，在绘制二维等轴测投影图时，首先要在左、上、右 3 个等轴测面中选择一个设置为当前的等轴测面。

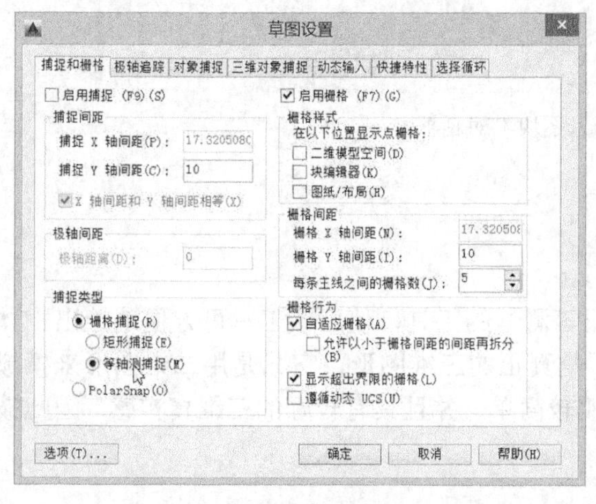

图 13-84 “轴测投影模式设置”对话框

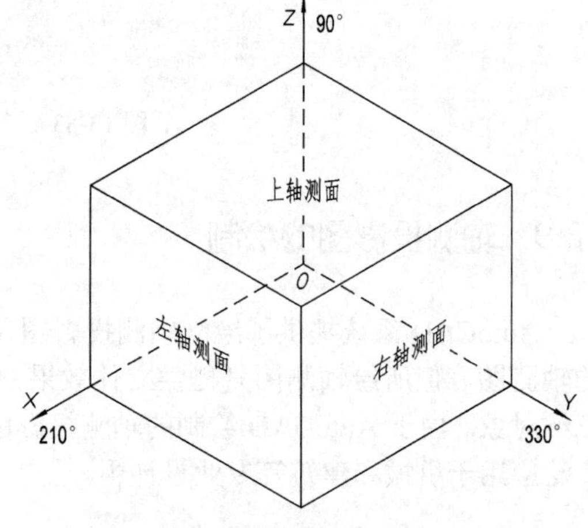

图 13-85 轴测平面

可以用 ISOPLAN 命令或“Ctrl＋E”组合键，或 F5 键在轴测面 *XOY*、*XOZ*、*YOZ* 间进行切换。

13.9.2 轴测投影模式下绘图

下面举例说明等轴测图的绘制。

首先设置绘图模式。

（1）打开轴测投影模式；

（2）打开正交模式（用鼠标单击状态栏的“正交限制光标”按钮）。

1．绘制直线

绘制直线的方法如下。

（1）平行于坐标轴（轴测轴）的线段，首先确定起点，然后将鼠标放在该线段的延长线上，直接输入线段长度即可绘制。

（2）倾斜于坐标轴（轴测轴）的线段，绘制时捕捉其起点和终点即可绘出。

（3）平行于已知线段的线段，可以输入“COPY”（复制）命令，选择已知线段，将鼠标放在平移方向上，输入平移距离，就可以得到。

2．绘制圆和圆弧

圆的轴测投影变为椭圆，椭圆的画法可用“椭圆”（ELLIPSE）命令的“等轴侧圆”（Isocircle）选项。输入圆心的位置、半径或直径，椭圆就自动出现在当前轴测面内。

圆弧在轴测投影图中以椭圆弧的形式出现，用户可以绘制一个整圆，然后修剪出需要的部分。

例：按尺寸绘制如图13-86所示的正等轴测图。

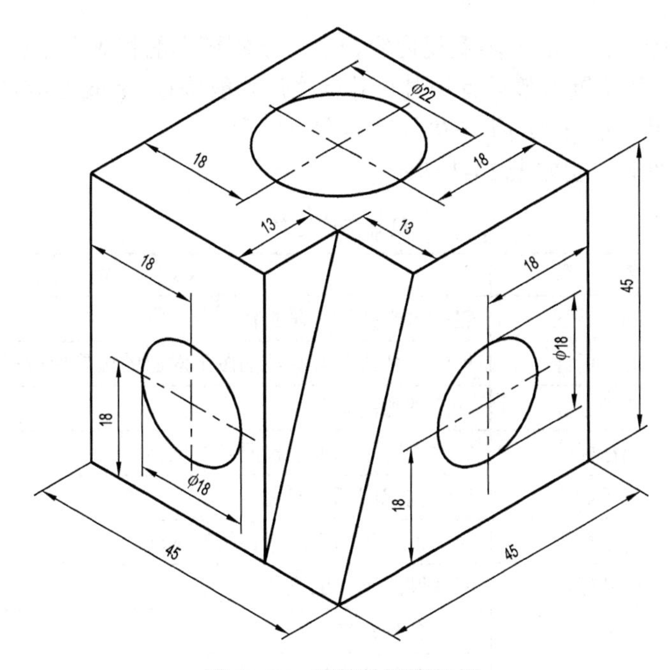

图13-86 正等轴测图示例

绘图步骤如下。

（1）用“直线”（LINE）命令根据直线绘制方法绘出正方形，如图13-87（a）所示。

（2）用“复制”（COPY）命令将上轴测面前角的两条边沿着坐标轴向里13mm，复制得到两条交线。修剪并连接其余的线段，如图13-87（b）所示。

（3）同样用“复制”（COPY）命令得到3个椭圆的相交轴线，并将其改为“CENTER”（中心线）。

（4）用“椭圆”（ELLIPSE）命令的“等轴侧圆”（Isocircle）选项，在对应的轴测面内，捕捉圆心，输入半径，绘制出3个椭圆，如图13-87（c）所示。

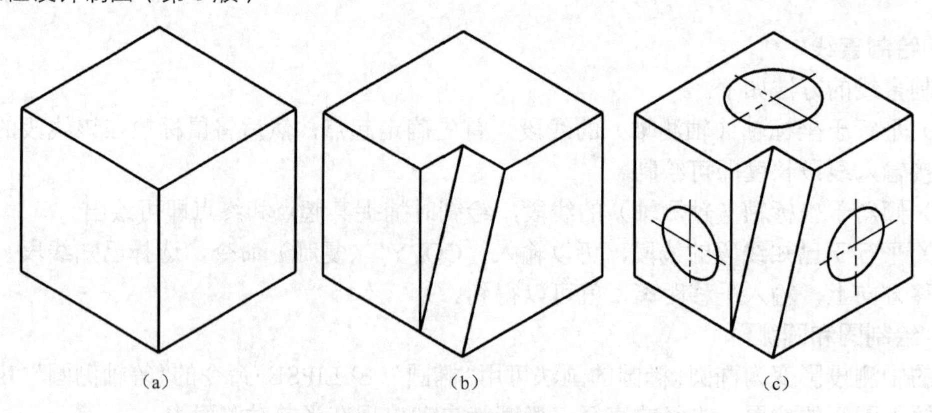

图 13-87　正等轴测图绘制步骤

13.10　尺寸标注

尺寸标注是绘图设计中的一项重要内容，因为绘制图形的根本目的是反映对象的形状、大小和位置，而大小和位置参数只有经过尺寸标注后才能确定。AutoCAD 2016 提供了完整的尺寸标注命令和实用程序来帮助用户最终确定图形要素。

尺寸标注各按钮的功能如表 13-3 所示。

表 13-3　尺寸标注工具

图　标	名　称	功　能
	线性标注	包括水平标注和垂直标注
	对齐标注	标注尺寸线与被标注的图形对象的边界保持平行
	弧长标注	标注圆弧的弧长
	坐标标注	标注相对于当前坐标原点的坐标
	半径标注	标注圆或圆弧的半径
	折弯标注	特殊情况下圆弧的半径折弯标注
	直径标注	标注圆或圆弧的直径
	角度标注	标注各种角度
	快速标注	从选定对象中快速地创建一组标注
	基线标注	从上一个或选定标注的基线作连续的线型、角度或坐标标注
	连续标注	创建从上一次所创建标注的延伸线处开始的标注
	等距标注	调整线性标注或者角度标注之间的间距
	折断标注	在标注或延伸线与其他对象交叉处折断或恢复标注和延伸线
	公差标注	创建包含在特征控制框中的形位公差
	圆心标记	创建圆和圆弧的圆心标记或中心线
	检验标注	添加或删除与选定标注关联的检验信息
	折弯标注	在线性或对齐标注上添加或删除折弯线
	编辑标注	编辑标注文字和延伸线

续表

图　　标	名　　称	功　　能
	编辑标注文字	移动和旋转标注文字，重新定位尺寸线
	标注更新	用当前标注样式更新标注对象
	标注样式	创建和修改标注样式

本部分包括以下主要内容：①尺寸术语；②标注样式；③各种标注命令。

13.10.1　尺寸术语

图 13-88 是 AutoCAD 中组成尺寸标注的各部分术语，是典型尺寸标注的各组成部分。

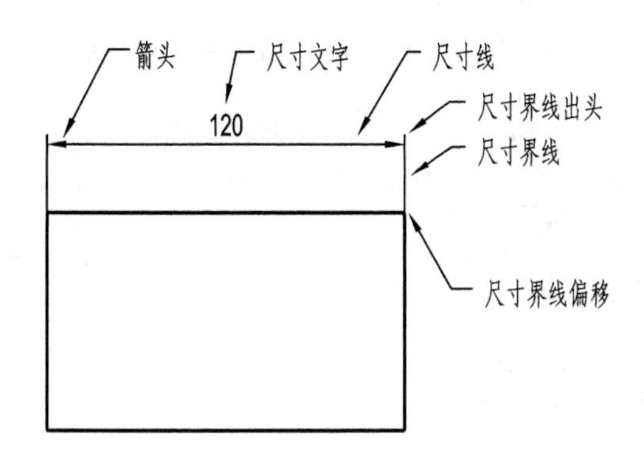

图 13-88　尺寸标注组成部分

13.10.2　尺寸样式

不同的专业和图形需要不同的标注样式，因此在标注之前根据实际需要定义标注样式。本小节将介绍关于标注样式管理器和各种标注元素的设置等方面的内容。

每次绘制标注对象时，都是根据此时各标注变量的设定值决定绘制方式和外观的，而这些设置都存在于标注样式管理器中。

通过下列任一种方式都可以输入命令。

- “标注”工具栏：
- “注释”显示面板：
- 下拉菜单：标注→标注样式...；或：格式→标注样式...
- 命令行输入：dimstyle↙

AutoCAD 弹出如图 13-89 所示的“标注样式管理器”对话框。各选项的功能介绍也见图 13-89。

单击“新建...”按钮，系统打开“创建新标注样式”对话框，在该对话框中可以建立新的尺寸标注样式。各选项的含义介绍如图 13-90 所示。

在“创建新标注样式”对话框中，输入“新样式名”，在“用于”下拉列表框中选择“所有标注”选项，然后单击“继续”按钮，系统打开“新建标注样式”对话框（见图 13-91）。如果对某个已有的标注样式进行修改，打开的是“修改标注样式”对话框，不过内容和“新建标注样式”对话框相同。其中有 7 个选项卡，这里对前面常用的 5 个进行介绍。

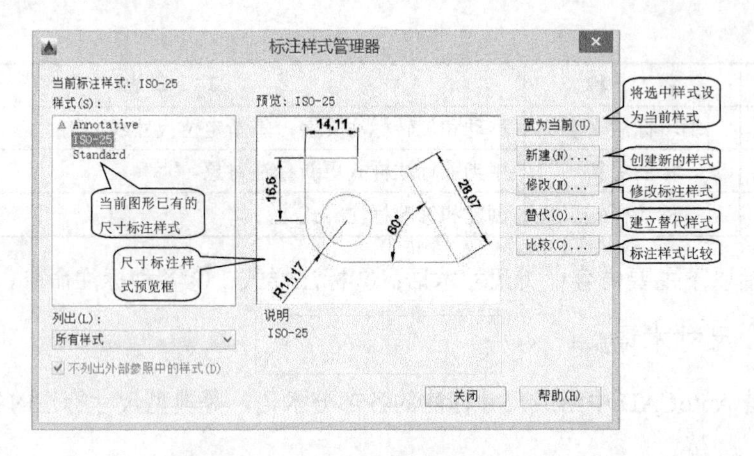

图 13-89　“标注样式管理器”对话框

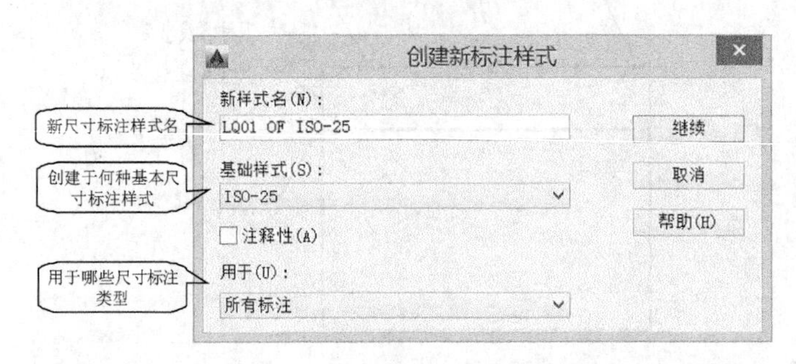

图 13-90　“创建新标注样式”对话框

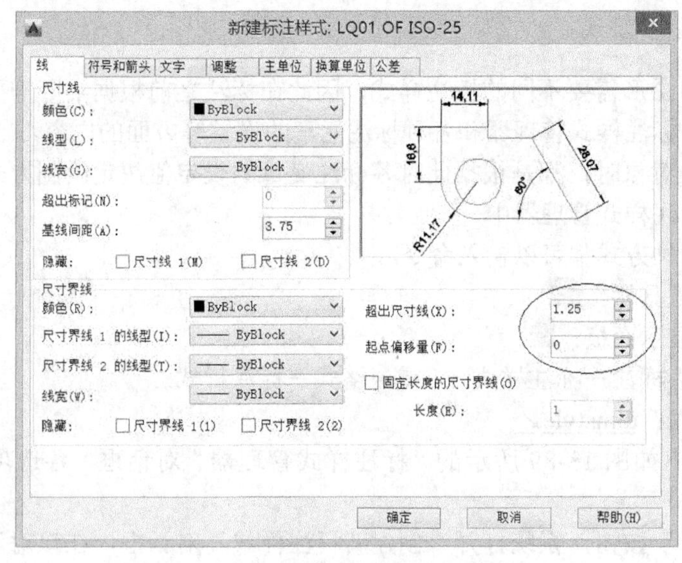

图 13-91　“新建标注样式”对话框

1．线

在图 13-91 中，系统默认打开“直线”选项卡，可对尺寸线及尺寸界线的样式进行设置。各选项的含义和功能介绍如图 13-91 所示。

在该对话框中，个别选项的含义具体说明如下。

隐藏：尺寸线 1　此复选框打勾时，尺寸线第 1 边无箭头。

隐藏：尺寸线 2　此复选框打勾时，尺寸线第 2 边无箭头。

隐藏：尺寸界线 1　此复选框打勾时，第 1 条尺寸界线不可见。

隐藏：尺寸界线 2　此复选框打勾时，第 2 条尺寸界线不可见。

基线间距：表示当采用基线标注时，相邻两条尺寸线之间的距离。

超出尺寸线：表示在尺寸线的两端，尺寸界线超出尺寸线的长度。

起点偏移量：表示尺寸界线的端点离开标注起点的距离。

图中，椭圆圈起来的是相对较常需要修改的地方。

2. 符号和箭头

在“新建标注样式”对话框中，打开“符号和箭头”选项卡，如图 13-92 所示。在该选项卡中，可以对符号和箭头的样式、颜色及大小进行设置等。

图中，椭圆圈起来的是相对较常需要修改的地方。

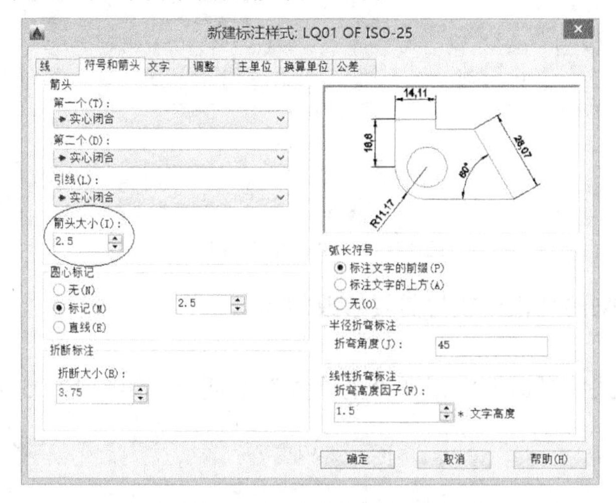

图 13-92　“符号和箭头”选项卡

3. 文字

在“新建标注样式”对话框中，打开“文字”选项卡，如图 13-93 所示。在“文字”选项卡中，可以对尺寸文字样式、颜色及位置进行设置。图中，椭圆圈起来的是相对较常需要修改的地方。

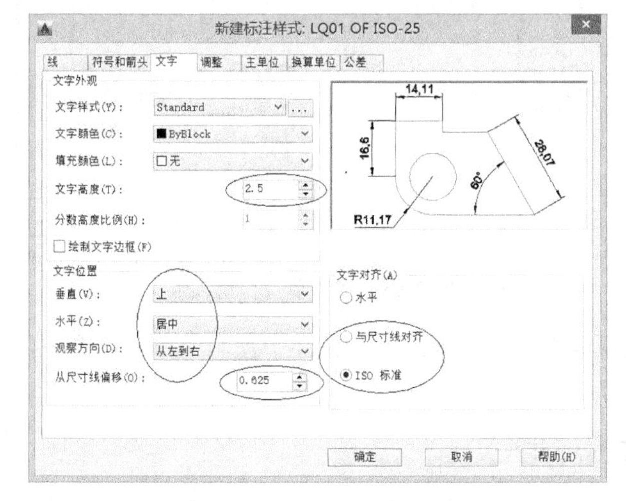

图 13-93　“文字”选项卡

4．调整

下面打开“调整”选项卡，如图 13-94 所示。这里的参数修改主要是当文字、箭头在尺寸界线之间放不下时，如何调整它们的相对位置。

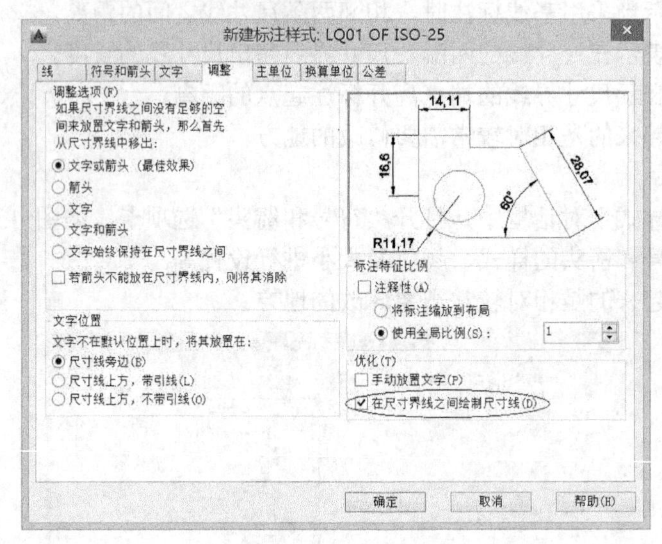

图 13-94　“调整”选项卡

图中，椭圆圈起来的是相对较常需要修改的地方。

5．主单位

在“新建标注样式”对话框中打开“主单位”选项卡，如图 13-95 所示。

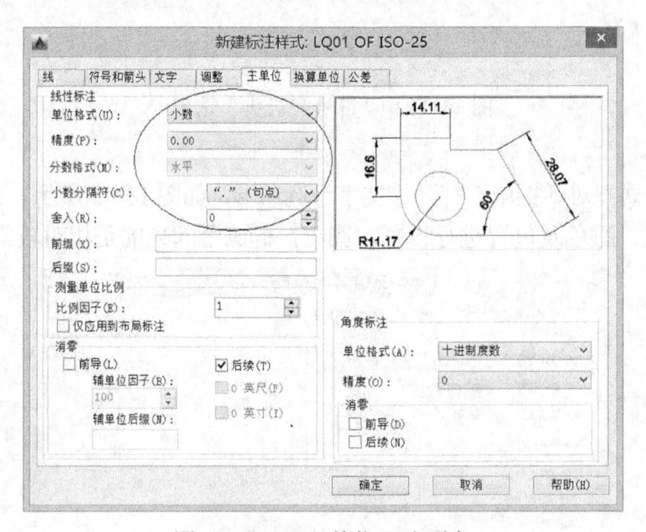

图 13-95　“主单位”选项卡

在“主单位”选项卡中，可以确定尺寸标注中使用的单位。图中，椭圆圈起来的是相对比较常需要修改的地方。

13.10.3　尺寸标注命令

在 AutoCAD 2016 中，几乎所有的尺寸标注都可以通过“标注”菜单、“标注”工具栏或者“注释”显示面板所提供的标注命令完成，包括线性标注、对齐标注、半径标注和直径标注等。下面将分别介绍其中的常用标注命令。

1．线性标注

线性标注是对包括水平标注和垂直标注在内的最常见标注的总称。

- “标注”工具栏：
- “注释”显示面板：
- 下拉菜单：标注→线型
- 命令行输入：dimlinear↙

例 1：标注图 13-96 中矩形的长和宽。

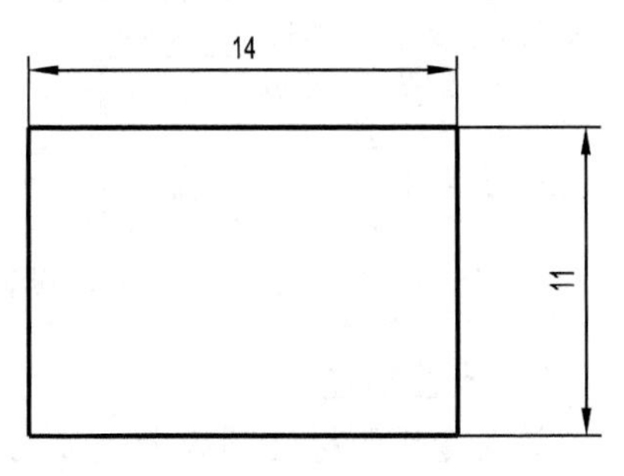

图 13-96 线性尺寸标注

首先标注矩形的长度尺寸。

```
命令: _dimlinear （用鼠标单击“线性”标注图标按钮）
指定第一个尺寸界线原点或 <选择对象>: （用鼠标捕捉矩形左上角的交点作为第 1 尺寸界线的起点）
指定第二条尺寸界线原点: （用鼠标捕捉矩形右上角的交点作为第 2 尺寸界线的起点）
指定尺寸线位置或
[多行文字(M)/文字(T)/角度(A)/水平(H)/垂直(V)/旋转(R)]: （用鼠标确定尺寸线的位置，如果输入“M”或“T”则可以手动输入尺寸文本）
标注文字 = 14 （AutoCAD 自动测量出的尺寸数字）
```

其次标注矩形的宽度尺寸。

```
命令: _dimlinear （用鼠标单击“线性”标注图标按钮）
指定第一个尺寸界线原点或 <选择对象>: （用鼠标捕捉矩形右上角的交点作为第 1 尺寸界线的起点）
指定第二条尺寸界线原点: （用鼠标捕捉矩形右下角的交点作为第 2 尺寸界线的起点）
指定尺寸线位置或
[多行文字(M)/文字(T)/角度(A)/水平(H)/垂直(V)/旋转(R)]: （用鼠标确定尺寸线的位置，如果输入“M”或“T”则可以手动输入尺寸文本）
标注文字 = 11 （AutoCAD 自动测量出的尺寸数字）
```

例 2：用线性尺寸方式标注图 13-97 中圆的直径。

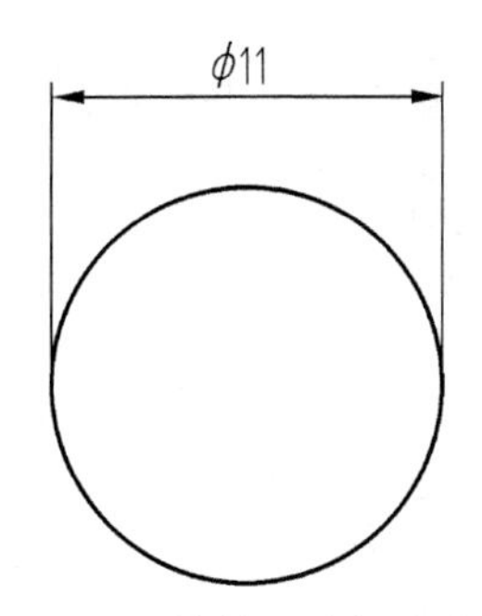

图 13-97 线性尺寸标注直径

```
命令: _dimlinear （用鼠标单击“线性”标注图标按钮）
指定第一个尺寸界线原点或 <选择对象>: （以象限捕捉方式捕捉圆的最左点作为第 1 尺寸界线的起点）
指定第二条尺寸界线原点: （以象限捕捉方式捕捉圆的最右点作为第 2 尺寸界线的起点）
```

```
指定尺寸线位置或
[多行文字(M)/文字(T)/角度(A)/水平(H)/垂直(V)/旋转(R)]: t↙ （输入“T”可以在命令行手动输入尺寸文本，如果输入“M”则在多行文本编辑器中输入尺寸文本）
输入标注文字 <11>: %%c<>↙ （“%%c”表示“ϕ”，“<>”表示尺寸数字由AutoCAD自动测量，也可以将“<>”替换为用户希望输入的尺寸）
指定尺寸线位置或
[多行文字(M)/文字(T)/角度(A)/水平(H)/垂直(V)/旋转(R)]: （用鼠标确定尺寸线的位置，如果输入“M”或“T”则可以手动输入尺寸文本）
标注文字 = 11 （AutoCAD自动测量出的尺寸数字）
```

2. 半径标注

该命令用于标注圆或者圆弧的半径。

- “标注”工具栏：
- “注释”显示面板：
- 下拉菜单：标注→半径
- 命令行输入：dimradius↙

例：标注图13-98中圆弧的半径。

```
命令: _dimradius （用鼠标单击“半径”标注图标按钮）
选择圆弧或圆: （用鼠标捕捉圆弧，如图13-98中左图所示）
标注文字 = 20 （AutoCAD自动测量出的半径大小）
指定尺寸线位置或 [多行文字(M)/文字(T)/角度(A)]: （用鼠标确定尺寸线的位置，如果输入“M”或“T”则可以手动输入尺寸文本）
```

3. 直径标注

该命令用于标注圆或者圆弧的直径。

- “标注”工具栏：
- “注释”显示面板：
- 下拉菜单：标注→直径
- 命令行输入：dimdiameter↙

例：标注图13-99中圆的直径。

```
命令: _dimdiameter （用鼠标单击“直径”标注图标按钮）
选择圆弧或圆: （用鼠标捕捉圆，如图13-99左图所示）
标注文字 = 11 （AutoCAD自动测量出的直径大小）
指定尺寸线位置或 [多行文字(M)/文字(T)/角度(A)]: （用鼠标确定尺寸线的位置，如果输入“M”或“T”则可以手动输入尺寸文本）
```

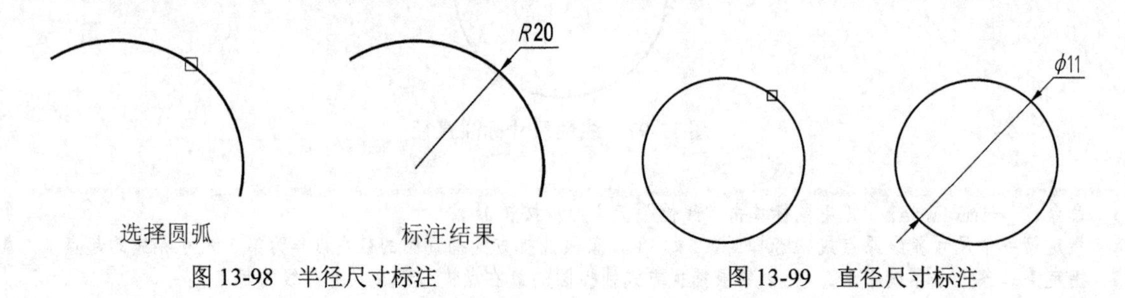

图13-98 半径尺寸标注　　图13-99 直径尺寸标注

13.11 上机练习

13.11.1 练习 1

1. 目的

（1）熟悉 Windows 操作系统界面及操作方法。

（2）掌握本章 AutoCAD 的基本知识和基本方法。

（3）掌握用鼠标拾取点的方法。

（4）掌握点的绝对（相对）直角坐标、相对极坐标的 3 种输入方式。

（5）目标捕捉功能中常用的几种方法（捕捉端点、交点、切点、象限点）。

（6）掌握直线、圆的画法。

（7）掌握 LIMITS（图幅大小）、TRIM（修剪）、EXTEND（延伸）、ERASE（删除）命令的使用。

（8）状态行“正交模式”的打开和关闭。

（9）在教师的指导下，完成上机作业。

2. 准备工作

（1）阅读教材相应内容。

（2）阅读上机实验一，熟悉上机的主要步骤和方法。

3. 练习内容

（1）练习用工具栏、显示面板、下拉菜单、命令行 4 种不同的输入方法输入命令，在屏幕上画直线和圆，学习用 ERASE（删除）命令删除不要的图形。

（2）掌握工具栏的打开和关闭（用鼠标右键单击任一工具栏，弹出快捷菜单，然后单击相应的工具栏名称），观察屏幕上的变化。

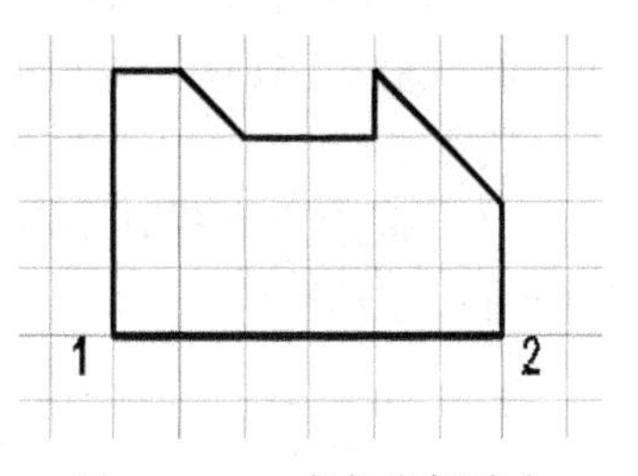

图 13-100　直角坐标确定

（3）如图 13-100 所示，网格线间距是一个图形单位，把各点的坐标值填入表中，然后用这些坐标画图。

点	坐标	点	坐标	点	坐标	点	坐标
1	2，2	2		3		4	
5		6		7		8	

（4）按给定步骤画出如图 13-101 所示的图形，采用鼠标在屏幕上拾取点的方法确定点的坐标，图形大小自定。

作图步骤：

① 用 Erase 命令删除屏幕上的所有图形；

```
命令: ERASE↙  （调用删除命令）
选择对象: all↙  （选择删除屏幕上的所有图形）
找到 4 个
选择对象: ↙  （结束删除命令）
```

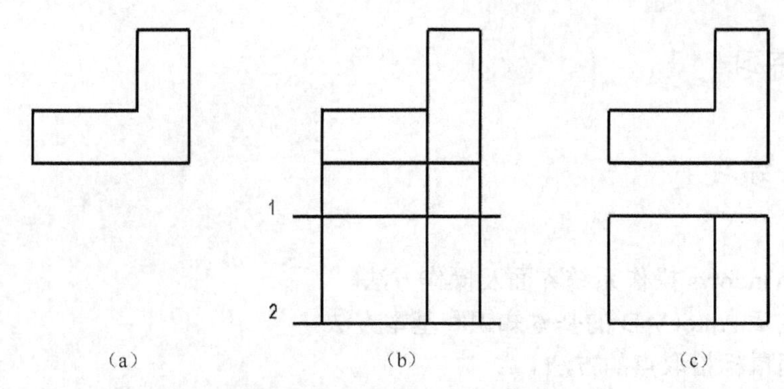

图 13-101 基本命令练习图例 1

② 用鼠标双击状态行的 ORTHO“正交限制光标”按钮，打开正交模式，用 Line（直线）命令画出主视图，如图 13-101（a）所示；

③ 用鼠标单击“绘图”工具栏的（直线）图标，画出直线 1 和直线 2，再用鼠标单击“修改”工具栏的（延伸）图标，延长其余线，如图 13-101（b）所示；

④ 用鼠标单击“修改”工具栏的（修剪）图标，修剪多余的线，整理得物体的主、俯视图，如图 13-101（c）所示。

（5）按给定步骤画出如图 13-102（c）所示的图形，用鼠标在屏幕上拾取点的方法确定坐标，图形大小自定。

作图步骤：

① 画出左视图，斜线可用捕捉交点的方法用直线命令画出，如图 13-102（a）所示；

② 画出主视图，先画直线 1 和直线 2，再用上题的方法作图和编辑，如图 13-102（b）、（c）所示。

（6）按给定步骤画出图 13-103（掌握点的绝对直角坐标、相对直角坐标、相对极坐标的 3 种输入方式）。

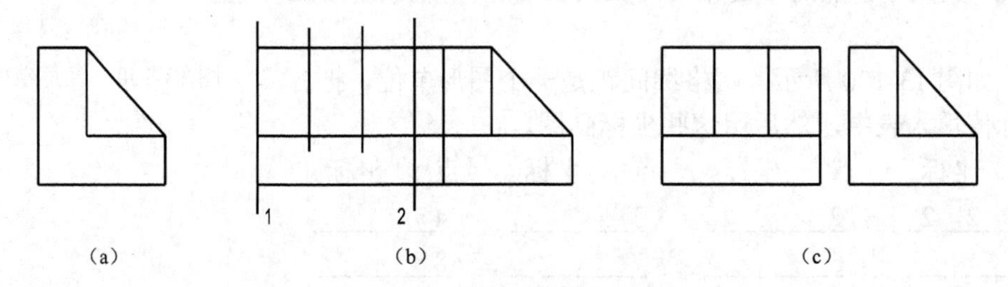

图 13-102 基本命令练习图例 2

作图步骤：

① 用 Erase 命令删除屏幕上的所有图形；

② 用 Limits 设置图幅大小；

```
命令: LIMITS↙ （调用设置图幅大小命令）
重新设置模型空间界限:
指定左下角点或 [开(ON)/关(OFF)] <0.0000,0.0000>: 0,0↙ （设置绘图边界左下角坐标）
指定右上角点 <420.0000,297.0000>: 150,100↙ （设置绘图边界右上角坐标）
```

③ 用 Zoom 命令将整张图缩放在视图区；

```
命令: ZOOM↙
指定窗口的角点，输入比例因子 (nX 或 nXP)，或者
[全部(A)/中心(C)/动态(D)/范围(E)/上一个(P)/比例(S)/窗口(W)/对象(O)] <实时>: all↙
正在重生成模型。
```

④ 按图 13-104 所示步骤及教师的实验指导方法，用绘制直线和圆的命令按所给尺寸画出如图 13-103 所示图形，不标注尺寸。

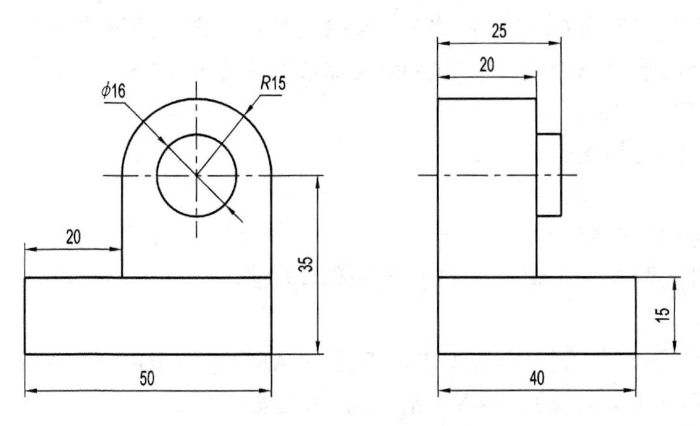

图 13-103　坐标输入练习图例

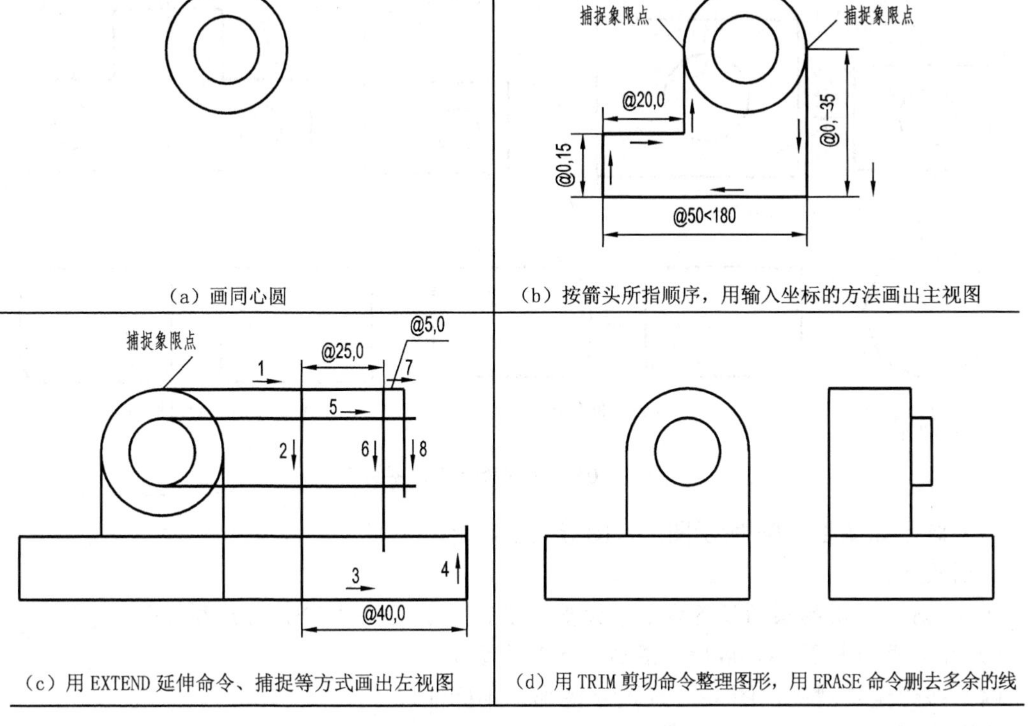

（a）画同心圆

（b）按箭头所指顺序，用输入坐标的方法画出主视图

（c）用 EXTEND 延伸命令、捕捉等方式画出左视图

（d）用 TRIM 剪切命令整理图形，用 ERASE 命令删去多余的线

图 13-104　坐标输入练习图例步骤

13.11.2 练习2

1．目的

（1）掌握绘图命令CIRCLE（圆）、ARC（弧）、RECTANG（矩形）、POLYGON（正多边形）、XLINE（构造线）、RAY（射线）命令的使用方法。

（2）掌握图层的设置方法。

（3）掌握常用编辑命令MOVE（移动）、COPY（复制）、MIRROR（镜像）、OFFSET（偏移）、SCALE（缩放）、EXPLODE（分解）命令的使用。

（4）学习辅助绘图工具GRID（栅格）、SNAP（捕捉）方式的设置及“目标捕捉”的使用。

（5）初步掌握图形显示控制方法ZOOM（缩放）命令和PAN（实时平移）命令，以及线型比例设置命令LTSCALE。

（6）会画简单的三视图。

2．准备工作

（1）阅读教材相关内容。

（2）阅读上机实验二，了解上机的主要步骤和方法。

3．练习内容

（1）掌握常用绘图命令的使用，如CIRCLE（圆）、ARC（弧）、RECATANG（矩形）、POLYGON（正多边形）、XLINE（构造线）、RAY（射线），练习如下例题。

（2）对所画图形进行编辑。掌握SCALE（缩放）命令、MOVE（移动）、COPY（复制）、MIRROR（镜像）、OFFSET（偏移）、EXPLODE（分解）等命令的使用，如图13-105所示。

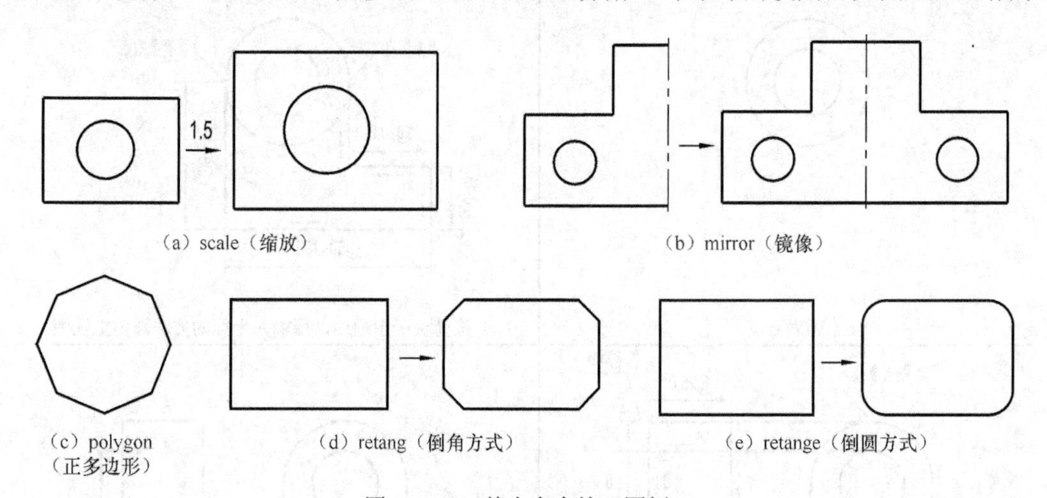

（a）scale（缩放）　（b）mirror（镜像）

（c）polygon（正多边形）　（d）retang（倒角方式）　（e）retange（倒圆方式）

图13-105　基本命令练习图例3

（3）画出如图13-106所示图形，图形大小自定。

作图提示：

① 按前面所讲的层的设置方法来设置图层，用Ltscale命令设置线型比例；

② 分层画出如图13-106所示图形（注意线型）。

（4）按给定步骤画出图13-107所示图形，不标注尺寸。

作图步骤：

① 定义绘图环境；

a．用 Erase 命令删除屏幕上的所有图形；

b．用 Limits 命令设置图幅大小为 120×100；

c．用 Zoom 命令将整张图缩放在视图区。

② 定义图层（层名、颜色、线型），用 ltscale 命令设置线型比例；

③ 用“构造线”（Xline）命令画出直线 1 和直线 2；

④ 用“偏移”（Offset）命令，绘制出直线 3、4、5；

⑤ 根据尺寸用 Circle 命令画出如图 13-107（b）所示图形；

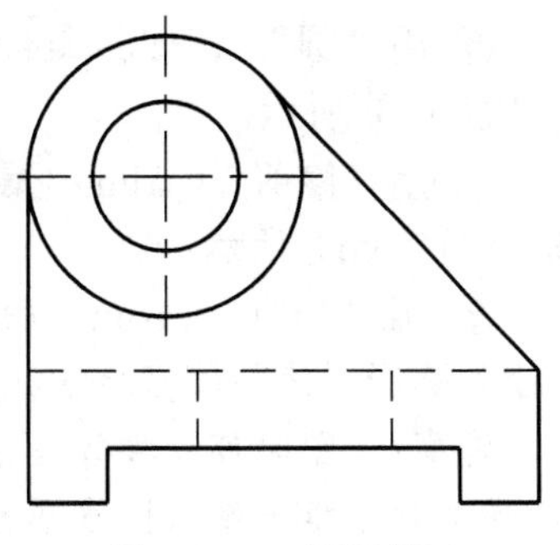

图 13-106 图层练习

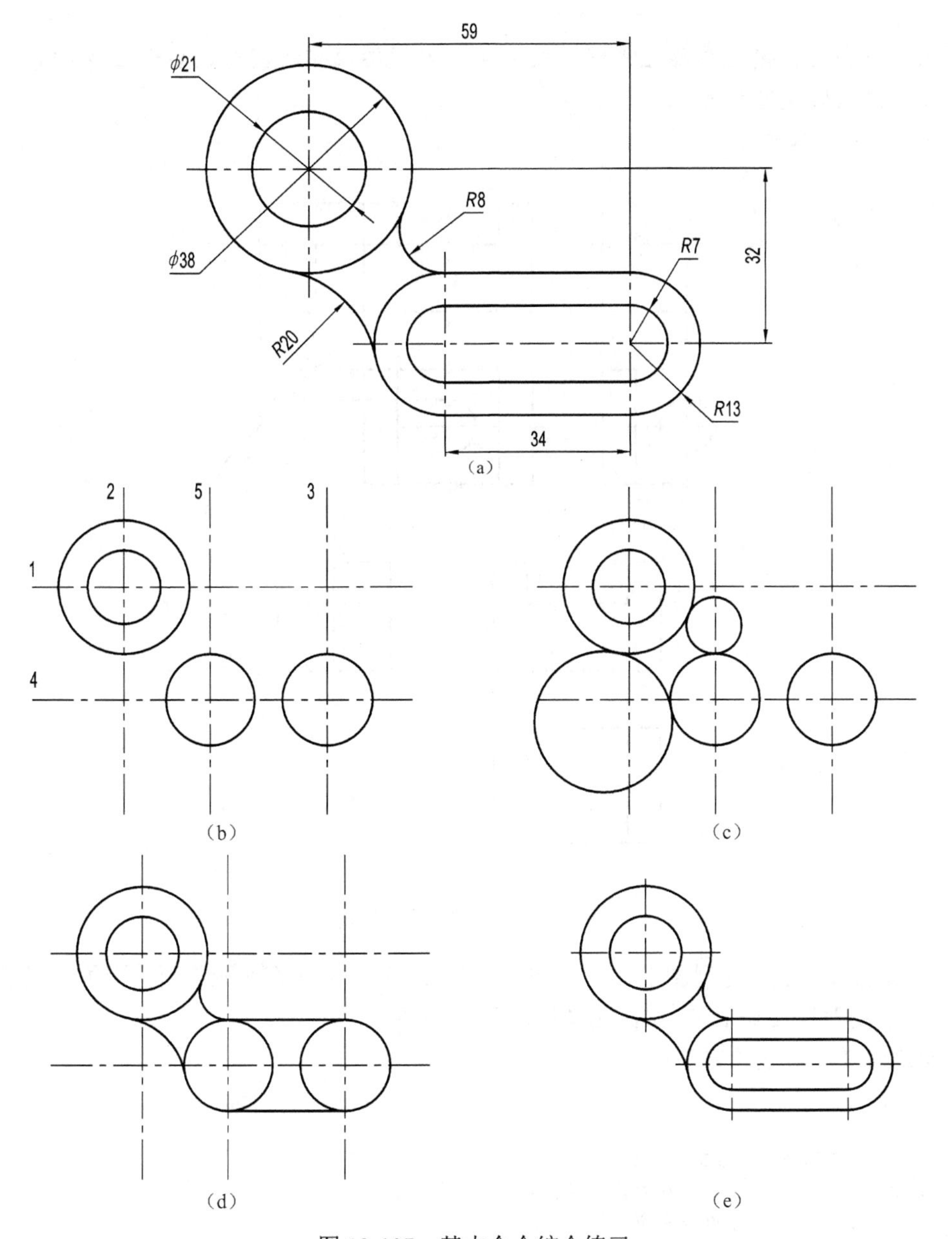

图 13-107 基本命令综合练习

⑥ 用“圆”（Circle）命令的“相切、相切、半径”选项，画出相切圆 $R8$ 和 $R20$ 如图 13-107（c）所示；

⑦ 用“修剪”（Trim）命令进行修剪，并用 Line 直线命令画出两个小圆的公切线，如图 13-107（d）所示；

⑧ 用“修剪”（Trim）命令进行修剪得到大长圆形，再用“偏移”（Offset）命令编辑画出小长圆形，修剪掉多余的线条即可得图 13-107（e）所示。

注意：作图时可以按线型分层画出图形，也可以在同一层上画出所有图形后再用 Properties（特性）对话框来修改图线属性，如线型、颜色等。

（5）按给定步骤画出图 13-108（c），用鼠标在屏幕上拾取点的方法确定坐标，图形大小自定。

提示：当由主、俯视图画左视图，或由主、左视图画俯视图时，要保证宽相等。可以采用以下 3 种方法实现宽相等。

① 按尺寸大小输入。

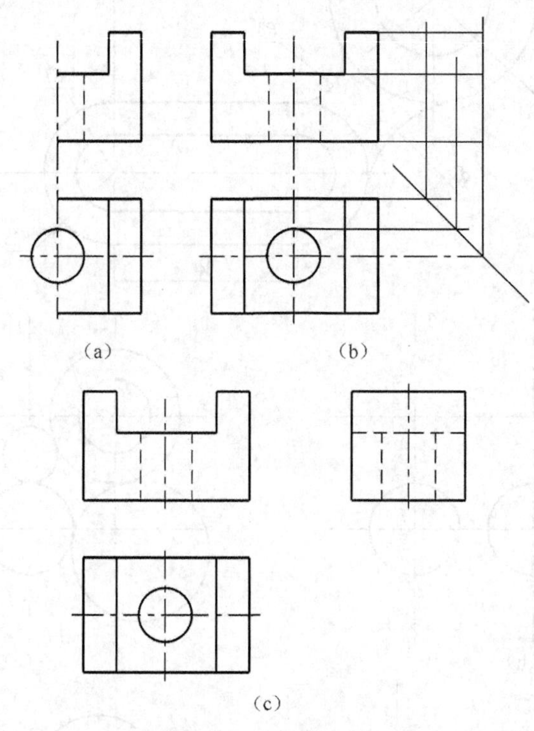

图 13-108　三视图绘制示例

② 将俯视图复制到左视图下方，并旋转 90°；或将左视图复制到俯视图右边，并旋转-90°。

③ 用辅助射线命令 RAY 可画出 45°辅助作图线。

下面是画 45°射线的方法：

```
命令：RAY↙
指定起点：（用鼠标在屏幕拾取一点）
指定通过点：@1,-1↙ （采用相对直角坐标确定射线通过点）
指定通过点：↙ （按回车键结束命令）
```

作图提示:

① 按层的设置方法来设置图层;

② 设置辅助绘图工具 Grid(栅格)Snap(捕捉)状态。用绘图命令和图形编辑命令画出图13-108(a);

③ 用 Mirror(镜像)命令编辑完成如图 13-108(b)所示主、俯视图,再画左视图草图;

④ 通过编辑修改,绘制出如图13-108(c)所示的物体三视图。

13.11.3 练习3

1. 目的

(1)掌握常用编辑命令 CHAMFER(倒角)、FILLET(倒圆)、ARRAY(阵列)等的使用,学习对象属性查看及修改(Properties 特性对话框)。

(2)掌握用图案填充(BHATCH)命令绘制剖面线的方法。

(3)会画简单的剖视图。

(4)掌握尺寸标注方法。

(5)会画组合体的三视图。

2. 准备工作

(1)阅读教材相应内容。

(2)阅读上机实验三,自己拟定上机全部步骤和方法。

3. 练习内容

(1)根据自己所画图形进行编辑。掌握常用编辑命令 CHAMFER(倒角)、FILLET(倒圆)、ARRAY(阵列)等的使用(见图13-109)。

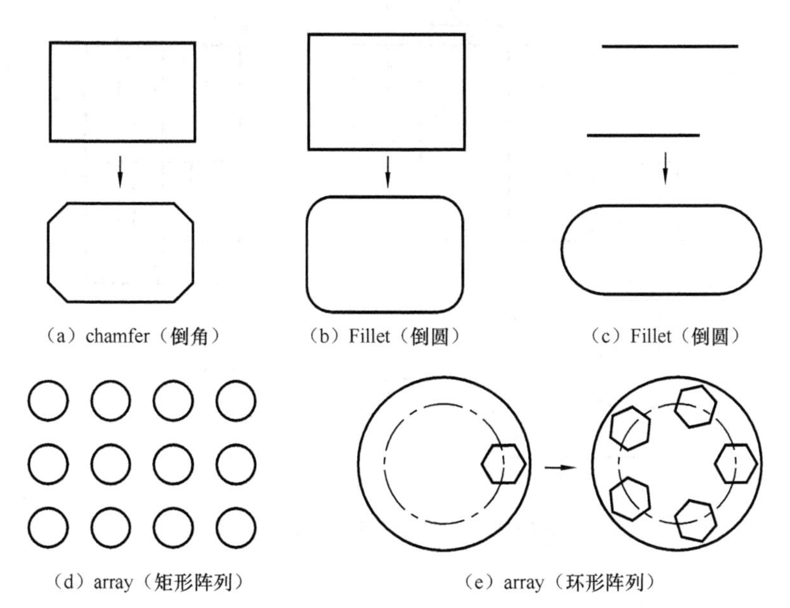

图 13-109 基本命令练习图例 4

(2)画出圆筒的主、俯视图(见图13-110),已知圆筒的外径为 30mm,内径为 16mm,圆筒高为 26mm,主视图取全剖视图。

作图步骤:

① 画出圆筒的主、俯视图，如图13-110（a）所示。

② 打开图案填充对话框，设置参数（剖面线间距可设为4），画出如图13-110（b）所示的剖面线。

（3）按教材所讲，打开尺寸标注样式管理对话框，设置尺寸标注参数。

（4）绘制如图13-111所示图形，标注尺寸。

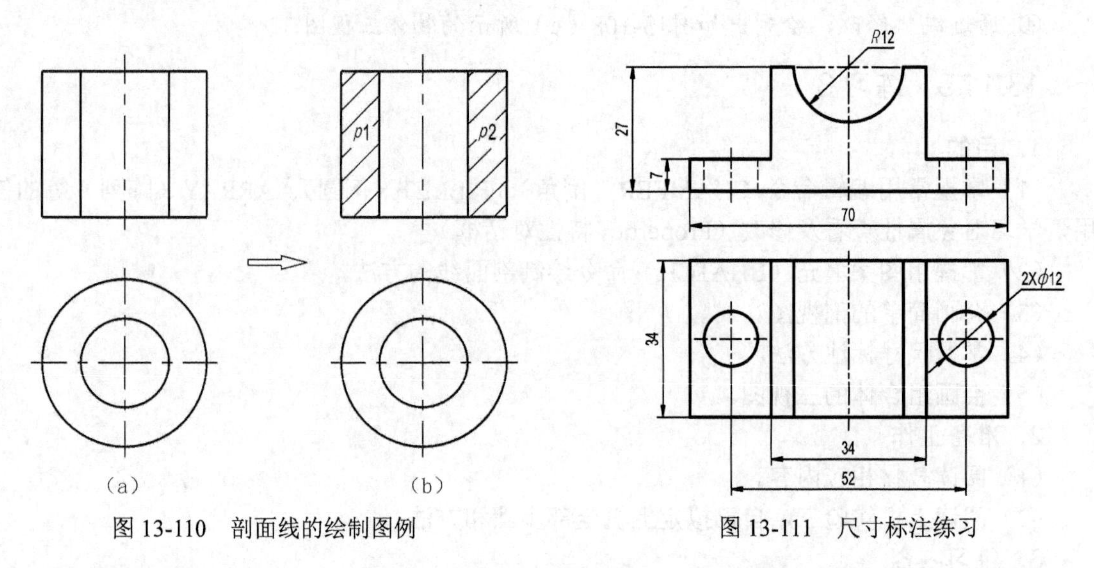

图13-110　剖面线的绘制图例　　　　图13-111　尺寸标注练习

（5）画出如图13-112所示的图形，并将主视图画成全剖视图，标注尺寸。

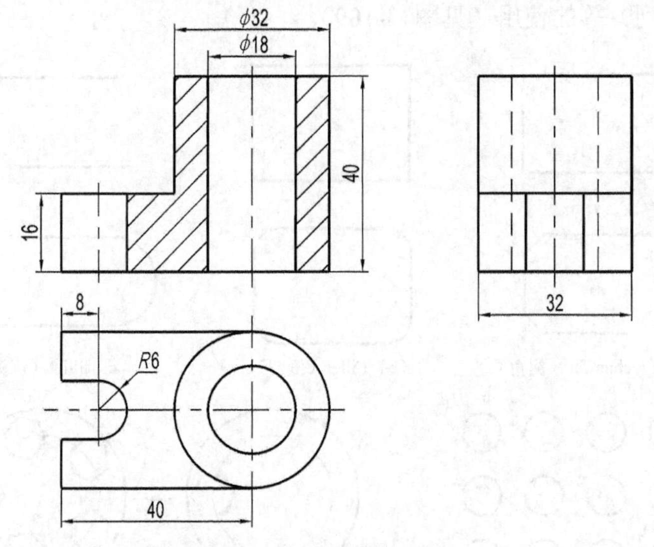

图13-112　三视图绘制综合练习1

作图提示：

① 画出圆筒俯视图和主视图的投影；

② 用COPY（复制）命令画圆筒左视图；

③ 画出底板的三视图，学习对象属性查看及修改（Properties特性对话框）；

④ 用TRIM（剪切）、EXTEND（延伸）等命令进行编辑并画剖面线；

⑤ 标注图中所有尺寸。

（6）画出如图 13-113 所示的图形，标注尺寸。

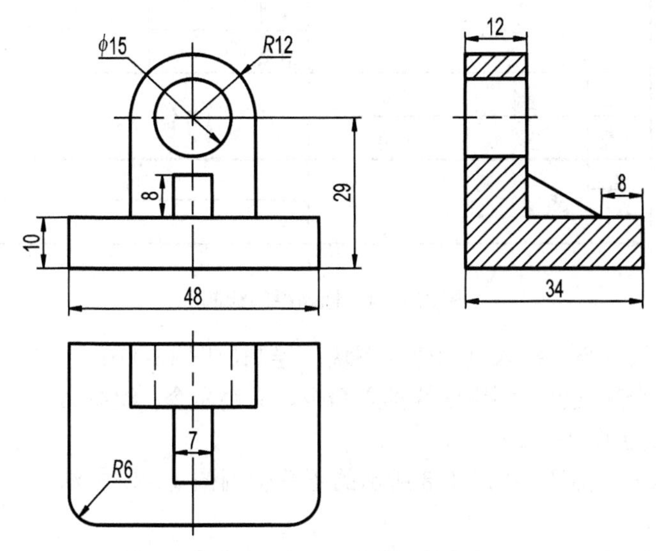

图 13-113 三视图绘制综合练习 2

作图提示：

① 用 RECTANG（矩形）命令画出底板俯视图的矩形，并用 Explode 命令分解，用 LINE 命令画出底板的主、左视图，用 FILLET（圆角）命令画圆角；

② 确定竖板圆心的位置，画出竖板的主视图、俯视图、左视图；

③ 画出三角形筋板的三视图，可用 MIRROR 命令画出对称部分；

④ 用各种编辑命令修改图形，用 BHATCH 命令画剖面线；

⑤ 标注图中所有尺寸。

13.11.4 练习 4

1．目的

（1）掌握 TEXT（或 DTEXT）、MTEXT 文本编辑命令的使用。

（2）掌握图块的创建、插入操作。

（3）会画正等轴测图。

（4）学习建立样板图的方法。

2．准备工作

（1）阅读教材相应内容。

（2）阅读上机实验四，自己拟定上机全部步骤和方法。

3．练习内容

（1）用 TEXT 或 DTEXT 命令在屏幕上任意地写一些单行文字，练习单行文字的输入和修改。

（2）用 MTEXT 命令和绘图命令绘制出如图13-114 所示的标题栏。

（3）按照下面步骤，进行图块的操作练习。

① 绘制出图13-115，然后使用 BLOCK 命令将电阻和三极管分别创建为图块，再用 WBLOCK 将它们创建为不同名称的图块，比较这两个命令的异同。

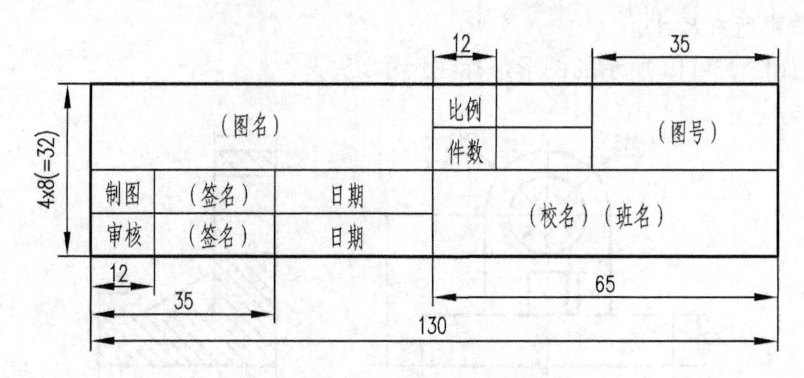

图 13-114　标题栏的绘制

② 利用图块插入命令，插入刚创建的图块，绘制出图 13-116。

③ 重新建立一个新文件，利用图块插入命令、文字命令、绘图命令和编辑命令等绘制出图 13-117。

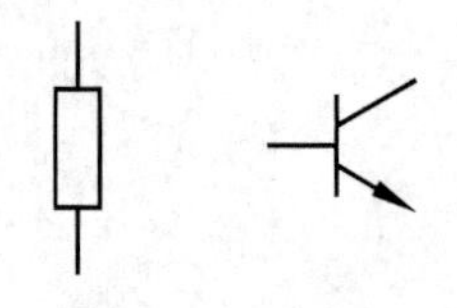

图 13-115　创建图块

（4）根据下列步骤绘制如图 13-118 所示的正等轴测图（绘制方法查阅本章相关内容）。

① 首先设置绘图模式：打开轴测投影模式，打开正交模式。

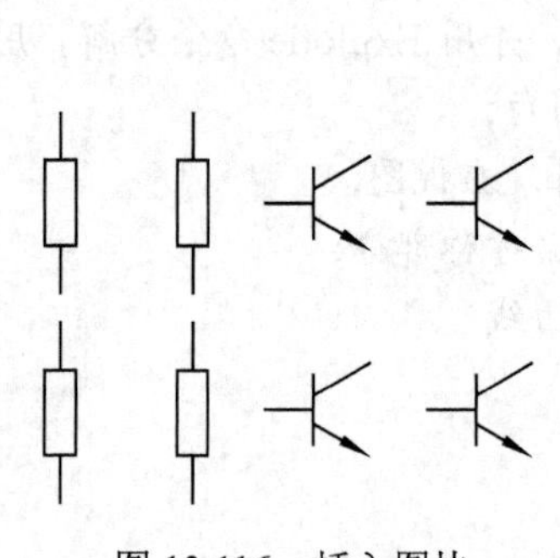

图 13-116　插入图块

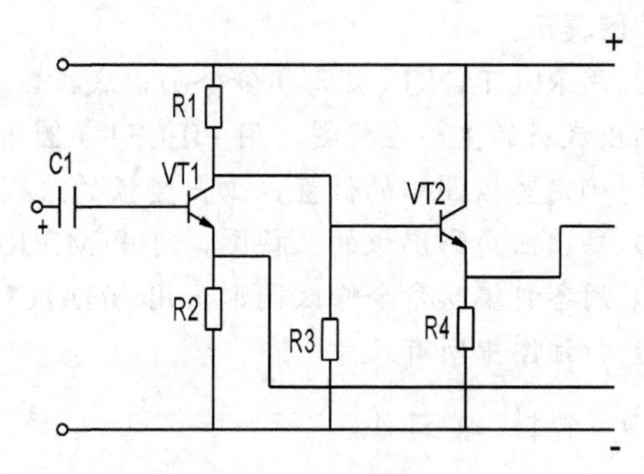

图 13-117　图块操作应用

② 根据尺寸绘制出正方体的正等测图。

③ 用 LINE 命令捕捉中点绘制并修剪出左上角。

④ 确定圆孔中心，用“椭圆”（ELLIPSE）命令的“等轴侧”（Isocircle）选项绘制出椭圆。

⑤ 灵活使用绘图和编辑命令绘制出梯形槽。

（5）建立样板图。

用 AutoCAD 绘图时，每次都要设置作图环境，包括图幅、图层、线型、颜色、文字样式、尺寸样式、目标捕捉方式、画图框以及标题栏，因此，AutoCAD 提供了一个比较方便的方法——建立样板图。用户可以将一些相对不变，可以多次使用的东西做成样板图，存成磁盘文件，以后在此基础上建立新的文件再进行画图，可以省去很多的环境设置工作。

建立 A4 图框的样板图（尺寸参看本书第 1 章）。

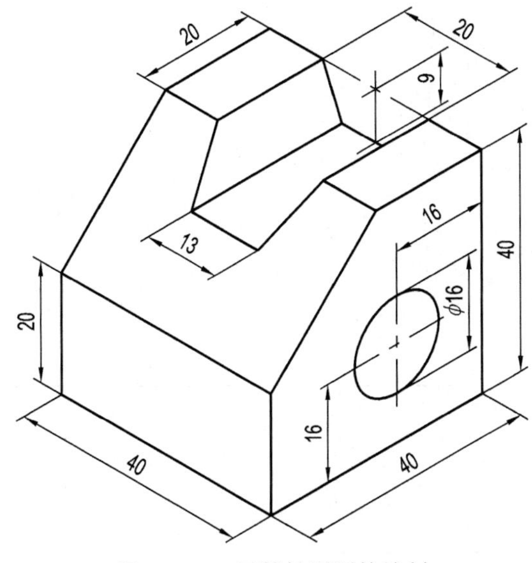

图 13-118 正等轴测图的绘制

思考题

1．AutoCAD 绘图软件有什么特点？
2．AutoCAD 系统采用几种坐标输入方法？图幅是如何设置的？
3．辅助绘图命令 Ortho、Grid、Snap、Osnap 有什么作用及区别？
4．图层如何设置，需要考虑那些参数？
5．AutoCAD 基本画图命令和基本编辑命令是否已掌握？
6．如何定义块，定义文字样式，以及他们在绘图中的应用？
7．怎样设置尺寸标注的参数，使其所注尺寸符合国标规定？
8．总结如何用 AutoCAD 绘图软件快速绘制工程图的经验体会。

学习方法指导

1．该部分内容较多，每次上机内容需预习，最好采用边听、边看、边上机的方式学习。

2．以上机实验所提供的图样画法为主线，根据典型图例画法，掌握 AutoCAD 主要画图命令和编辑命令。

3．掌握图形环境的基本设置与变更方法，综合应用软件所提供的各种功能，正确绘制各类工程图样。

4．需安排适当的课外上机，进一步熟悉软件的各项功能。

附 录

附录1 极限与配合

1.1 标准公差数值（摘自 GB/T 1800.1—2009）

附表 1

公称尺寸（mm）		标准公差等级																	
		IT1	IT2	IT3	IT4	IT5	IT6	IT7	IT8	IT9	IT10	IT11	IT12	IT13	IT14	IT15	IT16	IT17	IT18
大于	至	μm											mm						
—	3	0.8	1.2	2	3	4	6	10	14	25	40	60	0.1	0.14	0.25	0.4	0.6	1	1.4
3	6	1	1.5	2.5	4	5	8	12	18	30	48	75	0.12	0.18	0.3	0.48	0.75	1.2	1.8
6	10	1	1.5	2.5	4	6	9	15	22	36	58	90	0.15	0.22	0.36	0.58	0.9	1.5	2.2
10	18	1.2	2	3	5	8	11	18	27	43	70	110	0.18	0.27	0.43	0.7	1.1	1.8	2.7
18	30	1.5	2.5	4	6	9	13	21	33	52	84	130	0.21	0.33	0.52	0.84	1.3	2.1	3.3
30	50	1.5	2.5	4	7	11	16	25	39	62	100	160	0.25	0.39	0.62	1	1.5	2.5	3.9
50	80	2	3	5	8	13	19	30	46	74	120	190	0.3	0.46	0.74	1.2	1.9	3	4.6
80	120	2.5	4	6	10	15	22	35	54	87	140	220	0.35	0.54	0.87	1.4	2.2	3.5	5.4
120	180	3.5	5	8	12	18	25	40	63	100	160	250	0.4	0.63	1	1.6	2.5	4	6.3
180	250	4.5	7	10	14	20	29	46	72	115	185	290	0.46	0.72	1.15	1.85	2.9	4.6	7.2
250	315	6	8	12	16	23	32	52	81	130	210	320	0.52	0.81	1.3	2.1	3.2	5.2	8.1
315	400	7	9	13	18	25	36	57	89	140	230	360	0.57	0.89	1.4	2.3	3.6	5.7	8.9
400	500	8	10	15	20	27	40	63	97	155	250	400	0.63	0.97	1.55	2.5	4	6.3	9.7

注：公称尺寸小于 1mm 时，无 IT14～IT18。

1.2　优先配合中轴的上、下极限偏差值（摘自 GB/T 1800.2—2009）

附表 2　　　　　单位：μm

公称尺寸（mm）		公差带												
		c	d	f	g	h				k	n	p	s	u
大于	至	11	9	7	6	6	7	9	11	6	6	6	6	6
—	3	−60 −120	−20 −45	−6 −16	−2 −8	0 −6	0 −10	0 −25	0 −60	+6 0	+10 +4	+12 +6	+20 +14	+24 +18
3	6	−70 −145	−30 −60	−10 −22	−4 −12	0 −8	0 −12	0 −30	0 −75	+9 +1	+16 +8	+20 +12	+27 +19	+31 +23
6	10	−80 −170	−40 −76	−13 −28	−5 −14	0 −9	0 −15	0 −36	0 −90	+10 +1	+19 +10	+24 +15	+32 +23	+37 +28
10	14	−95 −205	−50 −93	−16 −34	−6 −17	0 −11	0 −18	0 −43	0 −110	+12 +1	+23 +12	+29 +18	+39 +28	+44 +33
14	18													
18	24	−110 −240	−65 −117	−20 −41	−7 −20	0 −13	0 −21	0 −52	0 −130	+15 +2	+28 +15	+35 +22	+48 +35	+54 +41
24	30													+61 +48
30	40	−120 −280	−80 −142	−25 −50	−9 −25	0 −16	0 −25	0 −62	0 −160	+18 +2	+33 +17	+42 +26	+59 +43	+76 +60
40	50	−130 −290												+86 +70
50	65	−140 −330	−100 −174	−30 −60	−10 −29	0 −19	0 −30	0 −74	0 −190	+21 +2	+39 +20	+51 +32	+72 +53	+106 +87
65	80	−150 −340											+78 +59	+121 +102
80	100	−170 −390	−120 −207	−36 −71	−12 −34	0 −22	0 −35	0 −87	0 −220	+25 +3	+45 +23	+59 +37	+93 +71	+146 +124
100	120	−180 −400											+101 +79	+166 +144
120	140	−200 −450	−145 −245	−43 −83	−14 −39	0 −25	0 −40	0 −100	0 −250	+28 +3	+52 +27	+68 +43	+117 +92	+195 +170
140	160	−210 −460											+125 +100	+215 +190
160	180	−230 −480											+133 +108	+235 +210
180	200	−240 −530	−170 −285	−50 −96	−15 −44	0 −29	0 −46	0 −115	0 −290	+33 +4	+60 +31	+79 +50	+151 +122	+265 +236
200	225	−260 −550											+159 +130	+287 +258
225	250	−280 −570											+169 +140	+313 +284
250	280	−300 −620	−190 −320	−56 −108	−17 −49	0 −32	0 −52	0 −130	0 −320	+36 +4	+66 +34	+88 +56	+190 +158	+347 +315

续表

公称尺寸（mm）		公差带												
		c	d	f	g	h				k	n	p	s	u
大于	至	11	9	7	6	6	7	9	11	6	6	6	6	6
280	315	−330 −650	−190 −320	−56 −108	−17 −49	0 −32	0 −52	0 −130	0 −320	+36 +4	+66 +34	+88 +56	+202 +170	+382 +350
315	355	−360 −720	−210 −350	−62 −119	−18 −54	0 −36	0 −57	0 −140	0 −360	+40 +4	+73 +37	+98 +62	+226 +190	+426 +390
355	400	−400 −760											+244 +208	+471 +435
400	450	−440 −840	−230 −385	−68 −131	−20 −60	0 −40	0 −63	0 −155	0 −400	+45 +5	+80 +40	+108 +68	+272 +232	+530 +490
450	500	−480 −880											+292 +252	+580 +540

1.3 优先配合中孔的上、下极限偏差值（摘自GB/T 1800.2—2009）

附表3

单位：μm

公称尺寸（mm）		公差带												
		C	D	F	G	H				K	N	P	S	U
大于	至	11	9	8	7	7	8	9	11	7	7	7	7	7
—	3	+120 +60	+45 +20	+20 +6	+12 +2	+10 0	+14 0	+25 0	+60 0	0 −10	−4 −14	−6 −16	−14 −24	−18 −28
3	6	+145 +70	+60 +30	+28 +10	+16 +4	+12 0	+18 0	+30 0	+75 0	+3 −9	−4 −16	−8 −20	−15 −27	−19 −31
6	10	+170 +80	+76 +40	+35 +13	+20 +5	+15 0	+22 0	+36 0	+90 0	+5 −10	−4 −19	−9 −24	−17 −32	−22 −37
10	14	+205 +95	+93 +50	+43 +16	+24 +6	+18 0	+27 0	+43 0	+110 0	+6 −12	−5 −23	−11 −29	−21 −39	−26 −44
14	18													
18	24	+240 +110	+117 +65	+53 +20	+28 +7	+21 0	+33 0	+52 0	+130 0	+6 −15	−7 −28	−14 −35	−27 −48	−33 −54
24	30													−40 −61
30	40	+280 +120	+142 +80	+64 +25	+34 +9	+25 0	+39 0	+62 0	+160 0	+7 −18	−8 −33	−17 −42	−34 −59	−51 −76
40	50	+290 +130												−61 −86
50	65	+330 +140	+174 +100	+76 +30	+40 +10	+30 0	+46 0	+74 0	+190 0	+9 −21	−9 −39	−21 −51	−42 −72	−76 −106
65	80	+340 +150											−48 −78	−91 −121
80	100	+390 +170	+207 +120	+90 +36	+47 +12	+35 0	+54 0	+87 0	+220 0	+10 −25	−10 −45	−24 −59	−58 −93	−111 −146
100	120	+400 +180											−66 −101	−131 −166

续表

公称尺寸（mm）		公差带												
		C	D	F	G	H				K	N	P	S	U
大于	至	11	9	8	7	7	8	9	11	7	7	7	7	7
120	140	+450 +200											−77 −117	−155 −195
140	160	+460 +210	+245 +145	+106 +43	+54 +14	+40 0	+63 0	+100 0	+250 0	+12 −28	−12 −52	−28 −68	−85 −125	−175 −215
160	180	+480 +230											−93 −133	−195 −235
180	200	+530 +240											−105 −151	−219 −265
200	225	+550 +260	+285 +170	+122 +50	+61 +15	+46 0	+72 0	+115 0	+290 0	+13 −33	−14 −60	−33 −79	−113 −159	−241 −287
225	250	+570 +280											−123 −169	−267 −313
250	280	+620 +300	+320 +190	+137 +56	+69 +17	+52 0	+81 0	+130 0	+320 0	+16 −36	−14 −66	−36 −88	−138 −190	−295 −347
280	315	+650 +330											−150 −202	−330 −382
315	355	+720 +360	+350 +210	+151 +62	+75 +18	+57 0	+89 0	+140 0	+360 0	+17 −40	−16 −73	−41 −98	−169 −226	−369 −426
355	400	+760 +400											−187 −244	−414 −471
400	450	+840 +440	+385 +230	+165 +68	+83 +20	+63 0	+97 0	+155 0	+400 0	+18 −45	−17 −80	−45 −108	−209 −272	−467 −530
450	500	+880 +480											−229 −292	−517 −580

附录 2　螺纹

2.1　普通螺纹　（摘自 GB/T 193—2003、GB/T 196—2003）

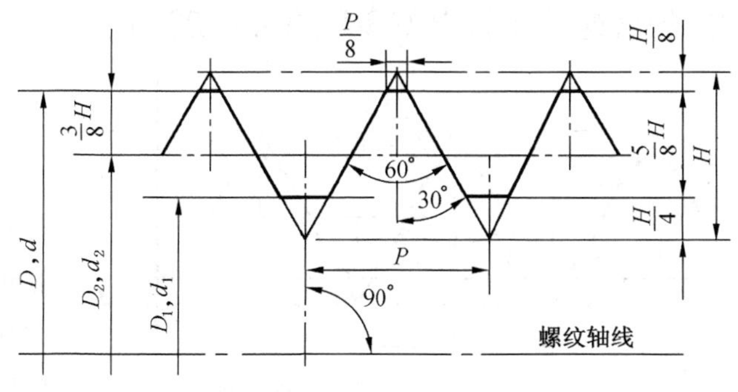

D—内螺纹公称直径

d—外螺纹公称直径

D_1—内螺纹小径　　d_1—外螺纹小径

D_2—内螺纹中径　　d_2—外螺纹中径　　P—螺距　　H—原始三角形高度，$H=\frac{\sqrt{3}}{2}P$

【标记示例】

（1）粗牙普通螺纹，公称直径为 16mm，螺距为 2mm，右旋，内螺纹公差带中径和顶径均为 6H，该螺纹标记为：M16-6H；

（2）细牙普通螺纹，公称直径为 16mm，螺距为 1.5mm，左旋，外螺纹公差带中径为 5g、大径为 6g，该螺纹标记为：M16×1.5-5g6g-LH。

附表 4　　单位：mm

公称直径 D、d		螺距 P		粗牙小径 D_1、d_1
第一系列	第二系列	粗牙	细牙	
3		0.5	0.35	2.459
	3.5	0.6		2.850
4		0.7	0.5	3.242
	4.5	0.75		3.688
5		0.8		4.134
6		1	0.75	4.917
	7	1	0.75	5.917
8		1.25	1；0.75	6.647
10		1.5	1.25；1；0.75	8.376
12		1.75	1.5；1.25；1	10.106
	14	2	1.5；1	11.835
16		2	1.5；1	13.835
	18	2.5	2；1.5；1	15.294

公称直径 D、d		螺距 P		粗牙小径 D_1、d_1
第一系列	第二系列	粗牙	细牙	
20		2.5	2；1.5；1	17.294
	22	2.5	2；1.5；1	19.294
24		3	2；1.5；1	20.752
	27	3	2；1.5；1	23.752
30		3.5	（3）；2；1.5；1	26.211
	33	3.5	（3）；2；1.5	29.211
36		4	3；2；1.5	31.670
	39	4		34.670
42		4.5	4；3；2；1.5	37.129
	45	4.5		40.129
48		5		42.587

注：1．优先选用第一系列，括号内的数尽量不用；

2．第三系列未列入；

3．M14×1.25 仅用于火花塞。

2.2　非螺纹密封的管螺纹（摘自 GB/T 7307—2001）

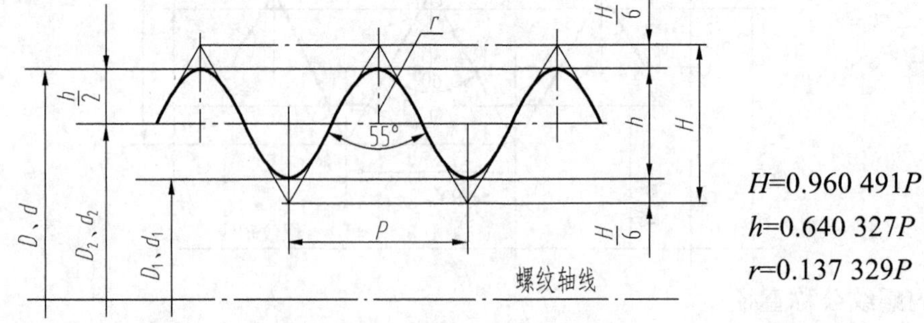

【标记示例】尺寸代号为 3/4、右旋、非螺纹密封的管螺纹，标记为：G3/4。

附表 5 单位：mm

尺寸代号	每25.4mm内的牙数 n	螺距 P	基本尺寸			尺寸代号	每25.4mm内的牙数 n	螺距 P	基本尺寸		
			大径 D、d	中径 D_2、d_2	小径 D_1、d_1				大径 D、d	中径 D_2、d_2	小径 D_1、d_1
1/8	28	0.907	9.728	9.147	8.566	$1\frac{1}{4}$	11	2.309	41.910	40.431	38.952
1/4	19	1.337	13.157	12.301	11.445	$1\frac{1}{2}$		2.309	47.303	46.324	44.845
3/8		1.337	16.662	15.806	14.950	$1\frac{3}{4}$		2.309	53.746	52.267	50.788
1/2	14	1.814	20.955	19.793	18.631	2		2.309	59.614	58.135	56.656
5/8		1.814	22.911	21.749	20.587	$2\frac{1}{4}$		2.309	65.710	64.231	62.752
3/4		1.814	26.441	25.279	24.117	$2\frac{1}{2}$		2.309	75.148	73.705	72.226
7/8		1.814	30.201	29.039	27.877	$2\frac{3}{4}$		2.309	81.534	80.055	78.576
1	11	2.309	33.249	31.770	30.291	3		2.309	87.884	86.405	84.926
$1\frac{1}{8}$		2.309	37.897	36.418	34.939	$3\frac{1}{2}$		2.309	100.330	98.851	97.372

附录 3 常用螺纹紧固件

3.1 螺栓

六角头螺栓—C 级（GB/T 5780—2000）六角头螺栓—A 和 B 级（GB/T 5782—2000）

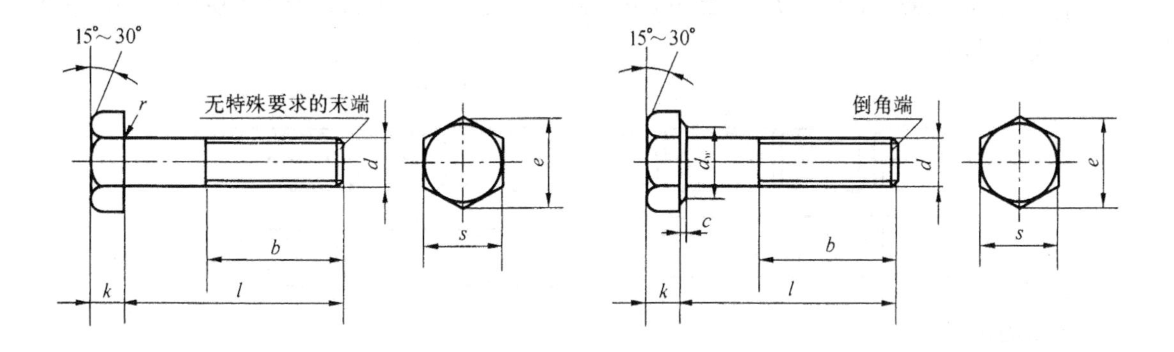

【标记示例】螺纹规格 d=M12，公称长度 l=80mm，A 级的六角头螺栓，标记为：螺栓 GB/T5782 M12×80。

附表 6 单位：mm

螺纹规格 d		M3	M4	M5	M6	M8	M10	M12	M16	M20	M24	M30	M36
b 参考	l≤125	12	14	16	18	22	26	30	38	46	54	66	
	125<l≤200	18	20	22	24	28	32	36	44	52	60	72	84
	l>200	31	33	35	37	41	45	49	57	65	73	85	97
c		0.4	0.4	0.5	0.5	0.6	0.6	0.6	0.8	0.8	0.8	0.8	0.8
d_w	产品等级 A	4.57	5.88	6.88	8.88	11.63	14.63	16.63	22.49	28.19	33.61	—	—
	产品等级 B、C	4.45	5.74	6.74	8.74	11.47	14.47	16.47	22	27.7	33.25	42.75	51.11
e	产品等级 A	6.01	7.66	8.79	11.05	14.38	17.77	20.03	26.75	33.53	39.98	—	—
	产品等级 B、C	5.88	7.50	8.63	10.89	14.20	17.59	19.85	26.17	32.95	39.55	50.85	60.79
k 公称		2	2.8	3.5	4	5.3	6.4	7.5	10	12.5	15	18.7	22.5
r		0.1	0.2	0.2	0.25	0.4	0.4	0.6	0.6	0.8	0.8	1	1
s 公称		5.5	7	8	10	13	16	18	24	30	36	46	55
l（商品规格范围）		20～30	25～40	25～50	30～60	40～80	45～100	50～120	65～160	80～200	90～240	110～300	140～360
l 系列		12，16，20，25，30，35，40，45，50，（55），60，（65），70，80，90，100，120，130，140，150，160，180，200，220，240，260，280，300，320，340，360，380，400，420，440，460，480，500											

注：1．A 级用于 d≤24mm 和 l≤10mm 或 d≤150mm 的螺栓；

B 级用于 d>24mm 和 l>10mm 或 d>150mm 的螺栓。

2．螺纹规格 d 范围 GB/T 5780 为 M5～M64；GB/T 5782 为 M1.6～M64。表中未列入 GB/T 5780 中尽可能不采用的非优先系列的螺纹规格。

3．公称长度 l 范围 GB/T 5780 为 25～500；GB/T 5782 为 12～500。

3.2 双头螺柱

$b_m=d$（GB/T 897—1988），$b_m=1.25d$（GB/T 898—1988），$b_m=1.5d$（GB/T 899—1988），$b_m=2d$（GB/T 900—1988）

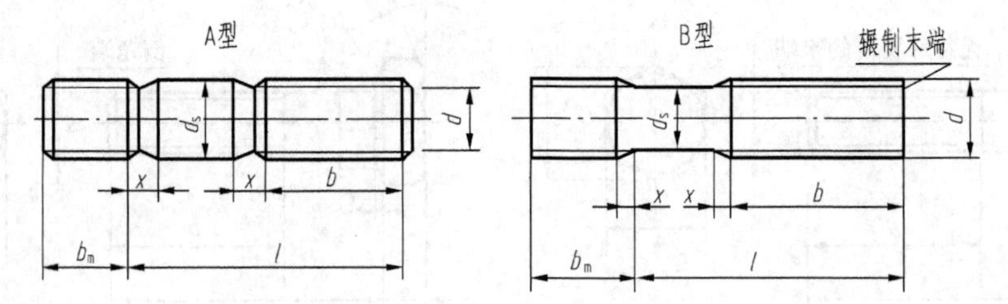

【标记示例】

（1）两端均为粗牙普通螺纹，d=10mm，l=50mm，B 型，$b_m=1d$，标记为：螺柱 GB/T 897M10×50；

（2）旋入端为粗牙普通螺纹，旋螺母端为细牙普通螺纹，P=1mm，d=10mm，l=50mm，A 型，$b_m=d$，标记为：螺柱 GB/T 897 AM10－M10×1×50。

附表 7 单位：mm

螺纹规格		M5	M6	M8	M10	M12	M16	M20	M24	M30	M36	M42
b_m	GB897—1988	5	6	8	10	12	16	20	24	30	36	42
	GB898—1988	6	8	10	12	15	20	25	30	38	45	52
	GB899—1988	8	10	12	15	18	24	30	36	45	54	65
	GB900—1988	10	12	16	20	24	32	40	48	60	72	84
x		1.5P	1.5P	1.5P	1.5P	1.5P	1.5P	1.5P	1.5P	1.5P	1.5P	1.5P
$\frac{l}{b}$		$\frac{16\sim22}{10}$	$\frac{20\sim22}{10}$	$\frac{20\sim22}{12}$	$\frac{25\sim28}{14}$	$\frac{25\sim30}{16}$	$\frac{30\sim38}{20}$	$\frac{35\sim40}{25}$	$\frac{45\sim50}{30}$	$\frac{60\sim65}{40}$	$\frac{65\sim75}{45}$	$\frac{65\sim80}{50}$
		$\frac{25\sim50}{16}$	$\frac{25\sim30}{14}$	$\frac{25\sim30}{16}$	$\frac{30\sim38}{16}$	$\frac{32\sim40}{20}$	$\frac{40\sim55}{30}$	$\frac{45\sim65}{35}$	$\frac{55\sim75}{45}$	$\frac{70\sim90}{50}$	$\frac{80\sim110}{60}$	$\frac{85\sim110}{70}$
			$\frac{32\sim75}{18}$	$\frac{32\sim90}{22}$	$\frac{40\sim120}{26}$	$\frac{45\sim120}{30}$	$\frac{60\sim120}{38}$	$\frac{70\sim120}{46}$	$\frac{80\sim120}{54}$	$\frac{95\sim120}{60}$	$\frac{120}{78}$	$\frac{120}{90}$
					$\frac{130}{32}$	$\frac{130\sim180}{36}$	$\frac{130\sim200}{44}$	$\frac{130\sim200}{52}$	$\frac{130\sim200}{60}$	$\frac{130\sim200}{72}$	$\frac{130\sim200}{84}$	$\frac{130\sim200}{96}$
										$\frac{210\sim250}{85}$	$\frac{210\sim300}{91}$	$\frac{210\sim300}{109}$
l 系列		16，(18)，20，(22)，25，(28)，30，(32)，35，(38)，40，45，50，(55)，60，(65)，70，(75)，80，(85)，90，(95)，100，110，120，130，140，150，160，170，180，190，200，210，220，230，240，250，260，280，300										

注：1．尽可能不采用括号内的规格；

2．P——粗牙螺纹的螺距；

3．$d_{smax}=d$（A 型），d_{smin}≈螺纹中径（B 型）。

3.3 螺钉

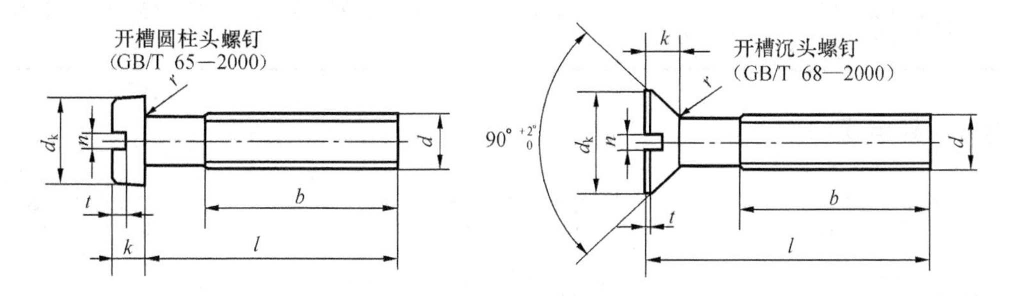

【标记示例】螺纹规格 d=M5，公称长度 l=20mm 的开槽圆柱头螺钉，标记为：螺钉 GB/T 65 M5×20。

附表 8 单位：mm

螺纹规格 d		M1.6	M2	M2.5	M3	M4	M5	M6	M8	M10
P（螺距）	GB/T 65—2000	0.35	0.4	0.45	0.5	0.7	0.8	1	1.25	1.5
	GB/T 68—2000									

续表

螺纹规格 d			M1.6	M2	M2.5	M3	M4	M5	M6	M8	M10
b_{min}		GB/T 65—2000	25				38				
		GB/T 68—2000									
d_{kmax}		GB/T 65—2000	3	3.8	4.5	5.5	7	8.5	10	13	16
		GB/T 68—2000	3.6	4.4	5.5	6.3	9.4	10.4	12.6	17.3	20
k_{max}		GB/T 65—2000	1.1	1.4	1.8	2	2.6	3.3	3.9	5	6
		GB/T 68—2000	1	1.2	1.5	1.65	2.7	2.7	3.3	4.65	5
n 公称		GB/T 65—2000	0.4	0.5	0.6	0.8	1.2	1.2	1.6	2	2.5
		GB/T 68—2000									
r	min	GB/T 65—2000	0.1	0.1	0.1	0.1	0.2	0.2	0.25	0.4	0.4
	max	GB/T 68—2000	0.4	0.5	0.6	0.8	1	1.3	1.5	2	2.5
t_{min}		GB/T 65—2000	0.45	0.6	0.7	0.85	1.1	1.3	1.6	2	2.4
		GB/T 68—2000	0.32	0.4	0.5	0.6	1	1.1	1.2	1.8	2
l 公称	商品规格范围	GB/T 65—2000	2～16	3～20	3～25	4～30	5～40	6～50	8～60	10～80	12～80
		GB/T 68—2000	2.5～16	3～20	4～25	5～30	6～40	8～50			
	全螺纹范围	GB/T 65—2000	l≤30				l≤40				
		GB/T 68—2000	l≤30				l≤45				
	系列值	2，2.5，3，4，5，6，8，10，12，(14)，16，20，25，30，35，40，45，50，(55)，60，(65)，70，(75)，80									

3.4 紧定螺钉

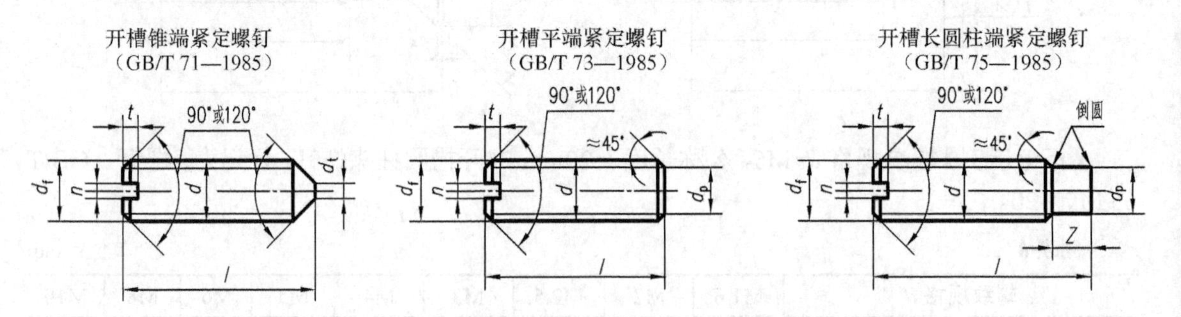

【标记示例】螺纹规格 d=M5，公称长度 l=12mm 的开槽锥端紧定螺钉，标记为：螺钉 GB/T 71　M5×12。

附表 9

单位：mm

螺纹规格 d		M1.2	M1.6	M2	M2.5	M3	M4	M5	M6	M8	M10	M12
P 螺距	GB/T 71—1985 GB/T 73—1985	0.25	0.35	0.4	0.5	0.5	0.7	0.8	1	1.25	1.5	1.75
	GB/T 75—1985	—										
d_t	GB/T 71—1985	0.12	0.16	0.2	0.25	0.3	0.4	0.5	1.5	2	2.5	3
d_{pmax}	GB/T 71—1985 GB/T 73—1985	0.6	0.8	1	1.5	2	2.5	3.5	4	5.5	7	8.5
	GB/T 75—1985	—										
n 公称	GB/T 71—1985 GB/T 73—1985	0.2	0.25	0.25	0.4	0.4	0.6	0.8	1	1.2	1.6	2
	GB/T 75—1985	—										
t_{min}	GB/T 71—1985 GB/T 73—1985	0.4	0.56	0.64	0.72	0.8	1.12	1.28	1.6	2	2.4	2.8
	GB/T 75—1985	—										
z_{min}	GB/T 75—1985	—	0.8	1	1.2	1.5	2	2.5	3	4	5	6
公称长度 l	GB/T 71—1985	2～6	2～8	3～10	3～12	4～16	6～20	8～25	8～30	10～40	12～50	14～60
	GB/T 73—1985			2～10	2.5～12	13～16	4～20	5～25	6～30	8～40	10～50	12～60
	GB/T 75—1985	—	2.5～8	3～10	4～12	5～16	6～20	8～25	8～30	10～40	12～50	14～60
l 系列值	2，2.5，3，4，5，6，8，10，12，（14），16，20，25，30，35，40，45，50，（55），60											

3.5 螺母

1．六角螺母—C 级（GB/T 41—2000）。

2．1 型六角螺母—A 和 B 级（GB/T 6170—2000）。

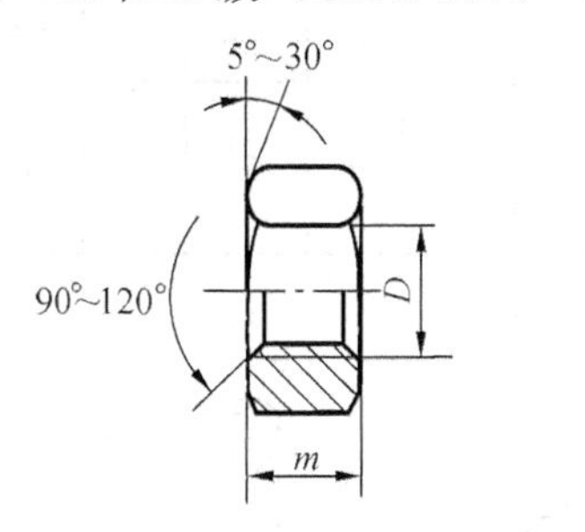

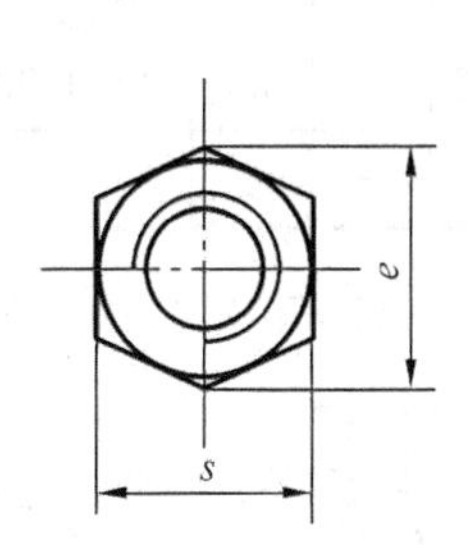

【标记示例】螺纹规格 D=12mm 的 1 型，C 级六角螺母，标记为：螺母 GB/T 41 M12。

附表 10

单位：mm

螺纹规格 D		M3	M4	M5	M6	M8	M10	M12	M16	M20	M24	M30	M36	M42
e_{min}	GB/T 41	—	—	8.63	10.98	14.20	17.59	19.85	26.17	32.95	39.55	50.85	60.79	72.02
	GB/T 6170	6.01	7.66	8.79	11.05	14.38	17.77	20.03	26.75	32.95	39.55	50.85	60.79	72.02

续表

<table>
<tr><td colspan="2">螺纹规格 D</td><td>M3</td><td>M4</td><td>M5</td><td>M6</td><td>M8</td><td>M10</td><td>M12</td><td>M16</td><td>M20</td><td>M24</td><td>M30</td><td>M36</td><td>M42</td></tr>
<tr><td rowspan="2">m_{max}</td><td>GB/T 41</td><td>—</td><td>—</td><td>5.6</td><td>6.1</td><td>7.9</td><td>9.5</td><td>12.2</td><td>15.9</td><td>19</td><td>22.3</td><td>26.4</td><td>31.5</td><td>34.9</td></tr>
<tr><td>GB/T 6170</td><td>2.4</td><td>3.2</td><td>4.7</td><td>5.2</td><td>6.8</td><td>8.4</td><td>10.8</td><td>14.8</td><td>18</td><td>21.5</td><td>25.6</td><td>31</td><td>34</td></tr>
<tr><td rowspan="2">s_{max}</td><td>GB/T 41</td><td>—</td><td>—</td><td>8</td><td>10</td><td>13</td><td>16</td><td>18</td><td>24</td><td>30</td><td>36</td><td>46</td><td>55</td><td>65</td></tr>
<tr><td>GB/T 6170</td><td>5.5</td><td>7</td><td>8</td><td>10</td><td>13</td><td>16</td><td>18</td><td>24</td><td>30</td><td>36</td><td>46</td><td>55</td><td>65</td></tr>
</table>

3.6 垫圈

1．小垫圈—A级（GB/T 848—2002）、平垫圈—A级（GB/T 97.1—2002）、平垫圈—倒角型—A级（GB/T 97.2—2002）

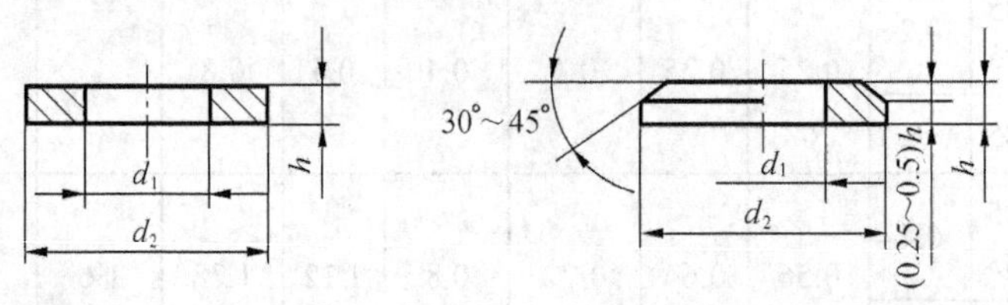

【标记示例】标准系列，公称尺寸 d=8mm，性能等级为140HV的A级平垫圈，标记为：垫圈 GB/T 97.1—140HV。

附表11 单位：mm

<table>
<tr><td colspan="2">公称尺寸（螺纹规格 d）</td><td>2</td><td>2.5</td><td>3</td><td>4</td><td>5</td><td>6</td><td>8</td><td>10</td><td>12</td><td>16</td><td>20</td><td>24</td><td>30</td><td>36</td></tr>
<tr><td rowspan="3">d_1 公称（min）</td><td>GB/T 848—2002</td><td>2.2</td><td>2.7</td><td>3.2</td><td rowspan="2">4.3</td><td rowspan="3">5.3</td><td rowspan="3">6.4</td><td rowspan="3">8.4</td><td rowspan="3">10.5</td><td rowspan="3">13</td><td rowspan="3">17</td><td rowspan="3">21</td><td rowspan="3">25</td><td rowspan="3">31</td><td rowspan="3">37</td></tr>
<tr><td>GB/T 97.1—2002</td><td>2.2</td><td>2.7</td><td>3.2</td></tr>
<tr><td>GB/T 97.2—2002</td><td>—</td><td>—</td><td>—</td><td>—</td></tr>
<tr><td rowspan="3">d_2 公称（max）</td><td>GB/T 848—2002</td><td>4.5</td><td>5</td><td>6</td><td>8</td><td>9</td><td>11</td><td>15</td><td>18</td><td>20</td><td>28</td><td>34</td><td>39</td><td>50</td><td>60</td></tr>
<tr><td>GB/T 97.1—2002</td><td>5</td><td>6</td><td>7</td><td>9</td><td rowspan="2">10</td><td rowspan="2">12</td><td rowspan="2">16</td><td rowspan="2">20</td><td rowspan="2">24</td><td rowspan="2">30</td><td rowspan="2">37</td><td rowspan="2">44</td><td rowspan="2">56</td><td rowspan="2">66</td></tr>
<tr><td>GB/T 97.2—2002</td><td>—</td><td>—</td><td>—</td><td>—</td></tr>
<tr><td rowspan="3">h 公称（max）</td><td>GB/T 848—2002</td><td>0.3</td><td>0.5</td><td>0.5</td><td>0.5</td><td rowspan="3">1</td><td rowspan="3" colspan="2">1.6</td><td>1.6</td><td>2</td><td>2.5</td><td>3</td><td rowspan="3" colspan="2">4</td><td rowspan="3">5</td></tr>
<tr><td>GB/T 97.1—2002</td><td>0.3</td><td>0.5</td><td>0.5</td><td>0.8</td><td rowspan="2">2</td><td rowspan="2">2.5</td><td rowspan="2">3</td><td rowspan="2">3</td></tr>
<tr><td>GB/T 97.2—2002</td><td>—</td><td>—</td><td>—</td><td>—</td></tr>
</table>

2．标准弹簧垫圈（GB/T 93—1987）

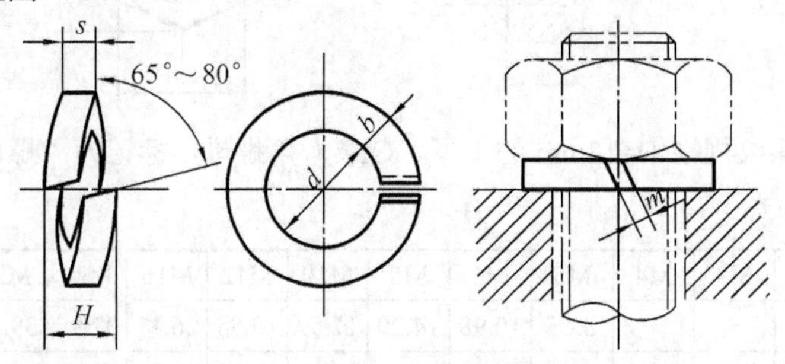

【标记示例】标准系列，公称尺寸 d=16mm 的弹簧垫圈，标记为：垫圈 GB/T 93 16。

附表 12　　单位：mm

公称尺寸（螺纹大径）	2	2.5	3	4	5	6	8	10	12	16	20	24	30	36	42	48
d	2.1	2.6	3.1	4.1	5.1	6.1	8.1	10.2	12.2	16.2	20.2	24.5	30.5	36.5	42.5	48.5
s（b）公称	0.5	0.65	0.8	1.1	1.3	1.6	2.1	2.6	3.1	4.1	5	6	7.5	9	10.5	12
H_{max}	1	1.3	1.6	2.2	2.6	3.2	4.2	5.2	6.2	8.2	10	12	15	18	21	24
$m\leqslant$	0.25	0.33	0.4	0.55	0.65	0.8	1.05	1.3	1.55	2.05	2.5	3	3.75	4.5	5.25	6

附录 4　键

4.1　普通平键键槽的尺寸与公差（摘自 GB/T 1095—2003）

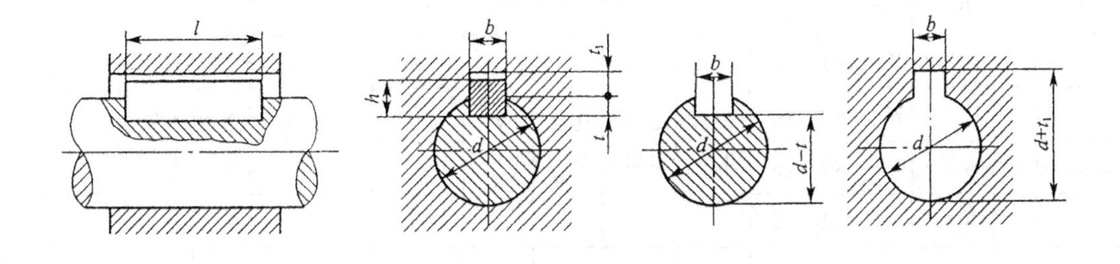

4.2　普通平键的型式尺寸（摘自 GB/T 1096—2003）

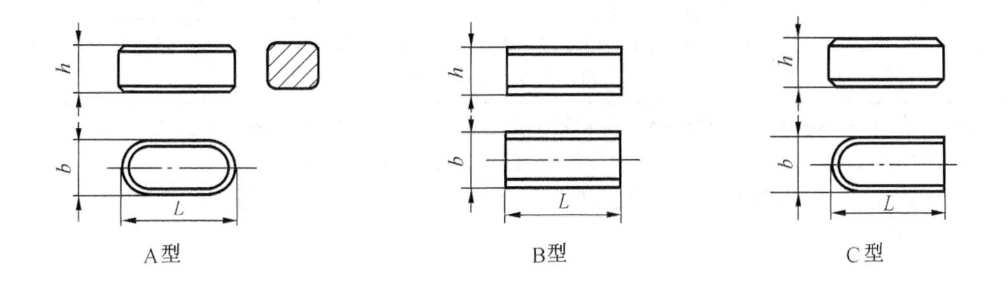

A型　B型　C型

【标记示例】

（1）圆头普通平键（A 型），b=16mm，h=10mm，L=100mm，标记为：GB/T 1096—2003 键 16×10×100；

（2）方头普通平键（B 型），b=16mm，h=10mm，L=100mm，标记为： GB/T 1096—2003 键 B 16×10×100。

附表 13　　　　单位：mm

轴	键		键槽										
			槽宽 b					深度				半径 r	
				极限偏差				轴 t		毂 t_1			
公称直径 d	公称尺寸 $b\times h$	长度 L	公称尺寸 b	较松键连接		一般键连接							
				轴 H9	毂 D10	轴 N9	毂 JS9	公称尺寸	极限偏差	公称尺寸	极限偏差	最小	最大
自 6～8	2×2	6～20	2	+0.025 0	+0.060 +0.020	−0.004 −0.029	±0.0125	1.2	+0.10 0	1	+0.10 0	0.08	0.16
＞8～10	3×3	6～36	3					1.8		1.4			
＞10～12	4×4	8～45	4	+0.030 0	+0.078 +0.030	0 −0.030	±0.015	2.5		1.8			
＞12～17	5×5	10～56	5					3.0		2.3		0.16	0.25
＞17～22	6×6	14～70	6					3.5		2.8			
＞22～30	8×7	18～90	8	+0.036 0	+0.098 +0.040	0 −0.036	±0.018	4.0	+0.20 0	3.3	+0.20 0		
＞30～38	10×8	22～110	10					5.0		3.3		0.25	0.40
38～44	12×8	28～140	12	+0.043 0	+0.120 +0.050	0 −0.043	±0.0215	5.0		3.3			
＞44～50	14×9	36～160	14					5.5		3.8			
＞50～58	16×10	45～180	16					6.0		4.3			
＞58～65	18×11	50～200	18					7.0		4.4		0.40	0.60
＞65～75	20×12	56～220	20	+0.052 0	+0.149 +0.065	0 −0.052	±0.026	7.5		4.9			
＞75～85	22×14	63～250	22					9.0		5.4			
＞85～95	25×14	70～280	25	+0.052 0	+0.149 +0.065	0 −0.052	±0.026	9.0	+0.20 0	5.4	+0.20 0	0.40	0.60
＞95～110	28×16	80～320	28					10.0		6.4			
L 系列	6，8，10，12，14，16，20，22，25，28，32，36，40，45，50，56，63，70，80，90，100，110，125，140，160，180，200，220，250，280												

注：1．键槽宽的极限偏差中“较紧连接”轴和毂的公差带代号均为“P9”，表中未列出；

2．在工作图中，轴槽深用 t 或（$d-t$）标注，轮毂槽深用（$d+t_1$）标注；

3．（$d-t$）和（$d+t_1$）两组组合尺寸的极限偏差按相应的 t 和 t_1 的极限偏差选取，但（$d-t$）极限偏差值应取为负号（−）。

附录 5　销

5.1　圆锥销（GB/T 117—2000）

【标记示例】公称直径 d=10mm，公称长度 l=60mm、材料为 35 钢、热处理硬度为 28HRC～38HRC，表面氧化的 A 型圆锥销，标记为：销 GB/T 117　10×60；如为 B 型，则标记为：销 GB/T 117　B10×60。

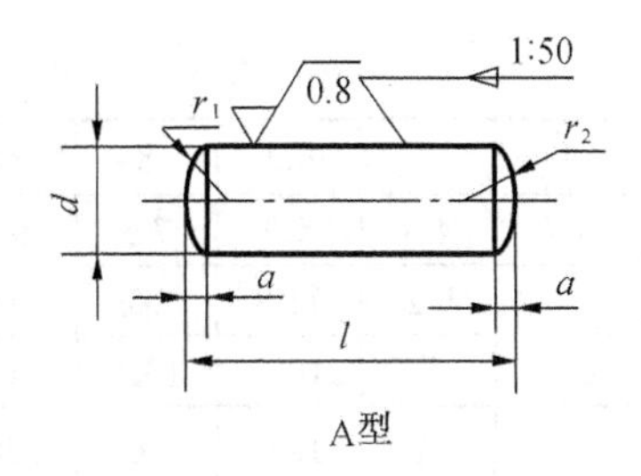

A型

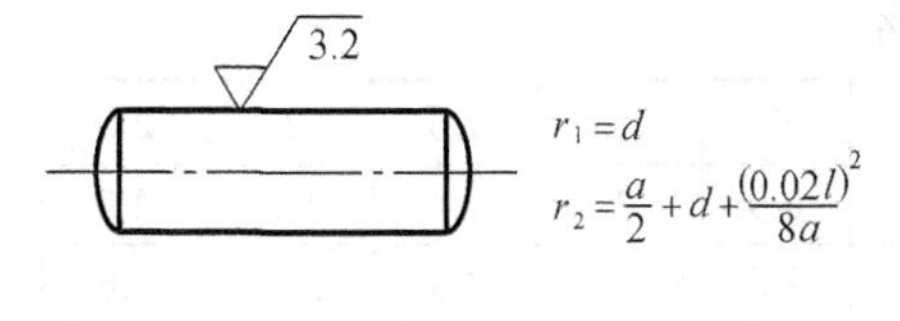

B型

附表 14 单位：mm

d(公称直径)	0.6	0.8	1	1.2	1.5	2	2.5	3	4	5
c≈	0.08	0.1	0.12	0.16	0.2	0.25	0.3	0.4	0.5	0.63
l(长度范围)	4～8	5～12	6～16	6～20	8～24	10～35	10～35	12～45	14～55	18～60
d(公称直径)	6	8	10	12	16	20	25	30	40	50
c≈	0.8	1	1.2	1.6	2	2.5	3	4	5	6.3
l(长度范围)	22～90	22～120	26～160	32～180	40～200	45～200	50～200	55～200	60～200	65～200
l系列	2，3，4，5，6，8，10，12，14，16，18，20，22，24，26，28，30，32，35，40，45，50，55，60，65，70，75，80，85，90，95，100，120，140，160，180，200……									

5.2 圆柱销 不淬硬钢和奥氏体不锈钢（GB/T 119.1—2000）

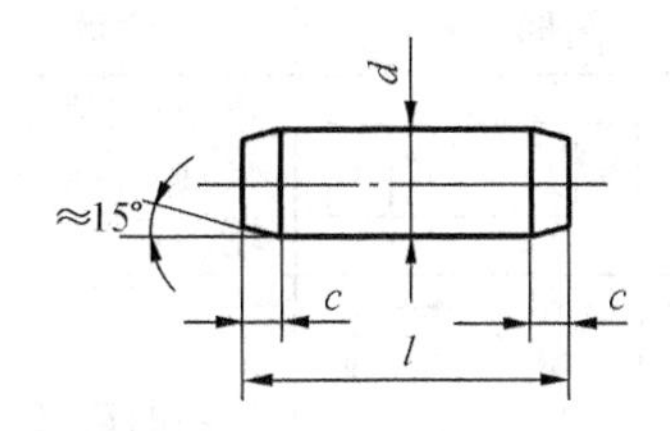

【标记示例】公称直径 d=10mm，公差为 m6，公称长度 l=60mm，材料为钢，不经淬硬，不经表面处理的圆柱销，标记为：销 GB/T 119.1 10m6×60。

附表 15 单位：mm

d(公称直径)	0.6	0.8	1	1.2	1.5	2	2.5	3	4	5
c≈	0.12	0.16	0.20	0.25	0.30	0.35	0.40	0.50	0.63	0.80
l(长度范围)	2～6	2～8	4～10	4～12	4～16	6～20	6～24	8～30	8～40	10～50
d(公称直径)	6	8	10	12	16	20	25	30	40	50
c≈	1.2	1.6	2	2.5	3	3.5	4	5	6.3	8
l(长度范围)	12～60	14～80	18～95	22～140	26～180	35～200	50～200	60～200	80～200	95～200
长度l系列	2，3，4，5，6，8，10，12，14，16，18，20，22，24，26，28，30，32，35，40，45，50，55，60，65，70，75，80，85，90，95，100，120，140，160，180，200									

5.3 开口销 （GB/T 91—2000）

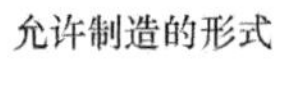

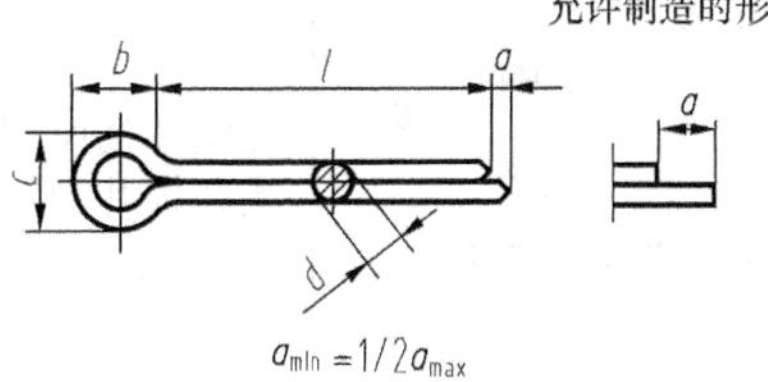

【标记示例】公称规格为 5mm、长度 l=50mm、材料为 Q215 或 Q235，不经表面处理的开口销，标记为：销 GB/T 91 5×50。

附表 16　　单位：mm

公称规格		1	1.2	1.6	2	2.5	3.2	4	5	6.3	8	10	13
d_{max}		0.9	1	1.4	1.8	2.3	2.9	3.7	4.6	5.9	7.5	9.5	12.4
c	max	1.8	2	2.8	3.6	4.6	5.8	7.4	9.2	11.8	15	19	24.8
	min	1.6	1.7	2.4	3.2	4	5.1	6.5	8	10.3	13.1	16.6	21.7
$b\approx$		3	3	3.2	4	5	6.4	8	10	12.6	16	20	26
a_{max}		1.6	2.5				3.2	4				6.3	
l 范围		6～20	8～25	8～32	10～40	12～50	14～63	18～80	22～100	32～125	40～160	45～200	71～250
L 系列		4，5，6，8，10，12，14，16，18，20，22，25，28，32，36，40，45，50，56，63，71，80，90，100，112，125，140，160，180，200，224，250，280											

注：公称规格为销孔的公称直径，标准规定公称规格为0.6～20mm，根据供需双方协议，可采用公称规格为3mm、6mm、12mm的开口销。

附录6　电气简图用图形符号

电气简图用图形符号（GB/T 4.728—2005～2008）。

附表 17

符号类别	图形符号	说明	符号类别	图形符号	说明
电压、电流、频率		直流	端子和导线的连接	11 12 13 14 15 16	端子板（表示出带线端标记的端子板）
		交流，低频		或　或	导线的连接
		中频			导线的不连接（跨越）
		高频			导线和电缆的分支与合并
		交直流	连接器件	或	插座（内孔的）或插座的一个极
		正极		或	插头（凸头的）或插头的一个极
		负极		或	插头和插座（凸头和内孔的）
原电池或蓄电池		原电池或蓄电池			
		原电池组或蓄电池组			
端子和导线的连接	o	端子			
	ø	可拆卸端子			

续表

符号类别	图形符号	说明
电阻器		电阻器的一般符号
		可变（调）电阻器
		滑线式变阻器
电容器		电容器的一般符号
		可变（调）电容器
		微调电容器
		双联同调可变电容器
电感器、变电器和电抗器		电感、线圈、绕组、扼流圈
		双绕组变压器
		绕组间有屏蔽的双绕组单项变压器
		在一个绕组上有中心点抽头的变压器
开关、触点、控制和保护装置	或	动合（常开）触点（注：也可用作开关的一般符号）
		手动开关的一般符号
		按钮开关（不闭锁）
		拉拔开关（不闭锁）
		旋钮开关
		无弹性返回的动合触点
		有弹性返回的动断触点

符号类别	图形符号	说明
半导体管		半导体二极管一般符号
		PNP 型半导体管
		NPN 型半导体管
		NPN 型半导体管（集电极接管壳）
保护器件		熔断器一般符号
		避雷器
指示仪表	V	电压表
	A	电流表
	A I sinφ	无功电流表
灯与信号		指示灯与信号灯的一般符号
		电铃
		蜂鸣器
换能器		扬声器一般符号
		传声器一般符号
		受话器一般符号
天线		天线一般符号
		偶极子天线
		环形（或框形）天线

续表

符号类别	图形符号	说明
无线电台		无线电台一般符号（也可表示无线电接收机）
		无线电控制台
微波技术	IEDI	矩形波导
		同轴波导
信号发生器	G 500Hz	500Hz 正弦波发生器
	G	脉冲发生器
		振荡器一般符号
		音频振荡器
		超音频、载频、射频振荡器
变换器	f_1 f_2	变频器，频率由 f_1 变到 f_2
	f nf	倍频器
	f $\frac{f}{n}$	分频器
		脉冲倒相器
放大器	或	放大器一般符号（或中继器一般符号）

符号类别	图形符号	说明
放大器	或	可调放大器
二端和多端网络限幅器	dB	固定衰减器
	dB	可变衰减器
调制器、解调器、鉴别器		调制器、解调器或鉴别器的一般符号
	A	调幅器、解调幅器
	φ	调相器、鉴相器
	f	调频器、鉴频器
		检波器
光通信		光纤或光缆一般符号
		光开关
		连接器（插座——插头——插座）
		光隔离器
		光滤波器
	a b c	光调制器、光解调器

续表

符号类别	图形符号	说明	符号类别	图形符号	说明
光通信		激光二极管	光通信		光电转换器
		雪崩二极管			

附录 7　工程制图中常用的英汉专业术语及词组

Chapter1　Basic Knowledge of Engineering Drawings 工程制图基本知识

engineering graphics 工程图学
descriptive geometry 画法几何
engineering drawing 工程图样
state standard 国家标准
mechanical drawings 机械制图
technical drawings 技术制图
basic drawing 制图基础
basic rules 基本规定
sheet sizes 图纸幅面
border 图框
title block 标题栏
drawing 图
lettering 字体
italic font 斜体
numbers 数字
Chinese characters 汉字
capital Letters 大写字母
lower-case letters 小写字母
scales 比例
original scale 原值比例
enlargement scale 放大比例
down scale 缩小比例
Instrumental drawing 仪器绘图
drawing equipment 绘图用具
pencil 铅笔
triangles 三角板
T-square 丁字尺
drawing-board 图板
compass 圆规
dividers 分规
curve ruler 曲线板
drawing-paper 绘图纸
line segments 线段
line styles 线型
linework 图线画法
line weight 线宽
continuous thick line 粗实线
continuous thin line 细实线
dashed line 虚线
thin chain 细点画线
chain with double dash 双点画线
center line 中心线
axis 轴线
line of symmetry 对称线
irregular (continuous thin) line 波浪线
continuous straight thin line with zigzags 双折线
imaginary line 假想线
diagonal line 对角线
extension line 延长线
construction line 作图线
leader lines 指引线
boundary 分界线
dimension 尺寸
dimension line 尺寸线
dimension figure 尺寸数字
extension line 尺寸界限

arrow (arrowhead) 箭头
angular dimension 角度尺寸
radius 半径
diameter 直径
representation of drawings 图样画法
geometrical construction 几何作图
freehand drawing 徒手绘图
circles 圆
arc 圆弧
ellipse 椭圆
slope 斜度
taper 锥度
straight line 直线
regular polygon 正多边形
regular triangle 正三角形
square 正方形
regular pentagon 正五边形
regular hexagon 正六边形
joining arcs 圆弧连接
dimensioning datum 尺寸基准
shape dimension 定形尺寸
location dimension 定位尺寸
known segments 已知线段
Intermediate segments 中间线段
connection segments 连接线段
point of tangency 切点
tangent 切线
common tangent 公切线
external tangent circle 外切圆
internal tangent circle 内切圆
thickening lines 加深图线

Chapter2 Principles of Orthographic Projection 正投影法基础

central projection mode 中心投影法
parallel projection mode 平行投影法
orthogonal projection mode 正投影法
orthogonal projection 正投影图
oblique projection mode 斜投影法
oblique projection 斜投影图
one-plane projection 单面投影
three-plane projection system 三投影面体系
projection plane 投影面
frontal projection plane 正立投影面
horizontal projection plane 水平投影面
profile projection plane 侧立投影面
projection principles 投影规律
characteristic of projection 投影特性
projection line 投射线
rectangular coordinates 直角坐标
rectangular coordinate axis 直角坐标轴
x-axis *x* 轴
y-axis *y* 轴
z-axis *z* 轴
first angle projection 第一角画法
third angle projection 第三角画法
three-projection-plane system 三投影面体系
projection principles 投影规律
Relative position 相对位置
location problems 定位问题
measuring problems 度量问题
projection of a point 点的投影
coincident projection of points 重影点
frontal line 正平线
horizontal line 水平线
profile line 侧平线
V-perpendicular line 正垂线
H-perpendicular line 铅垂线
W-perpendicular line 侧垂线
general-position line 一般位置直线
frontal plane 正平面
horizontal plane 水平面
profile plane 侧平面
vertical line 垂直线
V-perpendicular plane 正垂面
H-perpendicular plane 铅垂面
W-perpendicular plane 侧垂面
general-position plane 一般位置平面
property of subordination 从属性

proportionality 定比性
parallelism 平行性
perpendicularity 垂直性

Chapter3 Projection of Solid 立体的投影

three views 三视图
front view 主视图
top view 俯视图
left view 左视图
rules of projection 投影规律
geometrical solid 几何体
basic solid 基本立体
drawing steps 画法
configuration 外形、轮廓
polyhedral solid 平面立体
prism 棱柱
cuboid 长方体
regular triangular prism 正三棱柱
right square prism 正四棱柱
regular pentagonal prism 正五棱柱
regular hexagonal prism 正六棱柱
pyramid 棱锥
regular triangular pyramid 正三棱锥
right square pyramid 正四棱锥
regular pentagonal pyramid 正五棱锥
regular hexagonal pyramid 正六棱锥
revolution solid 回转体
axis of symmetry 对称轴线
axis of revolution 回转轴线
cylinder 圆柱体
cone 圆锥体
truncated cone 圆锥台
sphere 圆球
torus 圆环

Chapter4 Intersections on Solid Surfaces 立体表面的交线

intersecting plane 截平面
auxiliary cutting plane 辅助截平面
auxiliary-plane method 辅助平面法
intersection 相交、相贯、交线
imaging element method 辅助素线法
imaging circle method 辅助圆法
line of intersection 相贯线
intersection bodies 相贯体
intersection of surfaces 表面交线
vertex 顶点
major axis 长轴
minor axis 短轴
parabola 抛物线
hyperbola 双曲线

Chapter5 Axonometric drawings 轴测图

axonometric projection plane 轴测投影面
axonometric drawings 轴测图
normal axonometric projection 正轴测图
oblique axonometric projection 斜轴测图
axonometric axis 轴测轴
axes angle 轴间角
coefficient of axial deformation 轴向伸缩系数
Isometric projection 正等轴测投影（正等轴测投影图）
cabinet axonometric projection 斜二等轴测投影（斜二等轴测图）
coordinate method 坐标法
subtraction method 切割法
union method 组合法
axonometric section view 轴测剖视图

Chapter6 Composite Solids 组合体

union 叠加
subtraction 切割
shape analysis method 形体分析法
lines and planes analysis method 线面分析法
dimensioning 尺寸标注
datum 尺寸基准

size dimensions 大小尺寸
location dimension 定位尺寸
external dimension 外形尺寸
overall dimension 总体尺寸
datum line 基准线
datum plane 基准面
total length 总长
total width 总宽
total height 总高

Chapter7 Common Representation in Machine Drawing 机件的常用表达方法

principle views 基本视图
principle planes of projection 基本投影面
right side view 右视图
bottom view 仰视图
rear view 后视图
reference arrow view 向视图
local view 局部视图
oblique view 斜视图
sectional views 剖视图
symbols for sections 剖面符号
full sectional view 全剖视图
half sectional view 半剖视图
local sectional view 局部剖视图
cutting plane 剖切面
single cutting plane 单一剖切面
multiple parallel sectioning planes 平行的剖切平面
multiple intersecting sectioning planes 几个相交的剖切面
cross-sections 断面图
removed cross-sections 移出断面图
revolved cross-sections 重合断面图
simplified representation 简化画法
identification symbol 识别符号
local enlarged view 局部放大图
plane of symmetry 对称面
axis of symmetry 对称轴线
general symbol for section 通用剖面线
conventional drawing 习惯画法
straight knurling 直纹滚花

Chapter8 Standard Parts and Commonly Used Parts 标准件和常用件

thread 螺纹
external thread 外螺纹
internal thread 内螺纹
major diameter 螺纹大径
minor diameter 螺纹小径
thread profile 螺纹牙型
pitch 螺距
lead 导程
revolving direction of screw thread 螺纹旋向
right hand 右旋
left hand 左旋
left hand thread 左旋螺纹
right hand thread 右旋螺纹
metric thread 普通螺纹
trapezoidal thread 梯形螺纹
buttress thread 锯齿形螺纹
pipe threads 管螺纹
coarse thread 粗牙螺纹
threaded parts 螺纹紧固件
single thread 单线螺纹
multiple threads 多线螺纹
external screw thread 外螺纹
internal screw thread 内螺纹
proportional representation 比例画法
threaded fasteners 螺纹紧固件
hex nut 六角螺母
bolt 螺栓
stud 双头螺柱
washer 垫圈
bright washer 平垫圈
spring washer 弹簧垫圈
screw 螺钉
bolt joints 螺栓连接

stud joints 双头螺柱连接
screw joints 螺钉连接
thread connection 螺纹连接
threaded hole 螺孔
threaded rod 螺杆
representation of assembly 连接画法
key 键
parallel key 普通平键
gib-head key 钩头楔键
woodruff key 半圆键
keyway 键槽
pin 销
taper pin 圆锥销
parallel pin 圆柱销
split cotter pin 开口销
gears 齿轮
standard gears 标准齿轮
spur gears 直齿圆柱齿轮
tip circle 齿顶圆
root circle 齿根圆
reference circle 分度圆
addendum 齿顶高
dedendum 齿根高
pitch 齿距
tooth depth 齿高
tooth thickness 齿厚
module 模数
center distance 中心距
pressure angle 压力角
spring 弹簧
cylindrical helical compression spring 圆柱螺旋压缩弹簧
active coils 有效圈数
supporting coils 支承圈数
total coils 总圈数
free height 自由高度

Chapter9 Single-part Drawing 零件图

selection of views 视图选择
finish mark 加工符号
features of casting processes 铸造工艺结构
features of machining processes 机械加工工艺结构
chamfer 倒角
fillet 倒圆
dummy club 凸台
recessed surface 凹坑
counter sink 锥坑
casting 铸件
fillets in castings 铸造圆角
draft in castings 铸造斜度
wall thickness in castings 铸件壁厚
escape undercut 退刀槽
technical requirement 技术要求
arrangement 排列、布置
arrangement of views 视图的排列
sketching of part 零件草图
reference dimension 参考尺寸
surface texture 表面结构
surface roughness 表面粗糙度
sampling length 取样长度
contour arithmetic mean deviation 轮廓算术平均偏差
manufacturing method 加工方法
limits and fits 极限与配合
tolerances and fits 公差与配合
parts interchangeability 互换性
basic size 基本尺寸
actual size 实际尺寸
limit size 极限尺寸
size tolerance 尺寸公差
zero line 零线
tolerance zone 公差带
maximum limit of size 最大极限尺寸
minimum limit of size 最小极限尺寸
standard tolerance 标准公差
basic deviation 基本偏差
tolerance zone code 公差代号
grade code of tolerance 公差等级代号

limit deviation 极限偏差
upper deviation 上偏差
lower deviation 下偏差
fit system 配合制
clearance fit 间隙配合
transition fit 过渡配合
interference fit 过盈配合
hole-based system of fit 基孔制配合
shaft-based system of fit 基轴制配合
basic hole 基准孔
basic shaft 基准轴
preferred fits 优先配合
code of fit 配合代号
geometrical tolerances 形状位置公差
form tolerances 形状公差
positional tolerances 位置公差
straightness 直线度
flatness 平面度
circularity 圆度
cylindricity 圆柱度
profile of a line 线轮廓度
profile of a surface 面轮廓度
parallelism 平行度
perpendicularity 垂直度
angularity 倾斜度
coaxiality 同轴度
symmetry 对称度
position 位置度
circular runout 圆跳动
total runout 全跳动

Chapter10 Assembly Drawings 装配图

design assembly drawing 设计装配图
assembly schematic drawing 装配示意图
installation drawing 安装图
conventional representation 规定画法
dismounting representation 拆卸画法
special representation 特殊画法
imagination representation 假想画法
simplified representation 简化画法
enlargement representation 夸大画法
characteristic dimensions 性能尺寸
specification dimensions 规格尺寸
fitting dimensions 配合尺寸
installation dimensions 安装尺寸
overall dimensions 外形尺寸
item lists 序号
item block 明细栏
drawing number 图号
contact surface 接触面
reading assembly drawing 读装配图
operating principle 工作原理
working position 工作位置
features of assembly processes 装配工艺结构
sealing device 密封装置
working principle 工作原理
structure feature 结构特点
adjacent parts 相邻零件
valve body 阀体
valve cover 阀盖
sealing ring 密封圈
valve core 阀芯
valve handle 阀杆
packing gland 填料压盖
wrench 扳手
stuffing 填料
hand wheel 手轮
pump body 泵体
flat nose clamp 平口虎钳
inlet side 入口端
outlet side 出口端
fixed clamp body 固定钳身
movable clamp body 活动钳身
clamp plank 钳口板
screw rod 螺杆
locknut 锁紧螺母

Chapter11 Developing Drawing 展开图

development 展开
representation of development 展开画法
development of polyhedral solid surface 平面立体的展开
developable surface 可展表面
developable curved surface 可展曲面
true length 实长
right triangle method 直角三角形法

Chapter12 Electrical Graphics 电气制图

electric engineer drawing 电气工程图
schematic diagram 原理图
connection lines 连接线
frame lines 围框
grid reference system 图幅分区
graphical symbols 图形符号
item designation 参照代号
electrical technology 电气技术
system diagram 系统图
block diagram 框图
circuit diagram 电路图
parts list 元件表
connection diagram 接线图
connection table 接线表
marking methods 标记方法
terminal connection diagram 端子接线图
cable arrangement diagram 电缆配置图
printed circuit board diagram 印制板图
printed wiring 印制线路

Chapter13 Computer Aided Drawing 计算机绘图

workspace 工作空间
drawing window 绘图窗口
command window 命令行窗口
toolbar 工具栏
methods of input coordinate 坐标输入方法
object snap 对象捕捉
text style 文字样式
edit of node 节点编辑
layer 图层
linetype 线型
lineweight 线宽
bhatch 图案填充
dimension 尺寸标注
dimension style 标注样式

参考文献

[1] 邹宜侯，窦墨林．机械制图（第5版）．北京：清华大学出版社，2006．
[2] 何铭新，钱可强，徐祖茂．机械制图（第6版）．北京：高等教育出版社，2010．
[3] 侯洪生．机械工程制图（第3版）．北京：科学出版社，2012．
[4] 杨惠英，王玉坤．机械制图（第2版）．北京：清华大学出版社，2008．
[5] 曹彤，万静，王新，丁凌蒙．机械设计制图．北京：高等教育出版社，2011．
[6] 王建华，毕万全．机械制图与计算机绘图（第2版）．北京：国防工业出版社，2009．
[7] 叶玉驹，焦永和，张彤．机械制图手册．北京：机械工业出版社，2012．
[8] 胡琳．工程制图．北京：机械工业出版社，2000．
[9] Autodesk．AutoCAD 2016 简体中文版软件在线帮助文件．
[10] 瞿德福．电气制图系列国家标准综合应用教程．北京：中国标准出版社，2010．
[11] 沈兵．电气制图规则应用指南．北京：中国标准出版社，2009．